第8版

学习vi和Vim编辑器

[美] 阿诺德·罗宾斯（Arnold Robbins）
[美] 艾伯特·汉娜（Elbert Hannah）著
门佳 李润铖 译

Beijing · Boston · Farnham · Sebastopol · Tokyo 

O'Reilly Media, Inc. 授权东南大学出版社出版

南京 东南大学出版社

图书在版编目（CIP）数据

学习vi和Vim编辑器：第8版/（美）阿诺德·罗宾斯（Arnold Robbins），（美）艾伯特·汉娜（Elbert Hannah）著；门佳，李润铖译. — 南京：东南大学出版社，2023.4

书名原文：Learning the vi and Vim Editors, 8th Edition

ISBN 978-7-5766-0337-8

I. ①学… II. ①阿… ②艾… ③门… ④李… III. ①UNIX操作系统－文本编辑程序 IV. ①TP316.81

中国版本图书馆CIP数据核字（2022）第208123号

江苏省版权局著作权合同登记

图字：10-2020-478号

学习vi和Vim编辑器 第8版

著　　者：[美] 阿诺德·罗宾斯（Arnold Robbins），[美] 艾伯特·汉娜（Elbert Hannah）
译　　者：门佳，李润铖
责任编辑：张烨　**封面设计**：Karen Montgomery，张健　**责任印制**：周荣虎
出版发行：东南大学出版社
社　　址：南京四牌楼2号　**邮　　编**：210096
网　　址：http://www.seupress.com
电子邮件：press@ seupress.com
经　　销：全国各地新华书店
印　　刷：常州市武进第三印刷有限公司
开　　本：787mm × 980mm 1/16
印　　张：34.5
字　　数：676千
版　　次：2023年4月第1版
印　　次：2023年4月第1次印刷
书　　号：ISBN 978-7-5766-0337-8
定　　价：148.00元

本社图书若有印装质量问题，请直接与营销部联系，电话：025-83791830。

O’Reilly Media, Inc.介绍

O’Reilly以“分享创新知识、改变世界”为己任。40多年来我们一直向企业、个人提供成功所必需之技能及思想，激励他们创新并做得更好。

O’Reilly业务的核心是独特的专家及创新者网络，众多专家及创新者通过我们分享知识。我们的在线学习（Online Learning）平台提供独家的直播培训、互动学习、认证体验、图书、视频，等等，使客户更容易获取业务成功所需的专业知识。几十年来O’Reilly图书一直被视为学习开创未来之技术的权威资料。我们所做的一切是为了帮助各领域的专业人士学习最佳实践，发现并塑造科技行业未来的新趋势。

我们的客户渴望做出推动世界前进的创新之举，我们希望能助他们一臂之力。

业界评论

“O’Reilly Radar博客有口皆碑。”

——***Wired***

“O’Reilly凭借一系列非凡想法（真希望当初我也想到了）建立了数百万美元的业务。”

——***Business 2.0***

“O’Reilly Conference是聚集关键思想领袖的绝对典范。”

——***CRN***

“一本O’Reilly的书就代表一个有用、有前途、需要学习的主题。”

——***Irish Times***

“Tim是位特立独行的商人，他不光放眼于最长远、最广阔的领域，并且切实地按照Yogi Berra的建议去做了：‘如果你在路上遇到岔路口，那就走小路。’回顾过去，Tim似乎每一次都选择了小路，而且有几次都是一闪即逝的机会，尽管大路也不错。”

——***Linux Journal***

O'Reilly Media, Inc.介绍

献给我的妻子 Miriam，感谢你给予的爱、耐心和支持。

—— Arnold Robbins，第 6/7/8 版

献给我的妻子 Anna，感谢你给予的爱、鼓励和耐心。有你在真好。

—— Elbert Hannah，第 7/8 版

目录

第二部分 Vim

第四部分 附录

前言

在任何计算机系统中，文本编辑都是最常见的任务，vi 则是最实用的标准文本编辑器之一。vi 可以创建新文件或编辑现有的纯文本文件。

和很多在 Unix 早期开发的经典实用工具一样，vi 也有着难以驾驭的名声。Bram Moolenaar 的增强克隆版 Vim（“vi Improved”）在消除这种印象的道路上已经走了很远。Vim 提供了无数的便利特性、视觉指南和帮助画面。

如今，Vim 已然成为最流行的 vi 版本，因此，本书的第 8 版也就将重点放在了 Vim 身上：

- 第一部分，“vi 和 Vim 基础”，教授 vi 基础技巧，适用于所有的 vi 版本，不过是在 Vim 上下文中展开的。
- 第二部分，“Vim”，以数章的篇幅专注于讲解 Vim 的高级特性。
- 第三部分，“更广阔环境中的 Vim”，在更大的背景下呈现与 Vim 相关的章节。

本书的范围

全书共包含 17 章正文和 4 个附录，分为四部分。第一部分旨在引领你快速上手 vi 和 Vim，并学习能够提高操作效率的高级技巧。

第 1 章和第 2 章介绍了一些简单的入门编辑命令。你要做的就是不断实践，直到这些命令变成你的第二天性。学过一些基本的编辑操作后，你可以在第 2 章结束时停下来休息一下。

但是编辑器能做的绝不仅仅是基本的文字处理。各种命令和配置项能帮助你减轻大量的编辑负担。第 3 章和第 4 章专注于简化工作任务。在第一次阅读时，你至少能知道 vi 和 Vim 可以做些什么，可以利用哪些命令来满足你的特定需求。随后，你返回这两章温故知新。

第 5 章至第 7 章提供的工具可以帮助你把更多的编辑工作交给计算机处理。这部分引入了 vi 和 Vim 底层的 ex 行编辑器，展示了如何在 vi 和 Vim 中执行 ex 命令。

第二部分描述了 Vim，这是自进入 21 世纪以来的 21 年间最流行的 vi 克隆版。这部分详细讲解了 Vim 优于原始 vi 的诸多（诸多！）特性。

第 8 章对 Vim 作了一般性介绍。本章还概述了 Vim 相对于 vi 的主要改进，比如内建帮助、初始化控制、附加的移动命令、扩展正则表达式等等。

第 9 章着眼于现代 GUI 环境中的 Vim，比如现在商业 Unix 系统、GNU/Linux 系统和其他类 Unix 系统、MS-Windows 中的标准环境。

第 10 章的重点在于多窗口编辑，这可能是在标准 vi 之外添加的最重要的特性。本章罗列了创建和使用多窗口的所有细节。

第 11 章重点介绍如何将 Vim 打造成为程序员编辑器，使其拥有超越一般文本编辑的能力。其中特别有价值的当属折叠和大纲功能、智能缩进、语法高亮和加速“编辑 - 编译 - 调试”周期。

第 12 章探讨了 Vim 命令语言，你可以用它来编写脚本，对 Vim 进行定制和调整，以满足你的个人需求。Vim“开箱即用”的便利性很大程度上来自于其他用户已经编写好并贡献给 Vim 发行版的大量脚本。

第 13 章有点像一个包罗万象的章节，涵盖了一些不适合出现在先前部分中的有趣内容。

第 14 章介绍了一些实用的“增强技术”。围绕着按键重映射的思路，向你展示了更多提高生产力的方法。

第三部分着眼于 vi 和 Vim 在更大的软件开发和计算机应用领域中发挥的作用。

第 15 章触及了 Vim 插件世界的冰山一角，重点讲解了如何将 Vim 从普通的编辑器改造为成熟的集成开发环境（integrated development environment，IDE）。

第 16 章考察了其他一些 vi 风格的编辑方式能够为其提高工作效率的重要软件环境。

第 17 章简要总结了本书。

第四部分提供了有用的参考材料。

附录 A 列出了所有标准的 vi 和 ex 命令，按功能排序，同时提供了按照字母排序的 ex 命令清单。另外还收录从 Vim 中精选的 vi 和 ex 命令。

附录 B 列出了 vi 和 Vim 的 set 命令配置项。

附录 C 展现了一些与 vi 相关的幽默材料。

附录 D 介绍了从哪里获取“Heirloom” vi，以及如何获取 Unix、GNU/Linux、MS-Windows 或 Macintosh 系统的 Vim。

本书的写作方式

我们的理念是让你对 vi 和 Vim 新手必须了解的知识有一个很好的概括性认识。学习一款编辑器并非易事，尤其还是像 Vim 这样有着众多配置项的编辑器。我们着力以一种易于理解同时符合逻辑的方式介绍基础的概念和命令。

有了 vi 和 Vim 的（通用）基础之后，我们接着深入讨论了 Vim。以下部分描述了本书中使用的约定。

vi 命令的讨论

对于每一个键盘命令或一组相关的命令，在将其分解成一系列面向任务的部分之前，会先简要介绍相关的主要概念。然后，我们给出在每种情况下适合使用的命令，以及命令的描述和正确的语法。

排版约定

在语法描述和示例中，你实际输入的内容以等宽字体（`constant width`）显示，所有命令名称和程序选项也是如此。变量（不用按字面输入，而是在输入命令时用实际值替换）以等宽斜体（*`Constant width italic`*）显示。方括号表示某个变量是可选的。例如，在下列语法中：

```
vi [filename]
```

`filename` 会被替换为实际的文件名。方括号表示在调用 `vi` 命令时可以完全不指定 *`filename`*。方括号本身不用输入。

有些例子显示了在 shell 提示符下输入命令的效果。在这类例子中，实际输入的内容以等宽粗体（**`constant width bold`**）显示，以将其与系统响应区分开来。例如：

```
$ ls
ch01.xml ch02.xml ch03.xml ch04.xml
```

在代码示例中，斜体（*italic*）表示注释，不必输入。在正文中，斜体表示文件名、特殊术语以及需要重点强调的内容。

遵循传统的 Unix 文档约定，*printf*(3) 这种形式引指的是在线手册（通过 `man` 命令访问）。这个例子表示手册页第 3 节中的 `printf()` 函数条目。在大多数系统中，都可以通过输入 `man -s 3 printf` 来查看。

按键

特定的按键会显示在方框中。例如：

```
iWith a ESC
```

在全书中，你还会看到包含 vi/Vim 命令及其结果的列：

按键	结果
ZZ	"practice" [New] 6L, 104C written 输入 ZZ 命令（写入并保存）。这样你的文件就被保存为常规的磁盘文件了。

在上例中，命令 ZZ 显示在左列。在右列中是屏幕上的一行（或多行），显示了该命令的结果。光标位置显示为反色。在这个例子中，由于 ZZ 保存并写入文件，因此会看到状态栏信息，光标位置则不显示。命令 / 结果下方是对该命令及其作用的说明。

在有些例子中，我们会显示 shell 命令及其结果。其中，命令前会有标准的 shell 提示符 $，命令名以粗体显示：

按键	结果		
$ ls	ch01.asciidoc	ch02.asciidoc	ch03.asciidoc

有时通过同时按下CTRL键和另一个按键来发出 vi 命令。在正文中，组合键通常出现在方框内（例如，CTRL-G）。在代码示例中，书写形式为按键名称前加上脱字符（^）。例如，^G 表示在同时按住CTRL键的同时按G键。使用大写字母表示控制字符（^G，而不是 ^g）是一种通用约定，即便你在键入控制字符时没有按住SHIFT键。[注 1]

另外，当使用键帽表示法（keycap notation）显示大写字母时，任何 *X* 字符都写作SHIFT-X。因此，a 写作A，而 A 写作SHIFT-A。

警告、提示和窍门

这是一个警告。描述了您需要注意或小心的事情。

这是一个普通的提示。指出了您可能会感兴趣或可能不明显的事情。

这是一个窍门。提供了有用的便捷方法或者可以节省时间的操作。

注 1： 可能是因为键盘的键帽上印的都是大写字母，而非小写字母。

问题集

一些问题的解答分布在各章节中。你可以先跳过，以后有需要时再回来翻阅。

预备知识

本书假设你具备基本的 Unix 用户级知识。尤其是你应该已经知道如何：

- 在笔记本电脑或工作站上打开终端窗口，获得 shell 提示符
- 登录和注销，如果使用远程系统的话，还包括通过 ssh 登录和注销
- 输入 shell 命令
- 更改目录
- 列出目录中的文件
- 创建、复制和删除文件

熟悉 `grep`（一个全局搜索命令）和通配符也有帮助。

尽管现代系统允许你从 GUI 菜单系统中运行 Vim，但这样就无法体会到 Vim 的命令行选项所带来的灵活性。因此，在全书中，我们的例子仍坚持在命令行提示符下运行 `vi` 和 Vim。

使用示例代码

本书示例代码和练习等补充材料可从 *https://www.github.com/learning-vi/vi-files* 下载。

如果你有技术问题或在使用代码示例时遇到问题，请发送电子邮件至 *bookquestions@oreilly.com*。

本书旨在帮助你完成工作。一般来说，你可以在自己的程序或文档中使用本书提供的示例代码。除非需要复制大量代码，否则无须联系我们获得许可。例如，使用本书中的几个代码片段编写程序无须获得许可，销售或分发 O'Reilly 图书的示例光盘则需要获得许可；引用本书中的示例代码回答问题无须获得许可，将本书中的大量示例代码放到你的产品文档中则需要获得许可。

我们很希望但并不强制要求你在引用本书内容时标注出处。出处说明通常包括书名、作者、出版社和 ISBN，例如："Learning the vi and Vim Editors by Arnold Robbins and Elbert Hannah (O'Reilly). Copyright 2022 Elbert Hannah and Arnold Robbins, 978-1-492-07880-7"。

如果你觉得自己对示例代码的用法超出了上述许可的范围，欢迎你通过 permissions@oreilly.com 与我们联系。

O'Reilly 在线学习平台（O'Reilly Online Learning）

O'REILLY®

40 多年来，O'Reilly Media 一直为企业提供技术和业务培训、知识和洞察力，以助力企业取得成功。

我们独特的专家和创新者网络通过书籍、文章和我们的在线学习平台分享他们的知识和专业技能。O'Reilly 的在线学习平台让你可以按需访问实时培训课程、深度学习路径、交互式编码环境以及 O'Reilly 和 200 多家其他出版商提供的大量文本和视频。更多相关信息，请访问 *http://oreilly.com*。

联系我们

请把对本书的评价和问题发给出版社：

美国：

O'Reilly Media, Inc.
1005 Gravenstein Highway North
Sebastopol, CA 95472

中国：

北京市西城区西直门南大街2号成铭大厦C座807室（100035）
奥莱利技术咨询（北京）有限公司

O' Reilly 的每一本书都有专属网页，你可以在那儿找到本书的相关信息，包括勘误表、示例代码以及其他信息。本书的网页位于 *https://oreil.ly/viVim8*。

关于本书的评论或技术问题，请发送电子邮件至 *errata@oreilly.com.cn*。

有关我们的书籍和课程的新闻和信息，请访问 *http://oreilly.com*。

在 Facebook 上找到我们：*http://facebook.com/oreilly*

在 Twitter 上关注我们：*http://twitter.com/oreillymedia*

在 YouTube 上观看我们：*http://youtube.com/oreillymedia*

关于旧版

在本书的第 5 版（当时名为 *Learning the vi Editor*）中，先是更全面地讨论了 ex 编辑器命令。 在第 5、6、7 章，通过更多例子来阐明 ex 和 vi 的复杂特性，涵盖诸如正则表达式语法、全局替换、*.exrc* 文件、单词缩写、键盘映射和编辑脚本等主题。其中一些例子来自 *UnixWorld* 杂志的文章。Walter Zintz 写了一份由两部分组成的 vi 教程[注2]，教会了我们一些尚不知道的东西，而且还用了很多巧妙的例子来讲解了我们在书中已经介绍过的特性。Ray Swartz 在他的专栏文章中也提供了一个实用窍门[注3]。我们对这些文章中的观点表示感谢。

Learning the vi Editor 的第 6 版介绍了 4 种免费的“克隆版”，或者说是类似的编辑器。其中不少都对最初的 vi 做了改进。因此，可以说成了一个 vi 编辑器“家族”，而本书的目标是教会你使用这些编辑器所需的知识。这一版对 nvi、Vim、elvis 和 vile 一视同仁。一个新附录介绍了 vi 在更广阔的 Unix 和 Internet 文化中的地位。

Learning the vi Editor and Vim Editors 的第 7 版保留了第 6 版的所有优点。时间已经证明 Vim 是最受欢迎的 vi 克隆版，所以第 7 版大大增加了 Vim 的篇幅（并在书名中加入了 Vim）。然而，为了惠及尽可能多的用户，这一版保留了并更新了关于 nvi、elvis 和 vile 的内容。

注 2：“vi Tips for Power Users”，*UnixWorld*，1990 年 4 月；“Using vi to Automate Complex Edits”，*UnixWorld*，1990 年 5 月。两篇文章的作者均为 Walter Zintz。

注 3：Ray Swartz，“Answers to Unix”，*UnixWorld*，1990 年 8 月。

关于第 8 版

Learning the vi Editor and Vim Editors 的第 8 版同样保留了第 7 版的所有优点。Vim 如今已经“称雄世界”，所以这个版本更新了 Vim 的内容，删除了关于 nvi、elvis 和 vile 的相关部分。其中第一部分现在以 Vim 作为其说明和示例的上下文。此外，与旧版本 vi 相关的问题已经没有什么价值，也对其做了删除处理。我们在精简这本的同时尽可能地保持它的相关性和实用性。

新增内容

本版新增内容包括：

- 再次更正了正文的错误。
- 全面修订和更新了第一部分和第二部分的内容。在第一部分中，我们将重点从最初的 Unix 版 vi 转移到“Vim 上下文中的 vi（vi in the context of Vim）”。另外在第二部分中加入了新的章节。
- 在第三部分加入了全新的几章。
- 改变了附录 C 的重点。
- 将获取或构建 Vim 的相关内容从正文移至附录 D。
- 更新了其他附录。

版本

下列程序用于测试各种 vi 特性：

- “Heirloom” vi（*https://github.com/n-t-roff/heirloom-ex-vi*）作为最初的 Unix 版 vi 的参考版本。
- Solaris 11 /usr/xpg7/bin/vi（在 Solaris 11 中，/usr/bin/vi 其实就是 Vim！在 /usr/xpg4/bin、/usr/xpg6/bin 和 /usr/xpg7/bin 中的 vi 版本似乎来自最初的 Unix 版 vi）。
- Bram Moolenaar 的 8.0、8.1 和 8.2 版 Vim。

第 6 版的致谢

首先，感谢我的妻子 Miriam，在我撰写本书期间照顾孩子们，尤其是在饭前的“魔法时间”。我欠了她不少的宁静时刻和冰激淋。

乔治亚理工学院计算机学院的 Paul Manno 为搞定我的打印软件提供了宝贵的帮助。O’Reilly & Associates 的 Len Muellner 和 Erik Ray 则提供了 SGML 软件方面的帮助。Jerry Peek 为 SGML 编写的 vi 宏也是无价之宝。

尽管在为本书增新补缺的过程中用到了各种程序，但大部分编辑工作是在 GNU/Linux（Red Hat 4.2）下使用 Vim 4.5 和 5.0 版本完成的。

感谢审阅本书的 Keith Bostic、Steve Kirkendall、Bram Moolenaar、Paul Fox、Tom Dickey 和 Kevin Buettner。Steve Kirkendall、Bram Moolenaar、Paul Fox、Tom Dickey 和 Kevin Buettner 也对第 8 章到第 12 章贡献良多。（本处所指的是第 6 版的章节编号）

若没有电力公司供电，计算机将没有任何用武之地。但是当电力正常供应的时候，你压根不会去注意它。写书也是如此。没有编辑，就没有书。但是当编辑在那里工作时，却又很容易忘记他们的存在。O’Reilly 的 Gigi Estabrook 真是其中的瑰宝。和她共事非常愉快，我很感激她为我所做的一切。

最后，对 O’Reilly & Associates 的出版团队致以崇高的敬意。

Arnold Robbins
Ra’anana, ISRAEL
1998 年 6 月

第 7 版的致谢

Arnold 再次感谢妻子 Miriam 的爱和支持。他欠下的宁静时刻和冰激淋越积越多。此外，感谢 J. D. “Illiad” Frazer 绘制的 User Friendly 漫画，实在是太棒了。[注4]

Elbert 要感谢 Anna、Cally、Bobby 以及父母，感谢他们在难熬的日子里始终鼓励他的工作。谢谢这份富有感染力的热情。

注 4：　如果你从没听说过 User Friendly，不妨去看看 *http://www.userfriendly.org*。

感谢 Keith Bostic 和 Steve Kirkendall 为修订他们编辑的章节提供意见。Tom Dickey 为 vile 的相关章节和附录 B 中的 set 配置项表格提供了独到见解。Bram Moolenaar（Vim 的作者）这次也审读了本书。Robert P. J. Day、Matt Frye、Judith Myerson 和 Stephen Figgins 对全书提出了重要的评审意见。

Arnold 和 Elbert 要感谢 Andy Oram 和 Isabel Kunkle 所做的编辑工作，以及 O'Reilly Media 出版团队和提供的所有工具。

Arnold Robbins
Nof Ayalon
ISRAEL
2008 年 4 月

Elbert Hannah
Kildeer, Illinois
USA
2008 年 4 月

第 8 版的致谢

我们要感谢 Krishnan Ravikumar，他给 Arnold 发了电子邮件，询问了新版的情况，使得我们开始着手更新这本书。

还要感谢我们的技术审稿人（按字母顺序排列）：Yehezkel Bernat、Robert P.J. Day、Will Gallego、Jess Males、Ofra Moyal-Cohen、Paul Pomerleau 和 Miriam Robbins。

Arnold 想再次感谢妻子 Miriam，在她操劳的时候，自己由于写作无法陪伴在左右。还要感谢他的孩子 Chana、Rivka、Nachum、Malka 以及小狗 Sophie。

Elbert 的感谢名单如下：

- 他的妻子 Anna，她再次接受了古怪的日程安排和撰写本书的要求。还要感谢 Bobby 和 Cally 在工作过程中给予的支持和鼓励。他们始终开朗的态度令人振奋。特别感谢新外孙 Dean。Dean 的第一个词就是“book”，Elbert 只能认定 Dean 所指的就是这本书。

- 他的西部高地梗犬 Poncho，在他写第 7 版时就在那儿，现在依然活蹦乱跳，热切地等待着第 8 版的问世。它不知道怎么读，但还是"理解"Vim。好孩子，Poncho！它总是把爪子放在键盘上，从不碰鼠标。

  —— 与他共处 13 年的 CME 小组同事，在此期间，他磨炼了自己的 Vim 技能，并向他人传授了 Vim 的伟大之处。

  —— 他特别提到了 Scott Fink，作为同事、老板、合作人和朋友，Scott 总是要求他更多地了解 Vim 以及 Vim 世界中的一切。在两人的合作中，他利用 Vim 之禅（Vim "zen"），共同编写了出色的应用程序。

  —— Paul Pomerleau 负责本书的技术审阅，同时也是在 Vim/Emacs 的比较中始终让他保持诚实的人。尽管 Paul 使用 Emacs，但他是 Elbert 这 13 年来最棒的合作者和朋友之一。

  —— Michael Sciacco 向他展示了 Microsoft VS Code。Michael 教了这位老手很多新技巧。Michael，你就是一个 IDE！

  —— 最后是 Tony Ferraro，他职业生涯的末期都在 Elbert 手下工作。Tony 总是鼓励 Elbert 进行（技术文档）写作，Elbert 也照做了。Tony，这本书是献给你的！

我们俩都要感谢本版的编辑 Gary O'Brien 和 Shira Evans，感谢他们耐心地指导我们完成修订过程。有人说，管理程序员就像赶猫咪一样；毫无疑问，这句话也适用于管理作者。同样也要感谢 O'Reilly Media 提供的工具和出版团队。

Arnold Robbins
Nof Ayalon
ISRAEL
2021 年 9 月

Elbert Hannah
Kildeer, Illinois
USA
2021 年 9 月

第一部分

vi 和 Vim 基础

第一部分旨在让你快速上手 vi 和 Vim 编辑器，提供了能够发挥出两者最大功效的高级技巧。其中的各章涵盖了原始核心 vi 的各种功能，介绍了可用于各个版本的命令。后续各章则涵盖了 Vim 的高级特性。该部分包含下列几章：

第 1 章

vi 和 Vim 概述

计算机最重要的日常用途之一就是处理文本：编写新文本、编辑和重新排列现有文本、删除或重写不正确和过时的文本。如果你使用 Microsoft Word 等文本处理软件，那就是你正在做的事情！如果你是一名程序员，也少不了要处理文本：程序源代码文件以及开发所需的辅助文件。文本编辑器可以处理任何文本文件的内容，无论其中包含的是数据、源代码还是句子。

本书是关于使用两款相关的文本编辑器进行文本编辑：vi 和 Vim。作为标准的 Unix[注1] 文本编辑器，vi 有着悠久的传统。Vim 建立在 vi 的命令模式和命令语言的基础之上，有着比 vi 至少高出一个数量级的能力。

1.1 文本编辑器和文本编辑

咱们开始吧。

1.1.1 文本编辑器

随着时间的推移，Unix 文本编辑器也在发生着演变。最先出现的是一些用于连续进

注 1：如今，“Unix”一词既包括源自原始 Unix 代码库的商业系统，也包括可以获取源代码的类 Unix 系统。Solaris、AIX、HP-UX 属于前者，而 GNU/Linux 和各种 BSD 衍生系统则属于后者。除此之外，macOS 的终端环境、MS-Windows 的 WSL（Windows Subsystem for Linux）、Cygwin 和其他类似的 Windows 环境也涵盖在内。除非另有说明，本书中的所有内容都适用于这些系统。

纸打印的串行终端的行编辑器，例如ed和ex。（是的，人们真的在这种东西上编程！其中就包括本书的作者。）行编辑器之所以得名，是因为你一次只能编写一行或几行程序。

随着具有光标寻址（cursor addressing）功能的阴极射线管（cathode-ray tube，CRT）终端的推出，行编辑器演变成为全屏编辑器（screen editors），例如vi和Emacs。全屏编辑器可以让你每次都在整个屏幕上处理文件，轻松地在屏幕上随意移动。

随着图形用户界面（graphical user interface，GUI）环境的出现，全屏编辑器进一步演变为图形化文本编辑器，你可以在其中使用鼠标滚动翻看文件的可见部分，移到文件中的特定位置，选择要操作的文本。这类文本编辑器包括基于X Window系统的gedit（GNOME桌面环境）以及MS-Windows系统的Notepad++。其他的就不再逐一赘述了。

流行的全屏编辑器已经完成了向图形化编辑器的演变，这是我们尤为感兴趣的地方[注2]：GNU Emacs支持多个X窗口（multiple X windows）[译注1]，Vim也推出了gvim。图形化编辑器的用法与其最初基于屏幕的版本一样，你可以轻而易举地过渡到GUI版本。

在Unix系统的所有标准编辑器中，vi是你应该掌握的最有用的编辑器[注3]。与Emacs不同，vi在所有的现代Unix系统中都以几乎相同的形式存在，成为一种文本编辑通用语（text-editing lingua franca）[注4]。ed和ex也是如此，但是全屏编辑器及其基于GUI的后代版本则要易用得多。（事实上，行编辑器基本上已经被弃用了。）

vi存在多种实现。既有最初的Unix版本，也有克隆版：从头编写的版本，使用方法和vi一模一样，但并非基于最初的vi源代码。Vim如今已经成为其中最受欢迎的一员。

注2：　也许和精灵宝可梦（Pokémon）一样？

译注1：如果使用了X Window System，你可以在单个Emacs会话中创建X级别（X level）的多个窗口。参见*https://ftp.gnu.org/old-gnu/Manuals/emacs-20.7/html_chapter/emacs_21.html*。

注3：　如果你还没安装vi或Vim，参见附录D。

注4：　GNU Emacs已经成为Emacs的通用版本。唯一的问题是大多数系统并没有默认安装GNU Emacs。你必须自行下载安装，哪怕是在某些GNU/Linux系统上也是如此。

在第一部分的各章中，我们将传授 vi 的普通用法。其中的所有内容均适用于各种版本的 vi。不过，我们是在 Vim 环境中演示各种操作，因为这是你系统中可能安装的版本。在本书的阅读过程中，完全可以把“vi”视为“vi 和 Vim”的代表。

vi 是可视化（visual）编辑器的缩写，读作“vee-eye”。参见图 1-1 所示。

图 1-1：vi 的正确发音

对于许多新手而言，vi 既不直观又繁琐 —— 其字处理功能并不是通过特殊的控制键执行的，你不能只管埋头输入文本，vi 选择使用几乎所有的普通按键来执行命令。当按键用于执行命令时，vi 处于“命令模式（command mode）”[译注 2]。要想输入实际的文本，你必须先进入特殊的“插入模式（insert mode）”。除此之外，各种命令多如牛毛。

然而，当你投入学习之后，就会意识到 vi 的设计确实用心良苦。你只需要按几个键就可以完成复杂的工作。在学习 vi 的过程中，你也将学着如何快捷地把越来越多的编辑工作交给计算机 —— 这原本就是计算机该做的活儿。

vi 和 Vim（像任何文本编辑器一样）并不是一个“所见即所得”的字处理程序。如果你想生成格式化文档，就必须输入特定的指令（有时称为格式化代码），另一个

译注 2：该模式在很多资料中被称作“普通模式（normal mode）”。

单独的格式化程序使用这些指令控制输出效果。举例来说，如果你需要缩进段落，就要在缩进的起止位置插入代码。格式化代码可以让你尝试或者更改文档外观，而且在很多方面，它比字处理程序提供了更多的文档外观的控制权。

格式化代码是具体的动词（specific verbs），更普遍的叫法是标记语言（markup languages）[注5]。近年来，标记语言重新受到欢迎。尽管还有其他同类语言，值得注意的是 Markdown 和 AsciiDoc[注6]。如今可能使用最广泛的标记语言当属用于创建 Web 页面的超文本标记语言（Hypertext Markup Language，HTML）。

除了刚才提到的标记语言，Unix 还支持 `troff` 格式化软件包[注7]。TeX 和 LaTex 格式化程序也是流行的替代工具。使用这些标记语言的最简单方法就是通过文本编辑器。

`vi` 支持一些简单的格式化机制。例如，你可以要求在一行结束时换行，或者自动缩进新行。此外，Vim 还支持自动拼写检查。

和任何技能一样，你编辑得越多，就会变得越熟练，效率也就更高。一旦你见识过 `vi` 的全部威力，可能永远都不想再换回任何“更简单”的编辑器了。

1.1.2 文本编辑

哪些算是文本编辑工作？首先，你需要插入文本（一个遗漏的单词或是句子）、删除文本（多出的字符或整个段落）、修改字母或单词（纠正拼写错误或是更换某个用词），还有将文本从文件的一处移动或复制到另一处。

和很多字处理程序不同，命令模式是 `vi` 的初始状态或默认状态。只需要按几个键，就可以执行复杂的交互式编辑。想插入文本，只要从“插入”命令中挑一个出来，然后输入文本即可。

注5：得名自使用红铅笔“标记（mark up）”排版样板或校样上的变化。

注6：关于这两种语言的更多信息，参见 *https://en.wikipedia.org/wiki/Markdown* 和 *http://asciidoc.org*。本书是用 AsciiDoc 编写的。

注7：`troff` 用于激光打印机和排字机(typesetter)。其“孪生兄弟”`nroff` 用于行式打印机和终端。两者都接受同样的输入语言。依照 Unix 的惯例，我们把它们并称为 `troff`。现在，使用 `troff` 的人用的都是它的 GNU 版本：`groff`。

基本命令只有一两个字符。例如：

`i`

　插入（insert）

`cw`

　更改单词（change word）

使用字母作为命令可以大幅提高文件编辑速度。你不用死记一大堆的功能键或是为了能按下麻烦的组合键而不自然地伸展手指，更是压根不用把手从键盘上移开或是手忙脚乱地在多级菜单中折腾！大部分命令都可利用相关字母记忆。几乎所有的命令都遵循类似的模式并且互相关联。

一般来说，vi 和 Vim 的命令有如下特点：

- 区分字母大小写（大写字母与小写字母意义不同；I 不同于 i）。
- 输入命令时，屏幕上不会有任何显示（或“回显”）。
- 不需要在输入命令后按 ENTER 键。

还有一组命令会回显在屏幕底行。这些底行命令之前有不同的符号。斜线（/）和问号（?）用于搜索命令（参见第 3 章）。所有的 ex 命令之前都有冒号（:）。ex 命令是由 ex 行编辑器使用的命令。不管你使用的是哪种版本的 vi，ex 编辑器都直接可用，这是因为它是底层的编辑器，vi 只不过是其“可视化”的形式。第 5 章将全面讨论 ex 命令与概念，本章只介绍用于放弃保存并退出文件编辑的 ex 命令。

1.2 简史

在深入探究 vi 和 Vim 的所有细节之前，理解 vi 的世界观还是有好处的。尤其有助于弄明白许多晦涩难懂的 vi 错误消息，同时还能体会到 Vim 是如何超越最初的 vi 而演变至今。

vi 的历史可追溯到计算机用户使用 CRT 终端，通过串行线路连接到中央小型计算机（central minicomputers）的时代。在世界范围内使用的终端种类数以百计。每种终端执行的操作都一样（清除屏幕、移动光标等），但实现这些操作的命令却各不相同。除此之外，Unix 系统允许用户选择用于退格的字符，生成中断信号以及适用串行终端的其他命令（例如暂缓和继续输出）。这些基础功能均由 stty 命令管理（现在也仍然是）。

原先的 Berkeley Unix 版的 vi 从源代码（不易修改）中抽取出终端控制信息，形成了一个包含终端功能（**term**inal **cap**ability）的文本文件数据库（易于修改），由 termcap 库管理。20 世纪 80 年代初期，System V 引入了二进制格式的终端信息（**term**inal **info**rmation）数据库和 terminfo 库。termcap 和 terminfo 这两个库在功能上大致相同。为了告诉 vi 你所使用的终端，必须设置环境变量 TERM。该变量的设置通常是在 shell 启动文件中完成的，例如用户个人的 *.profile* 或 *.login* 文件。

termcap 库如今已经不再使用了。GNU/Linux 和 BSD 系统使用 ncurses 库，它提供了 System V terminfo 库的数据库和功能的可兼容超集（compatible superset）。

如今，大家都在图形化环境中使用终端仿真器（比如 Gnome Terminal）。系统基本上都会为你设置好 TERM 环境变量。

当然，你也可以在个人计算机的非 GUI 控制台中使用 Vim。这在单用户模式下修复系统时非常好用。不过，现在已经没有太多的人愿意经常以这种方式工作了。

在日常使用时，你想要的很可能是 vi 的 GUI 版，比如 gvim。在 Microsoft Windows 或 macOS 系统中，GUI 版的 vi 大多是默认设置；然而，在虚拟仿真器中运行 vi（或其他一些同期的全屏编辑器），仍然要用到 TERM 和 terminfo，还得注意 stty 的设置。在终端仿真器中使用是学习 vi 和 Vim 的一种简单途径。

关于 vi 的另一个重要事实是，它是在 Unix 系统远不如今天稳定的年代开发的。昔日的 vi 用户必须做好系统随时崩溃的准备，因此 vi 加入了文件恢复支持，以应对在编辑文件时系统发生崩溃的情况[注 8]。当你在学习 vi 和 Vim 期间看到各种可能出现的问题描述时，别忘了这些发展历程。

注 8： 好在这种事情如今已经很少见了，尽管系统还是会由于外部事件（比如停电）而崩溃。如果你的系统配备了不间断电源（UPS），或者笔记本电脑的电池供电正常，就连这种问题都可以避免。

1.3 打开与关闭文件

你可以使用 vi 编辑任何文本。vi 将待编辑的文件复制到缓冲区（内存中的临时区域），显示缓冲区内容（尽管一次只能看到一屏），允许你增加、删除、更改文本。保存编辑结果时，vi 将经过编辑的缓冲区内容写入永久文件，替换掉同名的旧文件。有一点要记住，你始终处理的是缓冲区中的文件副本，除非保存缓冲区，否则编辑操作不会影响原始文件。保存编辑结果也称为“写入缓冲区”，更常见的叫法是“写入文件”。

1.3.1 在命令行中打开文件

vim 是一个 Unix 命令，可以为现有文件或新文件调用 Vim 编辑器。vim 命令的语法如下：

```
$ vim [filename]
```

或

```
$ vi [filename]
```

在现代系统中，vi 通常只是指向 Vim 的链接。命令行中的中括号表示 filename 部分是可选的。中括号本身不用输入。$ 是 shell 提示符。

如果忽略文件名，编辑器会打开一个无名缓冲区（unnamed buffer）。当你将缓冲区内容写入文件时，可以为其命名。目前，我们最好坚持在命令行上指定文件名。

文件名在目录必须是唯一的。（有些操作系统将目录称为文件夹；两者指的都是同一个东西。）

在 Unix 系统中，文件名可以包含除斜线（/）和 ASCII NUL 之外的任意 8 位（8-bit）字符，前者被保留作为路径中文件和目录之间的分隔符，后者则是所有位均为 0 的字符。你甚至还可以在文件名中使用空格，只需要在空格前加入反斜线（\）即可。（MS-Windows 系统不允许在文件名中使用反斜线 [\] 和冒号 [:]）在实践中，文件名通常由大小写字母、数字、点号（.）以及下划线（_）组成。记住，Unix 区分大小写：小写字母与大写字母是两回事。另外还要记住，你必须按 ENTER 来告诉 shell，命令已经输入完毕。

当你想在目录中打开一个新文件时，给 `vi` 命令指定一个新文件名即可。例如，如果你想在当前目录中打开一个名为 *practice* 的新文件，可以输入：

```
$ vi practice
```

因为这是个新文件，缓冲区是空的，屏幕显示如下：

```
~
~
~
"practice" [New file]
```

屏幕左下角的波浪线（~）表示文件中没有文本，甚至连空行都没有。屏幕底部的提示行（也称为状态栏）显示了文件的名称及其状态。

你也可以通过指定文件名来编辑目录中任意的现有文件。假设有个 Unix 文件，路径为 */home/john/letter*。如果你当前位于 */home/john* 目录，使用相对路径形式，命令如下：

```
$ vi letter
```

该命令会在屏幕上显示出文件 *letter* 的内容。

如果你位于其他目录，可以使用绝对路径：

```
$ vi /home/john/letter
```

1.3.2 在 GUI 中打开文件

尽管我们（强烈）建议你适应命令行，不过你也可以在 GUI 环境中直接对文件运行 Vim。通常，用鼠标右键点击文件，然后在弹出菜单中选择类似于“Open with ...”的菜单项。如果正确安装了 Vim，就会在可用菜单项中找到。

一般也可以直接通过菜单系统启动 Vim，在这种情况下，你需要使用 ex 命令 `:e` *`filename`* 来告知系统要编辑哪个文件。

我们不打算再深入这个话题，因为如今的 GUI 环境实在是太多了。

1.3.3 打开文件时遇到的问题

- 你看到了下列消息之一：

```
Visual needs addressable cursor or upline capability
terminal: Unknown terminal type
Block device required
Not a typewriter
```

原因是终端类型未定义，也可能是 terminfo 条目有误。输入 :q 退出。通常将 $TERM 设置为 vt100 就足够了，至少不影响基本功能。要想寻求进一步的帮助，可以使用搜索引擎或求助于流行的技术论坛，比如 StackOverflow。

- 当你认为文件已存在的时候，出现了 [new file] 消息。

检查文件名的大小写是否正确（Unix 文件名区分大小写）。如果没问题，那么你所处的目录可能不对。输入 :q 退出，检查是否位于该文件的正确目录中（在 shell 提示符下输入 pwd）。如果也没问题，再检查目录的文件列表（使用 ls），查看该文件的名字是否略有不同。

- 调用了 vi，却只看到冒号提示符（表明你当前处于 ex 行编辑模式）

可能是在 vi 绘制屏幕前发出了中断信号（通常是按 CTRL-C）。在 ex 提示符（:）处输入 vi 即可。

- 出现下列消息之一：

```
[Read only]
File is read only
Permission denied
```

“Read only”意味着你只能查看文件，无法保存任何改动。你可能是在查看模式（使用 view 或 vi -R）中调用了 vi，或者对文件没有写权限。参见 1.3.1 节。

- 出现下列消息之一：

```
Bad file number
Block special file
Character special file
Directory
Executable
Non-ascii file
file non-ASCII
```

要编辑的文件并非普通的文本文件。输入 :q 退出，检查待编辑的文件，可以考虑使用 file 命令。

- 当遇到上述问题，输入 :q 时，出现下列消息：

```
E37: No write since last change (add ! to override)
```

你忘了自己修改过文件。输入 :q! 退出编辑器。在此次会话中做出的改动不会被保存。

1.3.4 操作模式

先前提到过，当前“模式”的概念是 vi 工作方式的基础。有两种模式：命令模式和插入模式。（ex 命令模式可视为第三种模式，不过目前暂且不谈。）你一开始处于命令模式，此时每个按键都代表一个命令。[注9] 在插入模式中，所有的键盘输入都会成为文件的文本内容。

有时候，你不小心进入或离开了插入模式。不管是哪种情况，输入的内容都可能会以你不希望的方式影响到文件。

按 ESC 键，强制编辑器进入命令模式。如果你已经处于命令模式，编辑器会在你按 ESC 键时发出嘟的一声。（命令模式有时候也因此称为“蜂鸣模式”）

只要安全地进入了命令模式，就可以修复之前意外的改动，然后继续编辑文本（参见 2.3.5 节中“删除操作中遇到的问题”和 2.3.8 节中“撤销”这两个段落）。

1.3.5 保存与退出文件

你可以随时停止处理文件，保存编辑结果，返回到命令行提示符（如果你使用的是终端窗口）。退出并保存编辑结果的命令是 ZZ。注意，ZZ 是大写的。

假设你创建了一个名为 *practice* 的文件用于练习 vi 命令，你在其中输入了 6 行文本。要想保存该文件，先按 ESC，检查是否处于命令模式，然后输入 ZZ：

注 9：注意，在 vi 和 Vim 中，并不是所有的按键都有对应的命令。而是说在命令模式中，编辑器认为接收到的按键代表的是命令，而非文件内容的文本。在 7.3.2 节中，我们将介绍如何利用未用到的键位。

按键	结果
ZZ	"practice" [New] 6L, 104C written 输入 ZZ 命令（写入并保存）。这样你的文件就被保存为常规的磁盘文件了。
$ ls	ch01.asciidoc ch02.asciidoc practice 列出目录中的文件，显示新文件 *practice*。

你也可以使用 ex 命令保存编辑结果。输入 :w，保存（写入）文件但不退出；如果你没有进行任何编辑操作，输入 :q，直接退出；输入 :wq，保存并退出。（:wq 等同于 ZZ）。我们会在第 5 章中详细讲解 ex 命令的用法。现在，你只需要记住一些写入和保存的命令即可。

1.4 不保存编辑结果直接退出

在初学 vi 时，如果你喜欢大胆尝试，有两个 ex 命令可以帮你轻松地将文件恢复如初。

如果你想丢弃已做的所有编辑，重新载入原始文件。可以执行下列命令：

```
:e! ENTER
```

该命令重新载入上一次保存的文件内容，这样你就可以重新开始了。

假设你想丢弃已做的所有编辑，然后退出编辑器呢？下列命令：

```
:q! ENTER
```

可以直接退出编辑器，返回到命令行提示符。使用这两个命令，你会丢弃掉自上一次存档之后，对缓冲区中的文件内容做过的所有编辑。编辑器通常不会让你这么做。但是 :e 或 :q 命令之后的惊叹号会强制 vi 执行命令，即便是缓冲区已经被修改过。

在后续部分中，我们不再显示 ex 模式命令中的 ENTER 键，但你在实际操作中必须按 ENTER 才能让编辑器执行命令。

1.4.1 保存文件时遇到的问题

- 在写入文件时，出现了下列消息之一：

```
File exists
File file exists - use w!
[Existing file]
File is read only
```

输入:w! *file*覆盖已有文件,或是输入:w *newfile*将已编辑的内容保存为新文件。

- 想写入文件，却没有文件的写权限。出现了消息“Permission denied”。

  使用 :w *newfile* 将缓冲区写入新文件。如果你有目录的写权限，可以通过 mv 命令用新文件替换掉原先的文件。如果没有目录的写权限，输入 :w *pathname/file*，将缓冲区写入你有权限写入的目录（比如主目录或 */tmp*）。注意不要覆盖该目录中已有的同名文件。

- 在写入文件时，却得到文件系统已满的消息。

  如今，500GB 的磁盘都算不上大，这类错误通常很少会出现。如果真让你碰到了，有几种办法可以考虑。首先，试着把文件写入其他文件系统（比如 */tmp*）中的安全位置,这样就能把数据保存下来了。然后尝试用 ex 命令 :pre(:preserve的简写）来强制系统保存缓冲区。如果这不起作用，那就挑出一些文件删除：

  —— 打开图形化文件管理器（比如 GNU/Linux 中的 Nautilus），查找用不着的旧文件。

  —— 使用 CTRL-Z 挂起 vi，返回 shell 提示符。然后使用各种 Unix 命令找出占用磁盘空间较多的文件，以备删除：

    —— df 能够显示出指定文件系统或整个系统还有多少可用的磁盘空间。

    —— du 能够显示出指定文件和目录占用了多少磁盘块。du -s * | sort -nr 可以轻松地得到一份按照占用磁盘空间大小，由高往低排列的文件和目录列表。

  删除过文件之后，使用 fg 命令将 vi 带回前台，然后再像往常一样保存文件。

除了使用CTRL-Z和作业控制之外，也可以输入 :sh 启动一个新 shell 来执行上述操作。按CTRL-D或输入 exit 终止该 shell 并返回 vi。（这甚至适用于 gvim！）

你也可以使用 :!du -s * 在 vi 中执行 shell 命令，等命令执行完毕后再继续编辑文件。

1.4.2 练习

学习 vi 和 Vim 的唯一方法就是实践。你现在已经知道如何创建新文件并返回到命令行提示符。接下来，创建一个名为 *practice* 的文件，向其中插入一些文本，然后保存并退出。

在当前目录中打开文件 *practice*：	**$ vi practice**
进入插入模式：	i
插入文本：	随便输入一些文本
返回命令模式：	ESC
退出 vi，保存编辑结果：	ZZ

第2章

简单的文本编辑

本章将介绍使用 vi 和 Vim 进行文本编辑，我们对这部分内容采用了教程的组织形式。在其中，你会学习到如何移动光标以及如何进行一些简单的编辑。如果你从未使用过 vi 和 Vim，建议阅读整章。

后续各章将向你展示如何拓展技能，更快更强地进行编辑。和很多高级工具一样，对于 vi 和 Vim 的熟练用户而言，最大的优点之一是有众多的选择可用；而对于新手而言，最大的缺点之一则是有太多的编辑器命令要学习。

你不用死记每一个 vi 命令。先从本章的基础命令学起，注意命令之间的通用模式。随后我们也会指出这些模式。

在学习过程中，留意那些可以交给编辑器的任务，找出完成这些任务的命令。在后续各章中，你会学习到 vi 和 Vim 的更多高级特性，但在此之前，先打好基础。

本章包括：

- 移动光标
- 简单的文本编辑：添加、修改、删除、移动、复制
- 进入插入模式的更多方法
- 合并行
- 模式指示符

2.1 vi 命令

如你所见，vi 和 Vim 有两种主要模式：命令模式和插入模式。命令行（或冒号提示符，你可以在其中执行 ex 命令）可视为第三种模式，这种高级模式我们留待后续章节讲解。

当你初次打开文件时，处于命令模式，编辑器正在等待你输入命令。你可以使用命令移至文件中的任何位置、执行编辑或是进入插入模式以添加新文本，还可以退出文件（保存或忽略编辑结果），返回到 shell 提示符。

你可以将不同的模式想象成两种不同的键盘。在插入模式中，键盘功能就像平常一样。在命令模式中，每个键都有新的含义或是代表某种操作。

有不止一种方法可以告诉 Vim 你想要进入插入模式。最常见的方法是按 i。i 本身不会出现在屏幕上，但至此之后，你在键盘上输入的内容都会出现在屏幕上，同时也会被放入缓冲区。光标会标记出当前的插入点。注 1 要想告诉 Vim 停止插入文本并退出插入模式，按 ESC，光标会回退一个字符（位于你输入的最后一个字符的位置），并返回到命令模式。

假如你打开了一个新文件，想在其中插入单词"introduction"。在键盘上依次输入 **iintroduction**，出现在屏幕上的则是：

```
introduction
```

当你打开一个新文件时，Vim 处于命令模式，将第一个按键（i）解释为插入命令。在你按 ESC 之前，插入命令之后的所有按键输入都被视为文本。如果你在插入模式下需要纠正一个错误，按 BACKSPACE 键后，在错误处输入正确的文本即可。根据你的终端及其设置，BACKSPACE 键可能会擦除你之前输入的内容，也可能只是后退而已。无论如何，退格键经过所有文本都会被删除。注意，你无法用 BACKSPACE 键移动到进入插入模式时的位置之前。（如果你禁用了 vi 兼容性，Vim 则允许你使用 BACKSPACE 键移动到进入插入模式时的位置之前。大多数 GNU/Linux 发行版的 Vim 设置为禁用 vi 兼容性，所以你就不用再操心了）。

Vim 有一个配置项，可以让你指定适合的右边距（right margin），在到达特定位置时自动进行换行。目前，在插入文本时，按 ENTER 来换行。

注 1： 有些版本会在状态栏显示你处于输入模式（input mode）。参见 2.6 节。

有时候你不知道自己是在插入模式还是命令模式。只要 Vim 没有按预期工作，按一两次ESC，检查当前所处模式。如果听到嘟声，就说明当前处于命令模式。注 2

2.2 移动光标

在进行编辑工作时，可能只有一小部分时间用于在插入模式下添加文本，而大部分时间都是在文件中四处移动，使用各种命令编辑现有文本。

在命令模式中，你可以将光标移至文件的任意位置。由于只有将光标定位到待修改的文本位置，才能进行各种基础编辑工作（修改、删除、复制文本），因此你希望尽可能快地移动光标。

vi 的光标移动命令包括：

- 在上、下、左、右方向将光标一次移动一个字符位置
- 按照文本块（单词、句子或段落）向前或向后移动光标
- 在文件中前后移动光标，一次一屏

在图 2-1 中，第 3 行的 *seeing* 中以反色显示的 s 标记出了光标的当前位置。圆圈表明了从光标的当前位置开始，由各种 vi 命令产生的光标移动。

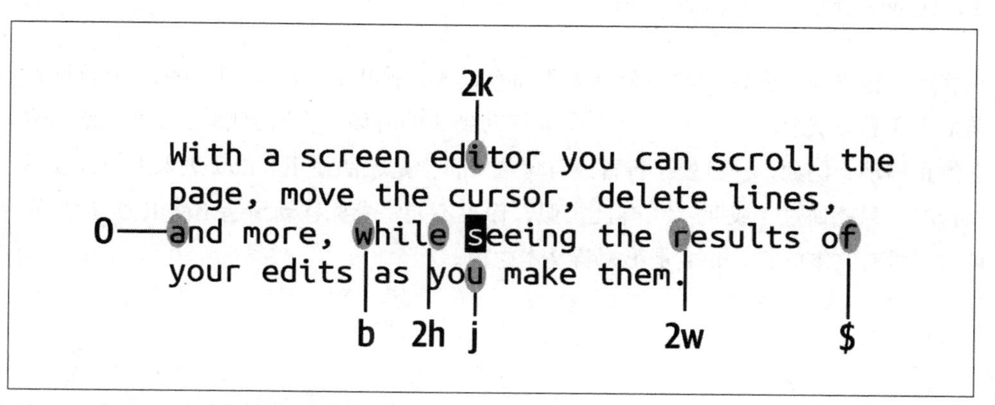

图 2-1：从 s 开始的移动命令示例

注 2：　如果系统设置了静音，那就得费点事了，你只能通过键盘输入，观察编辑器的反映，以此判断所处的模式。

2.2.1 单一移动

右手指下的 h、j、k、l 可以按照如下方式移动光标：

h

向左移动一个字符位置

j

移动到下一行

k

移动到上一行

l

向右移动一个字符位置

你也可以使用箭头键（←，↓，↑，→），+ 和 - 上下移动，除此之外，CTRL-P和CTRL-N，或者ENTER和BACKSPACE键也可以实现同样的效果，不过现在已经没人用了。

一开始，使用字母键而不是箭头键来移动光标可能会显得很笨拙。但过不了多久，你会发现这才是 vi 和 Vim 最值得称道的一个地方 —— 你的手指可以在不离开键盘中心区域的情况下四处移动光标。

在移动光标之前，先按ESC，确认处于命令模式。使用 h、j、k、l 从光标当前位置前后上下移动光标。当你在一个方向上移动到头的时候，会听到嘟的一声，光标随之停止移动。例如，一旦处于行首或行尾位置，你是无法使用 h 或 l 进入上一行或下一行的；只能通过 j 或 k。[注3] 与此类似，你也不能将光标移动到超出波浪号（~）的地方（没有文本的行），或是第一行文本之前。

注 3： 如果设置了 nocompatible（set nocompatible），Vim 允许你用 l 或空格键“跳过（space past）”行尾，进入下一行。这可能是默认设置。

为什么是h、j、k、l？

几乎从头参与了 Berkeley Unix 开发的 Mary Ann Horton 为我们讲述了下面的故事：

尽管vi的使用体验很像记事本（Notepad），但它也是一款非常强大的编辑器。学生和教师都是vi各种高效功能的重度用户，比如“全局（global）”命令，可以同时对匹配某种模式的所有行进行相同的改动，或者能够执行诸如“删除13个段落”“通过匹配的括号复制文本”之类的命令。但是vi的学习曲线很陡峭，而且初次使用的用户希望像记事本那样使用终端上的箭头键在文件中来回移动。

箭头键在vi中不管用，这是有原因的。用户使用各种不同品牌的终端，而这些终端的箭头键在被按下时会发出不同的代码。

Bill [Joy] 不担心方向键。[译注1] 他找到了一种居家工作的方法：在公寓里安装了一台 Lear-Siegler ADM-3A 终端。ADM-3A 被广泛宣传为“哑终端”，因为它没有很多花哨的功能，比如箭头键，所以在当时仅以995美元的低价出售。取而代之的是，LSI在H、J、K、L键上绘制了箭头符号。[注4] Bill设计了vi命令作为匹配：h向左移动光标，j向下移动光标，k向上移动光标，l向右移动光标。每个vi用户都必须学习使用h、j、k、l在文件中移动。

如果你想输入一个包含“h”的单词怎么办？vi和ed一样，都属于“模式化（moded）”编辑器。这意味着你要么处于“命令模式”，要么处于“输入模式”，在前者中，键盘输入被视为命令；在后者中，键盘输入则被视为要添加到文件的内容。特定命令（比如i）会使你进入输入模式，而ESC键会将你带回命令模式。

怎么样才能在vi中使用箭头键？这些特殊键位会发送由两三个字符组成的序列，通常以Escape字符开头。我们称其为“转义序列（escape sequences）”。然而，Escape已经是一个重要的vi命令了。该命令负责将你带出输入模式，如果你不在输入模式，则发出嘟的一声。在学习vi时，要知道的第一件事就是如

译注1：Bill Joy是vi的作者。

注4：在网上很容易搜到该型号终端的键盘图片。——ADR

果不知道当前所处的模式，就不停地按 ESC 键，直到听到嘟的一声，这时候就说明已经进入命令模式了。

vi 使用终端功能数据库文件 termcap 获知特定型号的终端发送哪些代码来移动光标、清除屏幕等。在 termcap 中加入箭头键序列是轻而易举的事。

如果计算机接收到 Escape，那么这到底代表用户按了 ESC 键，还是箭头键？编辑器是应该退出输入模式，还是应该为了解释箭头键而等待更多的输入？一旦选择后者，编辑器就会挂起，直到接收到输入。

好在有一个新的 Unix 特性允许编辑器短暂等待以查看是否有另一个字符输入。如果该字符是有效转义序列的一部分，vi 就继续读取输入，看看用户按了别的什么键。如果在这短暂的等待区间没有再出现更多的字符，则说明用户肯定按的是 ESC 键。问题解决了！

大约在 1979 年春天，我为 vi 添加了相关代码以及 termcap 条目，使其能够理解箭头键、Home、Page-Up 和某些终端配备的其他按键。我配置了 termcap，让 ADM-3A 好像有了能发送 h、j、k、l 的箭头键；然后删除了硬编码的 h、j、k、l 命令。我觉得已经把一切问题全搞定了。

结果不出一天，我办公室门外就聚集了一群愤怒的 CS 研究生。领头的是 Peter，他想知道我为什么把他终端上的 hjkl 弄坏了。我向他解释说，现在可以使用箭头键代替，用不着 hjkl 了。

Peter 翻了个白眼。“你不懂”，他说道，“我们喜欢使用 hjkl！我们都是盲打用户，手指正好放在 hjkl 键上面。我们可不想为了使用箭头键而把手指移动到键盘边上。把 hjkl 命令还给我们！” 学生们纷纷表示赞同。

他们没错。我恢复了 hjkl，同时也保留了箭头键功能。我意识到 vi 命令的键位是多么重要。常用的命令几乎都是小写字母。我使用 vi 的时候确实速度飞快，一直到今天，我都偏爱用 vi 来编辑文本文件。我已经培训过数批 IT 专业人员，教他们如何充分利用 vi 和各种 Unix 超级工具。

2.2.2 数量参数

你往往希望重复某个命令多次。用不着一遍又一遍地输入命令，在命令前加上一个数字即可。这个数字称为重复计数（repeat count）或复制因子（replication factor）。

图 2-2 展示了命令 `4l` 是如何将光标向右移动了 4 个字符位置，就好像你手动输入了 4 次 `l` 一样（`llll`）。

4l

With a screen editor you can scroll the

图 2-2：通过数字多次重复命令

重复计数出现在其所量化的命令之前，因为如果出现在之后的话，`vi` 永远都不知道这个数字何时结束。

重复执行命令的能力为各种命令提供了更多选择和威力。在我们介绍其他命令的时候，记住这一点。

2.2.3 行内移动

当保存文件 *practice* 时，Vim 会显示一条消息，告诉你该文件有多少行。一行的长度未必和屏幕上的可见行相同。行是在换行符之间输入的任何文本。（在插入模式下按 ENTER 键时，就会在文件中插入一个换行符）如果你在按 ENTER 之前输入了 200 个字符，Vim 将所有这些字符视为单独一行（即使其在屏幕上是以多行形式出现）。

我们先前提到过，`vi` 和 Vim 可以设置行尾的右边距，到达该位置后，会自动插入换行符。该配置项是 `wrapmargin`（缩写为 `wm`）。我们可以将 `wrapmargin` 设置为 10 个字符：

```
:set wm=10
```

该命令不会影响已输入的行。一旦你设置了此配置项，可以尝试输入一些新行，你会看到 Vim 自动在单词之间产生换行。我们将在第 7 章中讨论更多关于配置项设置的内容，但这个配置项可等不到那个时候了！

如果你把该命令放入主目录中名为 *.exrc* 的文件，编辑器会在每次启动时自动执行命令。我们随后会讲到 vi 和 Vim 的启动文件。

如果你没有设置 `wrapmargin` 配置项，要想让行保持适合的长度，就只能自行使用 ENTER 键断行了。

两个有用的行内移动命令如下：

`0`（数字 0）

移动到行首

`$`

移动到行尾

下面的例子中显示了行号（可以使用 `number` 配置项显示行号，在命令模式输入 `:set nu` 即可。参见第 5 章）注意，行号本身并不属于文件内容，仅出于方便用户阅读：

```
1  With a screen editor you can scroll the page,
2  move the cursor, delete lines, insert characters,
   and more, while seeing the results of your edits
   as you make them.
3  Screen editors are very popular.
```

逻辑行的行数（3 行）和屏幕上的可见行的行数（5 行）并不一致。如果光标位于单词 *delete* 中的字母 *d*，输入 `$`，光标会移至单词 *them* 之后的点号位置。如果输入 `0`，光标则会移至单词 *move* 中的字母 *m*，也就是第 2 行的行首位置。

2.2.4 按文本块移动

你可以按文本块移动光标，比如单词、句子、段落等。

`w`

光标向前移动一个单词（word）（由字母数字字符组成的单词[译注 2]）

译注 2：字母数字字符（alphanumeric characters）是指由英文字母和数字组成的字符集合，如果考虑大小写字母及数字，共有 62 个；如果不区分大小写字母，共有 36 个。

W

光标向前移动一个单词（Word）（由空白字符分隔的单词）

b

光标向后移动一个单词（word）（由字母数字字符组成的单词）

B

光标向后移动一个单词（Word）（由空白字符分隔的单词）

G

光标跳转到特定行

w 命令将光标一次向前移动一个单词，符号和标点也被视为单词。下面展示了 w 命令产生的光标移动：

```
cursor, delete lines, insert characters,
```

你也可以使用 W 命令按单词向前移动光标，但不将符号和标点算在内。（你可以将其看作是“大号的”或“大写的”单词）（Word）

下面展示了 W 命令产生的光标移动：

```
cursor, delete lines, insert characters,
```

b 命令可以按照单词向后移动光标。B 命令也可以按照单词向后移动光标，但不将符号和标点算在内。

如前所述，移动命令可以加入数量参数，这样就可以使 w 或 b 命令重复移动多次。2w 将光标向前移动 2 个单词；5B 将光标向后移动 5 个单词（不计入符号和标点）。

要跳转到特定行，可以使用 G 命令。单独的 G 命令会跳转到文件结尾，1G 跳转到文件开头，42G 跳转到第 42 行。详见 3.4.1 节。

我们在第 3 章讨论按句子或段落移动光标。现在先练习已经学过的光标移动命令，别忘了加上数量参数。

2.3 简单编辑

在文件中输入文本时，难免出错。要么是拼写错误，要么是想修订词句；有时候，编辑器还会出现 bug。在输入过程中，你还得能修改、删除、移动或复制文本。图 2-3 展示了你可能会执行的各种编辑操作，这些操作在图中以校对符号形式表示。

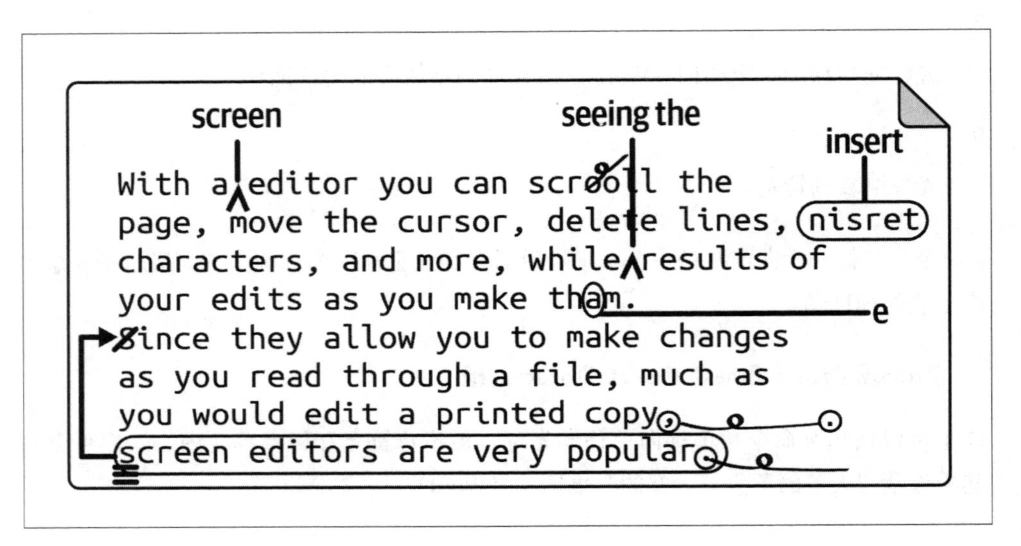

图 2-3：校对编辑

在 vi 中，只需几个简单的按键就可以完成这些操作：插入命令 i（你已经见识过了）；追加命令 a；更改命令 c；删除命令 d。要想移动或复制文本，得用到一对命令。移动文本的时候，先使用删除命令 d，再使用放置（put）命令 p；复制文本的时候，先使用复制命令 y，再使用放置命令 p。还可以使用 x 命令删除单个字符，使用 r 命令替换单个字符。有些命令连续按两次的话，比如 dd，表示“将该命令应用于整行”。另一些命令如果大写的话，比如 P，表示“对当前行的上一行执行该操作”。本节会介绍各种编辑操作。图 2-4 展示了如何使用 vi 命令完成图 2-3 中标记出的校对编辑。

该文件中的文本可用于后续练习，你可以从本书配套的 GitHub 仓库（*https://www.github.com/learning-vi/vi-files*）获取文件。更多信息参见 C.1 节。

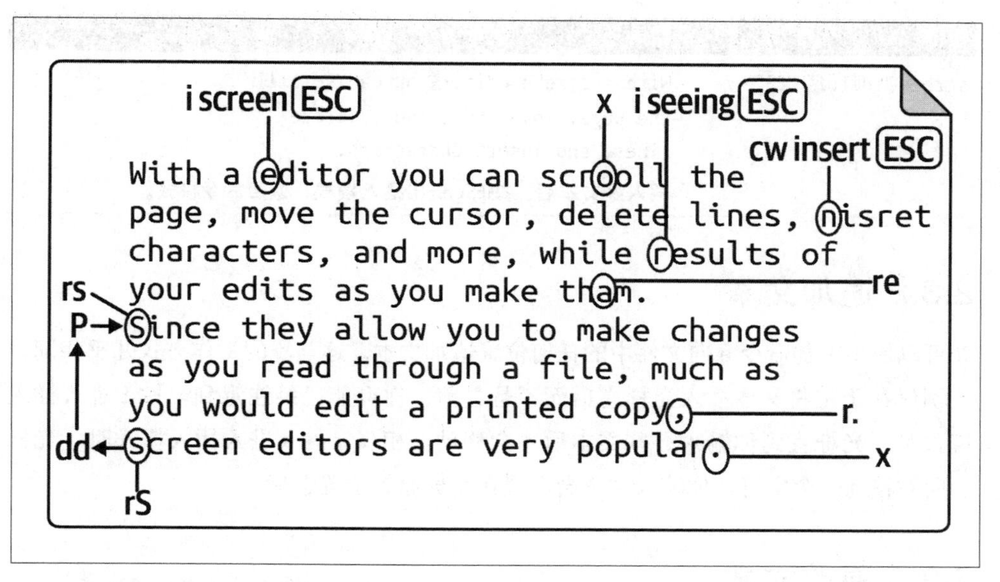

图 2-4：使用 vi 命令进行编辑

2.3.1 插入新文本

你已经看到了插入命令（i）可用于向新文件中插入文本。在编辑现有文本时，你也可以用其添加遗漏的字符、单词、句子。假设在文件 *practice* 中，有下列句子：

```
you can scroll
the page, move the cursor, delete
lines, and insert characters.
```

光标所在位置如上所示。要想在句首插入 *With a screen editor*，输入下列命令：

按键	结果

2k	`you can scroll`
	`the page, move the cursor, delete`
	`lines, and insert characters.`
	使用 2k 命令将光标上移两行，定位到待插入文本的行

iWith□a□	`With a you can scroll`
	`the page, move the cursor, delete`
	`lines, and insert characters.`
	按 i，进入插入模式并插入文本。□ 代表空格。

按键	结果
screen□editor□ ESC	With a screen editor█you can scroll the page, move the cursor, delete lines, and insert characters. 插入好文本后，按ESC退出插入模式，返回命令模式。

2.3.2 追加文本

你可以使用追加命令 a 向文件中的任何位置追加文本。这与 i 的工作方式几乎相同，区别仅在于是将文本插入光标之后而不是之前。你可能已经注意到，按 i 进入插入模式时，光标直到你输入一些文本后才会移动。相反，按 a 进入插入模式时，光标会向右移动一个字符，你输入文本会出现在光标原先位置之后。

2.3.3 更改文本

你可以使用更改命令 c 替换文件中的任何文本。要想告诉 c 命令更改多少文本，可以将其与移动命令结合使用。这样一来，移动命令就会称为受 c 命令影响的文本对象（text object）。例如，c 可用于更改从光标位置开始的文本：

cw

　　从光标位置到单词结尾

c2b

　　从光标位置向后两个单词

c$

　　从光标位置到行尾

c0

　　从光标位置到行首

下达更改命令之后，你可以使用任意数量的新文本、空白、一个单词或数百行来替换指定文本。与 i 和 a 一样，在按 ESC 键之前，你一直都处于插入模式。

如果更改仅影响当前行，vi 会用 $ 标记出被更改的文本结尾，这样你就知道该操作会影响到行中的哪部分文本了。如果未处于兼容模式，Vim 则不会这么做，而只是简单的删除要被更改的文本并进入插入模式。

单词

要修改单词，使用 c（change）命令配合 w（word）即可。你可以使用另一个更长或更短的单词（或者是任意数量的文本）替换某个单词（cw）。你不妨把 cw 看作是“删除标记的单词并插入新文本，直至按下ESC。”

假设文件 *practice* 中包含下列行：

```
With an editor you can scroll the page,
```

你想把 *an* 修改为 *a screen*。只需更改一个单词即可：

按键	结果
w	`With an editor you can scroll the page,` 使用 w 命令将光标移至要编辑的位置。
cw	`With  editor you can scroll the page,` 执行修改单词命令。Vim 删除 an 并进入插入模式。
a screen ESC	`With a screen editor you can scroll the page,` 输入替换文本，然后按ESC，返回命令模式。

cw 也适用于更改部分单词。例如，要想把 *spelling* 改为 *spelled*，可以把光标定位在 i，执行 cw 命令，然后输入 *ed*，最后按ESC。

vi 命令的一般形式

在截至目前我们介绍过的更改命令中，你也许已经注意到了下列命令模式：

（命令）（文本对象）

“命令”部分是更改命令 c，“文本对象”部分是移动命令（括号不用输入）。但 c 并不是唯一可以配合文本对象的命令。d（delete）命令和 y（yank）命令也适用于该模式。

记住，移动命令也能接受数量参数，因此 c、d、y 命令的文本对象部分还可以加入数字。例如，d2w 和 2dw 都可用于删除两个单词。知道了这一点，你就会发现大部分的 vi 命令的一般模式：

（命令）（数字）（文本对象）

或者：

（数字）（命令）（文本对象）

其中，“数字”和“命令”是可选的。如果不指定，那就只是一个简单的移动命令。如果加入了数字，就可以实现重复移动。另一方面，将命令（c、d 或 y）与文本对象结合，就得到了编辑命令。

当你认识到这些组合的多样性之后，Vim 的强大之处就显现出来了！

整行

要想替换整个当前行，得用到一个特殊的更改命令 cc。cc 会将整行更改成输入的任意文本，直到按下 ESC。不管光标位于行内哪个位置，cc 都会替换掉整行文本。

在 vi 中，cw 命令与 cc 命令的工作方式不同。使用 cw 时，原先的文本会保留，直到输入内容逐渐将其覆盖，而余下的原文本（截止到 $），在你按下 ESC 后立即消失。而在使用 cc 时，原先的文本则先消失，留下一个空行等着你插入文本。

“覆盖（type over）”方法适用于影响范围小于一整行的更改命令，而“空白行（blank line）”方法则适用于影响范围为一行或多行的更改命令。

在 Vim 中（未处于兼容模式），两种命令都只是简单的删除指定文本并进入插入模式。

C 命令可以替换从当前光标位置到行尾的所有字符。其效果等同于 c 命令与行尾指示符 $ 的组合（c$）。

cc 命令和 C 命令其实是其他命令的便捷写法，所以并不遵从 vi 命令的一般形式，无需在命令结尾指定文本对象。在讨论删除命令和复制命令时，你还会看到其他便捷写法。

字符

r 是另一个可用于替换文本的命令。该命令使用一个字符替换另一个字符。完成编辑之后，无需按 ESC 就可以返回命令模式。下面这行中有一处拼写错误：

```
Pith a screen editor you can scroll the page,
```

只需纠正一个字母就行了。在这种情况下，用不着麻烦 cw，因为你还得输入整个单词。可以使用 r 替换光标处的单个字符：

按键	结果
rW	`With a screen editor you can scroll the page,` 执行替换命令 r，更换为字符 *W*

替代文本

假设你只是想更改几个字符，而不是整个单词，这可以使用替代命令（s）实现。该命令本身只替换单个字符。在命令前加上数字，就可以替换多个字符。和更改命令（c）一样，vi 也会使用 $ 标记出被替换文本的最后一个字符，以便你知道会影响到多少文本。Vim 则是简单的删除文本并进入插入模式。（你可以将 s 视为类似于 r，只不过前者会进入插入模式，而不是直接替换指定的字符）

就像其他大写字母形式的命令，S 命令可以替换整行文本。不同于 C 命令，后者更改的是从行中当前光标位置开始的剩余文本，而 S 命令则是删除整行，不管光标所在的位置。然后编辑器进入插入模式并将光标置于行首。该命令的数字前缀可实现多行文本替换。（S 和 cc 的实际效果相同）

s 和 S 都会将你置于插入模式；输入完新文本之后，按 ESC 退出。

R 命令和与其对应的小写形式命令一样，可用于替换文本。不同之处在于，R 命令直接进入改写模式（overstrike mode）。你输入的字符会逐个替换屏幕上的文本，直到按下 ESC。如果位于段落中间，输入 R 的话，最多只能改写一行；当你按 ENTER 时，编辑器会打开一个新行，使你进入插入模式。

2.3.4 更改大小写

更改字母大小写是一种特殊的替换。波浪号（~）命令可以将小写字母改为大写，或者将大写字母改为小写。将光标移动到你要更改的字母位置并输入 ~，就能改变其大小写，光标然后移动到下一个字符。

该命令的数字前缀可以实现更改多个字母的大小写。

如果你想一次性更改多行文本的大小写，只能使用 tr 等 Unix 命令，参见第 7 章。

2.3.5 删除文本

删除命令 d 可用于删除文件中的任意文本。和更改命令一样，删除命令也需要文本对象（要操作的文本数量）。你可以删除单词（dw）、删除行（dd 和 D），或是配合随后学到的其他移动命令来删除文本。

不管是哪种形式的删除命令，都要先将光标移动到待删除文本的起始位置，然后输入删除命令（d）和文本对象（比如 w 代表单词）。

单词

假设文件中包含下列几行：

```
Screen editors are are very popular,
since they allow you to make
changes as you read through a file.
```

光标所在位置如上所示。你想要删除第一行中的单词 *are*：

按键	结果

2w	`Screen editors are are very popular,`
	`since they allow you to make`
	`changes as you read through a file.`
	将光标移动到待删除文本的起始位置（are）。

dw	`Screen editors are very popular,`
	`since they allow you to make`
	`changes as you read through a file.`
	执行删除单词命令（dw），删除单词 are。

dw 删除从光标所在位置开始的一个单词。注意，单词之后的空格也会被一并删除。

dw 也可用于删除部分单词。在下面的例子中：

```
since they allowed you to make
```

你想删除单词 *allowed* 结尾部分的 *ed*：

按键	结果
dw	`since they allowyou to make` 执行删除单词命令（dw），从光标所在位置开始，删除单词的剩余部分。

dw 总是会删除行内下一个单词之前的空格，但在本例中，我们不希望这样。为了保留单词之间的空格，可以使用 de，该命令仅删除到单词结尾；dE 的删除范围则包括单词结尾的标点。[注 5]

你还可以向后删除单词（db），或是删除到行尾或行首（d$ 或 d0）。

让我们来澄清小写 w（words）和大写 W（Words）之间的区别。假设文件中包含下列文本：

```
This doesn't compute.
```

光标位于行首，dw 和 dW 之间的区别如下：

按键	结果
w	`This doesn't compute.` 将光标移动到 d。
dw	`This 't compute.` 删除光标所在的单词，但不包括单词结尾的标点。
u	`This doesn't compute.` 撤销上一步操作。
dW	`This compute.` 删除光标所在的单词，删除范围一直到下一个空白字符（包括该空白字符）。

注 5： Robert P. J. Day 指出，不同于 dw 和 de 这一对命令，cw 和 ce 的效果是一样的。

行

dd 命令删除光标所在的整行内容，不会只删除部分行。和 cc 一样，dd 是一个特殊命令。使用先前例子中的文本，光标位于第一行，如下所示：

```
Screen editors are very popular,
since they allow you to make
changes as you read through a file.
```

你可以删除前两行：

按键	结果
2dd	`changes as you read through a file.` 执行命令删除前两行(2dd)。注意，尽管光标并不位于行首，但依然可以删除整行。

D 命令从光标所在位置开始删除到行尾。（D 是 d$ 的便捷写法）例如，光标位置如下所示：

```
Screen editors are very popular,
since they allow you to make
changes as you read through a file.
```

你可以从光标所在位置开始一直删除到行尾：

按键	结果

D	`Screen editors are very popular,`
	`since they allow you to make`
	`changes`
	执行命令（D），从光标所在位置开始一直删除到行尾。

字符

你往往只是想删除一两个字符。就像替换单一字符的特殊更改命令 r 一样，当然也有删除单个字符的特殊删除命令 x。该命令仅删除光标所在的字符。在下列文本行中：

```
zYou can move text by deleting text and then
```

你可以通过 x 命令删除字符 z。[注6] 大写的 X 命令会删除光标之前的字符。这两个命令如果加上数字前缀，则可以删除指定数量的字符。例如，5x 删除光标所在位置及向右方向共计 5 个字符。执行完 x 或 X 之后，vi 仍处于命令模式。

删除操作中遇到的问题

- 希望能恢复删错的文本

  有几种方法可以恢复误删的文本。如果想要恢复刚刚删除的内容，输入 u 就能撤销上次操作（比如 dd）。但这仅适用于尚未执行其他命令的时候，因为 u 只能撤销最近的一个命令。另一方面，U 会将一整行恢复到原先状态，也就是对其做任何更改之前的样子。

  你也可以使用 p 命令，恢复最近几次的删除操作，因为 vi 会将最近 9 次删除的内容保存在 9 个已编号的删除寄存器（deletion registers）中。举例来说，如果你知道要恢复的缓冲区是第 3 个，则可以输入：

  ```
  "3p
  ```

  该命令会将 3 号删除寄存器中的内容“放到”光标所在的下一行。

  但这仅适用于已删除的行。单词或部分行都不会保存在寄存器中。如果你想恢复已删除的单词或部分行，u 命令又帮不上忙，那就只能靠 p 命令了。这将恢复最后一次删除的内容。

  注意，Vim 支持“无限”撤销，这就太方便了。详情参见 8.8 节。

撤销只能恢复最后一次操作。输入两次 dw 来删除两个单词属于两个操作：u 只能恢复最后被删除的那个单词。但是，输入 2dw 来删除两个单词，则属于单个操作；在这种情况下，u 可以恢复被删除的两个单词。

注 6： 记忆 x 的方法是将其想象成使用打字机“消除（x-ing out）”错误。不过，谁现在还用打字机呢？

2.3.6 移动文本

每次删除一个文本块，被删除的内容就会被保存在一个特殊的无名区域，我们称其为删除寄存器。[注7]

在 vi 中，移动文本是通过先将其删除，然后再将删除的文本置于文件中的其他位置来实现的，类似于“剪切 - 粘贴”。删除待移动的文本，将光标定位到另一个位置，最后使用放置命令（p）将文本放在新位置。你可以移动任何文本块，尽管移动行要比移动单词更实用。

放置命令（p）将删除寄存器中的文本放在光标之后。大写的 P 命令则将文本放在光标之前。如果你删除了一行或多行，p 会将删除的文本置于光标下方的新行，而 P 则是将其置于光标上方的新行。如果你删除的是部分行，p 会将删除的文本置于当前行的光标之后。

假设文件 *practice* 中包含下列文本：

```
You can move text by deleting it and then,
like a "cut and paste,"
placing the deleted text elsewhere in the file.
each time you delete a text block.
```

你想像“复制 - 粘贴”那样将第 2 行移动到第 3 行下面。操作过程如下：

按键	结果
dd	You can move text by deleting it and then, placing the deleted text elsewhere in the file. each time you delete a text block. 将光标定位在第 2 行，删除该行。被删除的文本被保存在删除寄存器中。
p	You can move text by deleting it and then, placing that deleted text elsewhere in the file. like a "cut and paste" each time you delete a text block. 执行 p 命令将被删除的行恢复到光标下面的新行。为了完成句子的重新排列，你还得更改大小写和标点（使用 r 命令），以符合新的句子结构。

注 7：较旧的 vi 文档则称其为删除缓冲区（deletion buffer）。我们选择使用 Vim 的术语“寄存器”，避免与包含文件内存的缓冲区搞混淆。

一旦删除了文本，要想再恢复，就必须赶在执行下一个更改或删除命令之前。如果你做了另一个会影响删除寄存器的编辑操作，之前删除的文本可就没了。只要别进行新的编辑，你可以一次又一次地执行 p 命令。在 4.3 节中，你将学习到如何将删除的文本保存在具名寄存器中，以便随后检索。

对调两个字母

你可以用 xp（删除一个字符，再将其放到光标后面）来对调两个字母。例如，在单词 *mvoe* 中，字母 *vo* 的位置颠倒了。要更正这个错误，将光标置于 *v*，然后依次按 x 和 p。transpose（对调）这个单词可以帮助你记忆 xp 这个命令：x 代表 *trans*，p 代表 *pose*。

并没有能对调两个单词的命令。在 7.3.2 节中，我们将讨论一个简短的命令序列，可以实现该功能。

2.3.7 复制文本

通常，你可以把文件的一部分复制到其他位置以节省编辑时间（和键盘输入）。使用 y（复制）命令和 p（放置）命令，你可以复制任何数量的文本并将其放置到文件中的其他位置。复制命令将选中的文本复制到删除寄存器，文本会一直保存在那里，直到出现另一个复制（或删除）操作。你可以使用 p 将其中的文本副本放置到文件中的任意位置。

与更改命令和删除命令一样，复制命令也可以与移动命令配合使用（yw、y$、y0、4yy）。由于“复制－放置”单词要比直接插入单词花费的时间长，所以复制命令多用于单行（或多行）文本操作。

类似于 dd 和 cc，便捷写法 yy 同样作用于一整行。但是出于某些原因，便捷写法 Y 的工作方式并不像 D 和 C 那样。Y 复制整行，而不是复制从光标当前位置到行尾的部分。也就是说，Y 和 yy 的效果相同。（使用 y$ 复制从光标当前位置到行尾的部分）

假设文件 *practice* 中包含下列文本：

```
With a screen editor you can
scroll the page.
```

```
move the cursor.
delete lines.
```

你想生成 3 个以 *With a screen editor you can* 起始的完整句子。用不着在文件中来回移动进行编辑，可以使用 y 命令和 p 命令添加文本：

按键	结果
yy	With a screen editor you can scroll the page. move the cursor. delete lines. 将需要的行复制到寄存器。光标可位于该行内的任意位置（或者一系列行的首行）。
2j	With a screen editor you can scroll the page. move the cursor. delete lines. 将光标移至要放置文本的位置。
P	With a screen editor you can scroll the page. With a screen editor you can move the cursor. delete lines. 使用 P 将文本放置在光标所在行之上。
jp	With a screen editor you can scroll the page. With a screen editor you can move the cursor. With a screen editor you can delete lines. 将光标向下移动一行。使用 p 命令将文本放置在光标所在行之下。

和删除命令一样，复制命令也会用到删除寄存器。每个新的删除或复制操作都会替换掉寄存器中原有的内容。我们在 4.3 节中会看到，可以使用放置命令调取出先前 9 次复制或删除的文本。你也可以把复制或删除的文本直接放入 26 个具名寄存器中，以便同时处理多个文本块。

2.3.8 重复或撤销最后的命令

你执行过的每个编辑命令都会被保存在一个临时寄存器中，直至发出下一个命令。例如，如果你在文件中的某个单词后插入 *the*，那么用于插入该文本的命令以及插入的文本都会被临时保存下来。

重复

想要重复相同的编辑命令时，可以通过重复命令（.）来节省时间。将光标定位到想要重复编辑命令的位置，然后输入点号。

假设文件中包含下列行：

```
With a screen editor you can
scroll the page.
With a screen editor you can
move the cursor.
```

你可以删除一行，然后通过简单的输入点号再删除另一行：

按键	结果

dd	`With a screen editor you can`
	`scroll the page.`
	`move the cursor.`
	使用 dd 命令删除一行。

.	`With a screen editor you can`
	`scroll the page.`
	重复删除操作。

撤销

前面提到过，如果出现操作错误，你可以撤销上一个命令。简单地按 u 即可。光标也不需要定位在进行过编辑的原始行。

我们继续上一个例子，恢复在 *practice* 文件中删除的行：

按键	结果
u	With a screen editor you can scroll the page. move the cursor. u 撤销最后一个命令，恢复被删除的行。

在 vi 中，大写 U 可以撤销对单行文本所做的全部编辑，只要光标仍处于行中。一旦脱离了该行，就无法再用 U 了。Vim 则无此限制。

注意，你还可以使用 u 撤销上次的“撤销操作”，在文本的两个版本之间来回切换。u 也可以撤销 U；而 U 则会撤销在一行中的所有更改，包括 u 在内。

如果你使用的是 Vim，撤销的工作方式可能会有所不同，而只是撤销连续的更改。Vim 允许你使用 CTRL-R 来“重新执行（redo）”一个被撤销的操作。结合无限撤销，你可以在文件更改历史记录中前后移动。更多信息参见 8.8 节。

因为 u 可以撤销自身，这就产生了一种在文件中跳转的巧妙方式。如果你想返回上一次暂停编辑的位置，只要执行撤销操作即可。这时候你会返回到当时所在的行。当你再撤销这次撤销操作时，仍会待在该行。

2.4 更多的文本插入方法

你可以像下面这样在光标之前插入文本：

itext to be inserted ESC

我们也使用过 a 命令在光标之后插入文本。还有其他一些插入命令可以在光标的不同位置插入文本（其中部分先前讨论过）：

A

在当前行尾部插入追加文本

I

在当前行行首插入文本

o（小写字母 o）

在光标之下建立一个空行，等待输入

O（大写字母 O）

在光标之上建立一个空行，等待输入

s

删除光标所在的字符并输入替换文本

S

删除当前行并输入替换文本

R

从光标所在位置开始，使用新字符覆盖现有字符

以上所有命令都会将你置于插入模式。插入完文本之后，记得按 ESC 返回命令模式。

A（append）和 I（insert）使你不必在进入插入模式之前将光标移动到行尾或行首。（A 命令比 $a 省下了一次按键。尽管一次按键可能也算不上什么，但随着你对编辑器越熟练，越看重效率，也就越想少敲键盘。）

o 和 O（open）可以省下按回车键。在行内的任何位置都能使用该命令。

s 和 S（substitute）允许你删除单个字符或整行，并使用任意数量的新问题替换被删除掉的内容。s 等同于命令序列 c SPACE，S 等同于 cc。s 的最佳用法之一是将单个字符更改成多个字符。

R（replace）在你想更改文本但又不确定文本数量的时候非常有用。例如，不用考虑是该用 3cw 还是 4cw，只要输入 R，再输入要替换的文本即可。

插入命令的数字参数

除了 o 和 O，其他插入命令（加上 i 和 a）均可接受数字前缀。通过数字前缀，你可以使用 i、I、a、A 命令插入连续的下划线或其他字符。例如，输入 50i* ESC 会插入 50 个星号，输入 25a*- ESC 会插入 50 个字符（25 对星号和连字符）。 不过最好只重复一小串字符。

有了数字前缀，r就可以将多个字符替换成重复的单个字符。例如，在C或C++代码中，要想把 || 改为 &&，可以把光标定位在第一个管道字符，输入 2r&。

你可以使用带有数字前缀的 S 替换多行文本。不过，使用 c 配合移动命令会更快更灵活。

当你想更改位于单词中间的若干字符的时候，很适合使用结合数字前缀的 s 命令。输入 r 显然不对，输入 cw 更改的文本又太多。而数字前缀加上 s 的效果和 R 一样。

还有其他一些命令也可以自然地组合在一起。例如，ea 可用于在单词结尾追加新文本。训练自己记住这种命令组合，使其变成一种自觉行为，对你将大有帮助。

2.5 使用 J 合并两行文本

在编辑文件的过程中，有时候会产生一些不易阅读的短行。

假设文件 *practice* 中包含下列行：

```
With a
screen editor
you can
scroll the page, move the cursor
```

如果你想将两行合二为一，将光标置于第一行的任意位置，按SHIFT-J合并相邻的两行：

按键	结果
J	With a screen editor you can scroll the page, move the cursor J 将光标所在行和位于其下的行合并
.	With a screen editor you can scroll the page, move the cursor 使用 . 重复刚才的命令（J），将下一行与当前行合并

J 配合数字前缀可以合并多个相邻行。1J 和 2J 可以合并当前行与其之后的行。值为

3 或以上的数字前缀能够合并包括光标所在行在内的更多行。在本例中，可以通过 3J 合并前 3 行。

vi 命令的相关问题

- *在输入命令时，文本出乎意料地在屏幕上到处乱跑。*

  确认你输入的是 j 而不是 J。

  你可能没注意到自己按了CAPS LOCK；vi 和 Vim 区分大小写，也就是说，大写命令（比如，I、A、J）和小写命令（i、a、j）是不一样的，因此按下CAPS LOCK后输入的所有命令都会被当作大写命令。再按一次CAPS LOCK，返回小写状态，按ESC确定自己处于命令模式，然后输入 U，恢复上次的行更改，或是输入 u，撤销上个命令。你可能还需要做一些额外工作，才能让文件恢复原状。

2.6 模式指示符

到目前为止，你已经知道编辑器有两种模式：命令模式和插入模式。通常，你无法通过查看屏幕来判断自己处于哪种模式。此外，无需使用CTRL-G或 ex:.= 命令就知道当前在文件中所处的位置通常很有用。

有两个配置项可以解决这个问题：showmode 和 ruler。Vim 二者兼具，而 vi 的 "Heirloom" 版本以及 Solaris 版本（/usr/xpg7/bin/vi）只提供了 showmode 配置项。

表 2-1 列出了这两种编辑器的特殊功能。

表 2-1：位置和模式指示符

编辑器	屏幕显示（如果设置了 ruler 配置项）	屏幕显示（如果设置了 showmode 配置项）
vi	N/A	打开、输入、插入、追加、更改、替换、替换单个字符和替代模式都有单独的模式提示符
Vim	行号和列号	插入、替换和可视模式提示符

2.7 复习 vi 基础命令

表 2-2 列出了一些结合了 c、d、y 与各种文本对象的命令。最后两行是用于编辑的附加命令。表 2-3 和表 2-4 列出了其他一些基础命令。表 2-5 总结了本章中讲过的其他命令。

表 2-2：编辑命令

文本对象	更改	删除	复制
一个单词	cw	dw	yw
以空白字符分隔的两个单词	2cW 或 c2W	2dW 或 d2W	2yW 或 y2W
光标向后的 3 个单词	3cb 或 c3b	3db 或 d3b	3yb 或 y3b
单行	cc	dd	yy 或 Y
直到行尾	c$ 或 C	d$ 或 D	y$
直到行首	c0	d0	y0
单个字符	r	x 或 X	yl 或 yh
5 个字符	5s	5x	5yl

表 2-3：光标移动

移动	命令
←, ↓, ↑, →	h, j, k, l
←, ↓, ↑, →	BACKSPACE, CTRL-N 和 ENTER, CTRL-P, 空格
到下一行的第一个字符	+
到上一行的第一个字符	-
到单词结尾	e 或 E
向前一个单词	w 或 W
向后一个单词	b 或 B
到行尾	$
到行首	0
到特定行	G

表 2-4：其他操作

操作	命令
取出寄存器中的文本	p 或 P
启动 vi 并打开文件（如果指定）	vi *file*

表 2-4：其他操作（续）

操作	命令
启动 Vim 并打开文件（如果指定）	vim *file*
保存编辑并退出	ZZ
不保存编辑并退出	:q! ENTER

表 2-5：文本创建和操作命令

编辑操作	命令
在当前位置插入文本	i
在行首插入文本	I
在当前位置追加文本	a
在行尾追加文本	A
在光标下方新建一行，等待输入文本	o
在光标上方新建一行，等待输入文本	O
将被删除的文本放置在光标之后或当前行之下	p
将被删除的文本放置在光标之前或当前行之上	P
替换光标所在的字符	r
使用新文本覆盖现有字符	R
删除当前字符并进入插入模式	s
删除行并替换文本	S
删除光标所在的字符	x
删除光标之前的单个字符	X
合并当前行和下一行	J
切换当前字符大小写	~
重复上一次的操作	.
撤销上一次的更改	u
将行恢复到原状	U

在 vi 和 Vim 中，只使用表中列出的这些命令就够了。但是，要想发挥编辑器的真正威力（并提高自己的工作效率），还需要更多的工具。下面几章将介绍这些工具。

第3章
快速移动

你当然不会只是创建新文件，而是会花费大量的时间编辑现有文件。你也很少会愿意从文件第一行开始逐行移动，有时候更想从文件的特定位置开始工作。

所有的编辑工作都是从移动光标到编辑位置开始的（或者是使用ex行编辑器命令，确定待编辑行的行号）。本章展示了如何以各种方式（根据屏幕、文本、模式或行号）移动。在vi和Vim中，因为编辑速度取决于使用较少的按键到达目标位置，有很多种移动方法。

本章包括：

- 逐屏移动
- 根据文本块移动
- 根据模式移动
- 根据行号移动

3.1 逐屏移动

在读书时，你是以页来确定书中的“位置”：停下来的那页，或是索引中的页码。但在编辑文件时，可就没这么方便了。有些文件只有寥寥数行，一眼就能看完。但很多文件则包含数百（或数千！）行之多。

你可以将文件想象成写满文字的长卷轴，而屏幕则是长卷轴上能显示（通常）24 行文字的窗口。[注1]

在插入模式中，随着文本填满屏幕，光标会移动到屏幕底行。当你按 ENTER 时，最上面一行文本就从视野中消失了，而屏幕底部会出现一个空行，供你输入新的文本。这就叫作滚动（scrolling）。

在命令模式中，你可以通过前后滚动屏幕来查看文件中的任意文本。而且，光标移动命令还可以配合数字前缀，实现在文件中快速移动。

3.1.1 滚动屏幕

下列 `vi` 命令可以按全屏或半屏前后滚动显示文件内容：

`^F`

  向前滚动一屏

`^B`

  向后滚动一屏

`^D`

  向前（下）滚动半屏

`^U`

  向后（上）滚动半屏

在上述命令中，`^` 符号代表 CTRL 键，因此 `^F` 表示按下 CTRL 的同时按 SHIFT-F 键。

另外还有命令可以向上滚动一行（`^E`）或向下滚动一行（`^Y`）。但是，这两个命令并不会将光标定位到行首。光标依然停留在执行命令之前的位置。

注 1： 即使你在编辑时调整了终端模拟器窗口的大小，编辑器也知道你的屏幕有多大。

3.1.2 使用 z 重新定位屏幕

如果想要往上或往下滚动屏幕，但又想让光标停留在原来的文本行，可以使用 z 命令：

z ENTER和 z+ ENTER

将当前行移至屏幕顶端并滚动屏幕

z.

将当前行移至屏幕中央并滚动屏幕

z-

将当前行移至屏幕底端并滚动屏幕

对于 z 命令，使用数字前缀没有什么意义（毕竟你只需要将光标移至屏幕顶端一次即可。重复相同的 z 命令并不会再进行任何移动）。然而，z 会将数字前缀理解为行号，使指定行成为新的当前位置。例如，z ENTER将当前行移至屏幕顶端，而 200z ENTER则是将第 200 行移至屏幕顶端。

一些 GNU/Linux 发行版附带了 */etc/vimrc* 文件，其中将 Vim 配置项 scrolloff（“滚动偏移”）设置为非 0 值（通常为 5）[注2]。其他发行版则是使用文件 */usr/share/vim/vimXX/defaults.vim*，其中 *XX* 是 Vim 的版本号。将 scrolloff 设置为非 0 值会使得 Vim 始终在光标上下保留多行。因此，如果你输入 z ENTER将当前行移至屏幕顶端，但其实当前行只会被移动到屏幕顶端的若干行之下[译注1]，现在你知道为什么会这样了吧。

该配置项也会影响到 H 命令和 L 命令（参见 3.1.4 节），其他命令也有可能受此影响。

你可以在个人的 *.vimrc* 文件[译注2]（关于该文件的更新信息，参见 7.1 节和 8.5.3 节）中明确地将 scrolloff 设置为 0 来消除滚动偏移。

注 2： 感谢 Robert P. J 注意到了该配置项并告诉了我们。

译注 1： 也就是说，如果 set scrolloff=5，当执行 z ENTER后，当前行会出现在从屏幕顶端开始的第 6 行。

译注 2： 即 *~/.vimrc*。

3.1.3 重绘屏幕

如果你在终端窗口中使用 vi 或 Vim，计算机系统产生的消息可能会在你编辑文件的时候显示在屏幕上（这种情况尤其出现在登录远程服务器的时候）。这些消息不是编辑缓冲区的一部分，但却会干扰你的工作。这时候你需要重新显示（重绘）屏幕。

只要你执行滚动命令，就会重绘部分（或全部）屏幕，所以你总是可以通过将不需要的系统消息滚动出屏幕来免受其烦，然后在重新返回到之前的编辑位置。不过你也可以输入 CTRL-L，不用滚动也能重绘屏幕。

3.1.4 在屏幕内移动

你也可以保持当前屏幕或文件视图，在屏幕范围内移动光标：

`H`

移至起点（home）—— 屏幕首行的第一个字符。

`M`

移至屏幕中间行的第一个字符。

`L`

移至屏幕末行的第一个字符。

n `H`

移至屏幕首行往下第 *n* 行的第一个字符

n `L`

移至屏幕末行往上第 *n* 行的第一个字符。

`H` 将光标从屏幕任意位置移至首行或“起始”行。`M` 和 `L` 分别将光标移至中间行和末行；要想将光标移至首行下方那行，使用 `2H` 即可：

按键	结果

`L`	`With a screen editor you can`
	`scroll the page, move the cursor,`
	`delete lines, insert characters, and more,`
	`while seeing the results of your`

按键	结果
	edits as you make them. Screen editors are very popular, since they allow you to make changes as you read through a file. 使用 L 命令将光标移至屏幕末行。
2H	With a screen editor you can scroll the page, move the cursor, delete lines, insert characters, and more, while seeing the results of your edits as you make them. Screen editors are very popular, since they allow you to make changes as you read through a file. 使用 2H 命令将光标移至屏幕的第 2 行（单独的 H 命令可以将光标移至屏幕首行）。

3.1.5 按行移动

在当前屏幕内，还有一些命令可以按行移动光标。你已经见识过了 j 和 k，除此之外，还有：

ENTER

移至下一行的首个非空白字符。

+

移至下一行的首个非空白字符（等同于 ENTER）。

-

移至上一行的首个非空白字符。

这三个命令会将光标移动到上一行或下一行的首个字符，忽略任何空格或制表符。而 k 和 j 则是将光标移至上一行或下一行的首个位置（first position），即便该位置上是空白（假设光标原本位于首个位置）。

在当前行移动

别忘了 h 和 l 可以将光标向左向右移动，0（数字 0）和 $ 可以将光标移至行首和行尾。你也可以使用下列命令：

^

将光标移至当前行的首个非空白字符。

n |

将光标移至当前行的第 *n* 列或行尾（如果 *n* 大于该行的字符数）[注3]。

就像先前的行移动命令一样，^ 将光标移至当前行的首个字符，忽略任何空格或制表符。而 0 则是将光标移至当前行的首个位置，即便该位置上是空白。

3.2 按文本块移动

另一种移动方式是以文本块为单位（单词、句子、段落、节）。

你已经学会了按单词前后移动（w、W、b、B）。除此之外，还可以使用下列命令：

e

移至当前单词结尾（单词之间以标点和空白字符分隔）

E

移至当前单词结尾（单词之间以空白字符分隔）

(

移至当前句子的开头

)

移至下一个句子的开头

{

移至当前段落开头

}

移至下一个段落开头

[[

移至当前节（section）的开头

注 3： 为什么是 | ？这来自在 troff 格式化程序中使用 | 作为移动命令的相似用法。

]]

移至下一节的开头

vi 和 Vim 会寻找 ?、.、!，以判断句子的结束。当这些标点后面有至少两个空格或是作为一行的最后一个非空白字符时，则认为句子结束。如果你在点号后面只留了一个空格或该句以引号结束，则 vi 无法识别这个句子。不过，Vim 并没有这么古板，只需要这些标点后面有一个空格即可。

“段落”的定义是下一个空白行之前的文本，也可以是出现在 troff MS 宏软件包[注4]中默认的段落宏（.IP、.PP、.LP、.QP）之前的任何文本。与此类似，“节”的定义是下一个默认的节宏（.NH、.SH、.H1、.HU）之前的文本。: 这些被作为段或节分隔符的宏可以通过 :set 命令来定义，我们会在第 7 章中介绍。

记住，你可以将数字前缀与移动命令结合起来。例如，3) 会将光标向前移动 3 个句子。另外别忘了，也可以使用移动命令进行编辑：d) 从光标所在位置删除到当前句子的末尾；2y} 向前复制 2 个段落。

移动命令和编辑命令（比如 cw 和 ce）同样能结合使用。Robert P. J. Day 指出“尽管 w 和 e 是略微不同的移动命令，但更改命令 cw 和 ce 的效果却一模一样”。

3.3 按搜索结果移动

在大型文件中，最有效的快速移动方法之一就是搜索文本，或者更准确地说，是搜索文本模式。有时候，搜索操作可用于查找拼错的单词或程序中某个变量的所有实例。

搜索命令是特殊字符 /（斜线）。当你输入斜线，它就会出现在屏幕底行，然后再输入要搜索的文本模式：*/pattern*。

模式可以是整个单词，也可以是任意的字符串。举例来说，如果你搜索字符序列 *red*，可以匹配独立单词 *red*，但也会匹配 *occurred*。如果你在 *pattern* 之前或之后加上空格，空格也会被视为要匹配的文本。和其他的底行命令一样，按 ENTER 键执行命令。

注 4：这不像以前那么有用了。尽管 troff 尚未退役，但已经没有 Unix 初期时候应用得那么广泛了。

和其他 Unix 编辑器一样，vi 和 Vim 也有一种特殊的模式匹配语言，允许你查找各种文本模式。例如，任何以大写字母起始的单词或者位于行首的单词 *The*。我们会在第 6 章讨论这种功能强大的模式匹配语言。现在暂且将模式看作是单词或短语。

编辑器从光标所在的位置开始向前搜索，在必要时会折回文件开头。如果找到了指定模式，光标移动到该模式的第一次匹配处。如果没有找到状态栏中会显示消息"Pattern not found"。[注 5]

使用文件 *practice*，来看看如何按搜索结果移动：

按键	结果

`/edits` ENTER	`With a screen editor you can scroll the`
	`page, move the cursor, delete lines, insert`
	`characters, and more, while seeing the`
	`results of your edits as you make them.`
	搜索模式 *edits*。光标直接移至匹配文本。注意，在按 ENTER 之前，不需要在 *edits* 后面输入空格。

`/scr` ENTER	`With a screen editor you can scroll the`
	`page, move the cursor, delete lines, insert`
	`characters, and more, while seeing the`
	`results of your edits as you make them.`
	搜索模式 *scr*。光标折回了文件开头。

注意，你可以指定任意的字符组合，不一定非得是完整的单词。

要向后搜索，使用 ? 代替 /：

```
?pattern
```

不管是哪种情况，搜索操作都会在必要时折回文件开头或结尾。

3.3.1 重复搜索

你搜索的最后一个模式在编辑会话过程中都是可用的。完成一次搜索之后，不用再重复输入，你就可以使用 vi 命令重复搜索上一个模式：

注 5： 具体的消息视不同的编辑器版本而异，但含义是一样的。一般来说，我们不会每次都不厌其烦地提醒消息文字可能不同。不管具体内容是什么，所传达的信息都是相同的。

n

　　沿着相同的方向重复搜索

N

　　沿着相反的方向重复搜索

/ ENTER

　　向前重复搜索

? ENTER

　　向后重复搜索

因为最后一次的模式持续可用，你可以搜索模式，执行相关操作，然后再通过n、N、/或?搜索同一模式，不用再重新输入。在屏幕底部左侧会显示出搜索方向（/是向前搜索，?是向后搜索）。Vim比vi更进一步，将搜索文本放入命令行，允许你使用上下箭头键翻看已保存的搜索命令历史。14.1.3节中讨论了如何充分利用已保存的搜索历史。

继续上一个例子，因为模式*scr*仍可继续用于搜索，你可以执行下列命令：

按键	结果
n	`With a screen editor you can scroll the page, move the cursor, delete lines, insert characters, and more, while seeing the results of your edits as you make them.` 使用n（next）命令将光标移至模式*scr*的下一处匹配（从*screen*到*scroll*）。
?you ENTER	`With a screen editor you can scroll the page, move the cursor, delete lines, insert characters, and more, while seeing the results of your edits as you make them.` 使用?从光标所在位置向后搜索模式*you*的第一次匹配。输入完该模式之后需要按ENTER。
N	`With a screen editor you can scroll the page, move the cursor, delete lines, insert characters, and more, while seeing the results of your edits as you make them.` 在反方向（光标所在位置向前）重复上一次的搜索。

有时你只想找到一个更靠前的单词，不想折回到文件先前部分搜索。有一个配置项 wrapscan 可以控制是否折回搜索。你可以像这样禁止折回：

```
:set nowrapscan
```

如果设置了 nowrapscan，而且没有找到更靠前的匹配，vi 的状态栏会显示下列消息：

```
Address search hit BOTTOM without matching pattern
```

Vim 则会显示下列消息：

```
E385: search hit BOTTOM without match for: foo
```

如果设置了 nowrapscan，而且向后搜索失败，状态栏中显示的消息会以“TOP”代替“BOTTOM”。

搜索并更改

/ 和 ? 可以与更改命令结合，比如 c 和 d。继续先前的例子：

按键	结果
d?move ENTER	With a screen editor you can scroll the page, your edits as you make them. 从光标位置开始向后一直删除到出现（包含）*move* 的地方。

注意，删除操作是以字符为基础的，并不会删除整行。

本节只对模式搜索进行了最基本的介绍。第 6 章将详述模式匹配及其在文件全局更改中的应用。

3.3.2 当前行搜索

还有一些轻量版的搜索命令可用于行内搜索。命令 f*x* 会将光标移至字符 *x* 的下一个实例（其中，*x* 代表任意字符）。命令 t*x* 会将光标移至 *x* 的下一个实例之前的字符（f 是 *find* 的缩写；t 是 *to* 的缩写，意思是“直到”）。分号可用于重复搜索。

行内搜索命令总结如下。所有的命令都不会将光标移至下一行：

`fx`

查找（移动光标至）*x* 在行内的下一个实例，其中，*x* 代表任意字符。

`Fx`

查找（移动光标至）*x* 在行内的上一个实例。

`tx`

查找（移动光标至）*x* 在行内的下一个实例之前的那个字符。

`Tx`

查找（移动光标至）*x* 在行内的上一个实例之后的那个字符。

`;`

在相同方向重复上一次查找。

`,`

在相反方向重复上一次查找。

假设你正在编辑文件 *practice* 的下列行：

```
With a screen editor you can scroll the
```

你可以像下面这样查找字符 o：

按键	结果
fo	With a screen editor you can scroll the 使用 f 查找 o 在当前行的第一次出现。
;	With a screen editor you can scroll the 使用 ; 将光标移至 o 在当前行的下一次出现。

`dfx` 会删除包括字符 *x* 在内的所有字符。该命令适用于删除或复制部分行。如果行内包含符号或标点而难以计算单词数量，你或许需要使用 `dfx` 代替 `dw`。`t` 命令和 `f` 命令差不多，除了前者会将光标定位在要搜索的字符之前。例如，命令 `ct.` 可以更改直到句末的文本，同时保留句号。

3.4 按行号移动

文件中的每一行都会被依序编号，可通过指定行号来移动到文件各处。

行号有助于辨识一大块文本的起止。除此之外，行号对程序员也很有用，因为编辑器的错误消息会引用行号。最后，ex 命令同样会用到行号，你随后就会学到。

如果你打算按行号移动，必须以某种方式指定行号。可以使用 `:set nu`（第 5 章会讲到）在屏幕上显示行号。屏幕底部也会显示光标所在的行号。

命令 CTRL-G 会使得 `vi` 在屏幕底部显示当前行号、文件的总行数以及当前行号占总行数的百分比。例如，对于文件 *practice*，CTRL-G 会显示：

```
"practice" line 3 of 6 --50%--
```

Vim 则提供了更多的信息：

```
"practice" 4 lines --75%--                    3,23        All
```

倒数第二个字段是光标所在的位置（第 3 行，第 23 个字符）。在大型文件中，最后一个字段会变成百分比，指明你当前在整个文件中所处的位置。

CTRL-G 无论是在显示可用于命令中的行号，还是在确定当前所处位置的时候都很有用。

如果你已修改文件但尚未保存，`[Modified]` 会出现在状态栏中的文件名之后。

G 命令

你可以通过行号在文件中移动光标。`G`（转至）命令使用行号作为数字前缀，直接移动到指定行。例如，`44G` 会将光标移至第 44 行的开头。如果不加行号，`G` 会将光标移至文件的最后一行。

输入两个反引号（``` `` ```）会回到原来的位置（上一次执行 `G` 命令时所在的位置），除非你在此期间进行了其他编辑操作。如果情况确实如此，你随后又用 `G` 以外的命令移动了光标，则 ``` `` ``` 会将光标移回到你上一次进行编辑的地方。如果你使用了搜索命令（`/` 或 `?`），``` `` ``` 会将光标回到上一次执行搜索命令的地方。一对引号（`''`）的作用与两个反引号差不多，不同之处在于，前者是将光标移至先前所在行的开头，而不是确实的位置。

CTRL-G显示的总行数能让你粗略地知道移动了多少行。如果你位于一个千行文件中的第 10 行：

```
"practice" 1000 lines --1%--             10,1          1%
```

并且如果你打算编辑靠近文件结尾部分的文本，就可以大致估计出目标位置：800G。

按行号移动可以让你在大型文件中快速跳转位置。

3.5 回顾移动命令

表 3-1 总结了本章介绍的各个命令。

表 3-1：移动命令

移动	命令
向前滚动一屏	^F
向后滚动一屏	^B
向前滚动半屏	^D
向后滚动半屏	^U
向前滚动一行	^E
向后滚动一行	^Y
将当前行移至屏幕顶端并滚动屏幕	z ENTER
将当前行移至屏幕中央并滚动屏幕	z.
将当前行移至屏幕底端并滚动屏幕	z-
重绘屏幕	^L
移至屏幕顶端	H
移至屏幕中央	M
移至屏幕底行	L
移至下一行的首个字符	ENTER
移至下一行的首个字符	+
移至上一行的首个字符	-
移至当前行的首个非空白字符	^

表 3-1：移动命令（续）

移动	命令
移至当前行的第 *n* 列	*n* |
移至单词末尾	e
移动单词末尾（忽略标点）	E
移至当前句子的开头	(
移至下一个句子的开头	)
移至当前段的开头	{
移至下一段的开头	}
移至当前节的开头	[[
移至下一节的开头	]]
向前搜索模式	/*pattern* ENTER
向后搜索模式	?*pattern* ENTER
重复上一次搜索	n
在反方向重复上一次搜索	N
向前重复上一次搜索	/
向后重复上一次搜索	?
移至当前行内 *x* 的下一个实例	f*x*
移至当前行内 *x* 的上一个实例	F*x*
移至当前行内 *x* 的下一个实例之前	t*x*
当前行内 *x* 的上一个实例之前	T*x*
在相同方向重复上一个搜索命令	;
在相反方向重复上一个搜索命令	,
移至第 *n* 行	*n* G
移至文件结尾	G
返回到光标所在的上一个位置	``
返回到光标先前所在行的开头	''
显示当前行（非移动命令）	^G

第 4 章

进阶

你已经学习了基础的编辑命令 i、a、c、d 以及 y。本章将在此基础上更进一步：

- 介绍其他编辑命令，回顾命令的一般格式
- vi 和 Vim 命令行选项，包括打开文件的不同方式
- 使用寄存器保存复制和删除的文本
- 标记文件内的位置
- 其他高级编辑操作

4.1 更多命令组合

在第 2 章中，我们介绍了编辑命令 c、d、y 以及如何使用移动命令和数字前缀（比如 2cw 或 4dd）将其组合起来。在第 3 章中，你又学到了更多的移动命令。尽管编辑命令和移动命令的组合对你而言已经不是什么新概念，表 4-1 还是列出了一些你之前没见过的编辑命令。

表 4-1：更多的编辑命令

更改	删除	复制	从光标位置到 ...
cH	dH	yH	屏幕顶端
cL	dL	yL	屏幕底端
c+	d+	y+	下一行

表 4-1：更多的编辑命令（续）

更改	删除	复制	从光标位置到 ...
c5|	d5|	y5|	当前行的第 5 列
2c)	2d)	2y)	接下来的第 2 句
c{	d{	y{	上一段
c/pattern	d/pattern	y/pattern	*pattern* 匹配的文本
cn	dn	yn	*pattern* 匹配的下一处文本
cG	dG	yG	文件结尾
c13G	d13G	y13G	第 13 行

注意，表 4-1 中的命令遵循一般形式：

（命令）（数字）（文本对象）

或：

（数字）（命令）（文本对象）

“数字”是可选的。“命令”在本例中是 c、d 或 y，“文本对象”是移动命令。

vi 命令的一般形式在第 2 章中讨论过。你可以复习表 2-2 和表 2-3。

4.2 vi 和 Vim 的启动选项

到目前为止，你都是使用下列命令启动编辑器的：

```
$ vi file
```

或者：

```
$ vim file
```

有一些 vim 命令选项能派上用场。通过这些选项，你可以打开文件后直接转至特定行或模式，也可以以只读模式打开文件，还能恢复系统崩溃时对文件所做的所有更改。

接下来几节将介绍适用于 vi 和 Vim 的选项。

4.2.1 转至特定位置

在编辑现有文件时，可以先打开文件，然后将光标移至模式首次出现的位置或指定的行号，也可以在命令行使用模式或行号指定第一次移动。这是通过 `-c` *command* 实现的；如果需要向后兼容 vi 的早期版本，也可以使用 `+command`：

`$ vim -c` *`n file`*

在第 n 行打开文件。

`$ vim -c` *`/pattern file`*

在模式的第一次出现处打开文件。

`$ vim +` *`file`*

在最后一行打开文件。

在文件 *practice* 中，要想打开文件并直接转至包含单词 *Screen* 的行，可以输入下列命令：

按键	结果

`$ vim -c /Screen practice`	`With a screen editor you can scroll`
	`the page, move the cursor, delete`
	`lines, and insert characters, while`
	`seeing the results of your edits as`
	`you make them. Screen editors are`
	`very popular, since they allow you`
	`to make changes as you read`
	使用选项 `-c` *`/pattern`* 执行 vim 命令，直接转至包含 *Screen* 的行。

在这个例子中你可以看到，搜索模式未必位于屏幕顶端。有意思的是，光标位于匹配文本所在行的首个字符，而非匹配文本的首个字符！如果你在模式中加入空格，则必须将整个模式放入单引号或双引号中：[注1]

```
-c /"you make"
```

或者使用反斜线转义空格：

```
-c /you\ make
```

注 1： shell 要求使用引号，而不是编辑器。

除此之外，如果你想使用第 6 章介绍的模式匹配语法，可能还需要使用单引号或双引号避免 shell 解释其中的特殊字符。

如果你在编辑结束之前不得不离开编辑会话，`-c` */pattern* 就能派上用场了。你可以插入诸如 `ZZZ` 或 `HERE` 之类的模式，标记出位置。等你返回文件继续编辑时，只用记得 `/ZZZ` 或 `/HERE` 就行了。

编辑器打开文件并搜索到通过 `-c` 指定的模式之后，你可以使用 n 来继续查找该模式的下一个实例。

一般情况下，当你使用 `vi` 和 Vim 编辑文件时，`wrapscan` 配置项是启用的。如果你在自定义环境的时候禁止了该配置项（参见 3.3.1 节），可能无法使用 `-c` */pattern*。如果你尝试这样打开文件，编辑器会在最后一行打开文件，显示消息"Address search hit BOTTOM without matching pattern"。具体的消息内容可能随 `vi` 和 Vim 的版本而不同。

4.2.2 只读模式

有时候你想查看文件，但又怕无意中更改文件（你可能想打开一个内容较多的文件练习 `vi` 移动命令，或是想滚动查看脚本文件或程序文件）。你可以以只读模式打开文件，在其中使用所有的移动命令，但无法更改文件内容。

要想以只读模式打开文件，输入：

```
$ vim -R file
```

或：

```
$ view file
```

（`view` 命令和 Vim 一样，也可以使用命令行选项移至文件中的特定位置[注 2]）如果你打算编辑文件，可以在 `w` 命令前加上惊叹号忽略只读模式：

```
:w!
```

注 2：　view 通常只是指向 vi 的链接。有些系统会设置 view 执行 vim -R。

或者：

```
:wq!
```

注意，如果你没有所编辑文件的写权限，同样会被置于只读模式。在这种情况下，如果你是该文件的属主，:w! 或 :wq! 依然奏效；vi 会临时修改文件权限，以允许你写入。否则，将无法保存文件。

如果你在写入文件时碰到问题，可参考 1.4.1 节的问题列表。

4.2.3 恢复缓冲区

系统偶尔会在你编辑文件的时候崩溃。一般来说，自上次写入操作（保存）之后做出的所有编辑都会丢失。但是，有一个选项 -r 可以让你恢复系统崩溃时的缓冲区内容。

在 vi 中恢复缓冲区

在使用原始 vi 版本的传统 Unix 系统中，当你在系统重启后重新登录时，会收到一份系统邮件，告知 vi 缓冲区已被保存。另外，如果你输入命令：

```
$ ex -r
```

或者：

```
$ vi -r
```

会得到一份系统已保存的文件列表。

使用 -r 选项以及文件名可以恢复该文件的编辑缓冲区。例如，要想在系统崩溃后恢复文件 *practice* 的编辑缓冲区，输入：

```
$ vi -r practice
```

明智的做法是立即恢复文件，以免无意中改动文件，然后必须解决保留缓冲区的文件和新编辑的文件之间的版本偏差。

即使系统没有崩溃，你也可以使用命令 :pre(:preserve的缩写)强制系统保留缓冲区。如果你对文件进行了编辑，然后发现由于没有写入权限而无法保存编辑结果，就知

道该命令的用处了。（你也可以将文件以其他名称另存，或写入拥有写权限的其他目录。参见 1.4.1 节）

在 Vim 中恢复缓冲区

在 Vim 中恢复缓冲区的方法有些不同。Vim 通常会将其工作文件（被称作交换文件）和被编辑的文件保存在同一目录中。对于文件 *practice*，对应的 Vim 工作文件名为 *.practice.swp*。

当你要编辑 *practice* 时，如果该交换文件存在，Vim 会询问你是否要恢复。你应该选择恢复，将交换文件写回原文件。然后立即退出编辑器，手动删除 *.practice.swp*。Vim 可不会帮你代劳这件事。接下来，你可以返回 Vim，继续正常编辑文件。

`:set` 命令的 `directory` 配置项允许你控制交换文件的保存位置。更多信息参见 B.2 节中的表 B-2。

4.3 善加利用寄存器

你已经知道，编辑时的最后一次删除（`d` 或 `x`）或复制（`y`）的内容会被保存到匿名寄存器中。你可以访问寄存器内容，使用放置命令（`p` 或 `P`）将其中保存的文本放回文件。

最后 9 次删除的内容被保存在具名寄存器中。你可以访问这些具名寄存器，从中恢复最后 9 次删除的部分（或全部）内容（小规模删除，比如一行中的部分，并不会保存在具名寄存器中。这类删除内容只能通过在执行删除操作之后立即使用 p 或 P 命令进行恢复）。

你也可以将复制的文本存入以字母编号的寄存器中。这类寄存器共计 26 个（a-z），可以在编辑过程中随时使用放置命令恢复其中的内容。

4.3.1 恢复删除

一次性删除大段文本既方便又好用，但如果不小心误删了第 53 行怎么办？你可以恢复最后 9 次删除的内容，这些内容都分别保存在具名寄存器中。最后一次对应于寄存器 1，倒数第二次对应于寄存器 2，依此类推。

恢复的时候，先输入 "（双引号），然后是寄存器编号，接着指定放置命令。要想恢复倒数第二次删除的内容（寄存器 2），输入：

```
"2p
```

寄存器 2 的内容就出现在了光标之后。

如果你不确定哪个寄存器包含你想要恢复的内容，没必要重复输入 "np。你可以使用 "1p 恢复第一次删除的文本，如果不对，使用 u 撤销。然后使用重复命令（.）恢复另一次删除的文本，如果不对，再使用 u 撤销，依此类推。在这个过程中，编辑器会自动递增寄存器编号。因此，你可以使用下列命令：

```
"1pu.u.u                    etc.
```

将每个具名寄存器中的内容依次放入文件中。每次输入 u，已恢复的文本就会被删除；当你输入点号（.），下一个寄存器中的内容就会得以恢复。不停输入 u 和 .，直到恢复你需要的文本。

4.3.2 将文本复制到具名寄存器

你必须在进行其他编辑操作之前先放置（p 或 P）匿名寄存器的内容，否则寄存器就会被覆盖掉。你也可以使用 y 和 d，配合专用于文本复制和移动的 26 个具名寄存器（a-z）。如果指定一个具名寄存器保存复制的文本，以后可以随时获取其中的内容。

要想将文本复制到具名寄存器，需要在复制命令之间加上双引号（"）和对应的寄存器名称字母。例如：

"dyy	将当前行复制到寄存器 d
"a7yy	将接下来的 7 行复制到寄存器 a

接着，移动光标，使用 p 或 P 将寄存器中的文本放置到新位置：

"dP	将寄存器 d 中的内容放置在光标之前
"ap	将寄存器 a 中的内容放置在光标之后

没办法只取出寄存器中的部分内容 —— 要么全有，要么全无。

在下一章中，你将学习如何编辑多个文件。只要知道了如何在不离开编辑器的情况下跳转于多个文件之间，就能使用具名编辑寄存器有选择地在文件之间传递文本。在使用 Vim 的多窗口功能时，也可以使用匿名寄存器在文件之间传递文本。

匿名寄存器和具名寄存器在同一个 Vim 会话中共享，你可以在单个 Vim 会话的多个文件编辑窗口之间轻松复制 / 放置文本。但是这些寄存器无法在多个 Vim 会话之间共享！（例如，你可能同时对多个文件调用 gvim。）不过，gvim 可以像其他图形化应用程序一样访问系统剪贴板。因此，你完全可以使用 GUI 级别的复制和粘贴操作在文件之间移动文本。

你也可以使用基本相同的步骤将删除的文本放入具名寄存器：

"a5dd	将删除的 5 行文本放入寄存器 a

如果使用大写字母指定寄存器名称，复制或删除的文本会被追加到对应的寄存器当前内容之后。这使你可以选择移动或复制的内容。例如：

"zd)

从光标处删除到当前句子的结尾，并将删除的文本保存在寄存器 z。

2)

将光标向前移动两个句子。

"Zy)

将下一个句子追加到寄存器 z。你可以继续在某个具名寄存器中添加更多文本，但要注意：如果你一时大意，在将复制或删除的文本放入寄存器的时候忘记使用大写字母形式的寄存器名称，其中已有的文本全都会消失。

4.4 标记位置

在编辑会话期间，你可以给文件中的某个位置标记一个不可见的“书签”，接着去其他位置进行编辑，随后再返回已标记的位置。为什么要这么做？ Will Gallego 给出了解释：

> 我最喜欢的标记用法之一就是删除 / 复制 / 修改一大段文本。例如，假设我想删除多行文本。我可能不会先去数数有多少行，然后再执行 *numdd*，而是直接跳转到最后一行，

使用 ma 做标记（m 表示标记命令，a 表示使用寄存器 a 作为位置），然后跳转到要删除的第一行，输入 d`a，从当前行删除到 a 所在的行。yy 和其他相关命令也可以这么用。

下面是如何在命令模式中标记位置：

m x

使用 *x*（*x* 可以是任何字母）标记当前位置。（vi 只允许小写字母。Vim 能够区分大小写字母。）

'x（单引号）

将光标移至 *x* 所标记行的首个字符。

`x（反引号）

将光标移至 *x* 所标记的字符。

``（双反引号）

返回到前一个标记或上下文的确切位置。

''（双单引号）

返回到上一个标记或上下文所在行的行首。

标记只能在当前会话期间设置，不会被保存在文件中。

4.5 其他高级编辑操作

你还可以使用 vi 和 Vim 执行其他高级编辑操作，但在此之前，你得先阅读下一章，学习关于 ex 编辑器的更多知识。

4.6 回顾寄存器和标记命令

表 4-2 总结了适用于所有 vi 版本的命令行选项。表 4-3 和表 4-4 总结了寄存器和标记命令。

表 4-2：命令行选项

选项	含义
-c n file	在第 *n* 行打开文件（POSIX 标准版）
+n file	在第 *n* 行打开文件（传统 vi 版本）
+ file	在最后一行打开文件
-c /pattern *file*	在 *pattern* 首次出现的位置打开文件（POSIX 标准版）
+/pattern *file*	在 *pattern* 首次出现的位置打开文件（传统 vi 版）
-c command *file*	打开文件后执行 *command*；通常是行号或搜索模式
-r	系统崩溃后恢复文件
-R	以只读模式操作（同 view）

表 4-3：寄存器名称

寄存器名称	寄存器用法
1-9	最后 9 次删除的内容，从最近一次到最先一次。
a-z	根据需要使用的具名寄存器。大写字母形式表示追加到该寄存器现有内容之后。

表 4-4：寄存器和标记命令

命令	含义
"*bcommand*	对寄存器 *b* 执行 *command*
m*x*	使用 *x* 标记当前位置
'*x*	将光标移至 *x* 所标记行的首个字符
`*x*	将光标移至 *x* 所标记的字符
``	返回到上一个标记或上下文的确切位置
''	返回到上一个标记或上下文所在行的行首

第5章

ex 编辑器概述

既然这是一本关于 vi 和 Vim 的专著，干吗还要为其他编辑器单开一章？嗯，ex 真的不算是其他编辑器。vi 其实就是更通用的底层行编辑器 ex 的可视模式而已。有些 ex 命令在你使用 vi 的时候也能派上用场，帮你节省大量的编辑时间。大多数 ex 命令无需脱离 vi 就能使用：你不妨将 ex 命令行视为命令模式和插入模式之外的第三种模式。

我们先前学习的各种 vi 移动命令和文本更改命令都不错，但如果仅此而已，那你还不如去用记事本或类似的编辑器。vi 爱好者之所以热爱 vi 正是因为 ex：ex 才是力量之源！

Vim 提供了底层的 ex 编辑器，同时在原先版本的基础上做了很多改进。在有些只安装了 Vim 的系统中，ex 通常会在 ex 模式中调用 Vim。

在第一部分的本章和后续章节中，我们不过多区分 vi 和 Vim，因为这部分中的所有内容均适用于两者。在阅读的时候，完全可以将“vi”视为“vi 和 Vim”的代表。

我们已经知道如何将文件看作是一系列有编号的行。ex 可以使你更灵活、更有选择性地执行编辑命令。利用 ex，可以轻松地在文件之间移动，用各种方法把文本从一个文件传至另一个文件。还可以快速编辑超过一屏的大段文本。通过全局替换，将整个文件中符合指定模式的文本替换掉。

本章将介绍 ex 及其相关命令。你可以从中学到：

- 使用行号在文件中移动
- 使用 ex 命令复制、移动、删除文本块
- 保存文件和部分文件
- 处理多个文件（读入文本或命令、在文件之间切换）

5.1 ex 命令

早在 vi 或其他全屏编辑器出现之前，人们就在打印终端上与计算机通信，而不是使用如今这种配备了定位设备和终端仿真程序的位图屏幕。由于行号可以快速确定要处理的文件部分，因此行编辑器逐步演变为文件编辑工具。程序员或其他计算机用户通常会在打印终端上打印出一行（或多行），执行更改该行的编辑命令，然后重新打印，检查编辑过的行。[注1]

我们早已不再用打印终端来编辑文件了，但有些 ex 行编辑器命令仍可以在基于 ex 的更复杂的可视化编辑器中发挥余热。尽管很多编辑操作使用 vi 会更容易，但在处理大范围更改的时候，ex 面向行的特点使其更胜一筹。

你在本章中看到的很多命令都可以指定文件名参数。尽管并非不行，但在文件名中加入空格绝不是什么好主意。ex 会被弄得一头雾水，而且你要遇到麻烦也远不止是识别文件名。所以，使用下划线、连字符或点号分隔文件名的各个部分，你的日子会幸福得多。

在开始背 ex 命令（或者直接跳过）之前，我们先揭开行编辑器的一部分神秘面纱。了解 ex 的工作原理有助于你理清晦涩的命令语法。

打开一个你熟悉的文件，尝试一些 ex 命令。就像你可以用 vi 编辑器打开文件一样，ex 行编辑器也同样可以。如果你在命令行上调用 ex，会看到文件的总行数和冒号提示符。例如：

注 1： ex 源自古老的 Unix 行编辑器 ed，而后者又是基于更早的行编辑器 QED。这些编辑器也推出了用于现代系统的版本。

```
$ ex practice
"practice" 8L, 261B
Entering Ex mode. Type "visual" to go to Normal mode.
:
```

你不会看到文件中的任何一行，除非执行显示一行或多行的 ex 命令。

ex 命令是由行地址（行号）和命令组成的，以换行符结束（按 ENTER 键）。最基础的命令之一是 p，用于向屏幕打印内容。举例来说，如果在提示符处输入 1p，你会看到文件的第一行：

```
:1p
With a screen editor you can
:
```

事实上，你也可以省略 p，因为行号本身就等同于打印该行。要想打印更多行，可以指定行范围（比如 1,3 —— 以逗号分隔的两个数字，之间的空格可有可无）。例如：

```
:1,3
With a screen editor you can
scroll the page, move the cursor,
delete lines, insert characters, and more,
```

没有行号的命令仅影响当前行。例如，替换命令（s，可用于替换单词）可以这样写：

```
:1
With a screen editor you can
:s/screen/line/
With a line editor you can
```

注意，命令执行过后，会再次将被更改的行打印出来。上述命令也可以写成这样：

```
:1s/screen/line/
With a line editor you can
```

即便你只是在 vi 中调用 ex 命令，不打算直接使用，也值得花费点时间学习一下 ex 本身。你将从中体会到如何告诉编辑器需要处理哪些行，以及要执行什么命令。

在你对文件 *practice* 尝试过一些 ex 命令之后，不妨对该文件调用 vi，这样就能在更熟悉的可视模式中查看文件内容了。命令 :vi 可以使你从 ex 进入 vi。

要在 vi 中调用 ex 命令，必须先输入特殊的底行字符：（冒号）。然后输入 ex 命令并按ENTER。例如，在 ex 编辑器中，你可以在冒号提示符处简单地输入行号来跳转到特定行。如果想在 vi 中使用该命令跳转到第 6 行，输入：

```
:6
```

然后按ENTER。

做完下面的练习之后，我们就只讨论在 vi 中执行 ex 命令。

5.1.1 练习：ex 编辑器

该练习在终端仿真器中运行：

在命令行上对文件 *practice* 调用 ex 编辑器：	`ex practice`
显示消息：	`"practice" 8L, 261B` `Entering Ex mode. Type "visual" to go to Normal mode.`
跳转到第 1 行并打印（显示）：	`:1`
打印（显示）第 1 行至第 3 行：	`:1,3`
将第 1 行中的 *screen* 替换成 *line*：	`:1s/screen/line/`
对文件调用 vi 编辑器：	`:vi`
跳转到第 1 行：	`:1`

5.1.2 可视模式的相关问题

- 在 vi 中编辑文件时，有时会意外进入 ex 编辑器。

  在 vi 的命令模式中输入 Q 会调用 ex。若是意外进入了 ex 编辑器，随时可以输入 vi 命令返回到 vi 编辑器。

5.2 使用 ex 进行编辑

许多执行普通编辑操作的 ex 命令在 vi 中都有对应的等效命令，可以更简单地完成工作。你显然会选择使用 dw 或 dd 删除单个单词或行，而不是使用 ex 的 delete 命令。但是，当你想更改多行时，会发现 ex 命令更实用，允许你使用单个命令修改大块文本。

这些 ex 命令及其缩写如下所示。记住，在 vi 中，每个 ex 命令之前必须加上冒号。你可以使用命令全称或缩写，哪个容易记就用哪个：

全称	缩写	含义
delete	d	删除行
move	m	移动行
copy	co	复制行
	t	复制行（co 的同义词；"to" 的缩写）

如果你觉得这种形式更易于阅读的话，你可以使用空格分隔 ex 命令组成部分。例如，你可以用空格分隔行地址、模式以及命令。但你不能使用空格作为模式内部的分隔符，也不能用空格作为替换命令的结尾。（我们随后会在 5.2.7 节展示一些例子）

5.2.1 行地址

对于每个 ex 编辑命令，必须指定要编辑的行号。对于 move 和 copy 命令，还需要告知 ex 要将文本移动或复制到哪里。

指定行地址的方式有好几种：

- 明确指定行号
- 用符号指定相对于当前位置的行号
- 使用搜索模式作为地址

我们来看几个例子。

5.2.2 定义行范围

你可以使用行号明确定义一行或多行。行号形式的地址称为绝对行地址。例如：

`:3,18d`

删除第 3 行至第 18 行

`:160,224m23`

将第 160 行至 224 行移到第 23 行之后（类似于 vi 中的 d 和 p）

```
:23,29co100
```

将第 23 行至 29 行复制到第 100 行之后（类似于 vi 中的 y 和 p）

为了更容易地使用行号进行编辑，可以将所有的行号显示在屏幕左侧。下列命令：

```
:set number
```

或者其缩写：

```
:set nu
```

能够显示出文件各行的行号。文件 *practice* 因此会显示为：

```
1 With a line editor                    "screen" changed to "line" earlier
2 you can scroll the page,
3 move the cursor, delete lines,
4 insert characters, and more
```

屏幕上显示的行号并不会被保存到文件中，如果你打印文件，这些行号也同样不会被打印。记住，比较长的行会产生换行，但仍被算作是一行。直到你退出编辑会话或禁止 set 配置项，行号才会消失：

```
:set nonumber
```

或者：

```
:set nu
```

Vim 允许你切换设置：

```
:set nu!
```

要想临时显示部分行的行号，可以使用 # 作为命令。例如：

```
:1,10#
```

显示第 1 行至第 10 行的行号

3.4 节讲过，也可以使用 CTRL-G 来显示当前行号。因此你便能识别对应于文本块起止位置的行号：先把光标移至文本块开头，按 CTRL-G，然后移至文本块结尾，再按 CTRL-G。

另一种识别行号的方法是使用 ex 的 = 命令：

`:=`

打印总行数

`:.=`

打印当前行的行号（点号是一种便捷写法，表示“当前行”；我们随后会讨论）。

`:/pattern/=`

打印匹配 *pattern* 的下一行的行号（搜索从当前行开始。我们很快会在 5.2.4 节讲到搜索模式的用法）。

5.2.3 行寻址符号

除了行号，也可以使用符号作为行地址。点号（.）代表当前行，$ 代表最后一行。% 代表每一行，等同于 1,$。这些符号也可以与绝对行地址配合使用。例如：

`:.,$d`

从当前行删除到文件结尾

`:20,.m$`

将第 20 至当前行移动到文件结尾

`:%d`

删除文件中的所有行

`:%t$`

将所有行复制到文件结尾（创建文件副本）

除了绝对行地址，你也可以指定相对于当前行的相对地址。符号 + 和 - 的工作方式类似于算术操作符。如果放置在数字之前，表示加上或减去之后的数值。例如：

`:.,.+20d`

删除当前行以及向下 20 行

`:226,$m.-2`

将第 226 行至文件末尾的所有行移至当前行向上方向的第 2 行

`:.,+20#`

显示当前行以及向下 20 行的行号

在使用 + 或 - 时，其实不用输入点号（.），因为假定的起始位置就是当前行。

如果 + 和 - 之后没有数字，则两者等同于 +1 和 –1[注 2]。与此类似，++ 和 -- 分别将范围增加和减少 1 行，依此类推。所以，:+++ 会将光标向前移动 3 行。+ 和 - 也可用于搜索模式，如下一节所示。

数字 0 代表文件开头（想象中的第 0 行）。0 等同于 1-，两者都允许你将行复制或移动到文件的最开头（已有文本的第一行之前）。例如：

`:-,+t0`

复制3行(光标上面的一行,光标所在行,光标下面的一行),将其置于文件最开头。

5.2.4 搜索模式

ex 定位行的另一种方法是使用搜索模式。例如：

:/*pattern*/d

删除下一个包含 *pattern* 的行

:/*pattern*/+d

查找下一个包含 *pattern* 的行，删除该行之下的那行。（也可以使用 +1 代替 +）

:/*pattern1*/,/*pattern2*/d

从第一个包含 *pattern1* 的行删除到第一个包含 *pattern2* 的行。

:.,/*pattern*/m23

将当前行(.)到第一个包含 *pattern* 的行(包含该行)之间的文本移至第23行之后。

注意，模式前后要用斜线分隔。两个斜线之间的任何空格或制表符都会被视为待搜索模式的一部分。

注 2：在相对地址中,不要将+或-与其之后的数字分隔开。例如,+10意味着“接下来的10行”,而 + 10 则意味着“接下来的 11 行（1 + 10）”，这可能就不是你想要的结果了。

如果你打算在文件中向后搜索，使用 ? 代替 /。

如果在 vi 和 ex 中使用模式进行删除操作，两者的做法不太一样。假设文件 *practice* 包含下列行：

```
With a screen editor you can scroll the
page, move the cursor, delete lines, insert
characters, and more, while seeing results
of your edits as you make them.
```

要想删除到单词 *while*，执行下列命令：

按键	结果

d/while	`With a screen editor you can scroll the`
	`page, move the cursor, while seeing results`
	`of your edits as you make them.`
	vi 的模式删除命令会从光标所在位置删除到单词 *while*（不包括该单词），保留这两行剩余的部分。

:.,/while/d	`With a screen editor you can scroll the`
	`of your edits as you make them.`
	ex 删除命令会删除指定范围内的所有行。在本例中，当前行、包含模式的行及其之间的所有行都会被删除。

5.2.5 重新定义当前行的位置

有时候，在命令中使用相对行号会产生意想不到的结果。假设光标位于第 1 行，你希望打印出第 100 行以及该行之后的 5 行。如果你输入：

```
:100,+5 p
```

Vim 会报错“E16: Invalid range”，vi 则会告知你“First address exceeds second”。出错原因在于第二个地址是相对于光标当前位置（第 1 行）来计算的，所以上述命令的实际含义是：

```
:100,6 p
```

你需要的是通过某种方法让命令将第 100 行视为“当前行”，即便光标位于第 1 行。

ex 提供了解决方法。如果你使用分号代替逗号，第一个行地址会被视为当前行。例如，下列命令就可以显示出你想要的结果：

```
:100;+5 p
```

此时的 +5 是相对于第 100 行计算的。分号对于搜索模式和绝对地址都很有用。例如，要打印下一个包含模式的行以及其后的 10 行，输入命令：

```
:/pattern/;+10 p
```

5.2.6 全局搜索

你已经知道如何使用 /（斜线）在文件中搜索模式。ex 有一个全局命令 g，可以让你搜索指定模式并显示出包含该模式的所有行。命令 :g! 的效果和 :g 相反。:g!（或其同义词 :v）可用于搜索所有不包含指定模式的行。

可以对文件中每一行使用全局命令，也可以使用行地址将全局搜索限制在指定行或行范围内：

:g/*pattern*

查找（将光标移动到）*pattern* 最后一次出现的位置

:/*pattern*/p

查找并显示包含 *pattern* 的所有行。Vim 在显示搜索结果之后会提示你“Press ENTER or type command to continue”。

:g!/*pattern*/nu

查找并显示不包含 *pattern* 的所有行；另外还会显示找到的各行的行号。

:60,124g/pattern/p

查找并显示第 60 行至第 124 行之间包含 *pattern* 的行。

你猜得没错，g 也可用于全局替换。我们会在第 6 章讨论这个主题。

5.2.7 组合 ex 命令

你不必总是输入冒号来开始新的 ex 命令。在 ex 中，竖线（|）可作为命令分隔符，

允许你在同一个 ex 提示符下组合多个命令（就像在 shell 提示符下使用分号分隔多个命令）。在使用 | 时，一定要牢记指定的行号。如果其中一个命令影响了文件中各行的顺序，后续命令则依照新的行序执行操作。例如：

`:1,3d | s/thier/their/`

删除第 1 行到第 3 行（现在你位于文件的首行），然后对当前行（也就是原先的第 4 行）进行替换。

`:1,5 m 10 | g/`*`pattern`*`/nu`

将第 1 行至第 5 行移至第 10 行之后，然后显示包含 *pattern* 的所有行（以及行号）。

注意，加入空格会使得命令更易于阅读。

5.3 保存并退出文件

我用Vim已经两年了，主要是因为我不知道该怎么退出。

1:26 AM · Feb 18, 2014 · Tweetbot for iOS

图 5-1：不是所有人都懂 vi（摘自 https://twitter.com/iamdevloper/status/435555976687923200，经授权使用）

不像 I Am Devloper（图 5-1），你知道 vi 命令 ZZ 可以写入（保存）文件并退出。但是你会更愿意使用 ex 命令退出文件，因为这些命令给予了你更大的控制权。我们已经介绍过其中部分命令。现在来更系统地学习一下：

`:w`

将缓冲区写入（保存到）文件，但并不退出。你可以（也应该）在编辑会话中全程使用 `:w`，以避免编辑成果遭受系统故障或重大编辑错误的破坏。

`:q`

退出编辑器（返回到 shell 提示符）。

`:wq`

写入文件，然后退出编辑器。写入操作是无条件执行的，即便是文件内容没有任何改动。该命令会更新文件的修改时间（modification time）。

`:x`

写入文件，然后退出（exit）编辑器。仅当文件内容有改动时才执行写入操作。注 3

编辑器保护现有文件和缓冲区中的编辑工作。如果你要将缓冲区写入现有文件，则会收到警告。同样，如果你使用 vi 打开文件，进行了编辑，不保存就想退出，vi 会给出错误消息：

```
No write since last change.
```

这些警告消息可以预防严重的错误，但有时候你还是想继续执行命令，那么在命令后面加上感叹号（!）即可忽略警告：

```
:w!
:q!
```

当你试图退出而不保存文件时，Vim 会很关心地告诉你这一点：

```
E37: No write since last change (add ! to override)
```

`:w!` 也可用于保存通过 `vi -R` 或 `view` 以只读模式打开的文件（假设你有该文件的写权限）。

`:q!` 是一个必不可少的编辑命令，允许你在不影响原文件的情况下退出编辑器，无论你在编辑会话期间做了多少改动。注 4 缓冲区中的内容会被丢弃。

5.3.1 重命名缓冲区

你也可以使用 `:w`，以新的文件名保存整个缓冲区（正在编辑的文件副本）。

注 3：　在编辑源代码并使用根据文件修改时间执行操作的 make 时，:wq 和 :x 之间的差异非常重要。

注 4：　只有自上一次写入操作之后的改动才会被丢弃。

假设文件 *practice* 共包含 600 行。你打开文件，进行了大量的编辑。你打算退出编辑器，但想保留 *practice* 的新旧两个版本以做比较之用。下列命令可以将经过编辑的缓冲区内容保存为 *practice.new*：

```
:w practice.new
```

旧版本，也就是文件 *practice*，保持不变（假设你之前没用过 `:w`）。现在就可以输入 `:q` 退出编辑器了。

5.3.2 保存部分文件

你有时希望将编辑中的部分文件另存为单独的新文件。例如，你想把已输入的格式化代码和文本作为多个文件的标题。

你可以将 `w` 命令与 `ex` 的行寻址结合起来解决这个问题。例如，如果要把文件 *practice* 的一部分保存为新文件 *newfile*，可以输入：

`:230,$w newfile`

　　将第 230 行至文件结尾保存为 *newfile*。

`:.,600w newfile`

　　将当前行至第 600 行保存为 *newfile*。

5.3.3 追加内容到已保存的文件

你可以使用 Unix 的重定向操作符（`>>`）配合 `w` 命令，将缓冲区中的部分或全部内容追加到现有文件之后。如果你输入：

```
:1,10w newfile
```

然后再输入：

```
:340,$w >> newfile
```

newfile 将包含第 1-10 行以及从第 340 行到缓冲区末尾。

5.4 把文件复制到另一个文件中

你有时想把其他已有文件的内容复制到正在编辑的文件中。下列 ex 命令可以读入另一个文件的内容：

```
:read filename
```

或者用其缩写形式：

```
:r filename
```

该命令会将 *filename* 的内容插入到光标所在位置的下一行起始处。如果你想指定其他行，在 :read 或 :r 命令之前加上行号即可。

假设你正在编辑文件 *practice*，想从目录 */home/tim* 中读入文件 *data*。将光标置于新数据插入位置的上面一行，输入：

```
:r /home/tim/data
```

/home/tim/data 的所有内容都会被读入 *practice*，显示在光标所在行之下。

要读入相同的文件并将其置于第 185 行之后，输入：

```
:185r /home/tim/data
```

还有其他方法可以读入文件：

`:$r /home/tim/data`

将读入的文件放置在当前文件结尾

`:0r /home/tim/data`

将读入的文件放置在当前文件的开头

`:/pattern/r /home/tim/data`

将读入的文件放置在当前文件中包含指定 *pattern* 的行之后

5.5 编辑多个文件

ex 命令允许你在多个文件之间切换。编辑多个文件的优势在于速度。对于待编辑的每个文件，进入和退出 vi 或 Vim 都是要花费时间的。待在同一个编辑会话中，在文件之间切换，不仅速度快，而且还能保留已定义的简写和命令序列（参见第 7 章），以及寄存器内容，方便在不同的文件之间复制文本。

5.5.1 对多个文件调用 Vim

在首次调用编辑器时，你可以指定多个要编辑的文件，然后使用 ex 命令在文件之间切换。例如：

```
$ vim file1 file2
```

先编辑 *file1*。编辑完第一个文件之后，使用 ex 命令 :w 写入（保存）*file1*，然后输入 :n，切换到下一个文件（*file2*）。

假设你要编辑两个文件，*practice* 和 *note*：

按键	结果

$ vim practice note	`With a screen editor you can`
	`scroll the page, move the cursor,`
	`delete lines, insert characters, and more,`
	打开文件 *practice* 和 *note*。第一个文件 *practice* 的内容会出现在屏幕上。对其执行任意编辑。

:w	`"practice" 8L, 261C          8,1          All` 使用 ex 命令 w 保存已编辑的文件 *practice*。

:n	`Dear Mr.`
	`Henshaw:`
	`Thank you for the prompt . . .`
	使用 ex 命令 *n* 切换到下一个文件 *note*。执行任意编辑。

:x	`"note" 19L, 571C written          19,1          All` 保存第二个文件 *note*，退出编辑会话。

5.5.2 使用参数列表

你能做的不只是使用 ex 命令 :n 切换到参数列表中的下一个文件。:args 命令（缩写 :ar）可以列出在命令行中指定的文件，当前文件出现在方括号内：

按键	结果

$ vim practice note	`With a screen editor you can`
	`scroll the page, move the cursor,`
	`delete lines, insert characters, and more,`
	打开文件 *practice* 和 *note*。第一个文件 *practice* 的内容会出现在屏幕上。

:args	`[practice] note          8,1          All` Vim 在状态栏显示参数列表，方括号内的是当前文件名。

vi 的 :rewind（:rew）命令会将当前文件重置为命令行中的第一个文件。Vim 提供了对应的 :last 命令，用于将当前文件设为命令行中的最后一个文件。如果你想切换到上一个文件，可以使用 Vim 的 :prev 命令。

5.5.3 调入新文件

你没必要在编辑会话开始的时候调入多个文件。在编辑过程中，随时可以使用 ex 命令 :e 切换到其他文件。如果你想编辑另一个文件，先保存当前文件（:w），然后输入命令：

```
:e filename
```

假设你在编辑文件 *practice* 的时候又想编辑文件 *letter*，然后再返回 *practice*：

按键	结果
:w	`"practice" 8L, 261C          8,1          All` 使用 :w *practice* 保存文件 *practice*，屏幕上仍显示该文件的内容。现在可以切换到其他文件，因为之前的编辑已经保存过了。
:e letter	`"letter" 23L, 1344C          1,1          All` 使用 :e 调入文件 *letter*。执行任意编辑。

5.5.4 文件名便捷写法

编辑器能同时“记住”两个文件名作为当前文件名和备用文件名。两者分别通过符号 %（当前文件名）和 #（备用文件名）引用。# 在 e：命令中特别有用，允许你在两个文件之间轻松切换。在上个例子中，你可以输入命令 :e # 返回第一个文件 *practice*，也可以输入 :r # 将文件 *practice* 读入为当前文件。

如果你没有先保存当前文件，编辑器不允许使用 :e 或 :n 切换文件，除非你在命令之后加上感叹号来强行要求这么做。

例如，在对文件 *letter* 做了一些编辑工作之后，你想丢弃这些编辑，返回文件 *practice*，可以输入 :e! #。

下列命令你也会用得着；该命令丢弃所做的编辑，返回当前文件的上个已保存版本：

```
:e!
```

相对于 # 符号，% 主要用于将当前缓冲区内容写入另一个新文件。例如，在 5.3.1 节中，我们展示了如何使用下列命令保存文件 *practice* 的另一个版本：

```
:w practice.new
```

因为 % 代表当前文件名，上述命令也可以写作：

```
:w %.new
```

5.5.5 在命令模式中切换文件

你可能会频繁切换回上一个文件，其实不是非得用 ex 命令来完成该操作。vi 命令 CTRL-^（CTRL 键加上 ^ 键）同样可以实现。该命令的效果和 :e # 相同。和 :e 一样，如果当前缓冲区尚未保存，编辑器不允许切换回上一个文件。

5.5.6 在文件之间进行编辑

如果你指定了单字母名称的复制寄存器，就可以方便地在文件之间移动文本。当你使用 :e 命令将新文件载入编辑缓冲区时，具名寄存器的内容并不会被清除。因此，从一个文件中复制或删除文本（如有需要，可存入多个具名寄存器），使用 :e 调入新文件，然后将具名寄存器的内容放入新文件中，以此在文件之间传送文本。

下面的例子演示了如何将文本从一个文件传至另一个文件：

按键	结果
"f4yy	With a screen editor you can scroll the page, move the cursor, delete lines, insert characters, and more, while seeing the results of the edits as you make them 将这 4 行文本复制到寄存器 f 中。
:w	"practice" 8L, 261C 8,1 All 保存文件。
:e letter	Dear Mr. Henshaw: I thought that you would be interested to know that: Yours truly, 使用 :e 调入文件 *letter*。将光标移至要放置已复制文本的位置。
"fp	Dear Mr. Henshaw: I thought that you would be interested to know that: With a screen editor you can scroll the page, move the cursor, delete lines, insert characters, and more, while seeing the results of the edits as you make them Yours truly, 将具名寄存器中的文本放置在光标所在行之下。

另一种实现方法是使用 ex 命令 :ya（yank）和 :pu（:put）。这两个命令的工作方式与其等效的 vi 命令 y 和 p 一样，但要与 ex 的行寻址功能和具名寄存器一起使用。

例如：

```
:160,224ya a
```

该命令将第 160 行至 224 行复制到寄存器 a。接下来，你可以使用 :e 调入要插入这些行的文件。将光标定位到目标行。输入：

```
:pu a
```

将寄存器 a 的内容放置在当前行之后。

5.6 ex 命令汇总

下面的各表汇总了本章介绍的 ex 命令（参见表 5-1 至表 5-7）。附录 A 提供了 vi 和 Vim 中大多数 ex 命令更全面的参考。

表 5-1：行打印命令

全称	缩写	含义
address		打印 address 指定的行
address range		打印 address range 指定的行范围
print	p	打印行
	#	打印行的时候加上行号

表 5-2：行删除、移动和复制命令

全称	缩写	含义
delete	d	删除行
move	m	移动行
copy	co	复制行
	t	复制行（co 的同义词；"to" 的缩写）
yank	ya	将行复制到具名寄存器
put	pu	放置具名寄存器中的行

表 5-3：行寻址符号

符号	含义
n	行号 *n*
.	当前行
$	最后一行
%	文件中的所有行
. + *n*	当前行加上 *n*
. - *n*	当前行减去 *n*
/*pattern*/	向前搜索匹配 *pattern* 的第一行
?*pattern*?	向后搜索匹配 *pattern* 的第一行

表 5-4：全局操作

全称	缩写	含义
global *command*	g *command*	（对所有行）执行全局 *command*
global! *pattern command*	g! *pattern command*	对所有匹配 *pattern* 的执行 *command*
	v *pattern command*	对所有不匹配 *pattern* 的执行 *command*

表 5-5：处理缓冲区和文件

全称	缩写	含义
args	ar	显示参数列表，方括号内是当前文件名
edit	e	切换到指定文件
last	la	切换到参数列表中最后一个文件
next	n	切换到参数列表中下一个文件
previous	prev	切换回上一个文件
read	r	将指定文件读入编辑缓冲区
rewind	rew	切换回参数列表中的第一个文件
write	w	将编辑缓冲区写入磁盘
CTRL-^		切换回上一个文件（vi 命令）

表 5-6：退出编辑器

全称	缩写	含义
quit	q	退出编辑器
	wq	无条件写入文件，然后退出
xit	x	仅当文件有改动时才写入，然后退出
Q		切换到 ex（vi 命令）
visual	vi	从 ex 切换到 vi

表 5-7：文件名简写

字符	函数
%	当前文件名
#	上一个文件名

第6章

全局替换

有时候，在文档的中间或草稿的结尾，你可能会发现对某些东西的用词前后不一致。要么就是在使用手册中，有些从头到尾都有出现的产品名突然之间被改名了（营销策略！）。这种事时有发生，这时你必须回头去修改已经写好的内容，并且需要修改多处。

为此，要用到一种功能强大的特性：全局替换。只需一个命令，就能自动替换文件中出现过的某个单词（或字符串）。

在全局替换中，ex 编辑器检查文件的每一行是否包含指定模式。对于匹配模式的所有行，ex 使用新的字符串替换模式。目前，我们暂时将搜索模式看作是简单的字符串；在本章随后部分中，我们将介绍强大的模式匹配语言：正则表达式。

全局替换实际上要用到两个 ex 命令：:g（global）和 :s（substitute）。因为全局替换命令的语法相当复杂，我们先一步一步来。

6.1 替换命令

替换命令的语法如下：

```
:s/old/new/
```

该命令会将当前行中第一个出现的模式 *old* 改为 *new*。其中的 /（斜线）是分隔命令各个部分的分隔符，如果末尾的 / 是行中最后一个字符，可以将其忽略。（其实你可以使用任何符号作为分隔符；随后我们会讲到。）

:s 命令的替换字符串之后可以添加标志。例如，下列形式的替换命令：

```
:s/old/new/g
```

会将当前行中出现的每一个 *old* 替换为 *new*，而不仅仅是第一个。g 标志表示 *global*（全局）。（g 标志影响行中匹配的每一个模式；不要把它和随后讨论的 :g 命令搞混了，后者会影响文件中的每一行。）

在 :s 命令之前加上地址前缀，可以将其作用范围扩大到多行。例如，下列命令将第 50 行至 100 行中出现的所有 *old* 替换为 *new*：

```
:50,100s/old/new/g
```

下列命令将整个文件中出现的所有 old 替换为 new：

```
:1,$s/old/new/g
```

你也可以使用 % 代替 1,$ 来指定文件中的每一行。因此，上面的命令也可以改写成下列形式：

```
:%s/old/new/g
```

全局替换的速度要比逐个查找字符串并替换要快得多。由于该命令可用于多种类型的更改，且功能强大，故我们先介绍简单的替换，再逐步深入复杂的上下文相关替换。

6.2 确认替换

在使用搜索替换命令时，再怎么小心也不为过。但有时候得到结果仍不能尽如人意。你可以用 u 撤销任何搜索替换命令，只要该命令是最近一次的编辑操作。不过并不是每一次意外的改动都能挽回。

另一种保护措施是在执行全局替换之前先使用 :w 保存文件。如果出了岔子，至少你还能不保存文件直接退出编辑器，然后再返回到改动之前的状态。也可以使用 :e! 读取文件最近一次保存的版本（无论什么时候，保存文件都是一个好主意）。

聪明人都会小心谨慎，对文件要做的改动心知肚明。如果你想在替换前看到搜索结果并确认每处替换，可以在替换命令结尾加上 c（代表 confirm）标志：

```
:1,30s/his/the/gc
```

（Vim 中的）ex 会显示包含指定字符串的整行，高亮标出要被替换的文本，提示确认替换：

```
copyists at his school
~
~
~
replace with the (y/n/a/q/l/^E/^Y)?
```

如果你想替换，必须输入 y（代表 yes）。如果你不想替换，输入 n（代表 no）即可。

下列列出了各种回答的含义（摘自 Vim 文档）：

y	替换该匹配
n	跳过该匹配
a	替换该匹配以及剩余所有的匹配
q	退出替换
l	替换该匹配，然后退出（"last"）
CTRL-E	向上滚动屏幕
CTRL-Y	向下滚动屏幕
ESC	退出

除了 g 和 c，Vim 还提供了很多额外标志。执行命令 :help s_flags 查看更多相关信息。

如果你不想进行全局替换，结合使用 vi 命令 n（重复上一次搜索）和点号（.）（重复上一个命令）是一种颇为实用且快速的重复替换方法。例如，假设你的主编告诉你在本该用 *that* 的地方错用了 *which*，你可以逐个检查所有的 *which*，只更改不正确的那些地方：

/which	搜索 which
cwthat ESC	更改为 that
n	重复搜索

n	重复搜索，跳过一次更改
.	重复更改（如果应该的话）

6.3 全局操作

ex 提供了一个强大的命令，可以将另一个命令应用于文件中所有的相关行。这就是全局命令 :g，其形式如下：

```
:g/pattern/ command
```

执行该命令时，ex 会遍历整个编辑缓冲区，记住匹配 *pattern* 的每一行。然后，对所有的匹配行执行指定的 *command*。来看两个例子：

`g/# FIXME/d`

删除所有包含“FIXME”注释的行

`g/# FIXME/s/FIXME/DONE/`

将所有的“FIXME”注释更改为“DONE”

全局命令（:g）多与替换命令（s）一起使用。不过也可以同其他 ex 命令结合，本章随后会讲到。

6.4 上下文相关替换

最简单的全局替换是将一个单词或短语替换成另一个。如果你的文件中出现了一些拼写错误（*editor* 错拼为 *editer*），你可以执行全局替换：

```
:%s/editer/editor/g
```

该命令会将文件中所有出现过的 *editer* 替换成 *editor*。

使用全局命令 :g 搜索指定模式，一旦找到包含该模式的行，再对另一个字符串做替换。你可以将此看作是上下文相关替换。

语法如下：

```
:g/pattern/s/old/new/g
```

第一个 g 表示处理匹配 *pattern* 的所有行。对于这些匹配行，ex 的 s 命令将其中的 *old* 替换为 *new*。结尾的 g 表示对匹配行进行全局替换。这意味着行中所有的 *old* 都会被替换为 *new*，而不仅仅是第一个 *old*。

例如，在我们写作本书时，AsciiDoc 中的嵌入的 HTML 语句 `<span class="kaycap">` 和 `</span>` 用于在 ESC 周围添加边框，以此表示键盘上的 Escape 键。你希望 ESC 全部大写，但又不想修改文本中的单词 *Escape*。也就是说，仅当 *Esc* 位于包含 `class="keycap"` 的行中时，才将 *Esc* 更改为 *ESC*，你可以输入：

```
:g/class="keycap"/s/Esc/ESC/g
```

如果要查找的模式和要更改的内容是一样的，就不必重复输入了。下列命令：

```
:g/string/s//new/g
```

搜索包含 *string* 的行并将相同的字符串 *string* 替换掉。

注意下列命令：

```
:g/editer/s//editor/g
```

等效于：

```
:%s/editer/editor/g
```

使用第二种形式可以让你少敲点键盘。如前所述，你可以将 :g 命令与 :d、:m、:co 以及 :s 之外的其他 ex 命令结合。随后你会看到，还可以进行全局删除、移动和复制操作。

6.5 模式匹配规则

在全局替换时，Unix 编辑器（比如 vi 和 Vim）不仅允许你搜索固定字符串，而且还能搜索可变的模式，后者称为正则表达式。

当你指定某个字面字符串（literal string）时，搜索到的结果可能包含你不想要的内容。在文件中搜索单词的问题在于单词的用法不止一种，一个单词也可能是另一个单词的一部分（考虑“stopper”中的“top”）。正则表达式可帮助你在上下文中搜索单词。注意，正则表达式可以与搜索命令 / 和 ? 以及 ex 命令 :g 和 :s 一起使用。

在大部分情况下，同样的正则表达式也可以在其他 Unix 程序中使用，比如 grep、sed、awk 等等。[注1]

正则表达式由普通字符和各种特殊字符（元字符）[注2] 组成。元字符及其用法参见后文。

6.5.1 用于搜索模式中的元字符

各种元字符及其用途如下：

.（点号）

匹配除换行符之外的任意单个字符。记住，空格也被视为字符。例如，p.p 可以匹配字符串 *pep*、*pip*、*pcp*。

*

匹配紧接在其前面的 0 个或多个（尽可能多）字符。例如，slo*w 匹配 *slow*（1 个 o）或 *slw*（0 个 o）。（也能匹配 *sloow*、*slooow* 等）

* 可以放在元字符之后。例如，因为 .（点号）代表任意字符，.* 则表示“匹配任意数量的任意字符”。

来看一个具体用例：命令 :s/End.*/End/ 可以删除 *End* 之后的所有字符（将该行中 End 之后的字符替换为空）。

^

如果出现在正则表达式开头，则要求后续的正则表达式要在行首匹配。例如，^Part 匹配行首的 *Part*，而 ^... 匹配行首的前 3 个字符。如果出现在正则表达式的其他位置，^ 只代表自身。

注 1： 关于正则表达式的详细信息可以参考 O’Reilly 出版的两本专著：sed & awk, 2nd ed（Dale Dougherty 与 Arnold Robbins 合著）和 Mastering Regular Expressions, 3rd ed（Jeffrey E. F. Friedl 著）。

注 2： 从技术上来说，称其为元序列（metasequences）可能更为恰当，因为有时具有特殊含义的是两个字符的组合，而非单个字符。但术语元字符（metacharacters）已经被广泛用于各种 Unix 文献，这里我们也就约定俗成了。

$

如果出现在正则表达式末尾，则要求之前的正则表达式要在行尾匹配。例如，here:$ 仅当 *here:* 出现在行尾时才匹配。如果出现在正则表达式的其他位置，$ 只代表自身。

^ 和 $ 被称为锚点（anchors），因为两者分别将匹配位置锚定在行首和行尾。

\

将其之后的特殊字符视为普通字符。例如，\. 匹配字面意义上的点号，不再匹配“任意单个字符”；* 匹配字面意义上的星号，不再匹配“任意数量的某个字符”。\（反斜线）取消了特定字符的特殊含义，这被称为“字符转义”。使用 \\ 可以得到字面意义上的反斜线。

[ ]

匹配方括号内的任意单个字符。例如，[AB] 匹配 *A* 或 *B*，p[aeiou]t 匹配 *pat*、*pet*、*pit*、*pot* 或 *put*。你可以通过连字符分隔连续字符中的第一个和最后一个字符来指定字符范围。例如，[A-Z] 匹配 *A* 到 *Z* 之间的任意单个大写字母，[0-9] 匹配 *0* 到 *9* 之间的任意单个数字。

你可以在方括号内包含多个字符范围，也可以混合字符范围和单独的字符。例如，[:;A-Za-z()] 可以匹配 4 种不同的标点符号以及所有的英文字母。

最初开发正则表达式和 vi 时，原本只打算用于 ASCII 字符集。在当今的全球化市场中，现代系统都支持语言环境（locales），对位于 a 和 z 之间的字符提供不同的解释。要想获得准确的结果，你应该在正则表达式中使用 POSIX 方括号表达式（稍后讨论），避免使用 a-z 形式的字符范围。

大多数元字符在方括号内都会丧失特殊含义，如果你希望将其作为普通字符使用的话，就不用再转义了。但是，有 3 个元字符仍需要转义：\、- 和]。[译注1] 其中，

译注 1：注意，在 POSIX 和 GNU 流派的正则表达式实现中，\ 在方括号中没有特殊含义，因此无法在方括号中进行任何转义。另外，^ 如果是方括号中的第一个字符，也具有特殊含义，表示匹配任意一个不在方括号中出现的字符。例如，[^x] 匹配除 x 之外的任意字符。如果想作为字面字符使用，只要不让其出现在 [之后即可。例如，[x^] 匹配 x 或 ^。

- 作为范围指示符；如果想作为字面字符，除了使用 \ 进行转义，也可以将其作为方括号内的第一个字符（该方法也适用于]）。

脱字符（^）仅当其作为方括号内第一个字符的时候才具备特殊含义，但在这种情况下，其含义不同于正常的 ^ 元字符。作为方括号内的第一个字符，^ 颠倒了方括号的意义：匹配不在列表中的任意单个字符。例如，[^0-9] 匹配任何不是数字的字符。

\(\)

将 \(和 \) 之间的子模式匹配到的内容保存在特殊的保留空间（holding space）或保留缓冲区（hold buffer）。[注3] 这样总共可以保存一行中最多 9 个子模式。例如，下列模式：

```
\(That\) or \(this\)
```

将 *That* 保存在保留缓冲区 1，将 *this* 保存在保留缓冲区 2。子模式匹配的文本可以通过序列 \1 至 \9 在替换命令中“重现”。例如，要将 *That or this* 改为 *this or That*，可以输入：

```
:%s/\(That\) or \(this\)/\2 or \1/
```

你也可以在 s 命令的搜索或替换部分使用 *n* 记法。例如：

```
:s/\(abcd\)\1/alphabet-soup/
```

上述命令将 *abcdabcd* 替换为 *alphabet-soup*。

\< \>

匹配单词开头(\<)或结尾(\>)的字符。单词的结尾或开头以标点符号或空格分隔。例如，正则表达式 \<ac 仅匹配以 *ac* 开头的单词，比如 *action*。正则表达式 ac\> 仅匹配以 ac 结尾的单词，比如 *maniac*。两者均不匹配 *react*。注意，不同于 \(...\)，\< 和 \> 不需要成对使用。

在最初的 vi 中，还有另外一个元字符：

注 3：　保留缓冲区不同于文件编辑缓冲区和文本删除寄存器。

~

匹配上一次搜索中用到的正则表达式。例如，如果你搜索过 *The*，可以通过 /~n 搜索 *Then*。注意，你只能在普通搜索（使用 /）中使用这种形式，不能用于替换（s）命令。但它在 s 命令的替换部分也有类似的意义（我们很快会在 6.5.3 节中介绍）。

~ 的用法是原始 vi 的一项古怪特性。在使用过 ~ 之后，保存的搜索模式被设置为 ~ 之后的新文本，而非预想中组合而成的新模式。尽管该特性仍然存在，但不太推荐使用。Vim 并不遵循这种行为方式。

注意，Vim 支持扩展正则表达式语法。详见 8.7 节。

6.5.2 POSIX 方括号表达式

我们刚刚介绍了使用方括号来匹配其中包含的任意单个字符，比如 [a-z]。POSIX 标准引入了另一种方法来匹配不在英文字母表中的字符。例如，法语 *è* 是一个字符，但典型的字符类 [a-z] 无法匹配该字符。此外，该标准提供了在匹配和排序字符串时应被视为单一单元（single unit）的字符序列。

POSIX 还将术语正式化。在 POSIX 标准中，方括号内的字符组被称为方括号表达式（bracket expressions）。在方括号表达式中，除了 *a*、*!* 等字面字符外，还可以包含其他组件：

字符类

POSIX 字符类由 [: 和 :] 包围的关键字组成。关键字描述了不同的字符类，比如字母字符、控制字符等等（参见表 6-1）。

对照符号

对照符号（collating symbols）是多字符组成的序列，应被视为单一单元，由 [. 和 .] 包围的字符组成。

等价类

等价类（equivalence class）列出了应被视为等价的一组字符，比如 *e* 和 *è*。等价类由 [= 和 =] 包围的具名元素（由语言环境定义）组成。

这三种组件必须出现在方括号内。例如，[[:alpha:]!] 匹配任意的字母字符或感叹号，

[[.ch.]] 匹配对照符号 *ch*，但不匹配字母 *c* 或 *h*。在法语语言环境中，[[=e=]] 可以匹配 *e*、*è* 或 *é* 中的任意一个。字符类及其匹配的字符如表 6-1 所示。

表 6-1：POSIX 字符类

字符类	匹配的字符
[:alnum:]	字母数字字符
[:alpha:]	字母字符
[:blank:]	空格和制表符
[:cntrl:]	控制字符
[:digit:]	数字字符
[:graph:]	可打印和可见（非空格）字符
[:lower:]	小写字母
[:print:]	可打印字符（包括空白字符）
[:punct:]	标点符号
[:space:]	所有的空白字符（空格、制表符、换行符、垂直换行符等）
[:upper:]	大写字母
[:xdigit:]	十六进制数字

现代系统知晓安装时选择的语言环境，你可以期待使用 POSIX 方括号表达式得到合理的结果，尤其是在尝试仅匹配小写或大写字母时。注 4

如何选择自己的语言环境？

你可以通过设置某些环境变量来选择命令所用的语言环境，这些环境变量的名称以 LC_ 开头。设置语言环境的最简单方法是设置 LC_ALL 环境变量，其他的细节已经超出了本书的范围，这里就不再叙述了。安装系统时会设置默认语言环境（如果你没有专门设置的话）。

通常可以使用 locale 命令查看所在系统可用的语言环境：

```
$ locale -a                On GNU/Linux
C
C.UTF-8
```

注 4： 在 Solaris 10 中，*/usr/xpg4/bin/vi* 和 */usr/xpg6/bin/vi* 支持 POSIX 方括号表达式，但是 */usr/bin/vi* 不支持。在 Solaris 11 中，所有的 vi 版本均支持方括号表达式。

```
en_AG
en_AG.utf8
en_AU.utf8
...
```

注意，文件没有与之关联的语言环境；语言环境指定命令如何处理从文件中读取的数据。通常，以 UTF-8 编码的文件在所有基于 Unicode 的语言环境中应该都能被正确处理，不过你的具体情况可能会有所不同。

6.5.3 用于替换字符串的元字符

当你进行全局替换时，先前讨论的正则表达式元字符所具备的特殊含义仅在替换命令的搜索模式（第一部分）中有效。

例如，当你输入：

```
:%s/1\. Start/2. Next, start with $100/
```

注意，替换字符串部分中的 . 和 $ 被视为字面字符，无需转义。同样，假设你输入：

```
:%s/[ABC]/[abc]/g
```

如果你希望将 *A* 替换成 *a*，*B* 替换成 *b*，*C* 替换成 *c*，结果一定会让你惊讶。因为在替换字符串中，方括号就是普通的字符，没有任何特殊含义，该命令会将出现的每一个 *A*、*B* 或 *C* 替换成字符串 *[abc]*。

为了解决这个问题，你需要一种方法来指定可变的替换字符串。好在还有另外一些元字符在替换字符串中具有特殊含义：

`\n`

使用先前由 `\(` 和 `\)` 保存的第 *n* 个子模式所匹配的文本替换 `\n`，其中 *n* 为数字 1 到 9，先前保存的子模式（位于保留缓冲区）从行的左边开始计数。`\(` 和 `\)` 的讲解参见 6.5.1 节。

`\`

将其之后的特殊字符视为普通字符。`\`（反斜线）在替换字符串和搜索模式中均是特殊字符。要想指定字面意义上的反斜线，连续输入两次即可（`\\`）。

&

使用搜索模式匹配的整个文本替换 &。这可以免去你重新输入文本之苦：

```
:%s/Washington/&, George/
```

替换字符串为 Washington, George。& 也可以替换可变模式（由正则表达式指定）。例如，给第 1 行至第 10 行加上括号：

```
:1,10s/.*/(&)/
```

搜索模式匹配整行，& 则在替换字符串中“重现”该行。

~

将找到的字符串替换为上一个替换命令中指定的替换文本。这在重复编辑时很有用。例如，你可以对某一行执行 :s/thier/their，然后使用 :s/thier/~/ 对另一行重复同样的更改。搜索模式不需要相同。你也可以对某一行执行 :s/his/their/，再对另一行使用 :s/her/~/ 重复替换。[注5]

\u 或 \l

将替换字符串中的下一个字符更改为大写或小写。例如，要想将 *yes, doctor* 改为 *Yes, Doctor*，可以输入：

```
:%s/yes, doctor/\uyes, \udoctor/
```

不过这个例子没什么实际意义，因为直接在替换字符串中输入大写首字母也不是什么难事。和其他正则表达式一样，\u 和 \l 在可变的替换字符串中才最有用。来看我们先前用过的命令：

```
:%s/\(That\) or \(this\)/\2 or \1/
```

替换结果为 *this or That*，但需要调整大小写。我们使用 \u 将 *this*（位于保留缓冲区 2）的首字母大写，使用 \l 将 *That*（位于保留缓冲区 1）的首字母小写：

```
:s/\(That\) or \(this\)/\u\2 or \l\1/
```

替换结果为 *This or that*。别把数字 1 和小写字母 l 看混了；数字 1 在后。

注 5： 标准 ed 编辑器的现代版本在替换字符串中使用单个字符 % 表示“上一个替换命令中指定的替换文本”。

\U 或 \L 以及 \e 或 \E

\U 和 \L 类似于 \u 和 \l，但所有后续的字符（直到替换字符串结尾或出现 \e 或 \E 为止）都会被转换为大写或小写。如果没有 \e 或 \E，替换字符串中的所有字符都会受到 \U 或 \L 的影响。例如，要想将 Fortran 变成大写，可以输入：

```
:%s/Fortran/\UFortran/
```

或者使用 & 重现搜索字符串：

```
:%s/Fortran/\U&/
```

搜索模式区分大小写。也就是说，搜索 *the* 是找不到 *The* 的。你可以在模式中同时指定大小写来解决这个问题：

```
/[Tt]he
```

你也可以输入 :set ic，指示编辑器忽略大小写。更多细节参见 7.1.1 节。

6.5.4 更多的替换技巧

关于替换命令，还有一些重要的事情你应该知道：

- :s 等同于 :s//~/。也就是说，:s 会重复上一次替换。当你在文件中重复同样的更改，却又不想使用全局替换时，该命令可以帮你节省大量的时间和键盘输入。
- 如果你将 & 看作是代表“同样的东西（the same thing）”（比如，刚刚匹配的内容），该命令就比较好记了。你可以在 & 后面跟上 g，对行进行全局替换，甚至还可以加上行范围：

:%&g	在各处重复上一次替换

- & 键也可以作为 vi 命令，以执行 :&（重复上一次替换）。这比 :s ENTER 少敲了两次键盘。
- :~ 命令和 :& 命令类似，但有一处细微的不同：前者使用的搜索模式是上一次出现在任意命令中的正则表达式，这可不一定是上一个替换命令中的那个正则表达式。例如，在以下命令序列：

```
:s/red/blue/
:/green
:~
```

:~ 等效于 :s/green/blue/。[注6]

- 除了 / 字符，你也可以使用出反斜线、双引号、竖线（\、"、|）之外的任意非字母数字字符、非空格字符作为分隔符。这在更改路径时很方便。例如：

  ```
  :%s;/user1/tim;/home/tim;g
  ```

- 如果启用了 edcompatible 配置项，编辑器会记住上一次替换操作中用到的标志（g 代表全局，c 代表确认），并继续用于下一次替换。

  当你在文件中移动，希望进行全局替换时，这会非常有用。你可以先更改：

  ```
  :s/old/new/g
  :set edcompatible
  ```

  后续的替换命令就都是全局替换了。

  请注意，尽管配置项名称如此，但没有哪个已知版本的 Unix ed 是这种方式工作的。

6.6 模式匹配示例

除非你熟悉正则表达式，否则先前讨论的那些特殊字符看起来可能复杂得吓人。多演示些例子会有助于理解。在下面的例子中，方框（□）代表空格，不是特殊字符。

我们来看看如何在替换中使用一些特殊字符。假设有一个长文件，你想将其中的单词 child 替换为 *children*。先使用 :w 保存编辑缓冲区，然后尝试下列全局替换：

```
:%s/child/children/g
```

当你继续编辑时，会发现出现了一些像 *childrenish* 这样的单词。这说明你误匹配了单词 *childish*。使用 :e! 恢复上一次保存的缓冲区，尝试下列命令：

```
:%s/child□/children□/g
```

注 6： 感谢 Keith Bostic 在 nvi 文档中提供了这个例子。

注意，*child* 后面有一个空格。但是这样会漏掉 *child.*、*child,*、*child:* 等形式。思考片刻，你想起来方括号可用于匹配列表中的任意单个字符，于是想到了一个办法：

```
:%s/child[□,.;:!?]/children[□,.;:!?]/g
```

该命令搜索后面紧随空格（由□表示）或任一标点符号（,.;:!?）的字符串 *child*。你希望将其替换为 *children* 加上匹配到的对应空格或标点符号，结果得到却是后面跟着一连串的标点符号的 *children*。你需要将空格和标点符号放入 \(和 \) 内。然后使用 \1 在替换字符串中重现。再试一次：

```
:%s/child\([□,.;:!?]\)/children\1/g
```

当匹配到 \(和 \) 内的某个字符时，右侧的 \1 会将该字符重现。尽管语法看起来着实复杂，但却能节省大量工作。学习正则表达式绝对是一本万利的好事！

但这个命令仍不算完美。你会发现 *Fairchild* 也被更改了，所以你还需要一种方法保证匹配到的 *child* 不属于其他单词一部分。

对此，vi 和 Vim（并非所有使用正则表达式的编辑器）提供了一种特殊的语法，表示“该模式仅匹配完整的单词”。字符序列 \< 要求模式匹配单词起始位置，\> 要求模式匹配单词结尾位置。两者共同限制模式匹配完整的单词。因此，\<child\> 可以找出单词 *child* 的所有实例，不管它后面是标点符号还是空格。下面是应该使用的替换命令：

```
:%s/\<child\>/children/g
```

也可以是：

```
:%s/\<child\>/&ren/g
```

6.6.1 搜索一般单词

假设你的函数名称以 *mgi*、*mgr* 或 *mga* 作为前缀：

```
mgibox routine,
mgrbox routine,
mgabox routine,
```

如果你想将 *box* 改为 *square*，同时保留前缀，下列替换命令都可以实现。第一个例子演示了如何使用 \(和 \) 保存模式匹配到的文本：

```
:g/mg\([ira]\)box/s//mg\1square/g

mgisquare routine,
mgrsquare routine,
mgasquare routine,
```

全局替换会将匹配到的 *i*、*r* 或 *a* 保存起来。按照这种方法，仅当 *box* 是函数名称的一部分时才将其更改为 *square*。

另一个例子演示了如何用一个模式进行搜索，用另一个模式进行替换：

```
:g/mg[ira]bo$/s/box/square/g

mgisquare routine,
mgrsquare routine,
mgasquare routine,
```

该命令的效果和前一个命令相同，但安全性稍差，因为不仅会更改函数名中的 *box*，还有可能会更改同一行中的其他 *box* 实例。

6.6.2 按模式移动文本块

你也可以移动以模式分隔的文本块。例如，假设你有一份 150 页的参考手册，是用某个特殊版本的 XML 编写的。每页内容被组织为 3 个段落，对应的标题分别是：<syntax>、<description>、<parameters>。其中一页内容如下：

```
<reference>
<description>Get status of named file</description>
<shortname>STAT</shortname>
<syntax>
int stat(const char *filename, struct stat *data);
...
retval = stat(filename, data);</syntax>
<description><para>
Writes the fields of a system data structure into the
structure pointed to by data.
These fields contain (among other
things) information about the file's access
privileges, owner, and time of last modification.
```

```
</para></description>
<parameters>
<param><name>filename</name>
<para>A character string variable or constant containing
the Unix pathname for the file whose status you want
to retrieve.
You can give the ...
</para></param></parameters>
</reference>
```

假设你决定将 <description> 移到 <syntax> 之上。借助模式匹配，只需一个命令就可以移动所有 150 页中的相关文本块！

```
:g /<syntax>/.,/<description>/-1 move /<parameters>/-1
```

该命令的工作方式如下：首先，ex 寻找并标记所有与第一个模式相匹配的行（即包含 *<syntax>* 的行）。然后，将每个已标记的行设置为 .（点号，表示当前行）并执行命令。move 命令将当前行到 *<description>* 所在行之前（/<description>/-1）的那些行移动到 *<parameters>* 所在行之上（/<parameters>/-1）。[注 7]

注意，ex 只能将文本放置在指定行之下。

要想让 ex 将文本放置在指定行之上，必须先使用 -1 将行号减 1，然后让 ex 将文本放在上一行的下面。

像例子中的这种情况，一个命令能实实在在地节省数小时的工作量。这是真事 —— 我们曾使用类似的模式匹配重新编排了好几百页的参考手册。

按照模式定义的文本块同样可用于其他 ex 命令。例如，如果你想删除所有的 <description> 段落，可以输入：

```
:g/<description>/,/<parameters>/-1d
```

这种极其强大的更改功能隐含在 ex 的行寻址语法中，甚至连有经验的用户也不一定了解。因此，当你面对一项复杂且重复的编辑工作时，应该花些时间分析问题，看看能否运用模式匹配工具把事情搞定。

注 7：　我们可以使用 move /<\/description>/ 将其移动到 *</description>* 所在行之下。这种写法是否更具可读性，并不太明显。

6.6.3 更多示例

通过例子是学习模式匹配的最佳方式，下面给出了一些模式匹配示例并辅以讲解。仔细研究语法，理解工作原理，这样就能活学活用了。

> **关于 troff**
>
> troff 是 Unix 的标准文本格式化工具，用于排字机和激光打印机，其孪生兄弟 nroff，则用于终端和行式打印机。两者均接受相同的输入语言。
>
> troff 的输入由待格式化的文本夹杂命令行和转义序列组成（比如斜体或加粗文本）。
>
> 曾经，学习 troff 和 nroff 的知识和技能是成为“Unix 巫师”的必要环节。随着时间的推移，能用到两者的地方已经不多了，但有一项关键任务仍然离不开它们：编写手册页。
>
> 因此，尽管我们减少了书中与 troff 相关的示例数量，但并未完全删除。我们希望剩下的这些例子对你有所帮助。

1. 将 troff 斜体代码放在单词 *ENTER* 的两侧：

   ```
   :%s/ENTER/\\fI&\\fP/g
   ```

   注意，在替换部分中需要使用两个反斜线（\\），这是因为反斜线在 troff 斜体代码中会被解释为特殊字符（\fI 会被解释为 *fI*；必须输入 \\fI 才能得到 *\fI*）。

2. 修改文件中的路径：

   ```
   :%s/\/home\/tim/\/home\/linda/g
   ```

   如果斜线（替换命令的分隔符）在模式或替换部分出现，必须使用反斜线对其进行转义，使用 \/ 得到 /。另一种等效方法是改用其他字符作为分隔符。例如，使用冒号（作为分隔符的冒号和 ex 命令的冒号是两回事）。因此：

   ```
   :%s:/home/tim:/home/linda:g
   ```

   这样可读性就好多了。

3. 在单词 *ENTER* 两次添加 HTML 斜体代码：

```
:%s:ENTER:<I>&</I>:g
```

注意，我们使用 & 代表实际匹配的文本，使用冒号代替斜线作为分隔符。

4. 将第 1 行至第 10 行的点号更改为分号：

```
:1,10s/\./;/g
```

点号在正则表达式中具有特殊含义，必须使用反斜线转义（\.）。

5. 将所有出现的单词 *help*（或 *Help*）更改为 *HELP*：

```
:%s/[Hh]elp/HELP/g
```

或：

```
:%s/[Hh]elp/\U&/g
```

\U 将其之后出现的所有文本更改为大写。& 代表模式匹配到的文本，在本例中，要么是 *help*，要么是 *Help*。

6. 将一个或多个空格替换为单个空格：

```
:%s/□□*/□/g
```

确保你理解特殊字符 * 的作用。在紧随任何字符（或匹配单个字符的正则表达式，比如 . 或 [[:lower:]]）之后出现的星号匹配该字符的 0 个或多个实例。因此，你必须指定两个空格以及一个星号来匹配一个或多个空格（意思是，一个空格加上 0 个或多个空格）。

7. 使用两个空格替换冒号之后的一个或多个空格：

```
:%s/:□□*/:□□/g
```

8. 使用两个空格替换点号或冒号之后的一个或多个空格：

```
:%s/\([:.]\)□□*/\1□□/g
```

可以匹配方括号中的任一字符。使用 \(和 \) 将该字符保存在保留缓冲区，通过 \1 将其重现在右侧。注意，在方括号中，大多数特殊字符（比如点号）不需要转义。

9. 标准化单词或标题的各种用法：

```
:%s/^Note[□:s]*/Notes:□/g
```

方括号中包含 3 个字符：空格、冒号和字母 *s*。因此，模式 Note[□s:] 匹配 *Note*□、*Notes* 或 *Note:*。星号使该模式能匹配 *Note*（单词后面没有空格）和

Notes：（正确的拼写）。如果没有星号，*Note* 会被漏掉，*Note:* 会被错误地更改为 *Notes:*□*:*。同时，还会将多个空格截断成一个，使得 *Note:*□□变成 *Notes:*□。

10. 删除所有的空行：

```
:g/^$/d
```

这里实际匹配的是紧挨着的行首位置（^）和行尾位置（$），两者之间什么都没有。

11. 删除所有空行，以及只包含空白字符的行：

```
:g/^[□tab]*$/d
```

在这个例子中，制表符显示为 *tab*。看似为空的行事实上可能包含空格或制表符。上个例子无法删除这种行。本例同样搜索行首和行尾，但两者之间的模式尝试找出任意数量的空格或制表符。如果没有匹配到，该行则为空行。要想删除包含空白字符的非空行，必须匹配至少包含一个空格或制表符的行：

```
:g/^[□tab][□tab]*$/d
```

12. 删除每行开头的所有空格：

```
:%s/^□□*\(.*\)/\1/
```

使用 `^□□*` 搜索行首的一个或多个空格；然后使用 `\(.*\)` 将该行剩余部分保存在第一个保留缓冲区。使用 `\1` 重现不包括开头空格的部分。另一种更简单的实现方法是 `s/^□□*//`。

13. 删除每行结尾的所有空格：

```
:%s/□□*$//
```

删除每行结果的一个或多个空格。

因为指定了 `^` 和 `$` 锚点，本例和上例中的替换操作在任意行中只会执行一次，不需要再加入 `g` 标志。

14. 在从当前行到下一个以 } 起始的行之间的各行行首插入 `//□`：

```
:.,/^}/s;^;//□;
```

我们这里做的是把行首“替换成” `//□`。当然，并不会真的替换行首（只是个逻辑概念，并非真实的字符[译注 2]）。

译注 2：^、$、\<、\> 匹配的是特定的位置，而非字符。

该命令使用 C++ 的注释符号 // 将当前行（点号）到下一个以右（闭合）花括号起始的行之间的各行注释掉。通常，你可以将光标放在函数定义的第一行，使用其来注释掉整个函数。

注意，如果替换文本包含一个或多个斜线，可以使用分号作为替换命令的分隔符。

15. 在接下来的 6 行文本末尾添加点号：

```
:.,+5s/$/./
```

行地址指明当前行和接下来的 5 行。$ 表示行尾。和上一个例子一样，$ 只是个逻辑概念。你并不会真把行尾替换掉。

16. 反转列表中所有以连字符分隔的条目顺序

```
:%s/\(.*\)□-□\(.*\)/\2□-□\1/
```

使用 \(.*\) 将行中□-□之前的文本保存在第一个保留缓冲区。然后使用 \(.*\) 将余下的文本保存在第二个保留缓冲区。在右侧恢复并反转两个缓冲区的内容顺序。该命令的效果如下所示：

```
more - display files
```

变为：

```
display files - more
```

以及：

```
lp - print files
```

变为：

```
print files - lp
```

还有更简洁的实现方式：

```
:%s/\(.*\)\(□-□\)\(.*\)/\3\2\1/
```

17. 将文件中的所有字母更改为大写：

```
:%s/.*/\U&/
```

或者：

```
:%s/./\U&/g
```

替换字符串开头的 \U 告诉编辑器将替换内容更改为大写。& 将搜索模式匹配到的文本重现为替换内容。

这两个命令是等效的，但第一种形式速度更快，因为每行只需要替换一次（.* 匹配整行），而第二种形式则是在每行中重复替换（. 只匹配单个字符，依靠结尾的 g 标志重复替换）。

18. 反转文件中的行序：[注 8]

```
:g/.*/mo0
```

搜索模式匹配文件中的每一行（包含 0 个或多个字符的行），逐行移动到文件顶部（假想的第 0 行之后）。每移动一行，就会将先前移动过的行向下推，直至最后一行出现在文件顶部。因为所有的行都有行首位置，用更简洁的方法也能实现同样的效果：

```
:g/^/mo0
```

19. 在文本文件数据库中，对所有未标记 *Paid in full* 的行，追加单词 *Overdue*：

```
:g!/Paid in full/s/$/ Overdue/
```

或者：

```
:v/Paid in full/s/$/ Overdue/
```

要影响不匹配模式的那些行，在 :g 命令前加上 !，或是使用 v 命令。

20. 将所有不以数字起始的行移动到文件末尾：

```
:g!/^[[:digit:]]/m$
```

或者：

```
:g/^[^[:digit:]]/m$
```

方括号中的第一个字符 ^ 表示排除含义，所以这两个命令的效果是一样的。第一个命令表示“不匹配以数字起始的行”，第二个命令表示“匹配不以数字起始的行”。[译注 3]

注意，两者之间有一处相当微妙的差异。第一个命令会影响空行，第二个命令则

注 8：出自 Walter Zintz 于 1990 年 5 月发表于 UnixWorld 的一篇文章。

译注 3：^ 在方括号内表示排除含义，在方括号外表示行首位置。

不会。为什么？ /^[[:digit:]]/ 匹配以数字起始的行。:g 之后的 ! 将这些行排除掉，最终匹配的是不以数字起始的行，其中也包括空行。然而，/^[^[:digit:]]/ 匹配以非数字起始的行，要想匹配，就要求行中必须有一个字符存在。

21. 手动将编号的节标题（比如 1.1、1.2 等）更改为 HTML 的 <h1> 标签：

```
:%s;^[1-9]\.[1-9] \(.*\);<h1>\1</h1>;
```

搜索模式匹配一个非 0 数字，紧接着是一个点号和另一个非 0 数字，然后是一个空格和任意内容。该命令查找不出含两个或更多数字的章编号。为此，修改命令如下：

```
:%s;^[1-9][0-9]*\.[1-9] \(.*\);<h1>\1</h1>;
```

现在就能匹配第 10 章至第 99 章（数字 1 至 9，然后是任意单个数字），第 100 章至第 999 章（数字 1 至 9，然后是任意两个数字），依此类推。当然，该命令同样也能找出第 1 章至第 9 章。

22. 删除文档中的节标题编号。你想将下列行：

```
2.1 Introduction
10.3.8 New Functions
```

改为：

```
Introduction
New Functions
```

命令如下：

```
:%s/^[1-9][0-9]*\.[1-9][0-9.]*□//
```

其中的搜索模式类似于上一个例子，但数字长度不再是固定的。标题格式至少为数字、点号、数字，可以先尝试之前用过的搜索模式：

```
[1-9][0-9]*\.[1-9]
```

但在这个例子中，标题可以有任意多个数字或点号：

```
[0-9.]*
```

23. 将单词 *Fortran* 更改为短语 *FORTRAN*（acronym of FORmula TRANslation）：

```
:%s/\(For\)\(tran\)/\U\1\2\E□(acronym□of□\U\1\Emula□\U\2\Eslation)/g
```

首先，我们注意到 *FORmula* 和 *TRANslation* 都用到了原先单词的一部分，因此决定将搜索模式分成两部分并保存：`\(For\)` 和 `\(tran\)`。第一次重现时，我们将这两部分一起使用，所有字符改为大写：`\U\1\2`。接下来，用 `\E` 撤销大写，否则的话，剩下的替换文本也都会变成大写。继续使用实际的输入文本进行替换，然后重现第一个保留缓冲区。该缓冲区包含 *For*，所以我们还得先将其转换为大写：`\U\1`。紧接着，将单词剩下的部分小写：`\Emula`。最后，重现第二个保留缓冲区。该缓冲区包含 *tran*，因此我们还是先按大写形式将其重现，再使用小写输出单词剩下的部分：`\U\2\Eslation`。

6.7 模式匹配总结

最后，我们通过一些涉及复杂模式匹配概念的示例任务来结束本章。我们会一步一步地解决问题，而不是直接给出答案。

6.7.1 删除未知的文本块

假设你有几行文本，其一般形式如下：

```
the best of times; the worst of times: moving
The coolest of times; the worst of times: moving
```

你感兴趣的行均以 *moving* 结尾，但是不清楚每行的前两个单词是什么。我们想将所有以 *moving* 结尾的行更改为：

```
The greatest of times; the worst of times: moving
```

因为要更改的是部分特定行，所以需要指定上下文相关的全局替换。使用 `:g/moving$/` 匹配以 *moving* 结尾的行。接下来，你发现搜索模式应该是任意数量的字符，于是想到了元字符 `.*`。但这会匹配整行，除非加入一些匹配限制。来看第一次尝试：

```
:g/moving$/s/.*of/The□greatest□of/
```

搜索模式匹配从行首到第一个 `of`。因为需要指定单词 `of` 来限制搜索范围，所以在替换字符串中简单地再重复输入一次。结果如下：

```
The greatest of times: moving
```

出错了！该命令一直替换到了第二个 *of*，没有在第一个 *of* 处止步。原因在于星号（*）在决定匹配数量时，“匹配任意数量的任意字符”这一操作总是会尽可能多地匹配文本。[注 9，译注 4] 在本例中，由于单词 *of* 出现了量词，匹配到的文本就变成了：

```
the best of times; the worst of
```

而不是：

```
the best of
```

搜索模式需要加入更多的限制：

```
:g/moving$/s/.*of□times;/The□greatest□of□times;/
```

现在，.* 匹配短语 *of times;* 之前的所有字符。因为该短语在行中只会出现一次，所以必然是第一个。

但是，元字符 .* 在某些情况下用起来并不方便，甚至还会出错。例如，你可能会发现自己要输入很多单词来限制搜索范围，或是无法通过特定单词来限制模式（如果行中的文本差异很大）。下一节将列举这方面的例子。

6.7.2 交换文本数据库中的条目

假设你想交换（文本）数据库中所有姓氏和名字的顺序。相关行的形式如下：

```
Name: Feld, Ray; Areas: PC, Unix; Phone: 765-4321
Name: Joy, Susan S.; Areas: Graphics; Phone: 999-3333
```

字段名以冒号结尾，各字段之间以分号分隔。以第一行为例，你希望将 *Feld, Ray* 更改为 *Ray Feld*。我们将给出一些看似有效，但实际却存在问题的命令。在每个命令之后，我们会展示更改前后的变化。

```
:%s/: \(.*\), \(.*\);/: \2 \1;/
```

Name: **Feld, Ray; Areas: PC,** *Unix*; Phone: 765-4321	更改之前
Name: *Unix* **Feld, Ray; Areas: PC;** Phone: 765-4321	更改之后

注 9：用更正式的说法是选择匹配最左最长的文本（the longest, leftmost text）。

译注 4：因为 * 属于贪婪型量词。

我们将第一个保留缓冲区的内容用粗体表示，将第二个保留缓冲区的内容用斜体表示。注意，前者的内容比你预想的要多。因为在其之后的模式没有给予足够的限制，导致第一个保留缓冲区的内容一直到第二个逗号为止。现在尝试对该保留缓冲区的内容加以限制：

```
:%s/: \(....\), \(.*\);/: \2 \1;/
```

Name: **Feld,** *Ray; Areas: PC, Unix*; Phone: 765-4321　　更改之前
Name: *Ray; Areas: PC, Unix* **Feld**; Phone: 765-4321　　更改之后

这里，你设法将姓氏保存在第一个保留缓冲区，但第二个保留缓冲区的内容一直到行中最后一个分号为止。接下来，再尝试限制第二个保留缓冲区：

```
:%s/: \(....\), \(...\);/: \2 \1;/
```

Name: **Feld,** *Ray*; Areas: PC, Unix; Phone: 765-4321　　更改之前
Name: *Ray* **Feld**; Areas: PC, Unix; Phone: 765-4321　　更改之后

终于得到了你想要的结果，但仅限于 4 字母的姓氏和 3 字母的名字这种特定情况（之前的尝试也犯了同样的错误）。干吗不返回第一次尝试，好好地考虑如搜索模式的结束条件？

```
:%s/: \(.*\), \(.*\); Area/: \2 \1; Area/
```

Name: **Feld,** *Ray*; Areas: PC, Unix; Phone: 765-4321　　更改之前
Name: *Ray* **Feld**; Areas: PC, Unix; Phone: 765-4321　　更改之后

搞定，但还没完，我们另有考虑。假设 *Area* 字段并不是一直都有，或者并非总是位于第二个字段。上个命令就失效了。

我们引入这个问题是为了说明一件事：每当你反思模式匹配时，通常比较好的做法是改进其中的可变部分（元字符），而不是使用特定的文本来限制模式。模式中的可变部分越多，命令就越强大。

在这个例子中，重新思考想要匹配的模式 —— 每个单词以大写字母开头，然后是任意数量的小写字母，所以可以这样匹配名字：

```
[[:upper:]][[:lower:]]*
```

姓氏可能包含不止一个大写字母（比如 *McFly*），所以要在第二个以及随后的字母中匹配这种可能性：

```
[[:upper:]][[:alpha:]]*
```

也可以对名字使用该模式（你永远都不知道什么时候会蹦出来一个 McGeorge Bundy）。这样一来，命令就变成了：

```
:%s/: \([[:upper:]][[:alpha:]]*\), \([[:upper:]][[:alpha:]]*\);/: \2 \1;/
```

真够吓人的。但仍无法匹配像 Joy, Susan S 这样的姓名。因为名字字段可能包含中间名首字母，所以还要在第二对方括号内添加空格和点号。不过够用就行了。有时，准确地指定你想要的内容比指定你不想要的内容更难。在样例数据库中，姓氏以逗号结尾，所以姓氏字段可以被视为不包含逗号的字符串：

```
[^,]*
```

该模式匹配第一个逗号之前的字符。同样，名字字段是不包含分号的字符串：

```
[^;]*
```

将这两个更高效的模式用在上一个命令中，得到下列命令：

```
:%s/: \([^,]*\), \([^;]*\);/: \2 \1;/
```

该命令也可用于上下文相关的替换。如果所有行均以 *Name* 开头，可以使用：

```
:g/^Name/s/: \([^,]*\), \([^;]*\);/: \2 \1;/
```

为了匹配带有额外空格（或没有空格）的冒号，也可以在第一个空格之后添加星号：

```
:g/^Name/s/: *\([^,]*\), \([^;]*\);/: \2 \1;/
```

6.7.3 使用 :g 重复命令

在 :g 命令的常见用法中，通常是选择行，然后使用同一命令行中的后续命令对选中的行进行编辑。例如，我们使用 :g 选择相关行，然后对其进行替换，或是将选择的行删除：

```
:g/mg[ira]box/s/box/square/g
:g/^$/d
```

然而，在 *UnixWorld* 的第二部分教程中，[注 10] Walter Zintz 提及了 :g 命令的一个有趣用法。该命令选择行，但相关的编辑命令不需要真正作用于这些行。

他展示了一个可以重复 ex 命令任意多次的技巧。例如，假设你想将当前文件的第 12 行至第 17 行复制 10 份并置于文件末尾，可以这样做：

```
:1,10g/^/ 12,17t$
```

这种意想不到的用法确实管用！ :g 命令选择第 1 行，执行指定的 t 命令，接着对第 2 行执行下一次复制命令。当到达第 10 行时，ex 已经完成了 10 次复制。

6.7.4 收集行

来看 :g 命令的另一种高级用法，同样是基于 Zintz 的教程。假设你正在编辑一份由多部分组成的文档，其中第 2 部分如下所示，我们使用 ... 表示省略的文本并显示行号作为参考：

```
301 Part 2
302 Capability Reference
303 .LP
304 Chapter 7
305 Introduction to the Capabilities
306 This and the next three chapters ...

400 ... and a complete index at the end.
401 .LP
402 Chapter 8
403 Screen Dimensions
404 Before you can do anything useful
405 on the screen, you need to know ...

555 .LP
556 Chapter 9
```

注 10： 第一部分“vi Tips for Power Users”，发表于 1990 年 4 月的 UnixWorld；第二部分“Using vi to Automate Complex Edits”，发表于 1990 年 5 月的 UnixWorld。该教程可以在本书的 GitHub 仓库中找到（*https://www.github.com/learning-vi/vi-files*）。

```
557 Editing the Screen
558 This chapter discusses ...

821 .LP
822 Part 3
823 Advanced Features
824 .LP
825 Chapter 10
826 ....
```

每章的编号单独出现在一行，标题在下面一行，该章的内容（特别以粗体标出）位于标题之下。你要做的第一件事是复制每章的起始行，将其发送到现有的文件 *begin* 中。

命令如下：

```
:g /^Chapter/ .+2w >> begin
```

在发出命令之前，必须位于文件的顶部。首先，在行首搜索 *Chapter*，然后对每章的起始行（即 *Chapter* 下面的第二行）执行命令。因为 *Chapter* 开头的行被选为当前行，所以行地址 `.+2` 表示该行下面的第二行。也可以使用行地址 `+2` 或 `++`，效果一样。使用 `w` 命令和追加操作符 `>>` 将这些行写入现有文件 *begin*。

假设你只想发送 Part 2 内的各章开头，则需要限制 `:g` 所选择的行，因此将命令改为：

```
:/^Part 2/,/^Part 3/g /^Chapter/ .+2w >> begin
```

这里，`:g` 命令选择以 *Chapter* 起始的行，但是搜索范围限制为从 *Part 2* 开头的行到以 *Part 3* 开头的行。如果执行该命令，文件 *begin* 的最后几行内容如下：

```
This and the next three chapters ...
Before you can do anything useful
This chapter discusses ...
```

这些是第 7 章、第 8 章、第 9 章开头的行。

除了已经发送的行之外，你还想将各章的标题复制到文件 begin 的结尾，准备制作目录。你可以用竖线添加第二个命令，如下所示：

```
:/^Part 2/,/^Part 3/g /^Chapter/ .+2w >> begin | +t$
```

记住，对于任何后续命令，行地址都是相对于上一个命令的。第一个命令标记了以 *Chapter* 起始的行（在 Part 2 内），各章的标题就出现在这些行的下一行。因此，要在第二个命令中使用标题，应该使用行地址 `+`（要么是等效的 `+1` 或 `.+1`），接着再用 `t$` 将各章标题复制到文件结尾。

正如这些示例所展示的，思考和实验也许会带给你一些不同寻常的编辑解决方案。不要害怕尝试。记得先备份文件！当然，使用 Vim 的无限“撤销”功能，你甚至可以不用再做备份，更多相关信息参见 8.8 节。

第7章

高级编辑

本章将介绍 vi、Vim 及其底层 ex 编辑器的一些高级功能。在开始学习各种概念之前，你应该对先前几章的内容相当熟悉了。

和前几章一样，本章讲到的功能适用于所有版本的 vi，也包括 Vim。当你看到“vi”这个词时，可以将其理解为“vi 和 Vim”。

本章共分为五部分。第一部分讨论各种配置项的设置方法，可用于自定义编辑环境。你将学到 set 命令的用法以及如何通过 *.exrc* 文件创建多个不同的编辑环境。

第二部分讨论如何在编辑器中执行 Unix 命令以及如何使用编辑器通过 Unix 命令过滤文本。

第三部分讨论了保存长命令序列的各种方法：将其简化为缩写甚至是只用一次按键就能完成的命令（这称为映射键）。除此之外，还包括一节有关 @-functions 的内容，允许你将命令序列保存在寄存器中。

第四部分讨论了在 Unix 命令行或 shell 脚本中使用 ex 脚本。脚本化提供了一种执行重复编辑的强大方法。

第五部分讨论了部分对程序员尤为有帮助的特性。有些编辑器配置项可以控制行缩进、显示不可见字符（尤其是制表符和换行符）。还有一些适用于代码块或 C/C++ 函数的搜索命令。

7.1 定制 vi 和 Vim

vi 和 Vim 在不同的终端上有不同的操作方式。

在现代 Unix 系统中，编辑器从 terminfo 终端数据库[注 1] 获取你所用的终端类型的操作指令。

你还可以在编辑器中设置许多影响其操作方式的配置项。例如，你可以设置右边距，使 vi 自动换行，这样就不需要按 ENTER 了。

你可以在编辑器中通过 ex 命令 :set 修改相关配置项。除此之外，vi 和 Vim 在启动时会读取主目录中的文件 *.exrc*，从中获得进一步的操作指令。将 :set 命令放置在该文件中，就可以在使用 vi 的时候改变其操作方式。

你也可以在本地目录中设置 *.exrc* 文件来初始化要用于不同环境中的各种配置项。例如，你可以为编辑英文文本定义一组配置项，为编辑源代码定义另一组配置项。主目录中的 *.exrc* 文件先被执行，然后是当前目录中的 *.exrc* 文件。

最后，保存在环境变量 EXINIT 中的任何命令会在编辑器启动时执行，其优先级高于主目录中的 *.exrc* 文件。

7.1.1 :set 命令

可以使用 :set 命令更改的配置项有两种：不是开启就是关闭的切换配置项（toggle options），接受数值或字符串的配置项（比如边距位置或文件名）。

切换配置项默认可以是开启，也可以是关闭。要想开启某个配置项，输入命令：

```
:set option
```

要想关闭某个选项，输入命令：

```
:set nooption
```

例如，要想指定在搜索模式时忽略大小写，输入命令：

注 1：　该数据库的位置随供应商而异。尝试通过命令 man terminfo 获取特定系统的更多信息。

```
:set ic
```

如果你希望 vi 搜索时区分大小写，输入命令：

```
:set noic
```

很多配置项既有全称，也有缩写。在上个例子中，ic 是 ignorecase 的缩写。你也可以输入 set ignorecase 忽略大小写，输入 set noignorecase 恢复默认行为。

Vim 允许你使用下列形式切换配置项的值：

```
:set option!
```

有些配置项要为其赋值。例如，window 选择用于设置屏幕“窗口”中显示的行数。你可以使用等号（=）设置这类配置项：

```
:set window=20
```

在编辑会话期间，你可以检查正在使用哪些配置项。下列命令：

```
:set all
```

显示完整的配置项列表，包含你已经设置过的配置项和编辑器“选定”的默认值。

显示结果类似于下面所示：[注2]

```
autoindent          nomodelines                  noshowmode
autoprint           nonumber                     noslowopen
noautowrite         open                         nosourceany
nobeautify          nooptimize                   tabstop=8
directory=/var/tmp  paragraphs=IPLPPPQPP LIpplpipbp taglength=0
noedcompatible      prompt t                     ags=tags /usr/lib/tags
noerrorbells        noreadonly                   term=xterm
noexrc              redraw                       noterse
flash               remap                        timeout
hardtabs=8          report=5                     ttytype=xterm
noignorecase        scroll=11                    warn
nolisp              sections=NHSHH HUnhsh        window=23
```

注2：	:set all 的结果很大程度上取决于所使用的 vi 版本。你在这里看到的是 Unix vi 的典型输出，按照字母顺序（忽略起始的 no）自上而下、自左到右排列。Vim 的配置项远比这里显示的要多。

```
nolist              shell=/bin/bash              wrapscan
magic               shiftwidth=8                 wrapmargin=0
mesg                showmatch                    nowriteany
```

你可以按照名称找出任意配置项的当前值：

```
:set option?
```

命令：

```
:set
```

显示在 *.exrc* 文件或当前会话期间更改或设置过的配置项。例如，该命令的显示结果类似于下面：

```
number sect=AhBhChDh window=20 wrapmargin=10
```

7.1.2 .exrc 文件

控制着个人编辑环境的 *.exrc* 文件位于你的主目录中。你可以使用 Vim 修改该文件，就像处理其他文本文件一样。（当然，任何新设置都不会立即生效，必须等到重启 Vim 或者使用 :source 命令显式重新读取 *.exrc* 文件）

如果还没有 *.exrc* 文件，创建一个就行了。在其中输入希望在编辑时生效的 set、ab 和 map 命令（本章随后讨论 ab 和 map）。来看一个 *.exrc* 示例文件：

```
set nowrapscan wrapmargin=7
set sections=SeAhBhChDh nomesg
map q :w^M:n^M
ab ORA O'Reilly Media, Inc.
```

因为该文件是在进入可视模式（vi）之前由 ex 读取的，命令之前不用加冒号。

7.1.3 替换环境

除了读取主目录中的 *.exrc* 文件，编辑器还会读取当前目录中的 *.exrc* 文件。这允许你设置适合于特定项目的配置项。

在包括 Vim 在内的所有现代版本 vi 中，在读取当前目录中的 *.exrc* 文件之前，你必须先对主目录的 *.exrc* 文件设置 exrc 配置项：

```
set exrc
```

这种机制可以防止其他人在你的工作目录中放置一个其命令可能会危及系统安全的 *.exrc* 文件。[注 3]

例如，你可能想设置一组用于编程的配置项：

```
set number autoindent sw=4 terse
set tags=/usr/lib/tags
```

再设置一组用于文本编辑的配置项：

```
set wrapmargin=15 ignorecase
```

注意，你可以在主目录的 *.exrc* 文件中设置某些配置项，然后在本地目录中取消这些配置项。

你也可以在 *.exrc* 之外的文件中保存配置项设置，然后使用 :so 命令（source 的缩写）读入该文件，以此定义替换编辑环境。

例如：

```
:so .progoptions
```

编辑器并不使用搜索路径查找 :so 指定的文件。因此，不以 / 开头的文件名被视为相对于当前目录。

本地的 *.exrc* 文件有助于定义缩写和映射键（本章稍后介绍）。使用标记语言编写书籍或其他文档的写作者可以轻松地将用到的所有缩写保存在书籍 / 文档所在目录的 *.exrc* 文件中。

注意，这假定和书籍相关的所有文件位于同一目录中。如果分散在不同的子目录，那就只能将 *.exrc* 文件复制到各个子目录，或是改用其他方法，比如使用 Vim 的

注 3：　最初版的 vi 会自动读取这两个文件（如果存在的话）。exrc 配置项消除了这种潜在的安全漏洞。

autocmd 特性，根据所编辑文件的扩展名设置配置项或执行操作。这使得你可以轻松地为 DocBook XML 定义一种编辑方式，为 AsciiDoc 或 LaTeX 定义另一种编辑方式。

7.1.4 一些有用的配置项

如你所见，:set all 的输出中包含大量可以设置的配置项。其中很多是由编辑器内部使用的，通常不用更改。另外，部分配置项在某些场合很重要，但在另一些场合则不然（例如，noredraw 和 window 对于跨大陆的 ssh 会话就很有用）。B.1 节的表 B-1 简要描述了各个配置项。我们建议你花点时间尝试设置这些配置项。如果某个配置项看起来挺有意思，那就设置（或取消）一下试试，看看有什么效果。你也许会发现一些令人惊奇的实用工具。

在 2.2.3 节中我们讨论过一个对于编辑非源代码文本必不可少的配置项 wrapmargin。该配置项指定了右边距的宽度，可用于在你输入文本时自动换行（省去手动输入回车的麻烦）[注4]。通常取值是 7 到 15：

```
:set wrapmargin=10
```

另外有三个配置项控制编辑器的搜索行为。通常，搜索区分大小写（*foo* 不匹配 *Foo*），到达文件尾部之后会折返回文件开头（这意味着你从文件任意位置开始搜索，都可以找出所有的匹配），在模式匹配时识别特殊字符。相关配置项的默认值分别为 ignorecase、wrapscan、magic。可以通过设置相反的切换配置项来更改这些默认值：noignorecase、nowrapscan、nomagic。

程序员尤为感兴趣的配置项包括 autoindent、expandtab、list、number、shiftwidth、showmatch、tabstop，同样，它们也有相反的切换配置项。

最后，可以考虑使用 autowrite 配置项。设置过该配置项之后，编辑器会在你发出 :n（next）命令切换到下一个文件的时候和使用 :! 执行 shell 命令之前，自动将已更改过的缓冲区内容写入文件。

注 4：使用计算机时，输入回车（carriage return）意味着按 ENTER 键。该术语来自打字机，在 q 敲完一行后，要使用操纵杆将纸张向上移动一行并将托架（carriage，用于固定纸张的部分）退回（return）到行首。这正是 ASCII 字符 LF（linefeed）和 CR（carriage return）的由来。

7.2 执行 Unix 命令

在编辑文件的时候，你可以显示或读入任何 Unix 命令的结果。感叹号（!）告诉 ex 创建一个 shell，并将后续内容视为命令：

```
:!command
```

如果你正在编辑文件，想在不退出 vi 的情况下再检查一下当前目录，可以输入：

```
:!pwd
```

当前目录的完整路径就会出现在屏幕上；按 ENTER 在同样的位置继续编辑文件。

如果你想连续执行多个 Unix 命令，其间不打算返回编辑会话，可以使用下列 ex 命令创建一个 shell：

```
:sh
```

当你想退出 shell，返回 vi 时，按 CTRL-D（该方法也适用于 Vim 的 GUI 版本 gvim）。

你可以配合使用 :read 与 shell 调用，将 Unix 命令的结果读取到文件中。下面是一个非常简单的例子：

```
:read !date
```

还有更简单的：

```
:r !date
```

上述命令将当前日期信息读入文件。在 :r 命令前加上行地址，可以将命令结果读入到文件中的特定位置。默认情况下，是读入到当前行之后。

假设你在编辑的时候想从文件 *phone* 中读入 4 个电话号码并按字母顺序排列。*phone* 的内容如下：

```
Willing, Sue 333-4444
Walsh, Linda 555-6666
Quercia, Valerie 777-8888
Dougherty, Nancy 999-0000
```

下列命令：

```
:r !sort phone
```

读入经过 sort 排序后的文件内容：

```
Dougherty, Nancy 999-0000
Quercia, Valerie 777-8888
Walsh, Linda 555-6666
Willing, Sue 333-4444
```

假设你在编辑的时候想插入目录中另一个文件的内容，但是又记不起来这个文件的名字。一种费时费力的方法如下：退出正在编辑的文件，执行 ls 命令，记住正确的文件名，重新用编辑器打开文件，插入新文件的内容。

或者采用另一种更简便的方法：

按键	结果
:!ls	file1　　file2　　letter newfile　　practice 显示当前目录中的文件列表。记住正确的文件名。按 ENTER 继续编辑文件。
:r newfile	"newfile" 35L, 1569C　　2,1　　Top 读入新文件。

本书的作者之一经常将 r 命令与作为文件名的 % 结合起来使用，以便轻松地纠正文档中的拼写错误：

```
:w
:$r !spell %
```

先保存文件，然后将 spell 对该文件检查之后的输出读入缓冲区（在某些系统中，你可以使用 :r !spell % | sort -u 得到经过排序的拼写错误的单词列表）。

有了拼写错误的单词列表，作者就可以逐一检查，搜索文件，纠正错误，然后删除列表中的各个单词。

通过命令过滤文本

你也可以将文本块作为标准输入发往 Unix 命令。命令的输出会替换缓冲区中的该文本块。ex 命令或 vi 命令都能过滤文本，两者的主要区别在于 ex 使用行地址表示文本块，vi 使用文本对象（移动命令）表示文本块。

使用 ex 过滤文本

第一个例子演示了如何使用 ex 过滤文本。假设先前独立文件 *phone* 中包含的姓名现在已经位于当前文件的第 96 行至第 99 行。你可以简单地输入想要过滤的文本行的地址，然后输入感叹号和要执行的 shell 命令。例如，下列命令：

```
:96,99!sort
```

将第 96 行至第 99 行传给 sort，使用 sort 的输出替换这些行。

使用 vi 移动命令过滤文本

在 vi 模式中，通过 Unix 命令过滤文本的方法如下：输入感叹号，然后是表示文本块的 vi 移动命令，接着输入要执行的 shell 命令。例如：

```
!)command
```

将下一句传给 *command*。

在使用该功能时，vi 会表现出一些不同寻常的行为方式：

- 感叹号不会立刻出现在屏幕上。当你按下要过滤的文本对象对应的按键时，感叹号才会出现在屏幕底端，但用于指定文本对象的字符（移动命令）并不会出现。
- 文本块必须超过一行，因此你只能使用可移动多行文本的按键(G、{ }、( )、[[ ]]、+、-）。可以在感叹号或文本对象之前添加数字，实现重复效果（例如，!10+ 和 10!+ 都表示下 10 行）。除非文本对象超出一行，否则无效（比如 w）。你也可以使用斜线（/）加上模式和换行符来指定文本对象。这会将当前位置到下一个模式之间的文本作为命令输入。

- 整行都会受到影响。例如，如果光标位于某行中间，又发出了移动到下一个句子结尾的命令，则包含该句子的行都会被更改，不仅仅只是句子本身。注 5
- 有一种特殊的文本对象仅适用于此命令语法。你可以输入第二个感叹号指定当前行：

```
!!command
```

记住，命令序列或文本对象之前都可以添加数字，实现重复效果。例如，要想更改第 96 行至第 99 行，可以将光标定位在第 96 行，输入：

```
4!!sort
```

或：

```
!4!sort
```

来看另一个例子，假设你想将文件中的一部分文本从小写转换为大写。这可以通过 tr 命令处理。在本例中，第二句就是要通过命令过滤的文本块：

```
One sentence before.
With a screen editor you can scroll the page
move the cursor, delete lines, insert characters,
and more, while seeing the results of your edits
as you make them.
One sentence after.
```

按键	结果
!)	One sentence after. ~ ~ ~ .,.+4! 行号和感叹号出现在最后一行，提示输入 shell 命令。) 表示要被过滤的是一个句子。
tr '[:lower:]' '[:upper:]'	One sentence before. WITH A SCREEN EDITOR YOU CAN SCROLL THE PAGE MOVE THE CURSOR, DELETE LINES, INSERT CHARACTERS, AND MORE, WHILE SEEING THE RESULTS OF YOUR EDITS AS YOU MAKE THEM. One sentence after. 输入 shell 命令，然后按 ENTER。输入会被命令输出替换。

注 5： 当然，凡事都有例外。在本例中，Vim 仅更改当前行。

要想重复前一个命令，语法如下：

```
! object !
```

编辑电子邮件时，有时候需要在发送邮件消息之前先使用 fmt 程序进行“美化”。记住，“原始”输入会被输出替换。幸运的是，如果出现错误（例如，发送的是错误消息而不是预期的输出），你可以撤销命令并恢复行。

7.3 保存命令

我们经常会在文件中反复输入相同的冗长文本。无论是在命令模式还是插入模式下，都有许多不同的方法可以保存长命令序列。当你要执行某个已保存的命令序列时，只需输入寥寥几个字符（甚至是一个字符），整个命令序列就会被执行，就像你逐个输入这些命令一样。

7.3.1 单词缩写

你可以定义缩写，只要在插入模式中输入该缩写，编辑器就会自动将其扩展为全称。使用下列 ex 命令定义缩写：

```
:ab abbr phrase
```

abbr 是 *phrase* 的缩写。在插入模式中，仅当缩写以完整的单词形式出现时才会被扩展。作为单词一部分出现的 *abbr* 则不会被扩展。

假设你要在文件 *practice* 中输入的文本包含某些频繁出现的短语，比如不太好记的产品或公司名称。下列命令：

```
:ab imrc International Materials Research Center
```

会将 *International Materials Research Center* 缩写为各单词的首字母 *imrc*。现在，只要你在插入模式中输入 *imrc*，编辑器就会将其扩展为全称：

按键	结果
ithe imrc	the International Materials Research Center

只要你按下非字母数字键（例如，标点符号）、空格、回车或 ESC（返回到命令模式），缩写就会被扩展。在选择缩写的时候，要挑选那些不常出现的字符组合。如果你创建的缩写在不该被扩展的地方扩展了，可以将其禁用：

```
:unab abbr
```

（当你输入 :unab 命令并按 ENTER 时，缩写会被扩展，不过没关系，该缩写已经被禁用了）要想列出当前定义的缩写，输入下列命令：

```
:ab
```

缩写不能出现在短语结尾。例如，如果执行下列命令：

```
:ab PG This movie is rated PG
```

vi 会提示“No tail recursion”，缩写也不会被设置。这条消息的意思是你试图定义会重复扩展的缩写，进而产生死循环。如果将命令改为：

```
:ab PG the PG rating system
```

则不会收到警告消息。

在测试的时候，以下 vi 版本会产生不同的结果：

Solaris 的 /usr/xpg7/bin/vi 和“Heirloom” vi

　　不允许出现尾递归缩写，缩写如果在短语内部出现，只扩展一次。

Vim

　　两种形式均能检测到且只扩展一次。

如果你使用的是 Unix vi，我们建议你在将缩写作为短语的一部分之前先测试一下。

7.3.2 使用 map 命令

在编辑过程中，你也许会发现自己频繁使用某个命令序列，或是偶尔要用到一组非常复杂的命令。为了少敲点键盘，或是省下记忆这些命令的时间，可以使用 map 命令给命令序列分配一个闲置的按键。

map 命令的行为很像 ab，不同之处在于你定义的宏是针对命令模式，而非插入模式。

`:map x sequence`

将字符 *x* 映射为编辑命令序列 *sequence*

`:unmap x`

禁用被映射为 *x* 的编辑命令序列 *sequence*

`:map`

列出当前已设置过映射的字符

在创建自己的映射之前，你得知道哪些按键没有被 vi 用于命令模式，这些按键可供用户自定义命令使用：

字母

g、k、q、V、v

控制键

^A、^K、^O、^W、^X

符号

_、*、\、=

除了 ^K、_、\，Vim 使用了上述所有的字符。

如果设置了 Lisp 模式，vi 要用到 =，而 Vim 则使用 = 进行文本格式化。在很多现代版本的 vi 中，_ 等效于 ^ 命令，Vim 的"可视模式（visual mode）"要用到 v、V、^V（参见 8.6.1 节）。关键在于要仔细测试你所用的版本。

取决于你所用的终端，你也许可以将命令序列与特殊功能键关联在一起。即便在命令模式中另有他用的按键也能用 map 命令映射，只不过在这种情况下，该按键的默认功能就失效了。我们随后会在 7.3.6 节展示一个例子。14.1 节中给出了另外一些更有分量的映射示例。

有了 map 命令，无论是创建简单或复杂的命令序列，都不在话下。来看一个颠倒单词顺序的简单示例。在 vi 中，光标位置如下所示：

```
you can the scroll page
```

将 *the* 放置在 *scroll* 之后的命令序列为 dwelp：dw 用于删除单词；e 移动光标至下一个单词；l 将光标向右移动一个位置；p 在光标位置放置先前删除的单词。保存该命令序列：

```
:map v dwelp
```

以后在编辑会话期间就可以随时使用单个 V 键颠倒两个单词的顺序了。

7.3.3 使用前置映射

Vim 几乎给每个按键都指派了用途，这就使得选择映射键成了一件麻烦事。因此，Vim 提供了另一种映射方法：允许使用特殊变量 mapleader 定义映射。mapleader 的默认值为 \（反斜线）。

这样一来，定义按键映射的时候就不用再挑选偏门的 Vim 闲置键，或是牺牲现有的 Vim 键 / 功能了。在使用 mapleader 的时候，只需要输入前置字符（leader character），再输入定义的映射键即可。

例如，假设你想创建一个用于退出 Vim 的助记符，于是决定选择 q 这个好记的按键，但同时又不想放弃使用 q 作为某些 Vim 多字符命令（例如，qq 可以开始录制宏）的起始字符。为此，使用前置字符映射 q。具体做法如下：

```
:map <leader>q :q<cr>
```

现在就可以使用按键 \q 执行 ex 命令 :quit 了。

你也可以将 mapleader 设置为 \ 之外的其他字符。由于 mapleader 是一个 Vim 变量，相应的语法如下：

```
:let mapleader="X"
```

其中，*X* 是你选用的前置字符。

7.3.4 防止 ex 解释某些键

注意，在定义按键映射时，无法直接将某些键（例如，ENTER、ESC、BACKSPACE、DELETE）作为被映射命令的一部分，因为这些键在 ex 中另有他用。如果你想将其用于命令序列，必须在该键之前使用 CTRL-V 进行转义。在映射命令中，^V 显示为 ^。^V 之后的字符也不会按照你预想的方式显示。例如，ENTER 显示为 ^M，ESC 显示为 ^[，BACKSPACE 显示为 ^H。

另一方面，如果你想映射控制字符，在大多数情况下，必须在按下 CTRL 的同时按字母键。例如，要映射 ^A，只需输入：

```
:map CTRL-A sequence
```

但是，有三个控制字符（^T、^W、^X）必须使用 ^V 进行转义。例如，如果你想映射 ^T，就得输入：

```
:map CTRL-V CTRL-T sequence
```

CTRL-V 的用法适用于所有 ex 命令，不仅仅是 map 命令。这意味着你可以在缩写或替换命令中输入回车。例如，下列缩写：

```
:ab 123 one^Mtwo^Mthree
```

会被扩展为：

```
one
two
three
```

这里，我们将序列 CTRL-V ENTER 显示为 ^M，和你在屏幕上看到的一样（Vim 会用不同的颜色着重显示 ^M，以此表明这实际上是控制字符）。

你可以在全文某些特定位置加入新行。下列命令：

```
:g/^Section/s//As you recall, in^M&/
```

在以单词 *Section* 起始的所有行之前插入一个包含短语的新行。& 用于重现搜索模式。

遗憾的是，有一个字符在 ex 命令中始终具有特殊含义，即便是你用 CTRL-V 对其进行转义。回想一下作为多个 ex 命令的分隔符的竖线（|）。你无法在按键映射中使用该字符。

既然你已经知道了如何使用 CTRL-V 包含 ex 命令中的某些键，那么现在就可以定义一些功能强大的映射序列了。

7.3.5 一个复杂的映射示例

假设你有一个词汇表，其中的词条类似于下面这样：

```
map - an ex command which allows you to associate
a complex command sequence with a single key
```

你想将词汇表转换成自定义的 XML 格式：

```
<glossaryitem>
<name>map</name>
<para>An ex command...
```

定义复杂映射的最好方法是先手动编辑一遍，记下每一步用到的按键，然后将其创建为映射。在本例中，需要执行下列步骤：

1. 插入 <glossaryitem> 标签、换行符以及 <name> 标签。
2. 按 ESC 退出插入模式。
3. 将光标移动至第一个单词结尾（e），添加 </name> 标签、换行符以及 <para> 标签。
4. 按 ESC 退出插入模式。
5. 将光标向前移动一个字符，离开 > 字符（l）。
6. 删除空格、连字符以及空格（3x），然后将下一个单词首字母大写（~）。

如果这些操作要重复多次的话，那可就要把人烦死了。

你可以通过 :map 一键重现整个操作过程：

```
:map g I<glossaryitem>^M<name>^[ea</name>^M<para>^[l3x~
```

注意，你必须使用CTRL-V“引用（quote）”ESC和ENTER。当你先后按下CTRL-V和ESC，屏幕上会出现 ^[，先后按下CTRL-V和ENTER，屏幕上会出现 ^M。

现在，只需简单输入 g 就可以完成一连串编辑操作。在低速连接情况下，你会看到这些操作逐个执行。在高速连接情况下，所有操作则奇迹般的一气呵成。

如果你第一次尝试按键映射没有成功，别气馁。定义映射的过程中，一处小错就会导致结果大相径庭。输入 u 撤销编辑，然后再试（我们在定义你刚看到的那个映射的时候，也是这么做的）。

随后的 7.3.10 节给出了一些能够简化 XML 编辑的命令映射。

7.3.6 更多的映射示例

下面的例子列举了一些在定义按键映射时可能会用到的技巧：

1. 随时移动到单词末尾添加文本：

   ```
   :map e ea
   ```

   在大多数时候，你将光标移动到单词末尾的唯一原因就是想追加文本。该映射可以将你自动置于插入模式。注意，映射键 e 在 vi 中已另有含义。你可以将命令序列映射到已被 vi 占用的按键，但在映射失效之前，该按键的原有功能就没法使用了。在本例中，这倒也不算是什么大事，因为 E 命令的功能通常等同于 e。

2. 对调两个单词：

   ```
   :map K dwElp
   ```

   我们在本章先前部分讨论过这个命令序列，但现在你得改用 E（假设从这个例子开始，e 命令已经被映射为 ea）。记住，光标要位于第一个单词的起始处。遗憾的是，由于 l 命令，如果两个单词处于行尾，该命令序列（以及上一个的版本）无法正常工作：因为光标会先移动至行尾，l 无法再向右移动光标。

3. 保存文件并编辑下一个文件：

   ```
   :map q :w^M:n^M
   ```

   （使用CTRL-V ENTER输入命令序列中的 ^M）注意，你可以为 ex 命令设置映射键，但要确保每个 ex 命令以回车键结束。该命令序列可以轻松地从一个文件切换到下一个文件，这在你使用 vi 命令同时打开很多小文件的时候非常方便。映射字母 q 可以帮助你记住该序列类似于“quit”。[注6]

4. 在单词两侧添加 troff 粗体代码：

```
:map v i\fB^[e\fP^[
```

该命令序列假定光标位于单词开头。先进入插入模式，然后输入粗体代码。在 map 命令中，你不用输入两个反斜线来生成单个反斜线。接下来，输入一个“引用的” ESC 返回命令模式。最后，在单词结尾追加用于结束的 troff 代码并返回命令模式。

注意，在单词结尾追加内容的时候，无需使用 ea，因为该序列已经被映射为字母 e。这说明命令序列中可以包含其他已被映射的命令。remap 配置项控制着是否能够使用嵌套映射序列，此配置项通常是被启用的。

5. 在单词两侧添加 HTML 粗体标签，即便是光标没有位于单词开头：

```
:map V lbi<B>^[e</B>^[
```

该命令序列和上一个差不多，除了使用 HTML 代替 troff，还通过 lb 将光标置于单词开头。光标有可能位于单词中间，你可以使用 b 命令将其移至词首。但如果光标已经位于词首，b 命令则会将其移至下一个单词的开头。为了防止出现这种情况，在使用 b 移动光标之前，先输入 l，使光标不会出现在单词的第一个字母处。你可以将 b 替换成 B，将 e 替换成 Ea，定义这个序列的另一个版本。但不管怎样，如果光标位于行尾单词的最后一个字母处，l 命令会使得整个序列无法正常工作（可以在行尾追加一个空格来解决）。

6. 重复查找并删除单词或短语两侧的括号：[注7]

```
:map = xf)xn
```

该命令序列假定你先通过 /(ENTER 找到了左括号。

如果你选择删除括号，可以通过 map 命令：用 x 删除左括号，用 f) 找到右括号，用 x 将其删除，然后用 n 重复搜索左括号。

注 6： Vim 提供了 :wn 实现相同的效果，但 :map q :w^M:n^M 依然能派得上用场。

注 7： 出自 Walter Zintz 在 1990 年 4 月发表于 UnixWorld 的文章“vi Tips for Power Users”。本文针对的是括号内的文本，而非嵌套括号内的公式。

如果你不想删除括号（例如，括号用法正确），那就无需使用 map 命令：用 n 查找下一个左括号。

你可以修改本例中的命令序列，用于处理配对的引号。

7. 在整行文本的两侧添加 C/C++ 注释：

   ```
   :map g I/* ^[A */^[
   ```

   该命令序列在行首插入 /*，在行尾插入 */。你也可以映射替换命令来实现同样的效果：

   ```
   :map g :s;.*;/* & */;^M
   ```

   在这里，先匹配整行（使用 .*），然后在重现该行时（使用 &），在其两侧添加注释符号。注意，改用分号作为分隔符是为了避免转义注释符号中的 / 字符。

最后，你应该知道有很多按键要么执行与其他按键相同的任务，要么很少用到（例如，^J 的作用与 j 一样）。但是，你应该先熟悉 vi 命令，再开始大胆地定义映射键，禁用这些按键的正常功能。

7.3.7 插入模式中的映射键

一般而言，映射仅适用于命令模式。毕竟，在插入模式中，各个按键只代表其自身，不应该被映射为命令。但是，如果为 map 命令加上一个感叹号（!），就可以强制覆盖按键原先的意义，创建插入模式中的映射。当你处于插入模式，但需要短暂退出到命令模式，执行某个命令后再返回插入模式，这个特性就能派上用场了。

例如，假设你刚输入了一个单词，忘了将其设为斜体（或是添加引号）。可以这样定义映射：

```
:map! + ^[bi<I>^[ea</I>
```

现在，只要在单词末尾输入 +，就可以在该单词的两侧加上 HTML 斜体标签了，而 + 并不会出现在文本中。

该命令序列先回到命令模式（^[），在单词开头处加入第一部分代码（bi<I>），再次回到命令模式（^[）在单词结尾追加另一部分代码（ea</I>）。因为序列的开始和结束都处于插入模式，在处理完单词之后，你可以继续输入文本。

来看另一个例子：假设你输入完文本之后发现上一行应该以冒号结尾。下列这个映射可以帮你纠正错误：[注 8]

```
:map! % ^[kA:^[jA
```

现在，如果你在当前行中任意位置输入 %，就可以将冒号追加到上一行的末尾。该命令序列进入命令模式，将光标移动到上一行，在行尾追加冒号（^[kA:）。再回到命令模式，将光标移动到下一行，在行尾进入插入模式（^[jA）。

注意，我们在上面的例子中使用了不常见的字符（+ 和 %）。如果某个字符在插入模式中被映射，你就无法再将其作为文本输入了（除非在该字符前加上 CTRL-V）。

要想将被映射的字符恢复成正常的文本，可以使用下列命令：

```
:unmap! x
```

其中，*x* 是先前在插入模式中被映射的字符（尽管在输入 *x* 时，编辑器会在命令行上将其扩展，看起来好像正在取消已扩展后的文本，不过的确可以正确恢复被映射的字符）[译注 1]。

插入模式映射通常更适合将命令序列绑定到用不着的特殊按键。正如我们将要讲的，该功能对于可编程功能键特别有用。

7.3.8 映射功能键

过去的串行终端都配备了可编程功能键。通过终端特殊的设置模式，你可以让这些功能键发送你想要的任意字符。应用程序可以利用这些功能键作为常用或重要操作的“快捷键”。

如今，个人计算机和笔记本的键盘也有功能键，通常是位于键盘最上面一排的 10 或 12 个键，分别标记为 F1 到 F12。其行为无需通过特殊的硬件模式设置，而是由终端仿真器和系统中运行的其他程序定义。

注 8： 出自“vi Tips for Power Users”。

译注 1： 实际情况和作者描述的有出入。在输入 x 的时候，要先输入 CTRL-V（:unmap! ^[x），否则会提示 E474: Invalid Argument。另外，unmap 并不会像 unab 那样在命令行上进行扩展操作。

由于终端仿真器在 terminfo 数据库中有对应记录，编辑器得以识别由功能键生成的转义序列，允许你将其映射到所选的特定操作。可以在 ex 中使用下列语法映射 1 号功能键（F1）：

```
:map #1 commands
```

其他功能键映射以此类推。

和其他按键一样，映射默认应用于命令模式，但通过使用 map! 命令，你也可以为功能键定义两个不同的值：一个用于命令模式，另一个用于插入模式。例如，如果你是 HTML 用户，想为功能键设置字体切换代码：[注 9]

```
:map #2 i<I>^[
:map! #2 <I>
```

如果是在命令模式，第一个功能键会进入插入模式，输入 3 个字符 <I>，然后返回命令模式。如果你已经处于插入模式，则只是简单地输入 3 个字符 <I>。命令序列中的 ^M 是回车，可以按 CTRL-V CTRL-M 生成。

例如，为了使 F2 可用于映射，终端数据库的记录必须有 k2 的定义：

```
k2=^A@^M
```

因此，下列字符：

```
^A@^M
```

就是按下 F2 时产生的输出。

查看功能键产生的输出

可以使用 od（octal dump）命令的 -c 选项（显示每个字符）查看功能键产生的输出。你需要在功能键之后按 ENTER，然后再按 CTRL-D，使 od 打印出相关信息。例如：

```
$ od -c          od reads from standard input
^[[[A            function key pressed
^D               Control-D, EOF
```

注 9：　功能键 F1 通常是“帮助”键，保留用于终端仿真器；因此我们的例子中使用 F2。

```
0000000 033 [   [   A   \n
0000005
```

这里，功能键发送了ESC、两个左方括号和一个A。

7.3.9 映射其他特殊键

很多键盘都配备了与vi命令功能相同的特殊键，比如HOME、END、PAGE UP、PAGE DOWN。如果你的终端仿真器的terminfo描述完备，编辑器就能识别这些按键。否则，可以使用map命令进行设置。这些键通常会向计算机发送转义序列——ESC字符跟上一个或多个其他字符。要想获得ESC，应该在设置映射时先于特殊键按^V。例如，要想将标准键盘的HOME键映射为功能相同的vi命令，可以定义下列映射：

```
:map CTRL-V HOME 1G
```

屏幕上会出现：

```
:map ^[[H 1G
```

类似的map命令显示如下：[注10]

```
:map CTRL-V END G              显示为    :map ^[[Y G
:map CTRL-V PAGE UP ^F         显示为    :map ^[[V ^F
:map CTRL-V PAGE DOWN ^B       显示为    :map ^[[U ^B
```

你可能想将这些映射放进 *.exrc* 文件中。注意，如果某个特殊键生成了一长串转义序列（包含多个不可打印字符），^V仅能引用转义序列中的首个字符，映射因此无法正常工作。你只能找出整个转义序列（使用先前讲过的od），手动输入，在适合的位置引用，而不是简单地按^V和该键。

如果你使用的是其他种类的终端（比如Windows系统中的命令窗口和xterm），那可别指望刚才展示的那些映射总是有效。出于这个原因，Vim提供了一种可移植的方式来描述按键映射：

```
:map <Home> 1G        输入6个字符：< H o m e > (Vim)
```

注10：你在系统上看到的转义序列可能与此处显示的不同。

vi 和 Vim 通常都提供了所描述的这些映射，如果没有的话，你可以依照前文进行设置。但我们发现这种映射与“永远不要离开键盘（never leave the keyboard）”的 vi 理念背道而驰。在向用户展示如何使用 Vim 时，我们做（或推荐）的第一件事是将 HOME、END、PAGE UP、PAGE DOWN、INSERT、DELETE 和所有箭头键映射为“无操作”，鼓励学习原生的 vi 命令。这种做法最终换来了更高效的编辑和对真正 vi 命令更好的肌肉记忆，而且还留下了一堆可用于映射其他繁重操作的按键。

例如，我们其中一位作者经常要编辑他所管理的四家冰激凌店的数据文件。这些数据中偶尔有几行是商店一天的销售信息，以空白字符分隔。他使用 Vim 的 autocommand 功能来检测正在编辑的文件是否与商店名匹配（关于 autocommand 的更多信息，参见 12.2.1 节）。其中定义了 END 键，用于累加 4 个值，并更改行，显示这些值和总和。映射如下所示：[注 11]

```
:noremap <end> !!awk 'NF == 4 && $1 + $2 + $3 + $4 > 0 {
  printf "\%s total: $\%.2f\n", $0, $1 + $2 + $3 + $4;
  exit }; { print $0 }'<cr>
```

这行在 *.vimrc* 文件中可不短，我们将其分成好几行，以便适应页面。“重头戏”是在数据文件中的一行上使用 END 键：

```
450 235 1002 499
```

按下 END 键时，该行被更改为：

```
450 235 1002 499 total: $2186.00
```

注意，映射中安排了双重健全性检查：使用 awk 命令执行数学运算，但前提是有 4 个字段（NF == 4），并且仅当这些值的和大于 0 时。（:noremap 命令的相关信息，参见 :help :map-modes）

7.3.10 映射多个输入键

映射多个键并不仅限于功能键。你也可以映射多个普通按键。这有助于简化输入某类文本，比如 DocBook XML 或 HTML。

注 11： 映射中的 % 必须转义，以免 Vim 将其替换为当前文件名。

下面给出了一些 :map 命令，感谢 Jerry Peek[译注2]，让我们可以更方便地输入 DocBook XML 标记。以双引号起始的行是注释（参见 7.4.4 节）：

```
:set noremap
" bold:
map! =b </emphasis>^[F<i<emphasis role="bold">
map =B i<emphasis role="bold">^[
map =b a</emphasis>^[
" Move to end of next tag:
map! =e ^[f>a
map =e f>
" footnote (tacks opening tag directly after cursor in text-input mode):
map! =f <footnote>^M<para>^M</para>^M</footnote>^[kO
" Italics ("emphasis"):
map! =i </emphasis>^[F<i<emphasis>
map =I i<emphasis>^[
map =i a</emphasis>^[
" paragraphs:
map! =p ^[jo<para>^M</para>^[O
map =P O<para>^[
map =p o</para>^[
" less-than:
map! *l &lt;
...
```

有了这些命令，如果想输入脚注，你需要进入插入模式，然后输入 =f。编辑器会起止标签，并以插入模式将光标停放在两者之间：

```
All the world's a stage.<footnote>
<para>█
</para>
</footnote>
```

这些宏在本书早期版本的编写过程中功不可没，很容易对其进行改写，适应不同的标记语言，比如 AsciiDoc、LaTeX、Texinfo 或 Sphinx。

7.3.11 @-functions

具名寄存器提供了创建宏的另一种方法，只用几个按键就能重复执行复杂的命令序列。

译注 2：Jerry Peek 是 Learning the Unix Operating System（O'Reilly 出版）一书的合著者。

如果你在文本中输入命令行（vi 命令序列或以冒号起始的 ex 命令），然后将其删除，存入具名寄存器，然后就可以使用 @ 命令执行寄存器中的内容。例如，打开新行并输入：

```
cwgadfly CTRL-V ESC
```

屏幕上会出现：

```
cwgadfly^[
```

再次按 ESC，退出插入模式，然后输入 "gdd，删除该行，将其存入寄存器 g。现在，只要你将光标置于单词开头，输入 @g，该单词就会被更改为 *gadfly*。[注 12]

@ 会被解释为 vi 命令，因此可以使用点号（.）重复整个命令序列，即便寄存器中包含的是 ex 命令。@@ 回放上一个 @，u 或 U 可用于撤销 @。

Vim 可以更方便地将文本存入具名寄存器。在命令模式中，q 后面跟上寄存器名就可以开始录制要存入该寄存器中的内容，最后以 q 命令结束录制。Vim 会在状态栏显示信息，提醒你正在录制。在 Vim 中对上一个例子使用寄存器 a，输入 qacwgadfly^[q，然后通过 @a 执行。

这个例子不难。@-functions 的实用性体现在可适用于非常具体的命令。 当你在多个文件之间进行编辑时，尤为方便，你可以将命令保存在具名寄存器中，从所编辑的任何文件中访问。@-functions 还可以与第 6 章中讨论的全局替换命令结合使用。

当然，如果你想将具名寄存器用于 @-functions，同时还拿来保存复制或删除的文本，那可得小心，一定要把两者分开，不妨将字母表中靠前的字母作保存文本之用，将靠后的字母留给 @-functions。

7.3.12 在 ex 模式中执行寄存器内容

你也可以在 ex 模式中执行寄存器中保存的文本。在这种情况下，你得先输入 ex 命令，将其删除，保存在具名寄存器中，然后在 ex 的冒号提示符处使用 @ 命令。例如，输入下列文本：

注 12： 这里有点棘手。dd 也会删除行尾的换行符，导致 @g 在更改过当前单词之后会将光标向下移动一行。要想做到尽善尽美，你必须输入 "gdf^V^[。哇！

```
ORA publishes great books.
ORA is my favorite publisher.
1,$s/ORA/O'Reilly Media/g
```

光标定位在最后一行，删除该行的命令，将其保存在 g 寄存器："gdd。将光标移至第一行：kk。然后在冒号提示符处执行寄存器内容：:@g ENTER。屏幕上应该会显示：

```
O'Reilly Media publishes great books.
O'Reilly Media is my favorite publisher.
```

有些版本的 vi 将 ex 命令行中的 * 等同于 @。Vim 也可以这么做，但仅当设置了 compatible 配置项时才会如此。另外，如果 @ 或 * 之后的寄存器字符是 *，则从默认（无名）寄存器中获取命令。

7.4 使用 ex 脚本

某些 ex 命令只能在 vi 中使用，比如映射、缩写等。如果你将这些命令保存在 *.exrc* 文件中，则会在启动 vi 时自动执行。包含命令的文件被称为脚本。

典型的 *.exrc* 脚本中的命令无法在 vi 之外使用。然而，你可以在脚本中保存其他 ex 命令本，然后对其他文件执行该脚本。外部脚本中用的最多的是替换命令。

就（技术）作者而言，ex 脚本的用途之一是确保多份文档之间的术语（或拼写）一致性。例如，你对两个文件执行了 Unix 的 spell 命令，得到了下列拼写错误：

```
$ spell sect1 sect2
chmod
ditroff
myfile
thier
writeable
```

spell 标记出了一些无法识别的技术术语和特殊词汇，这种情况并不少见，不过也识别出了两个实实在在的拼写错误。

由于我们是同时检查两个文件，因此并不知道哪个文件有错，也不清楚错误出现的位置。尽管有办法解决，而且从两个文件中找出两个错误也不是什么多难的事，但很容易想象，对于一个拼写水平糟糕的家伙，或是一次要校对大量文件的打字员，这项工作会变得多么耗时。

为了简化这项工作，你可以编写一个包含下列命令的 ex 脚本：

```
%s/thier/their/g
%s/writeable/writable/g
wq
```

假设你将上述命令保存为文件 *exscript*。可以使用下列命令在 vi 中执行该脚本：

```
:so exscript
```

或者在命令行上直接将该脚本应用于文件。然后，按照下面这样编辑文件 *sect1* 和 *sect2*：

```
$ ex -s sect1 < exscript
$ ex -s sect2 < exscript
```

ex 的 -s 选项（代表"script mode"或"silent mode"）是抑制正常终端消息的 POSIX 标准方法。注 13

如果脚本比这个简单示例中的更详尽，我们就能节省大量的时间。然而，你也许好奇是否有办法避免对每个待编辑的文件重复这个过程。当然有，我们可以编写一个 shell 脚本，在其中调用 ex，这样就可以将其用于任意数量的文件。

7.4.1 Shell 脚本循环

你可能知道 shell 是一种编程语言，同时也是一个命令行解释器。要想对多个文件调用 ex，可以使用一种简单的 shell 脚本命令：for 循环。for 循环允许你对指定的脚本参数应用一系列命令。对初学者而言，这可能是 shell 编程中最有用的部分了。就算你不写其他的 shell 脚本，也应该记住它。

for 循环的语法如下：

注 13： 传统上，ex 使用单个减号实现该功能。为了向后兼容，这两种形式通常都能接受。

```
for variable in list
do
    command(s)
done
```

例如：

```
for file in "$@"
do
    ex -s "$file" < exscript
done
```

（ex 命令不需要缩进，我们这么做只是为了代码的清晰性）引用 file 变量（$file）使得脚本在文件名包含空格的时候也能正常工作。[注 14]

脚本创建好之后，将其命名为 *correct* 并保存，使用 chmod 755 correct 命令设置可执行权限。输入下列命令：

```
$ ./correct sect1 sect2
```

for 循环将每个参数（"$@" 列表中的每个文件，前者代表所有参数）分配给变量 file，对其指向的文件执行 ex 脚本。

用一个更容易分辨的例子可能有助于理解 for 循环是如何工作的。来看一个重命名文件的脚本：

```
for file in "$@"
do
    mv "$file" "$file.x"
done
```

假设该脚本名为 *move*，且具有可执行权限，执行结果如下：

```
$ ls
ch01 ch02 ch03 move
$ ./move ch??                  只处理以 ch 起始的文件
$ ls                           查看结果
ch01.x ch02.x ch03.x move
```

注 14：在文件名中加入空格不是一种好做法，不过却很常见。稳健的脚本也应该能处理这种情况。

发挥想象力，你还可以重写脚本，更准确地重命名这些文件：

```
for nn in "$@
do
    mv "ch$nn" "sect$nn"
done
```

有了这个脚本，就能在命令行上用数字代替文件名了：

```
$ ls
ch01 ch02 ch03 move
$ ./move 01 02 03
$ ls
sect01 sect02 sect03 move
```

for 循环并不是非得使用 "$@"（所有参数）作为值列表。你也可以明确地指定列表。例如：

```
for variable in a b c d
```

将 *a*、*b*、*c*、*d* 依次赋给 variable。你也可以使用命令输出。例如：

```
for variable in $(grep -l "Alcuin" *)
```

将 grep 找到的包含字符串 *Alcuin* 的所有文件的名称依次赋给 *variable*（grep -l 只打印内容匹配指定模式的文件名，不打印实际匹配的行）。

如果不指定列表：

```
for variable
```

将命令行参数依次赋给 variable，这和我们最初的例子差不多。"$@" 会被扩展为 "$1"、"$2"、"$3" 等。引号用于防止 shell 进一步解释其中的特殊字符，将包含空格的文件名作为独立单元处理。

让我们回到正题，看一下 correct 脚本：

```
for file in "$@"
do
    ex -s "$file" < exscript
done
```

同时用两个脚本（shell 脚本加上 ex 脚本）看起来似乎有点不太优雅。事实上，shell 的确提供了在 shell 脚本中包含编辑脚本的方法。

7.4.2 here document

在 shell 脚本中，操作符 << 表示将接下来直到指定字符串的所有行作为命令输入（这通常称为 *here document*）。我们可以使用这种语法在 *correct* 中加入编辑命令：

```
for file in "$@"
do

ex -s "$file" << end-of-script
g/thier/s//their/g
g/writeable/s//writable/g
wq
end-of-script

done
```

其中的字符串 `end-of-script` 完全是随意的。这里只是需要有一个未出现在输入中的字符串，可以被 shell 用于识别 here document 的结束位置。该字符串必须出现在单独的一行，行首不能有其他字符。很多用户习惯在 here document 的末尾使用字符串 `EOF` 或 `E_O_F` 表示输入完毕。

这些方法各有优劣。如果你所做的都是些一次性编辑，不介意每次都从头写脚本，here document 是一种有效的方法。

然而，将编辑命令放在 shell 脚本之外的单独文件中则更为灵活。例如，你可以养成一个习惯，始终将编辑命令放在名为 *exscript* 的文件中，以后你就只用编写一次 *correct* 脚本了。你可以将其保存在个人的“工具”目录中（在搜索路径中加入该目录），随时都可以使用。

7.4.3 排序文本块：ex 脚本示例

假设你想按字母顺序对采用自定义 XML 编码的术语定义文件进行排序。每个定义都包含在由 `<glossaryitem>` 和 `</glossaryitem>` 标签之内。术语名则包含在 `<name>` 和 `</name>` 标签之内。该文件如下所示：

```
<glossaryitem>
<name>TTY_ARGV</name>
<para>The command, specified as an argument vector,
that the TTY subwindow executes.</para>
</glossaryitem>
<glossaryitem>
<name>ICON_IMAGE</name>
<para>Sets or gets the remote image for icon's image.</para>
</glossaryitem>
<glossaryitem>
<name>XV_LABEL</name>
<para>Specifies a frame's header or an icon's label.</para>
</glossaryitem>
<glossaryitem>
<name>SERVER_SYNC</name>
<para>Synchronizes with the server once.
Does not set synchronous mode.</para>
</glossaryitem>
```

可以使用 Unix 的 sort 命令按照字母顺序对文件排序，但你想要的并不是以行为单位排序，而是对术语排序，同时原封不动地移动术语定义。你可以将文本块合并成一行，以此为单位进行排序。下面是 ex 脚本的第一版：

```
g/^<glossaryitem>/,/^<\/glossaryitem>/j
%!sort
wq
```

每个术语都可以在 <glossaryitem> 和 </glossaryitem> 标签之间找到（注意，\/ 用于转义闭合标签内的斜线）。j 是 ex 命令，用于合并行（等效的 vi 命令是 J）。因此，第一个命令将术语合并成一"行"。第二个命令对文件内容进行排序，结果如下：

```
<glossaryitem> <name>ICON_IMAGE</name> <para>Sets ... </glossaryitem>
<glossaryitem> <name>SERVER_SYNC</name> <para>Synchronizes ... </glossaryitem>
<glossaryitem> <name>TTY_ARGV</name> <para>The command, ... </glossaryitem>
<glossaryitem> <name>XV_LABEL</name> <para>Specifies ... </glossaryitem>
```

这些行现在已经按照术语排好序了。遗憾的是，每行中混杂着 XML 标签和文本（我们使用省略号 [...] 代表略去的文本）。出于某种原因，你需要插入换行符"分拆"各行。这可以通过修改 ex 脚本来实现：在合并之前标记出文本块之间的合并点，然后用换行符替换标记。扩充后的 ex 脚本如下：

```
g/^<glossaryitem>/,/^<\/glossaryitem>/-1s/$/@@/    在每行末尾追加 @@
g/^<glossaryitem>/,/^<\/glossaryitem>/j            合并术语
%!sort                                             排序
%s/@@ /^@/g                                        分拆各行
wq                                                 保存文件
```

前三个命令的执行结果如下：

```
<glossaryitem>@@ <name>ICON_IMAGE</name>@@ <para>Sets ...</para>@@ </glossaryitem>
<glossaryitem>@@ <name>SERVER_SYNC</name>@@ <para>Synchronizes ...</para>@@ </glossaryitem>
<glossaryitem>@@ <name>TTY_ARGV</name>@@ <para>The command, ...</para>@@ </glossaryitem>
<glossaryitem>@@ <name>XV_LABEL</name>@@ <para>Specifies ...</para>@@ </glossaryitem>
```

注意每个 @@ 之后多出的那个空格。这个空格是 j 命令产生的，因为该命令会将换行符转换为空格。

第一个命令使用 @@ 标记出原先的断行位置。文本块末尾（</glossaryitem> 之后）不需要标记，所以该命令使用 -1 将每个文本块的末尾处往回移了一行。第四个命令使用换行符替换 @@ 标记（还有多出的那个空格），恢复断行（按 CTRL-V CTRL-J 输入换行符，此处我们随后讨论）。现在，文件就按照文本块排序好了。

vi 和 Vim 的细微区别

在刚刚编写的那个用于 Vim 版本 ex 的脚本中，我们通过 CTRL-V CTRL-J 输入换行符（显示为 ^@）。但如果是在 Vim 中进行交互式编辑时，就要采用另一种方法了：通过 CTRL-V ENTER 输入换行符（显示为 ^M）。

原始版本的 vi 对此不做区分。无论是进行交互式编辑还是在脚本中，均可通过 CTRL-V ENTER 输入换行符。

7.4.4 ex 脚本的注释

你也许想重用我们刚才编写的脚本，使其适应新情况。对于复杂的脚本，最好是加上注释，好让别人（甚至是你自己！）能够理清代码的运作方式。在 ex 脚本中，双引号之后的任何内容都会被忽略，因此双引号就标记了注释的开始。注释可以独立成行，也可以放在不会将引号解释成自身一部分的命令之后。例如，引号对于 map 命令或 shell 转义有特殊含义，因此注释不能出现在这些行的结尾。

除了使用注意，你也可以通过全称指定命令，这在 vi 中通常很费时间。最后，如果再加上空格，上一节的 ex 脚本会更容易阅读：

```
" Mark lines between each <glossaryitem>...</glossaryitem> block
global /^<glossaryitem>/,/^<\/glossaryitem>/-1 substitute /$/@@/
" Now join the blocks into one line
global /^<glossaryitem>/,/^<\/glossaryitem>/ join
" Sort each block--now really one line each
%!sort
" Restore the joined lines to original blocks
%substitute /@@ /^@/g
" Write the file back out and exit
wq
```

在本书前几版中，我们写道：

> 令人惊讶的是，substitute 命令在 ex 中不管用，而其他命令的全称就没问题。

这句话如今依然正确，至少对于 Solaris 版的 vi 而言如此。

不过，在测试“Heirloom”和 Solaris 11 版的 vi 时，我们发现 substitute 命令可以正常使用了。尽管如此，在脚本中使用命令全称之前，还是应该先检查所用的 vi 版本，确保的确可行。

7.4.5 ex 之外

如果这些讨论唤起了你对于更多编辑功能的渴望，那么别忘了 Unix 系统还提供了比 ex 更强大的编辑器：sed 流编辑器和 awk 数据操作语言。另外还有极为流行的 perl 编程语言。更多的相关信息，参见 O’Reilly 出版的 sed & awk（Dale Dougherty 与 Arnold Robbins 合著）、Effective awk Programming（Arnold Robbins 著）、Learning Perl（Randal L. Schwarz、brian d foy、Tom Phoenix 合著）以及 Programming Perl（Tom Christiansen、brian d foy、Larry Wall、Jon Orwant 合著）。

7.5 编辑程序源代码

到目前为止，我们的讨论都是围绕着编辑常规文本或程序源代码。但是，还有一些特性主要是程序员感兴趣的，其中包括缩进控制、搜索函数的起止以及使用 ctags。

以下讨论出自MKS, Inc.(前身为Mortice Kern Systems)的文档,该公司提供vi实现(作为 MKS Toolkit 的一部分）可运行于 MS-DOS 和 Windows 系统，质量颇佳。转载内容已经过 MKS, Inc. 授权许可。

7.5.1 缩进控制

程序源代码在很多方面都不同于普通文本。其中最重要的区别之一就是源代码使用缩进的方式。缩进表明了程序的逻辑结构：语句是怎样被划分成块的。vi 提供了自动缩进控制。下列命令可以启用该功能：

```
:set autoindent
```

现在，如果你使用空格或制表符缩进某一行代码，后续行会自动缩进相同的距离。当你输完带有缩进的第一行代码，然后按 ENTER，光标会移动到下一行并自动与上一行保持相同的缩进。

作为程序员，你会发现这能节省大量的缩进设置时间，尤其是在有多级缩进的时候。

如果启用了自动缩进功能，在代码行起始处按 CTRL-T，会生成一级缩进；按 CTRL-D，则会撤销一级缩进。

应该指出的是，CTRL-T 和 CTRL-D 是在插入模式中输入的，这一点和其他大部分命令不同，后者是在命令模式下输入的。

CTRL-D 命令有两种变化形式：

`^ ^D`

当你输入 `^ ^D`（^ CTRL-D），编辑器会将代码移至屏幕最左侧[译注3]，但仅限于当前行。输入的下一行代码从当前缩进层级[译注4]开始。这在 C/C++ 代码中输入预处理器命令是特别有用。

译注 3：光标位置不会有变化。

译注 4：指的是上一行采用的缩进层级。

`0 ^D`

当你输入 `0 ^D`，编辑器会将代码移至行首。除此之外，当前的自动缩进层级被重置为 0，输入的下一行代码不再自动缩进。

最后，终端还提供了行擦除字符，通常是 CTRL-U，可用于擦除输入行当前已经输入过的所有文本。该字符同样适用于 Vim 的 GUI 版。

在输入代码的时候，尝试启用 `autoindent` 配置项，不仅能更方便地生成正确的缩进，有时甚至还能帮助你避免 bug。例如，在 C 代码中，通常需要为向后的每一级缩进添加右花括号（}）。

在缩进源代码时，<< 和 >> 命令也能助你一臂之力。在默认情况下，>> 将一行向右移动 8 个空格（也就是添加 8 个空格的缩进），<< 将一行向左移动 8 个空格。例如，将光标移至行首，按两次 > （>>），你会看到该行向右移动。如果再按两次 < （<<），则该行又会向左移动。

在 >> 或 << 之前加上数字，可以同时移动指定数量的行。例如，将光标移动到一个大小适中的段落的首行，输入 5>>。该命令会移动段落的前 5 行。

默认的移动距离是 8 个空格（向左或向右）。可以使用下列命令修改默认值：

```
:set shiftwidth=4
```

一种方便的做法是将 `shiftwidth` 设置为和制表位同样的宽度。默认的制表位（tab stop）[译注5] 宽度是 8 个字符。

在进行缩进的时候，编辑器会尝试灵活处理。当你看到文本一次缩进 8 个空格时，编辑器实际插入的是制表符，原因在于制表符通常会被扩展为 8 个空格。这是 Unix 的默认做法。当你在正常输入过程中键入制表符以及将文件发送到打印机时最明显——Unix 会用 8 个空格的制表位将其扩展。

如果需要，你可以修改 `tabstop` 配置项，改变制表符在屏幕上的呈现方式。例如，如果有些文本缩进太深，你可能希望使用 4 个字符宽度的制表位设置，以便不会出现折行。下列命令可以实现：

译注 5：TAB 键会将光标移至下一个定位点，这个位置就叫作制表位。

```
:set tabstop=4
```

你应该同时修改 shiftwidth，使两者的值保持一致。

修改制表位时要三思。尽管 vi 和 Vim 可以使用任意的制表位设置来显示文件，但其他很多 Unix 程序还是用 8 字符的制表位扩展文件中的制表符。

还有更糟糕的：当离开了编辑器，浏览（使用 more 等分页程序）或打印文件时，混杂在一起的制表符、空格以及不常见的制表位会使得文件内容乱成一团。

如果在编程时涉及制表符和制表位，你有两种选择：

- 接受 8 字符的制表位是 Unix 世界的现实，习惯它。
- 让编辑器将制表符扩展成空格。可以使用下列命令实现：

  ```
  :set expandtab
  ```

  设置过 expandtab 之后，每次按 TAB 键，编辑器就会插入足够的空格，使光标移至下一个制表位。

  如果团队中的每个人都这样做，那么所有代码都将呈现一致的格式，事情自然顺利进行。这对于 Python 这样的语言尤其重要，Python 使用代码缩进表示语句分组，不匹配的空格和制表符将成为灾难之源[注 15]。顺便说一句，你可以使用 expand 工具将已有的制表符转换为空格。

有时候，缩进并不会按照你预想的那样工作，原因在于你所以为的制表符其实是一个或多个空格。制表符和空格在屏幕上通常都会显示为空白字符，这使得两者难以区分。但你可以使用下列命令：

```
:set list
```

这会将制表符显示为 ^I，在行尾处显示 $。如此一来，你就能分辨出哪些是真正的空格，也能看到行尾多余的空格。临时的等效命令是 :l。例如，下列命令：

注 15：空格和制表符已经成了一个宗教信仰问题。电视连续剧《硅谷》（Silicon Valley）中就有这样一个精彩片段：*https://www.youtube.com/watch?v=SsoOG6ZeyUI*。

```
:5,20 l
```

显示第 5 行至第 20 行中的制表符和行尾字符。

7.5.2 特殊的搜索命令

字符 (、[、{ 都可称为左括号。当光标位于其中一个字符时，按 % 可以将光标向前移至与之对应的右括号：)、]、}，编辑器知道嵌套括号的常用规则[注 16]。例如，将光标移动到第一个 (：

```
if ( cos(a[i]) == sin(b[i]+c[i]) )
{
    printf("cos and sin equal!\n");
}
```

然后按 %，你会看到光标跳至行尾的右括号。

同样，如果光标位于右括号，按 % 会将光标向后移至与之对应的左括号。例如，将光标移至 printf 行的右括号，然后按 %。

编辑器甚至聪明到能帮你找到括号。如果光标不在括号位置，当按 % 时，编辑器会在当前行向前搜索，停留在它找到的第一个左括号或右括号上，然后再移至与之匹配的另一个括号！例如，将光标置于示例代码第一行中的 =，按 % 找到左括号，然后移至右括号。

搜索字符不仅能帮助你在程序中长距离的前后移动，还能检查源代码中的括号嵌套。例如，将光标置于 C 函数起始第一个 { 上，% 应该会（你认为）将光标移至函数结尾。但如果没有的话，那就说明某个地方出错了。要是没有在文件中找到与之匹配的 }，编辑器会发出蜂鸣声。[注 17]

查找匹配括号的另一种方法是启用下列配置项：

```
:set showmatch
```

不同于 %，设置 showmatch（或者是其缩写 sm）的效果是在插入模式中体现的。当你

注 16： 有些版本也能使用 % 匹配 < 和 >。

注 17： 请注意，编辑器还会计算引用字符串和注释中的括号，因此 % 不是万无一失的。

输入) 或 }[注18]，光标会短暂地移回到与之匹配的 (或 {，然后再返回到当前位置。如果找不到匹配的括号，编辑器会发出蜂鸣声。如果匹配的括号处于当前屏幕之外，编辑器则不再理会。使用 matchparen 插件（默认加载），Vim 会高亮显示匹配的括号。

7.5.3 使用标签

大型 C 或 C++ 程序的源代码通常分散在多个文件中。有时很难跟踪哪个文件包含哪个函数定义。为了简化这个问题，你可以配合使用 Unix 的 ctags 命令和 ex 的 :tag 命令。

可在 shell 命令行执行 ctags 命令，目的是创建一个信息文件，编辑器随后可通过其决定哪个文件定义了哪个函数。在默认情况，该文件名为 *tags*。在编辑会话中，下列命令：

```
:!ctags file.c
```

在当前目录创建文件 *tags*，其中包含 *file.c* 中所定义函数的相关信息。下列命令：

```
:!ctags *.c
```

在当前目录创建描述所有 C 源文件的 *tags* 文件。

传统的 Unix 版本 ctags 可以处理 C 语言，Pascal 和 Fortran 77 通常也没问题，有时甚至还能处理汇编语言，但基本上都处理不了 C++。其他版本可以为 C++ 以及另一些语言和文件类型生成 *tags* 文件。更多信息参见 7.5.4 节。

假设你的 *tags* 文件包含了组成 C 程序所需的全部源文件信息。你想查看或编辑某个函数，但又不知道该函数的位置。在 vi 中，输入下列命令：

```
:tag name
```

该命令在 *tags* 文件中查找哪个文件包含了函数 *name* 的定义，然后读入该文件并将光标定位在函数定义处。这样你就无需知道要编辑哪个文件，只用决定要编辑哪个函数就行了。

注 18： 在 Vim 中，showmatch 也可以显示匹配的方括号（[和]）。

你也可以在 vi 的命令模式中使用标签功能。将光标置于你想查找的标识符，然后按 CTRL-]。编辑器会查找标签，切换到定义该标签的文件。注意放置光标的位置，编辑器使用以当前光标所在位置为起点的“单词”，而不是包含光标的整个单词。

如果你尝试使用 :tag 命令读入一个新文件，但已更改的当前文件尚未保存，编辑器是不会让你切换到新文件的。你要么使用 :w 命令保存当前文件，然后再执行 :tag，要么输入：

```
:tag! name
```

强迫编辑器放弃尚未保存的编辑内容。

7.5.4 增强型 tags 文件

Unix 的 ctags 确实管用，但能力有限。Darren Hiebert 编写的“Exuberant ctags”程序是 ctags 的克隆版，但功能要比 Unix 版的 ctags 更为强大。它扩展了 *tags* 文件格式，使得标签搜索和匹配过程更为灵活有力。

遗憾的是，Exuberant ctags 最后一次更新还是在 2009 年。“Universal ctags”项目以 Exuberant ctags 代码库为基础，提供了 ctags 的维护版本。

在本节中，我们先介绍 Universal ctags 程序，然后再讲解增强型 tags 文件格式。

除此之外，我们还将描述标签栈：保存使用 :tag 或 ^] 命令访问过的多个位置。Vim 和（真是没想到）Solaris 版本的 vi 均支持标签栈。

Universal ctags

Universal ctags 的主页位于 *https://ctags.io/*。源代码位于 *https://github.com/universal-ctags/ctags*。你得用搜索引擎了解一下你所在系统的包管理器是否允许安装预编译版本，或者是否需要从源代码构建。

以下程序功能列表节选自 Universal ctags 发行版中的 *old-docs/README.exuberant* 文件：

- 能够生成所有类型的 C 和 C++ 语言标签，包括类名、宏定义、枚举名、枚举器（枚举中的值）、函数（方法）定义、函数（方法）原型/声明、结构成员和类数据成员、结构名、类型定义、联合名、变量。（哇！）

- 支持 C 和 C++ 代码。
- 支持包括 C# 和 Java 在内的 41 种语言。
- 解析代码时非常可靠，很难被包含 #if 预处理器条件语句的代码所愚弄。
- 以易读形式打印出源文件中找到的指定对象列表。
- 支持生成 GNU Emacs 风格的 *tags* 文件（*etags*）。
- 适用于包括 Unix、OpenVMS、MS-Windows 在内的多种操作系统。

接下来将讲解 Universal `ctags` 生成的 *tags* 文件的格式。

新的 tags 文件格式

传统的 *tags* 文件包含 3 个以制表符分隔的字段：标签名（一般是标识符）、包含该标签的源文件、该标签在该源文件中的指示信息。指示信息要么是简单的行号，要么是位于斜线或问号内的 `nomagic` 搜索模式。而且，*tags* 文件始终都是经过排序的。

这是 Unix 的 `ctags` 程序生成的格式。事实上，很多版本的 `vi` 允许搜索模式字段出现任意命令（一个很大的安全漏洞）。而且，由于一处未公开的怪异实现，如果一行的结尾为分号和双引号（`;"`），随后的所有内容都会被忽略（双引号表示注释的开始，这就和 *.exrc* 文件一样）。

新格式向后兼容传统格式。前三个字段含义不变：标签、文件名、搜索模式。Universal `ctags` 只生成搜索模式，不含任意命令。特殊属性被放置在用于分隔的 `;"` 之后。属性之间以制表符分隔，每一个属性均由两个以冒号分隔的子字段组成。第一个子字段是描述该属性的关键字，第二个则是实际的值。表 7-1 列出了支持的关键字。

表 7-1：扩展的 ctags 关键字

关键字	含义
`arity`	用于函数。定义了参数个数。
`class`	用于 C++ 成员函数和变量。其值为类名。

表 7-1：扩展的 ctags 关键字（续）

关键字	含义
enum	用于 enum 数据类型的值。其值为 enum 类型的名称。
file	用于“静态”标签，即文件的本地标签。其值应该是文件名。 如果值为空串（只有 file:），则被视为等同于文件名子字段；加入这种特例，一方面是为了让结构更紧凑，另一方面则是提供了一种简单的方法来处理不在当前目录中的 *tags* 文件。文件名子字段的值始终相对于 *tags* 文件所在的目录。
function	用于本地标签。其值为定义这些标签的函数的名称。
kind	其值是表示标签词法类型的单个字母。f 表示函数，v 表示变量等等。因为默认属性名是 kind，就用单独的字母表示标签类型（例如，f 为函数）。
scope	主要用于 C++ 类成员函数。对于私有成员，其值通常为 private，对于公有成员，则通常忽略其值，因此用户可以将标签搜索限制为仅查找公有成员。
struct	用于 struct 中的字段。其值为结构名。
union	用于 union 中的字段。其值为联合名。

如果字段不包含冒号，则假定为 kind 类型。来看几个例子：

```
ALREADY_MALLOCED  awk.h   /^#define ALREADY_MALLOCED /;" d
ARRAYMAXED        awk.h   /^ ARRAYMAXED = 0x4000,;"      e enum:exp_node::flagvals
array.c   array.c   1;" F
```

ALREADY_MALLOCED 是一个 C 语言宏。ARRAYMAXED 是一个定义在 *awk.h* 中的 C 语言 enum。第三行有点不一样：它是源文件的标签！这是由 Universal ctags 的 --extras=f 选项生成的，允许你指定命令 :tag array.c。更实用的是，你可以将光标置于文件名之上，使用 ^] 命令进入该文件（例如，如果你正在编辑 *Makefile*，想跳转某个源文件）。

在每个属性的值中，反斜线、制表符、回车、换行符分别被编码为 \\、\t、\r、\n。

扩展的 *tags* 文件可能包含一些以 !_TAG_ 开头的初始标签。这些标签通常排在文件的最前面，有助于识别创建文件的程序。Universal ctags 生成的内容如下：

```
!_TAG_FILE_FORMAT       2       /extended format; --format=1 will not append ;" to lines/
!_TAG_FILE_SORTED       1       /0=unsorted, 1=sorted, 2=foldcase/
!_TAG_OUTPUT_EXCMD      mixed   /number, pattern, mixed, or combineV2/
!_TAG_OUTPUT_FILESEP    slash   /slash or backslash/
!_TAG_OUTPUT_MODE       u-ctags /u-ctags or e-ctags/
!_TAG_PATTERN_LENGTH_LIMIT      96 /0 for no limit/
```

```
!_TAG_PROC_CWD /home/arnold/Gnu/gawk/gawk.git/ //
!_TAG_PROGRAM_AUTHOR    Universal Ctags Team    //
!_TAG_PROGRAM_NAME      Universal Ctags /Derived from Exuberant Ctags/
!_TAG_PROGRAM_URL       https://ctags.io/       /official site/
!_TAG_PROGRAM_VERSION   5.9.0   /p5.9.20201206.0/
```

编辑器可以利用这些特殊标签实现一些特殊功能。例如，Vim 会注意 !_TAG_FILE_SORTED 标签，如果文件已经排序过，则使用二分搜索代替线性搜索来查找 *tags* 文件。

如果你要使用 *tags* 文件，我们建议你下载并安装 Universal ctags。

标签栈

ex 命令 :tag 和 vi 命令 ^] 基于 *tags* 文件提供的信息提供了有限的标识符查找方法。Vim 和 Solaris vi 通过维护标签栈扩展了该功能。每次执行 ex 命令 :tag 或使用 vi 的 ^] 命令，在搜索指定标签之前，编辑器都会保存当前位置。随后（通常）可以使用 vi 命令 ^T 或 ex 命令返回保存的位置。

下一节将介绍 Solaris vi 的标签栈及示例。Vim 的标签栈参见 11.4 节。

Solaris vi

真没想到，Solaris 版本的 vi 居然支持标签栈。不过也不足为奇，因为 Solaris 的 *ex*(1) 和 *vi*(1) 手册页中压根没有提及过这个特性。出于完整起见，我们在表 7-2、表 7-3、表 7-4 中总结了 Solaris vi 标签栈。该功能在 Solaris vi 中非常简单。[注 19]

表 7-2：Solaris vi 的标签命令：ex 命令

命令	功能
ta[g][!] *tag string*	编辑包含 *tagstring*（在 *tags* 文件中定义）的文件。! 强迫 vi 在当前缓冲区已被修改但尚未保存的情况下切换到新文件。
po[p][!]	弹出标签栈中的一个元素。

注 19： 这些信息是通过实验发现的。你的情况可能会有所不同（your mileage may vary，YMMV）。

表 7-3：Solaris vi 命令模式中的标签命令

命令	功能
^]	查找光标处的标识符在 *tags* 文件中的位置并移至该位置。如果启用了标签栈，当前位置会被自动压入标签栈。
^T	返回标签栈中的上一个位置，即弹出一个元素。

表 7-4：用于标签管理的 Solaris vi 配置项

配置项	功能
`taglength, tl`	控制要查找的标签内的有效字符数量。默认值 0 表示所有字符都是有效的。
`tags`	该值是要在其中查找标签的文件名列表。默认值为 `"tags/usr/lib/tags"`。
`tagstack`	如果设置为 `true`，vi 会将每个位置压入标签栈。使用 `:set notagstack` 来禁用标签栈。

Universal ctags 和 Vim

为了让你感受一下标签栈的用法，我们接下来将展示一个使用 Universal `ctags` 和 Vim 的简短示例。

假设你正在处理一个用到了 GNU `getopt_long` 函数的程序，你需要对其有更深一步的了解。

GNU `getopt` 由三个文件组成：*getopt.h*、*getopt.c*、*getopt1.c*。

首先，创建 *tags* 文件，然后开始编辑位于 *main.c* 中的主程序：

```
$ ctags *.[ch]
$ ls
getopt1.c getopt.c getopt.h getopt_int.h main.c Makefile tags
$ vim main.c
```

按键	结果

`/getopt_`	`/* option processing. ready, set, go! */`
	`while ((c = getopt_long(argc, argv, optlist, optab, NULL)) != EOF) {`
	`    switch (c) {`
	`    case 'l':`
	
	编辑 *main.c*，将光标移至 `getopt_long`。

按键	结果

^]	`int getopt_long (int argc, char *const *argv, const char *options,`
	`              const struct option *long_options, int *opt_index)`
	`{`
	`  return _getopt_internal (argc, argv, options, long_options, opt_index, 0);`
	`}`
	
	`"getopt1.c" 195L, 4750B`
	对 *getopt_long* 执行标签搜索。Vim 切换到 *getopt1.c*，将光标置于 *getopt_long* 的定义处。

结果发现 getopt_long 其实是 _getopt_internal 的“包装（wrapper）”函数。将光标置于 _getopt_internal，再次执行标签搜索：

按键	结果

3jf_ ^]	`int _getopt_internal (int argc, char *const *argv, const char *optstring,`
	`                      const struct option *longopts, int *longind, int long_only)`
	`{`
	`  int result;`
	
	`  getopt_data.optind = optind;`
	`  getopt_data.opterr = opterr;`
	
	`  result = _getopt_internal_r (argc, argv, optstring, longopts,`
	`                               longind, long_only, &getopt_data);`
	`  optind = getopt_data.optind;`
	`"getopt.c" 1294L, 34298B`
	现在切换到 *getopt.c*。为了找出 struct option 的更多信息，将光标移至 option，继续执行标签搜索。

jfo; ^]	``one). For long options that have a zero `flag' field, `getopt'``
	``   returns the contents of the `val' field. */``
	`struct option`
	`{`
	`   const char *name;`
	`   /* has_arg can't be an enum because some compilers complain about`
	`     type mismatches in all the code that assumes it is an int. */`
	`   int has_arg;`
	`   int *flag;`
	`   int val;`
	`};`

按键	结果

	`/* Names for the values of `has_arg' field of `struct option'. */`
	
	`"getopt.h" 191L, 6644B`
	光标移至 *getopt.h* 中 `struct option` 的定义处。你可以查看注释，了解其用法。

`:tags`	`# TO tag              FROM line  in file/text`
	`1  1 getopt_long              29  main.c`
	`2  1 _getopt_internal           70  getopt1.c`
	`3  1 option                 1185  getopt.c`
	Vim 的 `:tags` 命令可以显示出标签栈的内容。

输入三次 `^T`，可切换回一开始的 *main.c*。标签功能能让你在编辑源代码时轻松自如地来回移动。

第二部分

Vim

第二部分描述了最流行的 `vi` 克隆版 Vim（代表“vi improved”）。这部分包含以下几章：

- 第 8 章 Vim（vi improved）概述
- 第 9 章 图形化 Vim（gvim）
- 第 10 章 Vim 的多窗口功能
- 第 11 章 面向程序员的 Vim 增强功能
- 第 12 章 Vim 脚本
- 第 13 章 Vim 中的其他好东西
- 第 14 章 Vim 高级技术

第8章

Vim（vi improved）概述

“看天上！那是鸟！”

“那是飞机！”

“那是超人！”

没错，就是超人！从另一颗行星来到地球的神秘访客，拥有凡人无与伦比的力量和能力。

——19世纪50年代电视连续剧《超人》

尽管Vim既不神秘也并非来自外星，但拥有的功能确实远比普通文本编辑器丰富得多。

在本章，我们从Vim对vi所做出的诸多技术改进中挑选出了最值得注意的那部分，外加一点历史知识。我们继续为新用户指点特殊的Vim模式和教学工具，然后继续介绍Vim对vi的一些增强，从多色语法定义到功能完善的脚本。

如果vi是出色（的确如此），那么Vim就是令人惊叹。在第二部分的第一章中，我们将讨论Vim是如何把用户抱怨vi所缺失的很多功能填补上的。其中包括：

- 编辑增强功能
- 内建的帮助信息
- 启动和初始化配置项
- 新的移动命令

- 扩展正则表达式
- 扩展撤销
- 增量搜索
- 从左向右滚动

第二部分的剩余章节包括：

- Vim 的图形化用户界面（GUI）
- 多窗口编辑
- 程序员增强功能
- Vim 脚本
- 其他好用功能
- Vim 的一些强大技术

8.1 关于 Vim

Vim 代表“vi improved（改进版 vi）”。[注1] 它由 Bram Moolenaar 编写并维护。Vim 可能是目前使用最为广泛的 vi 实现。在撰写本书时，最新版本为 8.2。

在本书第 7 版和这一版期间，计算机的处理能力得到了显著提高。在 2008 年的时候，1GB 内存就已经不小了。尽管内存变得越来越便宜，容量也越来越大（达到了数 GB），但用户仍然必须配置他们的应用程序和工具来共享可用的计算资源。

如今，16GB 的内存已司空见惯，许多计算机都配备了固态硬盘（SSD）这种超高速驱动器。这些技术进步消除了许多旧习惯。因此，不少 Vim 配置建议为更强的编辑能力提供更大的上限。稍后，我们将讨论命令和搜索历史记录，以及用于撤销更改的历史记录。

注 1：　我们注意到，维基百科引证了 Vim 的最初出处：“在其首次发布时，‘Vim’这个名字是‘Vi IMitation’的缩写。”

由于不受标准或委员会的限制，Vim 不断地增添各种功能。围绕着 Vim 建立起了整个社区，社区成员通过在开发周期内发起提名和投票，共同决定添加哪些新功能以及修改哪些现有功能。

在 Bram 的专注和投票系统的激励下，Vim 后劲十足。它随着计算机行业以及编辑器需求而相应地成长和改变，以此保持自身的价值。例如，Vim 针对特定上下文的语言编辑功能从最初只有 C 语言，已经发展到包括 C++、Java 以及现在的 C#。

Vim 加入了大量功能，方便编辑很多新语言的代码。随着计算环境的变化，Vim 也在不断发展。

Vim 如今可以说是无处不在，尤其是在 Unix 及其各种变体（例如，BSD 和 GNU/Linux）之中，很多（即便不是大多数）用户将 Vim 视为 `vi` 的同义词。几乎所有的 GNU/Linux 发行版都将 Vim 作为 */usr/bin/vi* 的二进制文件安装。

Vim 提供了在现代编辑器中被认为是必不可少的功能，而这些恰恰是 `vi` 所不具备的，比如易用性[注2]、图形化终端支持、彩色、语法高亮显示和格式化，以及自定义扩展。

8.2 概述

本节概述了 Vim 及其增强功能，并交叉引用了书中描述这些增强功能的位置。

8.2.1 作者和发展史

Bram 在 1988 年下半年买了一台 Amiga 计算机，在此之后就开始使用 Vim[注3]。作为 Unix 用户，他一直在使用一款类似于 `vi` 的编辑器 `stevie`，他觉得这个编辑器远算不上完美。幸运的是，`stevie` 带有源代码，于是 Bram 开始着手提高编辑器与 `vi` 的兼容性并修复错误。经过一段时间后，程序变得趁手多了。Vim 的第一个版本诞生于 1991 年 11 月 2 日，于 1992 年 1 月推出；Vim 1.14 版是在 Fred Fish disk 591（Amiga 的免费软件集合）上发布的。

注 2：易用性是一种主观感受，但我们坚信花时间学习 Vim 扩展功能的用户都会同意这一论断。

注 3：本节改编自 Vim 的作者 Bram Moolenaar 提供的材料。在此表示感谢。你可以在 Bram 的“Vim 25”演讲中找到有关 Vim 历史的更多信息（*https://www.youtube.com/watch?v=ayc_qpB-93o*）。

其他人开始使用这个程序，纷纷表示喜欢，并开始协助开发。先是移植到 Unix，后又移植到 MS-DOS 和其他操作系统，Vim 就这样成了最广为使用的 vi 克隆版。更多的特性也被逐步加入：多级撤销、多窗口等等。有些功能是 Vim 独有的，不过也有很多是借鉴了其他的 vi 克隆版。不管怎样，目标自始至终都是为用户提供最好的编辑器。

如今的 Vim 可能是所有 vi 风格的编辑器中功能最为完善的。在线帮助内容翔实。

Vim 有一个鲜为人知的特性是支持从右到左书写，这对希伯来语和波斯语等语言很有用，也反映出 Vim 的多才多艺。

Vim 另一个设计目标是成为一款稳如磐石且能被专业软件开发者信赖的编辑器。Vim 极少崩溃，就算真的崩溃，你也能恢复所做的改动。

Vim 的开发仍在继续。越来越多的人帮助添加新特性，将 Vim 移植到更多的平台，不同操作系统的移植版本质量也在提高。Microsoft Windows 版本拥有对话框和文件选择器，为大量用户推开了难学的 vi 命令的大门。

8.2.2 为什么是 Vim？

Vim 极大地扩展了传统的 vi 功能，以至于人们更多问的是：“干吗不用 Vim？”vi 建好了供其他克隆版借鉴的标准，Vim 则将其发扬光大。Vim 敢于从根本上扩展功能，为了能在恰当的反映时间内完成操作，有时甚至将处理器推到了算力的极限。我们不知道 Bram 是否坚信处理器和内存速度的提高能够满足 Vim 的需求，不过好在现代处理器和计算机足以应对哪怕是最苛刻的 Vim 任务。

8.2.3 与 vi 的比较

Vim 比 vi 要普及得多。几乎所有操作系统上起码都有某个可用的 Vim 版本，而 vi 仅在 Unix 或类 Unix 系统可用。

vi 是最初的版本，多年来变化不大。作为 POSIX 标准的旗手，它很好地完成了任务。Vim 以 vi 为基础，不仅提供了 vi 的所有功能，而且加以扩展，添加了图形化界面和复杂的配置项以及脚本等功能，远远超出了 vi 原有的能力。

Vim 以专用文本文件目录的形式附带了自己的内建文档。随便检查一下目录（使用标准的 Unix 字数统计工具，`wc -l *.txt`），会发现其中包含 140 个文件，将近 200 000 行！[注4] 这从侧面反映了 Vim 的功能范围。Vim 通过其内部的“help”命令访问这些文件，这是 `vi` 不具备的另一个特性。我们随后会更详细地介绍 Vim 的帮助系统，给出一些提示和技巧，最大限度地提高你的学习体验。

在当前版本中，Vim 的 *vi_diff* 帮助文件概述了 Vim 与原始 `vi` 的不同之处。各种细节实在太多，以至于帮助文件中关于“not in vi”部分的注释杂乱无章，因此被删除了！

本章和后续章节涵盖了一些更值得注意的 Vim 特性。从 `vi` 的历史功能扩展到全新的功能，我们描述了其中最好和最流行的生产力特性。另外也少不了语法彩色高亮显示等公认的实用增强功能，我们还介绍了一些有助于高生产力但却更鲜为人知的特性。例如，12.2.1 节中展示了一种自定义 Vim 状态栏的方法，可以在移动光标时实时更新日期和时间。

8.2.4 功能分类

Vim 的功能涵盖了几乎所有文本编辑任务的常见操作。有些只是扩展了 `vi` 的原有功能；有些则是 `vi` 未提供的全新功能。如果你需要些尚未实现的功能，Vim 还提供了可以无限扩展和自定义的内建脚本。Vim 功能的部分类别包括：

初始化

　和 vi 一样，Vim 也在启动时使用配置文件定义会话，但 Vim 拥有庞大的可定义行为库。你可以像在 vi 中那样简单地设置几个配置项，或是根据指定的上下文，编写一整套配置项来自定义会话。例如，你可以编写初始化文件脚本，根据编辑文件所在的目录预编译代码，或是从一些实时数据源中检索信息，在启动时将其合并入文本。参见本章的 8.5 节。

无限撤销

　Unix vi 仅允许你撤销最后一次更改，或是将当前行恢复到未做任何更改之前的状态。Vim 提供了“无限撤销”功能，可以让你不停地撤销更改，一直返回到进行编辑之前的状态。更多的信息，参见 8.8 节。

注 4：　你可以在 Vim 会话中查找这些文件。$VIMRUNTIME 目录下的 *doc* 就是帮助目录。输入 ex 命令：`!ls $VIMRUNTIME/doc`。

图形化用户界面（GUI）

就像如今很多易用编辑器一样，Vim 也加入了鼠标点击编辑，以此方便大众使用。所有高级用户功能的可访问性通过简单的 GUI 得以提升。更多的信息，参见第 9 章。

多窗口

先前提到过，Vim 可以对单个文件或不同的文件同时打开多个窗口。完整的讨论参见第 10 章。

程序员辅助功能

尽管 Vim 并未尝试满足所有的编程需求，但的确提供了很多一般只会在集成化开发环境（IDE）中出现的特性。从快速的“编辑－编译－调试”周期到关键字自动补全，Vim 的特殊功能不仅能让你快速编辑，还有助于编程。更多的信息，参见第 11 章。

当然，只要你愿意，你也可以将 Vim 打造成 IDE。更多的信息，参见第 15 章。

关键字补全

Vim 可以根据上下文相关的补全规则将输入的部分单词补全。例如，Vim 会在字典或包含特定语言关键字的文件中查找单词。我们会在 11.3 节中讨论这个话题。

语法扩展

Vim 允许你控制缩进并根据语法为代码着色，还有很多配置项可用于定义自动格式化。如果你不喜欢彩色高亮，可以自己修改。如果你需要某种形式的缩进，Vim 提供了现成的供你选择，要是你有什么特别需求，Vim 可以让你自定义环境。更多的信息，参见 11.5 节。

脚本和插件

你可以编写自己的 Vim 扩展或是从 Internet 下载插件。你甚至还可以发布自己编写的插件供别人使用，为 Vim 社区贡献一臂之力。

后期处理

除了执行初始化功能，Vim 还允许你定义编辑完文件之后的操作。你可以编写清除例程，删除编译时累积的临时文件，或是在将文件写回硬盘之前对其进行实时编辑。例如，检查 Python 代码布局是否符合格式化规则。你对任何编辑后行为（postediting activities）拥有完全的自主权。

任意长度的行和二进制数据

老版本的 `vi` 经常会将每行的字符串显示在 1000 个左右，多出的部分会被截断。Vim 能够处理任意长度的行。[注5]

Vim 能够识别 Unicode，会尽可能将多字节编码的 Unicode 字符显示为单个字形（glyph）。同时也可以编辑包含任意 8 位（8-bit）字符的文件。如果有必要，你甚至还能编辑二进制和可执行文件。有时候，这的确非常有用。我们会在 13.2 节讨论如何编辑二进制文件。相关的配置项，尤其是 `fileformat` 和 `filetype`，详见 B.2 节。

有一个比较棘手的地方的要注意。传统 `vi` 在写入文件时总会在文件结尾追加一个换行符。在编辑二进制文件时，多出来的这个字符会产生问题。Vim 默认与 vi 兼容，因此也会添加换行符。你可以设置 `binary` 配置项，禁止这种行为。

会话上下文

Vim 在文件 *.viminfo* 中保存会话信息。当你重新查看和编辑文件的时候，可曾想过“我现在工作到哪里了？”*.viminfo* 配置文件解决了这个问题！你可以定义在各个会话中要保留多少信息以及何种信息。例如，你可以定义要跟踪多少个“最近文档”或“上次编辑过的文件”，要记住每个文件的多少次编辑操作（删除、更改），命令历史中保留的命令数量，上一次编辑操作（“放置”“删除”等）要保存的寄存器和文本行数量。

Vim 也会记住你在最近编辑的每个文件中所处的行。如果光标在退出编辑会话时位于第 25 行，那么在下次编辑时，Vim 会将你重新带回该行。详见 13.9 节。

状态转换

Vim 还负责管理状态转换。当你在会话中切换缓冲区或窗口时（两者通常是一回事），Vim 会自动执行操作前和操作后的内部管理（pre- and postaction housekeeping）。

透明编辑

Vim 能够检测并自动提取归档文件或压缩文件。例如，你可以直接编辑 *myfile.txt.gz* 这样的压缩文件。你甚至还能编辑目录。Vim 允许你使用熟悉的 `vi` 风格的导航命令查看目录，选择要编辑的文件。

注 5：　好吧，最多可以达到 C 语言 long int 类型的最大值 —— 在 32 位计算机系统上为 2147483647，在 64 位系统上则要大得多。

元信息

Vim 提供了 4 个方便的只读寄存器，用户可从中提取用于“放置（puts）”的元信息：当前文件名（%）、替代文件名（#）、最后一次执行的命令（:）、最后一次插入的文本（.）。

黑洞寄存器

这是编辑寄存器（editing registers）的一个鲜为人知但却很有用的扩展。正常情况下，删除命令会采用轮替方案（rotation scheme，参见 4.3 节）将删除的文本存入寄存器，这有助于循环查看旧的删除操作，以取回之前被删除的文本。Vim 提供了“黑洞”寄存器（“black hole” register），已删除的文本会被丢弃在此处，不会影响正常寄存器中已删除文本的轮替。如果你是 Unix 用户，这个寄存器就是 Vim 版的 */dev/null*。下面的内容摘自 Vim 的帮助文件 *change.txt*：

> 黑洞寄存器 "_
>
> 当写入该寄存器时，什么都不会发生。可以将其用于删除文本，同时不会影响正常的寄存器。如果读取该寄存器，也什么都不会返回。

Vim 允许你使用 `compatible` 配置项（`:set compatible`）退回 `vi` 兼容模式。不过大部分时间你可能都希望使用 Vim 的额外特性，如果你确有需要的话，提供向后兼容不失为一种贴心的做法。

8.2.5 Vim 理念

Vim 的理念和 `vi` 差不多。两者兼顾了文件编辑的功能性和优雅性，都依赖于模式（命令模式和输入模式），而且始终保持在编辑的时候键盘不离手，也就是说，完全不用鼠标就可以快速高效地完成所有的编辑工作。我们习惯称之为“接触式编辑（touch editing）”，类似于“接触式输入 / 盲打（touch typing）”，反映出这两种形式为各自的任务所带来的速度和效率上的提升。

Vim 扩展了这一理念，它为经验不足的用户提供了各种特性（GUI、可视高亮显示模式），为有经验的用户提供高级选项（脚本、扩展正则表达式、可配置语法、可配置缩进）。

对于喜欢写代码的超级用户，Vim 自带源代码。用户可以自由地（甚至是鼓励）做出改进。从理念上来说，Vim 力求平衡所有用户的需求。

8.3 新用户的辅助工具和简单模式

认识到 vi 和 Vim 都对新用户提出了一些学习要求，Vim 提供了一些使其更易于使用和学习的特性：

图形化 Vim（gvim）

　　当你调用 gvim 命令，Vim 会显示一个具有丰富图形元素的窗口，在提供完整的 Vim 功能同时还加入了现代 GUI 程序流行的鼠标点击支持。在许多环境中，gvim 是通过启用 Vim 所有 GUI 选项编译而成的不同二进制文件。也可以使用 vim -g 调用 gvim。

“简易”Vim（evim）

　　evim 命令用一些简单的行为代替了标准的 vi 功能，对于不熟悉 vi 的用户而言，这可能是一种更符合直觉的文件编辑方式。有经验的用户未必觉得这种方式容易到哪里去，因为他们已经习惯了标准的 vi 行为。也可以使用 vim -y 调用 evim。

vimtutor

　　Vim 自带有 vimtutor，这是一个独立命令，使用一个特殊的帮助文件启动 Vim。用户可以将这种形式的 Vim 作为学习编辑器的另一个着手点。完成 vimtutor 大概需要 30 分钟。

你还可以在 Internet 上找到各种交互式 Vim 教程。OpenVim 就是其中之一，另外还有 VIM Adventures，它将学习 Vim 的过程制作成了冒险游戏。

8.4 内建帮助

先前提到过，Vim 自带了将近 20 万行的文档。几乎所有这些文档都可以直接通过 Vim 内建的帮助工具获得。最简单的形式是调用 :help 命令。有意思的是，它向用户展示的第一个示例就是 Vim 的多窗口编辑。

尽管看起来还不错，但却提出了一个先有鸡还是先有蛋的难题，因为阅读内建帮助需要对 vi 导航技术有一点了解，要使其真正有效，用户必须知道如何在标签之间来回跳转。这里我们将概述帮助画面导航。

:help 命令的画面类似于下面这样：

```
*help.txt*      For Vim version 8.2.    Last change: 2020 Aug 15

                        VIM - main help file
                                                                  k
      Move around: Use the cursor keys, or "h" to go left,         h   l
                   "j" to go down, "k" to go up, "l" to go right.    j
Close this window: Use ":q<Enter>".
   Get out of Vim: Use ":qa!<Enter>" (careful, all changes are lost!).

Jump to a subject: Position the cursor on a tag (e.g. |bars|) and hit CTRL-].
   With the mouse: ":set mouse=a" to enable the mouse (in xterm or GUI).
                   Double-click the left mouse button on a tag, e.g. |bars|.
        Jump back: Type CTRL-O. Repeat to go further back.

Get specific help: It is possible to go directly to whatever you want help
                   on, by giving an argument to the |:help| command.
                   Prepend something to specify the context: *help-context*

                        WHAT                    PREPEND    EXAMPLE ~
                     Normal mode command                   :help x
                     Visual mode command          v_       :help v_u
                     Insert mode command          i_       :help i_<Esc>
                     Command-line command         :        :help :quit
                     Command-line editing         c_       :help c_<Del>
                     Vim command argument         -        :help -r
                     Option                       '        :help 'textwidth'
                     Regular expression           /        :help /[
                   See |help-summary| for more contexts and an explanation.

Search for help:  Type ":help word", then hit CTRL-D to see matching
                  help entries for "word".
                  Or use ":helpgrep word". |:helpgrep|

Getting started:  Do the Vim tutor, a 30-minute interactive course for the
                  basic commands, see |vimtutor|.
                  Read the user manual from start to end: |usr_01.txt|

Vim stands for Vi IMproved. Most of Vim was made by Bram Moolenaar, but only
through the help of many others. See |credits|.
```

值得庆幸的是，Vim 为初学者解决了潜在的导航问题，并贴心地给出了基本的导航指南，它甚至告诉你如何退出帮助画面。 我们建议以此为起点，多花点时间探索帮助内容。

一旦你熟悉了 :help，你就可以在 Vim 命令行中使用 tab 补全来进行探索。对于命令提示符（:）处的任何命令，按 TAB 会生成上下文相关的命令行补全。例如，下列输入：

```
:e /etc/pas TAB
```

在 Unix 系统中会被扩展为：

```
:e /etc/passwd
```

:e 命令暗示了命令参数是一个文件，因此命令补全会查找匹配已输入的部分名称的文件，补全输入。

但是 :help 有自己的上下文，涵盖了各种帮助主题。你输入的部分主题字符串会与任何可用的 Vim 帮助主题的子串匹配。我们强烈建议你学习并运用该特性，不仅能节省时间，还可能会发现你自己尚不知晓的有趣的新特性。

例如，假设你想知道如何分割屏幕。输入：

```
:help split
```

然后按 TAB 。在当前会话中，help 命令会列出：split(); :split; :split_f; splitfind; splitview; g:netrw_browse_split; :diffsplit; :dsplit; :isplit; :vsplit; +vertsplit; 'splitright'; 'splitbelow' 等等。要想查看某个主题，可在相应主题被高亮显示时按 ENTER。你不仅能看到你要查找的主题（:split），还能发现一些原本没想到的东西，比如 :vsplit（vertical split，垂直分割）命令。

8.5 启动和初始化选项

Vim 在启动时使用不同的机制来设置其环境。除了检查命令行选项，还要进行自查（调用方式以及用什么名称调用的？）。经过编译的不同二进制版本可以满足不同的需求（GUI 与文本窗口）。Vim 还使用了一系列初始化文件，其中能够定义和修改的行为组合不计其数。选项太多，无法在此逐一叙述，我们只讨论一些值得注意的选项。在接下来的部分中，我们按照以下顺序讨论 Vim 的启动顺序：

- 命令行选项
- 与命令名相关的行为

- 配置文件
- 环境变量

本节介绍启动 Vim 的若干方式。更多的选项，详见 help 命令：

```
:help startup
```

8.5.1 命令行选项

Vim 的命令行选项兼具灵活性和功能性。有些选项会启用额外的特性，有些选项则会覆盖和抑制默认行为。我们来讨论一些典型 Unix 环境中的命令行语法。以 `-`（连字符）起始的单字母选项，比如 `-b`，允许编辑二进制文件。以 `--`（双连字符）起始的单词选项，比如 `--noplugin`，允许覆盖默认的加载插件行为。双连字符形式的命令行选项则告诉 Vim 在此之后不会再有任何选项。这是标准的 Unix 行为。

在命令行选项之后，你可以有选择地列出一个或多个待编辑文件的名称。有一个值得注意的情况，如果文件名是单个连字符，则告诉 Vim 从标准输入 `stdin` 中读取输入，不过这属于高级用法。

下面列出了部分 Vim 命令行选项，这些选项 不适用于 `vi`（所有的 `vi` 选项都适用于 Vim）：

`-b`

二进制编辑模式。这不用多解释了吧，看名字就知道，非常酷。编辑二进制文件可不是一开始就能上手的技能，对于某些大多数其他工具都无法处理的文件，却是一种强有力的方法。 如果你感兴趣的话，可以阅读 Vim 关于二进制文件编辑的相关主题。

`-c` *command*

将 *command* 作为 `ex` 命令执行。`vi` 也有同样的选项，但是 Vim 允许在一个命令中出现最多 10 个 `-c` 选项。每个 command 都必须使用自己的 `-c`。

`-C`

以兼容（`vi`）模式运行 Vim。显然，`vi` 肯定不会有这个选项。

`--cmd` *command*

在 *vimrc* 文件之前执行 *command*。这是 `-c` 选项的长选项形式。

`-d`

以 diff 模式启动。Vim 对 2 个至 4 个文件执行 diff 操作，设置选项以简化文件差异检查（`scrollbind`、`foldcolumn` 等）。

Vim 使用原生的文件差异比对程序（在 Unix 中为 `diff`）。Windows 版本则提供了可下载的工具，Vim 使用其执行 diff 操作。

`-E`

以改进的 ex 模式启动。例如，改进的 ex 模式可以使用扩展正则表达式。

`-F` 或 `-A`

分别表示波斯语（Farsi）或阿拉伯语（Arabic）。这需要按键和字符映射共同发挥作用，从右到左绘制屏幕。

`-g`

启动 `givm`（GUI）。

`-M`

关闭写入选项。缓冲区不能被改动。尽管你无法修改缓冲区，Vim 通过禁用 ex 命令 `:w` 和 `:w!` 来确保不会有更改。

`-o`*[n]*

在单独的窗口中打开所有文件。可选的整数指定了要打开的窗口数量。在命令行中指定的文件在对应数量的窗口中打开（剩余的进入 Vim 缓冲区）。如果指定的窗口数大于命令行中列出的文件，Vim 则打开空窗口，满足所要求的窗口数量。

`-O`*[n]*

类似于 `-o`，但打开的是垂直分割窗口。

`-y`

在“简单（easy）”模式下运行 Vim。这为初学者设置了更直观的行为选项。虽然这种“简单性”可能有助于新手，但经验丰富的用户会发现该模式令人困惑和恼火。

-Z

以受限模式启动。这种模式基本上关闭了所有的外部接口，无法访问系统功能。例如，用户无法使用 !G!sort 对缓冲区中的当前行至文件末行进行排序，过滤器 sort 也不可用。

下列一系列相关的选项要用到 Vim 的远程实例[译注 1]。--remote 选项告诉远程 Vim（如果没有 Vim 服务器，就在本地执行）编辑远程文件或计算远程表达式。--server 选项告诉 Vim 使用哪个服务器，或是表明 Vim 自宣（宣称自己）为服务器。--serverlist 简单的列出可用的服务器：

```
--remote file
--remote-expr expr
--remote-send keys
--remote-silent file
--remote-tab
--remote-tab-silent
--remote-tab-wait
--remote-tab-wait-silent
--remote-wait file ...
--remote-wait-silent file ...
--serverlist
--servername name
```

关于所有命令行选项（包括完整的 vi 设置）更丰富的讨论，参见 A.1 节。--remote 选项的更多信息，参见 Vim 命令 :help remote。

8.5.2 与命令名相关的行为

Vim 有两种主要风格：图形化（使用 Unix 变体的 X Window System 以及其他操作系统的原生 GUI）和文本化，每种风格都带有自己的一组特征。Unix 用户只需使用以下列命令之一即可获得所需的行为：

vim

启动基于文本的 Vim。

译注 1：如果编译时加入了 clientserver 特性，Vim 既可以作为命令服务器，接受客户的消息并执行，也可以作为客户端，发送消息给 Vim 服务器。

gvim

以图形化模式启动 Vim。在很多环境中，gvim 另一个不同的 Vim 二进制文件，在编译时启用了所有的 GUI 选项。其效果等同于使用 vim -g 启动 Vim。

view，gview

以只读模式启动 Vim 或 gvim。其效果等同于使用 vim -R 启动 Vim。

rvim

以受限模式启动 Vim。禁止所有对 shell 命令的外部访问，也无法使用 ^Z 命令挂起编辑会话。

rgvim

效果等同于 rvim，但用于图形化版本。

rview

类似于 view，但是以受限模式启动。在受限模式中，用户无法访问过滤器、外部环境或操作系统功能。效果等同于使用 vim -Z 启动 Vim(-R 选项仅有只读效果)。

rgview

效果等同于使用 rview 启动 Vim，但用于图形化版本。

evim，eview

使用“简易”模式进行编辑或只读浏览。Vim 设置了相关的配置项和特性，让不熟悉 Vim 操作范式的新手用户用起来更加直观。其效果等同于使用 vim -y 启动 vim。有经验的用户未必觉得这种方式容易到哪里去，因为他们已经习惯了标准的 vi 行为。

注意，这两个命令并没有对应的 *gXXX* 版本，因为配合鼠标点击操作，gvim 已经挺易用了，或者说至少不难上手。

vimdiff，gvimdiff

以 diff 模式启动并对输入文件执行 diff 操作。详细讨论参见 13.8 节。

ex，gex

使用行编辑 ex 模式。适用于脚本，效果等同于使用 vim -e 启动 Vim。

MS-Windows 可以在“开始”菜单的程序列表中访问类似的 Vim 版本。

8.5.3 系统和用户配置文件

Vim 以特定的顺序查找初始化信息。它执行找到的第一组指令（以环境变量或文件的形式），然后开始编辑工作。因此，Vim 下列清单中遇到的第一项就是该清单中被执行的唯一项。查找顺序如下：

1. `VIMINIT`：这是一个环境变量。如果不为空，Vim 将其内容作为 ex 命令执行。
2. *vimrc* 文件：*vimrc*（Vim resource）初始化文件是一个跨平台概念，但因为操作系统和平台的微妙差异，Vim 会以下列顺序在不同的位置查找该文件：

$HOME/.vimrc	Unix、OS/2[a]、Mac OS X
$HOME/_vimrc	MS-Windows、MS-DOS
$VIM/_vimrc	MS-Windows、MS-DOS
s:.vimrc	Amiga
home:.vimrc	Amiga
$VIM/.vimrc	OS/2 and Amiga

[a] 我们不知道还有多少人仍在使用 OS/2 或 Amiga 系统。如果你是其中一员，很高兴告诉你，Vim 没忘记你！

3. 本地的 *.exrc* 和 *vimrc* 文件：如果设置了 Vim 的 `exrc` 配置项，Vim 会查找另外 3 个配置文件：*.vimrc*、*.gvimrc*、*.exrc*。在非 POSIX 系统中，文件名有可能不以点号起始。

.vimrc 文件是配置 Vim 编辑特性的好地方。几乎所有的 Vim 配置项都可以在此文件中设置或取消，尤其适合在其中设置全局变量、定义函数、缩写、按键映射等。以下 *.vimrc* 文件的一些须知事项：

- 注释以双引号（"）起始，双引号可以出现在行中的任何位置，在此之后的所有文本（包括双引号）都会被忽略。
- 指定 ex 命令的时候，冒号是可选的。例如，`set autoindent` 等同于 `:set autoindent`。
- 如果将一大组配置项定义分成若干行，*.vimrc* 文件会容易管理得多。例如：

```
set terse sw=1 ai ic wm=15 sm nows ruler wc=<Tab> more
```

  等同于：

```
set terse      " short error and info messages
set shiftwidth=1
set autoindent
set ignorecase
set wrapmargin=15
set nowrapscan  " don't scan past end or top of file in searches
set ruler
set wildchar=<TAB>
set more
```

第二组配置项的可读性得到了显著提高。在调试配置文件中的设置时，第二种方法也更容易通过删除、插入、临时注释行的方法来维护。例如，如果你想临时禁止启动配置中的行编号，只需要在配置文件中的 `set number` 一行前插入双引号（"）即可。

8.5.4 环境变量

很多环境变量都会影响 Vim 的启动行为，甚至是一些编辑会话行为。这些环境变量几乎不为用户所感知，如果没有配置的话，则采用默认值处理。

如何设置环境变量

你登录时拥有的命令环境（在 Unix 中称为 shell）设置变量以反映或控制其行为。环境变量的功能尤为强大，因为它们会影响在命令环境中调用的程序。以下说明并非特定于 Vim，可用于在命令环境中设置你需要的任何环境变量：

MS-Windows

要设置环境变量：

(1) 打开控制面板。

(2) 双击"系统（`System`）"。

(3) 点击"高级（`Advanced`）"标签。

(4) 点击"环境变量（`Environment Variables`）"按钮。

映入眼帘的是一个被分成了两个环境变量区域（用户环境变量和系统环境变量）的窗口。新手不应该修改系统环境变量。在用户环境变量区域，你可以设置与 Vim 相关的变量，使其在不同的会话期间持续有效。

Unix/Linux Bash 和其他 *Bourne shell*

编辑对应的 shell 配置文件（对于 Bash 用户，这个文件是 *.bashrc*），插入如下行：

```
VARABC=somevalue VARXYZ=someothervalue MYVIMRC=/path/to/my/vimrc/file
export VARABC VARXYZ MYVIMRC
```

行的顺序不重要。`export` 语句将指定变量转换为环境变量，使其对 shell 中运行的程序可见。被导出变量的值可以在导出之前或之后设置。

Unix/Linux C shell

编辑对应的 shell 配置文件（比如 *.cshrc*），插入如下行：

```
setenv VARABC somevalue
setenv VARXYZ someothervalue
setenv MYVIMRC /path/to/my/vimrc/file
```

Vim 相关的环境变量

下面列出了 Vim 的大部分环境变量及其效果。

Vim 的命令行选项 `-u` 会覆盖 Vim 环境变量，直接执行指定的初始化文件。该选项不会覆盖非 Vim 环境变量：

`EXINIT`

等同于 `VIMINIT`；如果 `VIMINIT` 没有定义，则使用该环境变量。

`MYVIMRC`

阻止 Vim 搜索初始化文件。如果 `MYVIMRC` 在启动时有值，Vim 假定该值为初始化文件名，如果此文件存在，则从中读取初始化设置。不再查询其他文件（参见上一节讲过的查找顺序）。

`SHELL`

指定 Vim 使用哪个 shell 或外部命令解释器执行 shell 命令（`!!`、`:!` 等）。在 MS-Windows 命令窗口中，如果未设置 `SHELL`，则使用 `COMSPEC` 环境变量代替。

`TERM`

设置 Vim 的内部 `term` 选项。这个环境变量没什么太大必要，因为编辑器会以自己认为适当的方式设置终端。换句话说，Vim 可能比预定义变量更清楚什么样的终端更好。

VIM

系统目录路径，其中包含标准Vim的安装信息（仅是信息而已，Vim并不会使用）。

VIMINIT

指定 Vim 启动时要执行的 ex 命令。多个命令之间使用竖线（|）分隔。

如果安装了多个版本的 Vim，取决于你启动的版本，VIM 环境变量可能包含不同的值。例如，在本书其中一位作者的计算机上，Cygwin 版本会将 VIM 设置为 */usr/share/vim*，而 vim.org 软件包则将 VIM 设置为 *C:\Program Files\Vim*。

如果你要更改 Vim 文件的时候，清楚文件路径很重要，如果你编辑错了文件，有可能白忙一场！

VIMRUNTIME

指向 Vim 的各种支持文件，比如在线文档、语法定义、插件目录。Vim 通常自己设置该环境变量。如果你自己设置的话（例如，在 *.bashrc* 文件中），在新版本的 Vim 时会导致错误，因为你的 VIMRUMTIME 指向的可能是陈旧的、不存在的或是无效位置。

8.6 新的移动命令

Vim 提供了所有的 vi 移动命令，其中大多数在第 3 章都已经讲过，另外一些在表 8-1 中列出。

表 8-1：Vim 移动命令

命令	描述
n CTRL-END	将光标移至文件结尾，也就是文件最后一行的最后一个字符。如果指定了 *n*，则移至第 *n* 行的最后一个字符。
HOME	将光标移至文件第一行的第一个非空白字符。和CTRL-END的不同之处在于，HOME不会将光标移至空白字符。
count%	跳转到文件的百分之 *count* 行，将光标置于此处的第一个非空白行。Vim 是以文件总行数来计算百分比的，而非总字符数，这一点很重要。乍一看，可能觉得不至于，考虑一个例子：有个包含 200 行的文件，其中前 195 行各 5 个字符（比如像 $4.98 这样的价格），最后 4 行各 1000 个字符。在 Unix 中，换行符也要被统计在内，该文件包含的字符数约为：

表 8-1：Vim 移动命令（续）

命令	描述
	(195 * (5 + 1))（前 5 行的字符数）+ 2 + (4 * (1000 + 1))（最后 4 行的字符数），即 5200 个字符。如果按字符计算的话，50% 处已经位于第 96 行，而 Vim 的移动命令 50% 则将光标移至第 100 行。
:go *n* :*n* go	将光标移至缓冲区中的第 *n* 个字节。包括换行符在内的所有字符均被计算在内。

<C-*xxx*> 记法是 Vim 使用的一种独立于系统的组合键描述方法。在本例中，开头的 C- 表示按住 CTRL 键的同时按其他键 xxx。例如，<C-End> 表示按 CTRL 和 END 。

可视化模式移动

Vim 允许你以可视化的方式进行选择并对其执行编辑命令。这类似于你在图形化编辑器中看到的那样：通过点击并拖动鼠标高亮显示选中的区域。Vim 可视化模式的好处在于可以方便地看到所选的区域，所有的 Vim 命令均可用于选中的文本。与普通编辑器中传统的剪切和粘贴操作相比，这可以对高亮显示的文本完成更复杂的工作。

在 Vim 中以可视化方式选择某个区域的方法和其他编辑器一样，通过点击并拖动鼠标即可。不过，Vim 也允许你使用其功能强大的移动命令和一些特殊的可视化模式命令进行选择。

例如，你可以在命令模式中输入 v 启动可视化模式。一旦进入可视化模式，任何移动命令都会移动光标，同时将途经的文本高亮显示。因此，可视化模式中的"下一个单词"命令（w）会将光标移至下一个单词并高亮显示选中的文本。其他移动命令会相应地扩展选中区域。

在可视化模式中，你可以使用一些特殊命令，通过光标附近的文本对象，方便地扩展选中的文本。例如，光标可以位于"单词"内，同时也位于"句子"内和"段落"内。Vim 允许你使用命令将高亮区域扩展到文本对象上，以此增加可视选择区域。

有多种方法可以高亮显示缓冲区的内容。在基于文本的模式中，简单的输入 v 就可以开启 / 关闭可视化模式。当开启时，会随着光标的移动选中并高亮显示缓冲区。在 gvim 中，只需要点击并拖动鼠标划过想要选择的区域即可。这会设置 Vim 的可视化标志。表 8-2 展示了部分 Vim 的可视化模式移动命令。

表 8-2：Vim 的可视化模式移动命令

命令	描述
n aw，*n* aW	选中 *n* 个单词，包括单词之间的空白字符。这和 iw（参见下一个命令）略有不同。小写字母 w 将标点符号也视为单词，而大写 W 则将空白字符作为单词分隔符。译注 2
n iw，*n* iW	选中 *n* 个单词，空白字符也被视为单词。小写字母 w 将标点符号也视为单词，而大写 W 则将空白字符作为单词分隔符。
as，is	选中一个句子，或内部句子（inner sentence）。译注 3
ap，ip	选中一个段落，或内部段落（inner paragraph）。

关于文本对象及其在可视化模式中的用法，详见 help 命令：

```
:help text-objects
```

我们建议你多把玩可视化模式，习惯其用法。尤其是当你想对文本应用替换命令，或是通过过滤器发送文本时，这是一种不错的文本选择方法。

8.7 扩展正则表达式

vi 的搜索模式中可用的元字符参见 6.5.1 节。

Vim 提供了扩展正则表达式，任何时候都可以使用。其中一些额外的元字符提供了与 egrep 或 grep -E（在完全符合 POSIX 标准的系统中）同样的功能。以下部分内容摘自 Vim 文档：

\|

多选分支。例如，a\|b 匹配 *a* 或 *b*。这种结构并不仅限于单个字符：house\|home 匹配字符串 *house* 或 *home*。

\&

拼接（concat）。拼接匹配最后一个 \& 之后的部分，但前提是之前的部分必须

译注 2：对于文本“The vi, ex, and Vim Editors”，3aw 会高亮选中“The vi ,”，3aW 会高亮选中“The vi, ex, ”。开头或末尾（leading and trailing）的空白字符也包括在内。详见 :help text-objects。

译注 3：as 和 is 的区别在于前者会选中句子之后的空白字符，而后者不会。

全部匹配。Vim 的帮助文档中给出了两个例子：foobeep\&... 匹配 *foobeep* 中的 *foo*，.*Peter\&.*Bob 匹配包含 Peter 和 Bob 的行。[译注 4]

\+

匹配在其之前的子正则表达式（可以是单个字符或括号内的一组字符）一次或多次。注意 \+ 和 * 之间的差异。* 可以什么都不匹配，但 \+ 至少也得匹配一次。例如，ho(use\|me)* 既能匹配 *ho*，也能匹配 *home* 和 *hourse*，而 ho(use\|me)\+ 无法匹配 *ho*。

\=

匹配在其之前的子正则表达式 0 次或一次。等同于 egrep 的元字符 ?。

\?

匹配在其之前的子正则表达式 0 次或一次。等同于 egrep 的元字符 ?，熟悉 egrep 和 awk 的用户应该会觉得更自然。

\{...}

区间表达式。该表达式描述了重复次数。Vim 只需要在左花括号前添加反斜线，右花括号则不需要。在下面的描述中，*n* 和 *m* 代表整数常量：

\{*n*,*m*}

匹配之前的子正则表达式 *n* 次至 *m* 次（尽可能多）。区间边界很重要，因为它控制着在替换命令中，有多少文本会被替换掉。[注 6] *n* 和 *m* 均为正整数（包括 0）。

\{*n*}

匹配之前的子正则表达式 *n* 次。例如 (home\|house){2} 仅匹配 *homehome*、*homehouse*、*househome*、*househouse*。

\{*n*,}

至少匹配之前的子正则表达式 *n* 次（尽可能多）。将其视为“至少 *n* 次”重复。

译注 4：关于 \& 更多信息，可参见 *https://stackoverflow.com/questions/18309859/what-is-the-pattern-in-vims-regex*。

注 6：*、\+、\= 可以分别简写为 \{0,}、\{1,}、\{0,1}，但是前者用起来要方便得多。另外，区间表达式是在 Unix 正则表达式的历史后期才出现的。

`\{,m}`

匹配之前的子正则表达式 0 次至 *m* 次（尽可能多）。

`\{}`

匹配之前的子正则表达式 0 次或多次（尽可能多，等同于 *）。

`\{-n,m }`

匹配之前的子正则表达式 *n* 次至 *m* 次（尽可能少）。

`\{-n}`

匹配之前的子正则表达式 *n* 次。

`\{-n,}`

至少匹配之前的子正则表达式 *n* 次（尽可能少）。

`\{-,m}`

匹配之前的子正则表达式 0 次至 *m* 次（尽可能少）。

`~`

匹配前一个替换字符串。

`\(…\)`

为 *、\+、\?、\= 提供分组功能，同时使匹配的部分文本可用于替换命令的替换内容部分（\1、\2 等）。

`\1`

代表第一个分组 \(…\) 所匹配到的文本。例如，`\([a-z]\).\1` 能够匹配 *ata*、*ehe*、*tot* 等。\2、\3 等可用于代表第 2 个、第 3 个等分组。

`isident`、`iskeyword`、`isfname`、`isprint` 配置项分别定义了标识符字符、关键字字符、文件名字符以及可打印字符。利用这些配置项，能够大大提高正则表达式匹配的灵活性。

Vim 还提供了一些特殊序列，作为某些非打印字符的简写，另外也可用于常见的方括号表达式。Vim 按照 Unix 文档中的早期用法，称其为字符类（character classes）。如表 8-3 所示。

表 8-3：Vim 的正则表达式字符和字符类

序列	含义
\a	字母字符，等同于 [A-Za-z]。
\A	非字母字符，等同于 [^A-Za-z]。
\b	退格符
\d	数字字符，等同于 [0-9]。
\D	非数字字符，等同于 [^0-9]。
\e	Escape 字符。
\f	匹配任意的文件名字符，由 isfname 配置项定义。
\F	类似于 \f，但不包括数字字符。
\h	单词首字符，等同于 [A-Za-z_]。
\H	非单词首字符，等同于 [^A-Za-z_]。
\i	匹配任意的标识符字符，由 isident 配置项定义。
\I	类似于 \i，但不包括数字字符。
\k	匹配任意的关键字字符，由 iskeyword 配置项定义。
\K	类似于 \k，但不包括数字字符。
\l	小写字母字符，等同于 [a-z]。
\L	非小写字母字符，等同于 [^a-z]。
\n	匹配换行符。可用于匹配多行模式。
\o	八进制字符，等同于 [0-7]。
\O	非八进制字符，等同于 [^0-7]。
\p	匹配任意的可打印字符，由 isprint 配置项定义。
\P	类似于 \p，但不包括数字字符。
\r	回车符。
\s	匹配空白字符（空格或制表符）。
\S	匹配非空格或制表符。
\t	匹配制表符。
\u	大写字母字符，等同于 [A-Z]。
\U	非大写字母字符，等同于 [^A-Z]。
\w	单词字符，等同于 [0-9A-Za-z_]。
\W	非单词字符，等同于 [^0-9A-Za-z_]。
\x	十六进制字符，等同于 [0-9A-Fa-f]。
\X	非十六进制字符，等同于 [^0-9A-Fa-f]。
_x	*x* 为上述任意字符：匹配包括换行符在内的相同字符类。

除此之外，Vim 还提供了相当多额外的、颇为深奥的方式来构建正则表达式。如果你有兴趣，可查阅 `:help regexp` 了解全部细节。不过，我们认为本节中的列表和表格所给出的各种功能足以让你忙上一阵子了。

8.8 扩展撤销

除了可以方便地撤销任意次数的编辑操作之外，Vim 还提供了一个有趣的新花样：分支撤销（braching undo）。

要想使用该特性，先得确定你想对撤销编辑操作拥有多大的控制权。`undolevels` 配置项定义了在编辑会话中能够进行撤销的次数。默认值是 1000，这对于大多数用户来说都足够了。如果你想兼容 `vi`，将 `undolevels` 设为 0：

```
:set undolevels=0
```

在 `vi` 中，`undo` 命令（`u`）基本上就是在文件的当前状态和最近的更改之间切换。第一次撤销会恢复到最后一次更改之前的状态。再撤销一次则重做（redo）刚才已撤销的更改。Vim 的行为完全不同，命令的实现方式因此也一样。

不像 `vi` 只能撤销最后一次更改，反复调用 Vim 的撤销命令可以按顺序依次撤销最近的一系列更改，具体的撤销次数由 `undolevels` 配置项定义。因为撤销命令 `u` 只能向后撤销（move backward），我们需要有一个命令，能够向前（roll forward）"重做"已撤销的更改。为此，Vim 提供了 `:redo` 命令（也可以按 CTRL-R）。CTRL-R 接受数字前缀，一次性重做多个已撤销的更改。

在使用重做命令（`:redo`）和撤销命令（`u`）在一系列变更中前后移动时，Vim 维护着一个文件状态映射表，知道最终能撤销到哪一步。当所有可能的撤销都已经执行过之后，Vim 会重置文件的修改状态（modified status），允许在不使用 `!` 后缀的情况下直接退出。对于一般的用户交互，这算不上多大的好处，但对于依赖文件修改状态的脚本而言，可就重要多了。

简单的撤销和重做变更对大多数用户已经足够用了。但是，考虑一个更复杂的场景。如果你对文件进行了 7 次变更，然后撤销了其中的 3 次，这时会怎样？嗯，到目前为止，还不错，没有什么特别之处需要考虑。现在假设撤销了 3 次变更之后，你进行了一次变更，该变更不同于 Vim 变更集合中的下一个向前变更（next forward change）；Vim 会将变更历史中的这个节点定义为一个分支，从此就出现了另一条不同的变更路径。有了这条路径，就能按照时间顺序前后移动，在分支点的拐弯处，你可以沿着任何一条不同的变更路径向前移动。

要想全面了解如何在树状结构的变更路径中导航，使用 Vim 的帮助命令：

```
:help usr_32.txt
```

关于 Vim 变更树的更深入分析，参见部分 undo 插件（*https://vimawesome.com/?q=undo*）。

8.9 增量搜索

在使用增量搜索时，编辑器会在你输入搜索模式的同时移动光标，进行文本匹配。当你最后按下 ENTER，搜索结束。[注7] Vim 通过 `incsearch` 配置项启用增量搜索。在增量搜索过程中，Vim 会高亮显示与当前已输入的搜索模式匹配的文本，随着输入的搜索模式越来越多，高亮文本也会随之发生变化。

如果你以前从未见过该功能，一开始会感到慌神。但等过了一段时间，习惯之后，你就会觉得离不开了。我们强烈建议在你的 *.vimrc* 文件中加入 `set incsearch`。

8.10 从左向右滚动

`vi` 和 Vim 默认会将比较长的行在屏幕边界处换行。因此，文件中的单个逻辑行可能占据了屏幕上的多个物理行。

有时候，对于比较长的行，更可取的做法不是换行，而是任由其消失在屏幕的右边界。定位到该行，然后向右移动就会“滚动”屏幕。

在 Vim 中，配置项 `sidescroll`（数字值，默认为 0）控制着向右滚动的字符数，配置项 `wrap`（布尔值，默认为 `true`）控制着是换行还是在屏幕边界消失。因此，要想实现滚动，应该使用 `:set nowrap`，并为 `sidescroll` 设置合理的值，比如 8 或 16。

注 7：　Emacs 始终使用增量搜索。

8.11 小结

多年来，vi 一直是 Unix 的标准文本编辑工具。其拥有的双模式和接触式编辑理念，在当时可以说是革命性的。Vim 作为 vi 的继任者，成为强大的编辑和文本管理的下一个进化阶段：

- Vim 在旧版编辑器的优秀标准之上，对 vi 进行了扩展。尽管其他编辑器也是如此，但 Vim 已经成为最流行和使用最广泛的 vi 克隆版。
- Vim 提供的功能远超（更甚！）vi，其中很多都成了新的标准。Vim 已经成为了事实标准，大多数类 Unix 操作系统都将 vi 命令链接到了 Vim。
- Vim 适合初学者和高级用户。对于初学者，它提供了各种学习工具和“简易”模式，而对于专家，它提供了强大的 vi 扩展以及平台，高级用户可以在其中加强和调校 Vim，以满足他们的确切需求。
- Vim 无所不在。如前所述，在 Vim 不可用的环境中，有人已经着手将其移至到了大多数操作系统平台。Vim 未必真的是无处不在，但也差不多了！
- Vim 是免费的。此外，Vim 还是慈善软件（charityware）。Bram Moolenaar 在创建、改进、维护和支持 Vim 所做的工作是自由软件市场上真正了不起的壮举之一。如果你喜欢他的作品，Bram 诚邀你了解他钟爱事业 —— 帮助乌干达的儿童。更多信息可在 ICCF Holland（*http://iccf-holland.org*）网站上获得，或者简单的通过 Vim 的内置帮助命令，主题为“uganda”（:help uganda）。

第 9 章

图形化 Vim（gvim）

作为 vi 的衍生产品，Vim 起初是作为 vi 的扩展项目，加入了一些 vi 不具备的功能。Vim 凭借一己之力，为本已出色的 vi 添砖加瓦，并根据用户的反馈，快速地完成了这项工作，同时无需承担 POSIX 要求的责任。

在本书第 7 版的时候，Vim 已经提供了成熟且全面的图形化用户界面（GUI）特性。在此之后的几年间，Vim 依然在不断地增强 GUI，如今可谓是更上一层楼。

长期以来，一直有人抱怨 vi 及其克隆版没有 GUI。尤其是在 Emacs 与 vi 孰优孰劣的论战中，vi 缺乏 GUI 这一点，成了认为 vi 不适合作为入门编辑器一方的最终王牌。而该抱怨早就已经得到了回应。

vi 的克隆版以及类似产品都有各自的 GUI 版本。图形化 Vim 名为 gvim。和其他 vi 克隆版一样，gvim 提供了扎实广泛的 GUI 功能和特性。我们会在本章中介绍其中最实用的部分。

gvim 的有些图形化功能是为 Vim 常用功能加上了精美的包装，而有些则引入了大多数计算机用户期待的鼠标单击操作。尽管部分 Vim 老手可能一想到自己任劳任怨的编辑器被添上了一层 GUI 就退避三舍，但 gvim 的设计和实现都经过了深思熟虑。gvim 提供了各层次用户所需的功能和特性，缓和了 Vim 对新手而言过于陡峭的学习曲线，同时也为专家级用户带来了额外的编辑功能，这是一个不错的妥协方案。

gvim 的 MS-Windows 版包含一个名为“easy gvim（简易 gvim）”的菜单项。对于从未接触过 Vim 的用户，的确很有价值，值得一试；但讽刺的时，对于熟练用户而言，丝毫不觉得有什么简易可言。

本章首先讨论一般的 gvim GUI 概念和特性，简要地介绍了鼠标交互。另外，还详述了不同的 gvim 环境应该知道的差异和注意事项。我们专注于两大主要的图形化平台：MS-Windows 和 X Window System。[注1] 除此之外，我们还提供了一份简略的 GUI 选项及其概要。

9.1 gvim 概述

gvim 拥有 Vim 所有的功能、效力以及特性，同时加入了 GUI 环境直观便捷的特点。从传统菜单到可视化高亮显示，gvim 提供了时下用户期待的 GUI 体验。对于熟悉基于控制台的文本环境 vi 的用户，gvim 仍然不忘其熟悉的核心功能，也未落下为 vi 赢得美誉的范式。

9.1.1 启动 gvim

你可以使用 gvim 命令或 vim -g 启动图形化会话。在 MS-Windows 中，独立的安装程序（self-installing executable）会将“edit with Vim”加入鼠标右键菜单。通过将自身整合入 Windows 环境，使得用户得以简单快速地访问 gvim。

gvim 使用的配置文件和配置项与 Vim 略有不同。gvim 先后读取并执行两个启动文件：*.vimrc* 和 *.gvimrc*。尽管你可以将 gvim 特定的配置项和定义放入 *.vimrc*，但最好还是选择 *.gvimrc*。这样可以将普通的 Vim 配置和 gvim 配置分离开，也能确保正常启动。例如，`:set columns=100` 在普通 Vim 中并不合规，会导致 Vim 启动时报错。[注2]

注 1： 特别值得一提的是，MS-Windows 现在推出了 WSL（Windows Subsystem for Linux），这是一个完整的 GNU/Linux 子系统，可供用户安装自己喜爱的 GNU/Linux 发行版。我们给出了一种方法，可以在 Windows 的 WSL 中启动原生 Linux gvim 并显示会话。

注 2： 我们发现 Vim 未必会报错，事实上连一点事都没有。但我们依然坚持观点，因为即便是 Vim 没报错，它也会尝试重新配置控制台 / 屏幕 / 终端的定义。有些终端或控制台一切正常，但更大的可能是终端行为模糊（semicorrect），干扰其他依赖并使用终端定义的应用程序的正常操作。

如果系统的 *gvimrc* 文件存在（通常是 $VIM/gvimrc），则执行该文件。管理员可以使用这个系统范围的配置文件为用户设置通用配置项，提供了一种可供用户共享相同编辑体验的基准配置。

有经验的用户可以加入自己喜欢的自定义配置和特性。gvim 读取过可选的系统配置之后，会按照下列顺序分别在 4 个位置查找额外的配置信息，只要找到其中一个，就停止搜索：

- 保存在环境变量 $GVIMINIT 中的 exrc 命令。
- 用户的 *.gvimrc* 文件，通常位于 $HOME/.gvimrc。如果找到，对其执行源引（source）操作。[译注 1]
- 在 Windows 环境中，如果没有设置 $HOME，gvim 会查找 $VIM/_gvimrc。Windows 用户经常碰到这种情况，但对于安装了类 Unix 环境的用户而言，则存在重大差别，后者可能已经设置过 $HOME 变量。例如流行的 Unix 工具集 Cygwin。
- 如果没找到 *_gvimrc*，gvim 最后会查找 *.gvimrc*。

如果 gvim 找到了一个可供执行的非空文件，该文件的名称会被存入 $MYGVIMRC 变量并停止进一步的搜索。

还有另一种自定义选择。在上述的初始化层级顺序中，如果设置了 exrc 配置项：

```
:set exrc
```

gvim 会另外在当前目录中查找 *.gvimrc*、*.exrc* 或 *.vimrc*，如果其中某个文件不在上述初始化文件列表中（也就是说，该文件未被作为初始化文件执行），则源引此文件。

在 Unix 环境中，包含配置文件（*.gvimrc* 和 *.vimrc*）的本地目录存在安全问题。如果文件非用户所有，gvim 默认通过 secure 配置项对该文件可执行的内容进行一些限制。这有助于避免执行恶意代码。如果你想确保万无一失，可以在 *.vimrc* 或 *.gvimrc* 文件中明确设置 secure 配置项。关于 secure 配置项的详细信息，参见 B.2 节。

译注 1：“source/sourcing”一词目前尚无统一译法。本书选择将其译为“源引”。

9.1.2 使用鼠标

鼠标在 gvim 的各种编辑模式中均能发挥作用。我们来看看标准的 Vim 编辑模式以及 gvim 在其中如何使用鼠标：

ex 命令模式

　在窗口底部输入冒号（:），打开命令缓冲区后即进入该模式。如果窗口处于命令模式，你可以使用鼠标将光标定位在命令行内的任何位置。此模式默认启用，也可以通过在 mouse 配置项中加入 c 标志启用。

插入模式

　该模式用于输入文本。如果你单击处于插入模式的缓冲区，鼠标会重新定位光标，允许你在新的位置立即开始输入文本。此模式默认启用，也可以通过在 mouse 配置项中加入 i 标志启用。

　鼠标在插入模式中提供了简单直观的指向单击定位方式（point-and-click positioning）。尤其是避免了先退出插入模式，再使用鼠标、移动命令或其他方式定位，然后重回插入模式的这种操作流程。

　乍一看，这似乎是个不错的方法，但实际上只能取悦一部分用户。对于有经验的 Vim 用户而言，可能弊大于利。

　假设你原本处于插入模式，然后暂时离开 gvim 去使用其他应用程序。当你单击 gvim 窗口重新返回时，单击的位置就是文本的插入点，而且大概不会是你预期的位置。在单窗口 gvim 会话中，你可能会落在与原先工作位置不同的地方；而在多窗口 gvim 界面中，你的鼠标单击的则可能是另一个完全不同的窗口。结果就是在错误的文件中输入了文本！

vi 命令模式

　如果既不在插入模式，也不在命令行，那就是处于命令模式。在屏幕中单击鼠标会将光标放置在你单击的字符处。此模式默认启用，也可以通过在 mouse 配置项中加入 n 标志启用。

　vi 命令模式提供了简单直观的方式来定位光标，但如果光标的移动范围超出了窗口可见区域的顶端或底端，效果就很难让人满意了。单击并按住鼠标左键，然后往窗口的顶端或底端拖动；gvim 会相应地上下滚动。如果滚动停止，左右移动鼠标使其继续。尚不清楚为什么 vi 命令模式会这样。

vi 命令模式的另一个缺点是导致用户，尤其是初学者，依赖鼠标单击作为光标定位方法。这会降低他们学习 Vim 导航命令的动力，后续更强大的编辑方法自然也无从谈起。最后，还有可能会产生与插入模式同样的混淆。

除此之外，gvim 还提供了可视化模式，也称为选择模式。此模式默认启用，也可以通过在 mouse 配置项中加入 v 标志启动。可视化模式可谓是最全能的模式，既可以通过拖动鼠标选择文本（已选中的文本会高亮显示），也可以与其他模式结合使用。

mouse 配置项中可以指定任意的标志组合。语法如下所示：

:set mouse=""

禁止所有的鼠标行为。

:set mouse=a

启用所有的鼠标行为（默认）。

:set mouse+=v

启动可视化模式（v）。+= 语法用于将标志加入 mouse 当前配置。

:set mouse-=c

在 vi 命令模式（c）中禁止鼠标行为。-= 语法用于将标志从 mouse 当前配置中删除。

初学者或许喜欢“启用”各种设置，而专家则可能把鼠标功能完全禁用（我们就是这么做的）。

如果使用鼠标，我们推荐通过 gvim 的 :behave 命令选择一种熟悉的鼠标行为，该命令接受 mswin 或 xterm 作为参数。顾名思义，mswin 模拟 Windows 行为，而 xterm 模拟 X Windows System 行为。

Vim 还有其他一些鼠标配置项，包括 mousefocus、mousehide、mousemodel、selectmode。更多信息，参见 Vim 内建的相关配置项文档。

如果你的鼠标配备了滚轮，gvim 在默认情况下处理得很好，无论如何设置 mouse 配置项，都能上下滚动屏幕或窗口。

9.1.3 有用的菜单

gvim 为 GUI 环境引入了一项不错的功能 —— 菜单操作，它简化了 Vim 的一些深奥命令。有两处值得一提。

gvim 的 Window 菜单

gvim 的 *Window* 菜单包含许多最有用和常见的 Vim 窗口管理命令：将单个 GUI 窗口拆分为多个显示区域的相关命令。你可能会觉得将这个菜单“剪下来（tearing off）”会很方便，就像图 9-1 中那样，这样就可以方便地打开多个窗口并在不同的窗口之间切换。效果如图 9-2 所示。（我们很快就会讨论剪下菜单。）

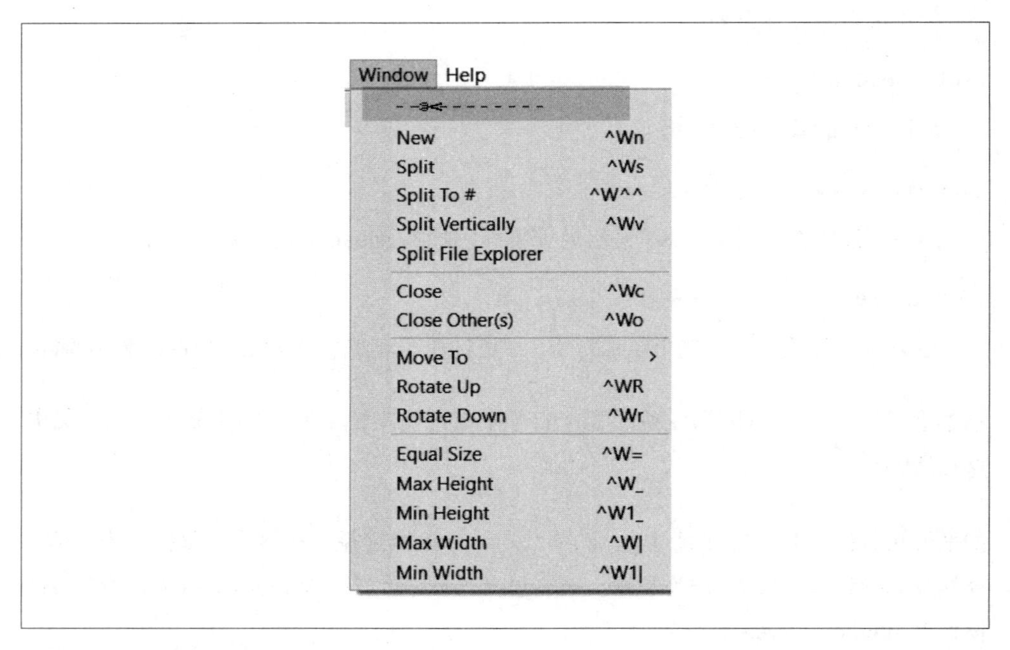

图 9-1：gvim 的 Window 菜单

图 9-2 中的菜单被移动并浮动在另一个完全无关的应用程序之上。这种方式可以让常用菜单随手可得，同时又不妨碍编辑工作。对于常用的选择、剪切、复制、删除、粘贴操作，两种菜单都很方便。其他 GUI 编辑器的用户一直在使用这类功能，对于 Vim 长期用户而言，用起来也不错。在与 Windows 剪切板交互时尤为好用。

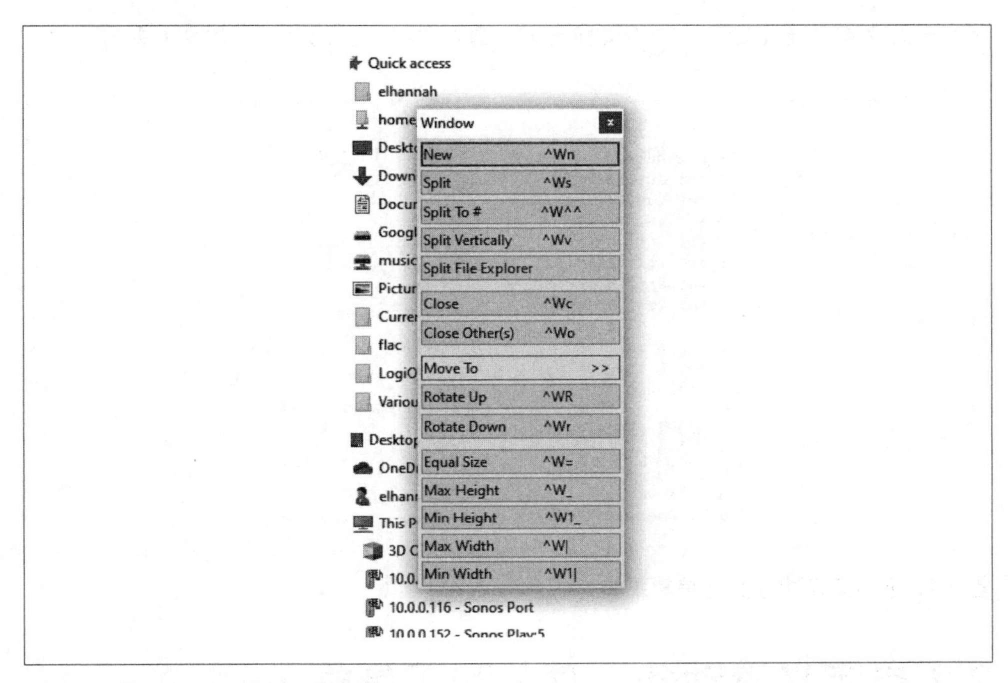

图 9-2：剪下来的浮动 Window 菜单

gvim 的鼠标右键弹出菜单

当你在缓冲区编辑时，gvim 的鼠标右键弹出菜单如图 9-3 所示。

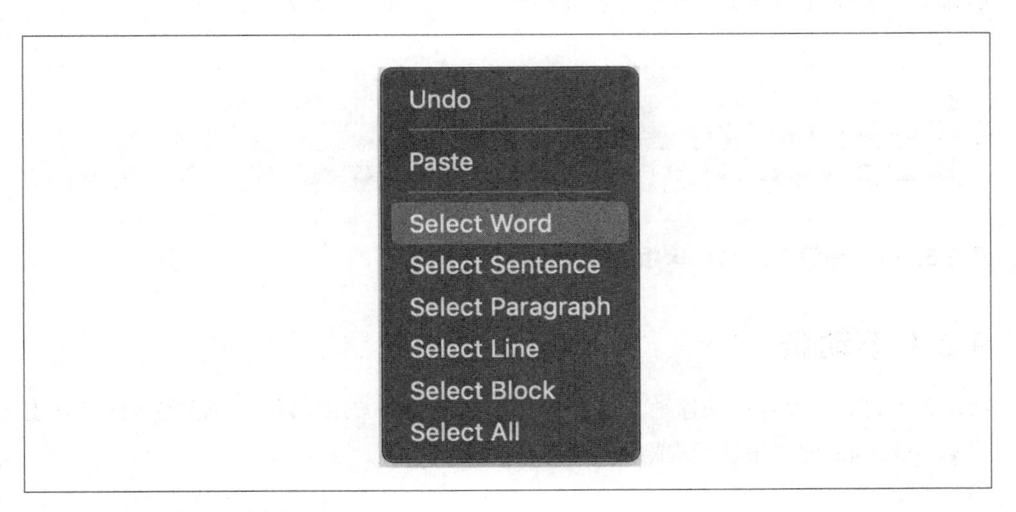

图 9-3：gvim 的编辑菜单

对选中的文本（高亮显示）单击鼠标右键，会弹出另一个菜单，如图 9-4 所示。

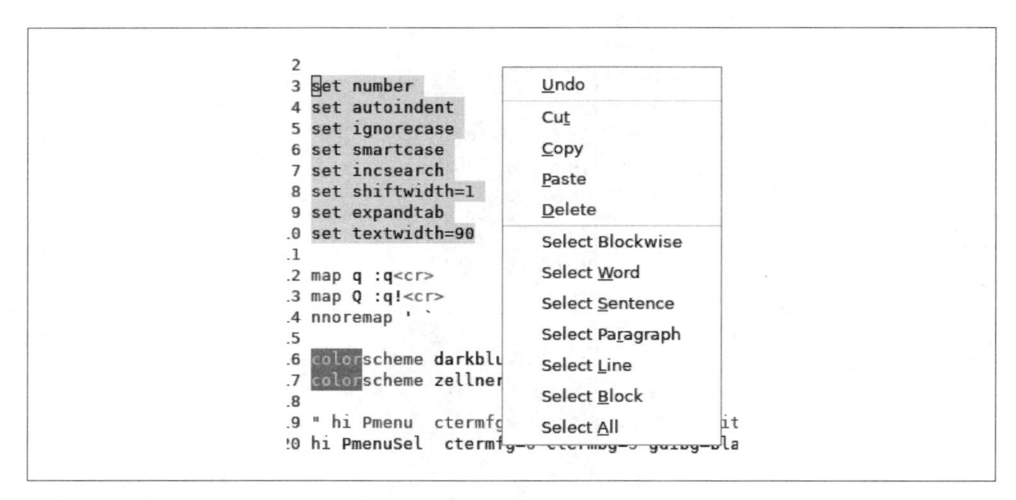

图 9-4：选中文本时的 gvim 编辑菜单

9.2 自定义滚动条、菜单和工具栏

gvim 提供了常见的 GUI 小部件（widgets），比如滚动条、菜单和工具条。和大多数现代 GUI 应用程序一样，这些小部件都是可以定制的。

gvim 窗口默认在顶部显示若干菜单和一个工具栏，如图 9-5 所示。

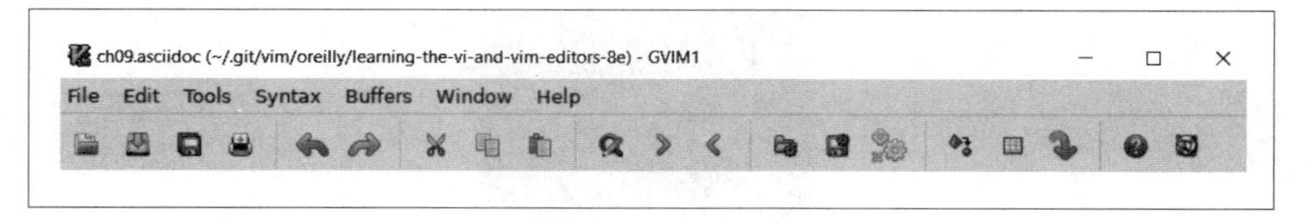

图 9-5：gvim 窗口顶部（Linux 版）

9.2.1 滚动条

滚动条允许你在文件中快速地上下或前后导航，gvim 的滚动条是可选的。你可以使用 guioptions 配置项显示或隐藏滚动条，参见 9.6 节。

因为 Vim 的标准行为是显示文件中的所有文本（在必要时对窗口内的文本换行），水平滚动条在典型配置的 gvim 会话中没有什么用。

左右滚动条的启用和关闭，可以通过在 guioptions 配置项中加入或去除 r 或 l 来实现。l 确保屏幕上始终显示左滚动条，r 确保始终显示右滚动条。大写的 L 和 R 则要求 gvim 仅在垂直分割窗口时显示左右滚动条。

水平滚动条可以通过在 guioptions 配置项中加入或去除 b 来控制。

没错，你可以同时滚动左右滚动条！更准确地说，滚动一侧滚动条会使得另一侧的滚动条随之滚动。配置两侧的滚动条非常方便。根据鼠标的位置，单击并拖动距离最近的滚动条即可。

包括 guioptions 在内的很多配置项控制着多种行为，因此默认包含多个标志。gvim 未来版本中甚至还可以添加新标志。因此，在 :set guioptions 命令中使用 += 和 -= 语法很重要，可以避免误删需要的行为。例如，:set guioptions+=l 使 gvim“始终在左侧显示滚动条”，同时保持 guioptions 配置项中的其他标志不变。

9.2.2 菜单

gvim 拥有完整的自定义菜单功能。在本节中，我们描述了默认菜单（图 9-5），展示了如何控制菜单布局。

图 9-6 展示了一个菜单示例。其中，我们选择了 Edit 菜单中的 Global Settings。

注意，这些菜单项不过是加上了一层包装的 Vim 命令。事实上，这也正是创建和自定义菜单项的方式，我们很快就会讲到。

如果你注意观察菜单，包括显示在右边的按键或命令，就能慢慢学会 Vim 命令。例如，在图 9-6 中，尽管初学者可以方便地在 Edit 菜单中找到熟悉的 Undo 命令，因为该命令在其他流行的应用程序中也位于同样的位置，但在 Vim 中，使用 u 键要更快更容易得多，此按键在菜单项中也有所显示。

如图 9-6 所示，每个菜单的顶部都有一条含有剪刀图片的虚线。单击虚线，就可以把该菜单“剪下来（tear off）”，生成一个独立的窗口，所有的子菜单项都在其中，这样就用不着再使用菜单栏了。如果你单击图 9-6 中 Toggle Pattern Highlight 菜单项上面的虚线，会看到如图 9-7 所示的画面。你可以把这个可以随意拖动的菜单放在桌面上的任何位置。

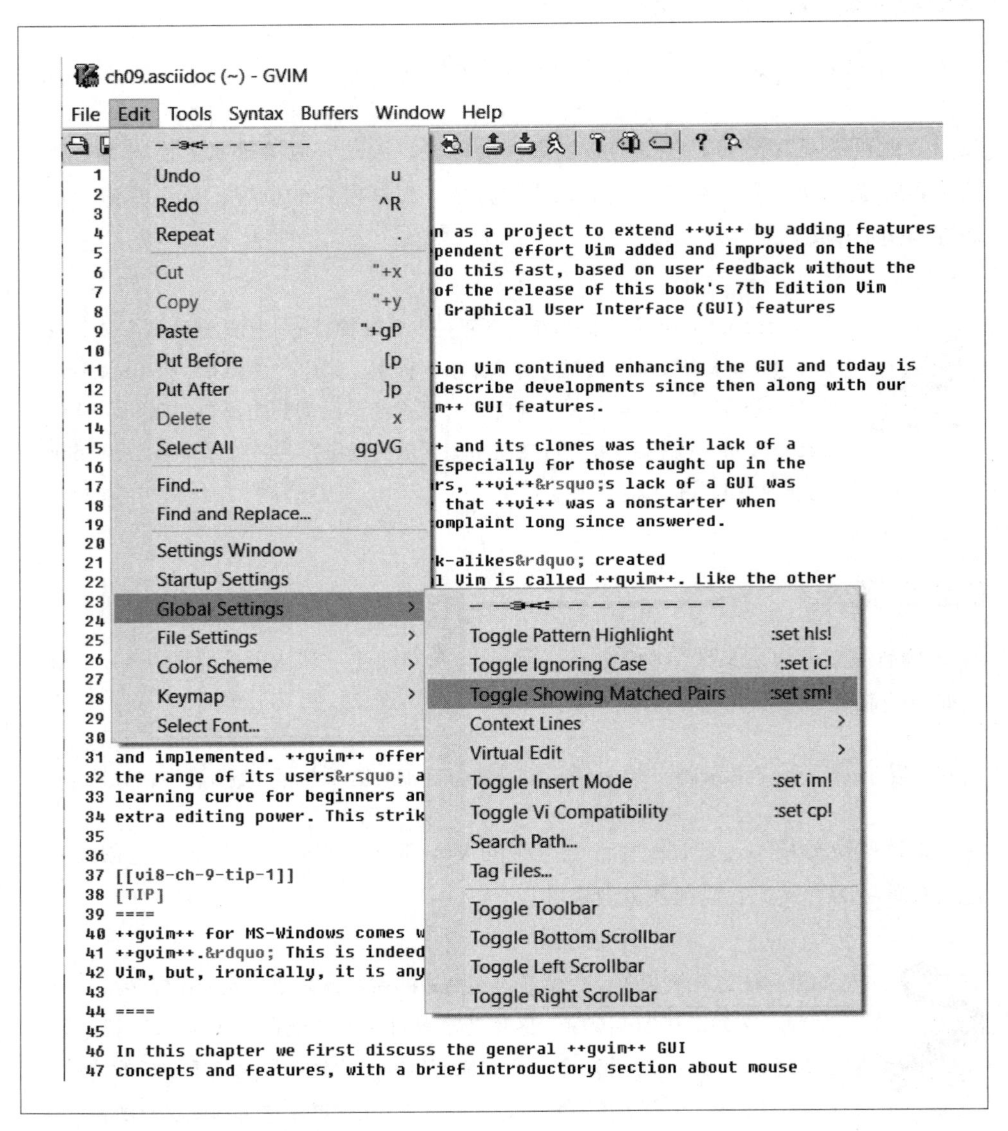

图 9-6：Edit 菜单的层叠结构（Windows 版本）

现在，子菜单的所有命令都集中在一个窗口内，只要单击即可使用。每个菜单项都有自己的按钮。如果某个菜单项本身是子菜单，则使用带有大于号（看起来像是指向右方的箭头）的按钮表示。单击箭头即可展开子菜单。

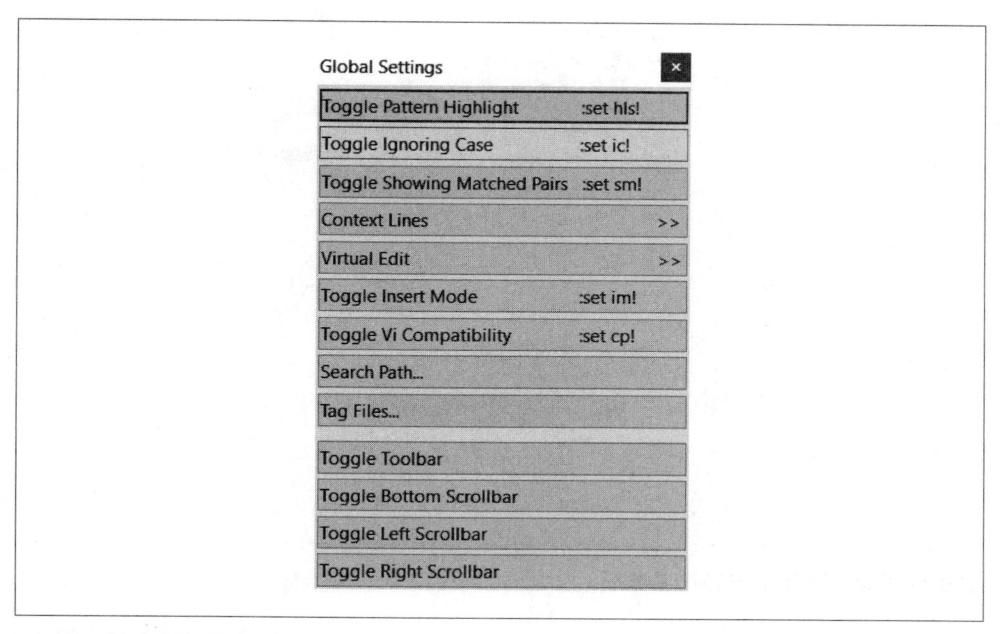

图 9-7：被剪下来的菜单

基本的菜单自定义

gvim 将菜单定义保存在文件 *$VIMRUNTIME/menu.vim*。

定义菜单项类似于按键映射。如你在 7.3.2 节中所见，你可以像下面这样映射键：

```
:map <F12> :set syntax=html<CR>
```

菜单的处理方法与此大同小异。

这次我们不打算将 F12 映射为“设置 html 语法”，而是希望在 File 菜单中加入一项 HTML 来完成这项任务。为此，使用 :amenu 命令：

```
:amenu File.HTML :set filetype=html<CR>
```

<CR> 属于命令的一部分，照原样输入。

现在再来看看 File 菜单。你应该会发现一个新的菜单项 HTML，如图 9-8 所示。使用 amenu 代替 menu，可以确保该菜单项可用于所有模式（命令模式、插入模式、普通模式）。

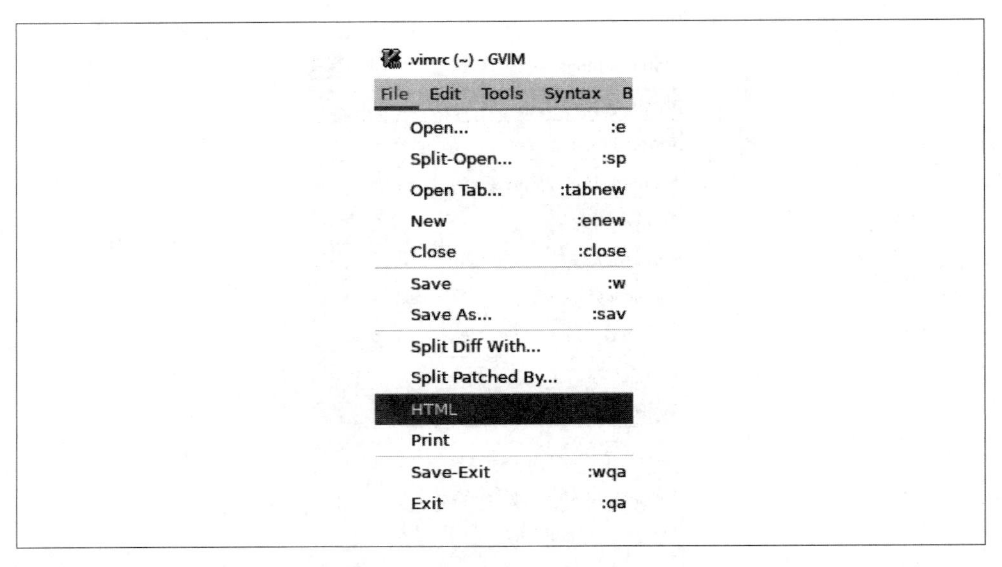

图 9-8：File 菜单下的 HTML 菜单项

`menu` 命令仅将菜单项加入命令模式中的菜单，不包括插入模式和普通模式。

菜单项的位置由一系列以点号（`.`）分隔的级联菜单名称指定。在示例中，`File.HTML` 将菜单项“HTML”加入 File 菜单。其中最后一项就是要添加的菜单项。在这里，我们已将其加入现有菜单中，但很快你就会看到，我们可以轻松地创建一个完整的级联菜单。

别忘了测试新菜单项。例如，编辑一个被 Vim 识别为 XML 的文件，如图 9-9 中状态栏所示（关于如何设置状态栏，参见 12.1.5 节）。我们已经将状态栏定制为在右侧显示当前文件类型。

```
0x6F  line:1,  col:2 All [xml]
```

图 9-9：在测试新菜单项前，状态栏显示 XML 文件类型

单击执行新的 HTML 菜单项之后，Vim 状态栏确认该菜单项工作正常，文件类型也显示为 HTML，如图 9-10 所示。

```
0x6F  line:1,  col:2 All [html]
```

图 9-10：在测试过新菜单项之后，状态栏显示 HTML 类型

注意，新添加的 HTML 菜单项在右侧没有显示快捷键或命令。让我们来重新生成菜单项并在其中加入这项功能。

首先，删除已有的菜单项：

```
:aunmenu File.HTML
```

如果你只使用 menu 命令为 ex 命令模式添加了菜单项，可以使用 unmenu 将其删除。

接着，添加新的 HTML 菜单项，其中可以显示与其关联的命令：

```
:amenu File.HTML<TAB>filetype=html<CR> :set filetype=html<CR>
```

这次要在原先内容之后加上 <TAB>（照原样输入）和 filetype=html<CR>。一般而言，要在菜单项右侧显示文本，要将其放在 <TAB> 之后，使用 <CR> 作结。图 9-11 显示了最终的 File 菜单。

如果你想在菜单项的描述文本（或菜单项名称）中使用空格，使用反斜线（\）将空格转义。否则，Vim 会将第一个空格之后的所有内容作为菜单项操作定义。在上一个例子中，如果你想用 :set filetype=html 代替 filetype=html 作为描述文本，可以这样使用 :amenu 命令：

```
:amenu File.HTML<TAB>set\ filetype=html<CR> :set filetype=html<CR>
```

在大多数情况下，最好是别修改默认菜单定义，而是改为创建单独的菜单。这需要在根层级（root level）定义一个新菜单，不过操作起来就像在现有菜单中添加菜单项一样简单。

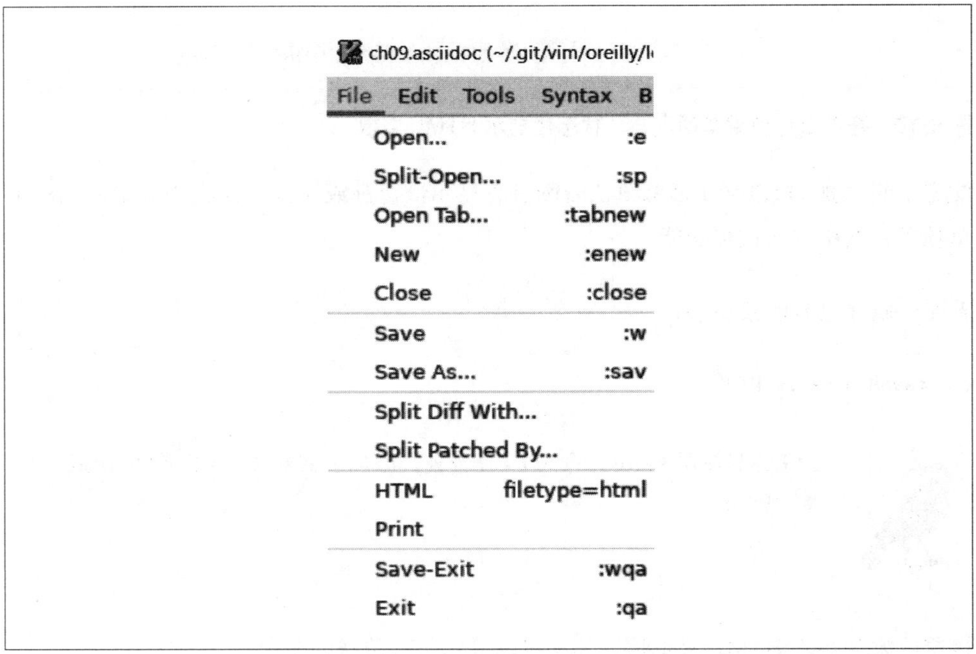

图 9-11：同时显示关联命令的 HTML 菜单项

继续之前的例子，我们要在菜单栏上创建一个新菜单 `MyMenu`，在其中加入 HTML 菜单项。首先，删除 File 菜单中的 HTML 菜单项：

```
:aunmenu File.HTML
```

接着，输入下列命令：

```
:amenu MyMenu.HTML<TAB>filetype=html :set filetype=html<CR>
```

图 9-12 显示了菜单栏的新貌。

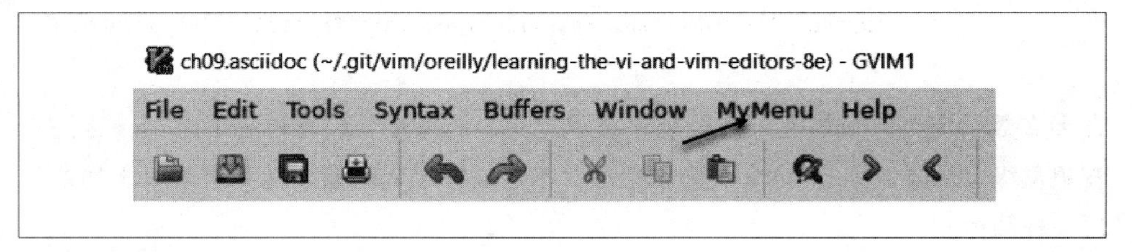

图 9-12：加入了“MyMenu”菜单之后的菜单栏

菜单命令对菜单出现的位置及其行为提供了更精细的控制，比如命令是否表示有操作，甚至是菜单项是否可见。我们在下一节中进一步讨论这些可能性。

更多的菜单自定义

现在我们见识了修改和扩展 gvim 的菜单多容易，接着来看更多的菜单自定义和控制示例。

先前的例子并没有指定新菜单 MyMenu 在菜单栏中的位置，gvim 选择将其放在 Window 和 Help 之间。gvim 通过优先级的概念来控制菜单的位置。优先级就是一个数值，分配给每个菜单，以此决定其在菜单栏中的位置。这个值越大，对应的菜单就越靠右。遗憾的是，用户看待优先级的方式正好和 gvim 对其的定义方式是相反的。为了弄清优先级，请回顾一下图 9-5 中的菜单顺序，与表 9-1 中 gvim 的默认菜单优先级进行比较。

表 9-1：gvim 的默认菜单优先级

菜单	优先级
File	10
Edit	20
Tools	40
Syntax	50
Buffers	60
Window	70
Help	9999

大多数用户认为 File 的优先级高于 Help（所以 File 在左，Help 在右），但其实 Help 的优先级更高。所以不妨把优先级值看作是菜单会出现在右侧多远的一种指示。

你可以通过在菜单命令前加上一个数值来定义菜单的优先级。如果没有指定值，则默认值为 500，这就解释了为什么 MyMenu 会出现在 Window（优先级 70）和 Help（优先级 9999）之间。

假设我们希望新菜单位于 File 和 Edit 之间。这需要为 MyMenu 分配一个大于 10 且小于 20 的优先级值。下列命令为其分配优先级值 15，实现所需的效果：

```
:15amenu MyMenu.HTML<TAB>filetype=html :set filetype=html<CR>
```

菜单一经创建，其位置在整个编辑会话期间都是固定的，不会受到随后的其他菜单命令的影响。例如，你无法通过添加新的菜单项，并在菜单命令前指定不同的优先级值来改变该菜单的现有位置。

你还可以通过指定优先级来控制菜单项在菜单中的位置。高优先级的菜单项比低优先级的菜单项出现的位置更靠下，不过其语法不同于菜单的优先级定义。

我们将先前的菜单示例扩展一下，为HTML菜单项分配一个非常大的优先级值（9999），使其出现在File菜单的底部：

```
:amenu File.HTML .9999 <TAB>filetype=html<CR> :set filetype=html<CR>
```

9999前面为什么会有一个点号？因为这里需要指定两个优先级，彼此之间以点号分隔：一个用于File菜单，另一个用于HTML菜单项。我们将File的优先级留空，因为这个菜单已经创建好了，无法再修改。

一般而言，菜单项的优先级出现在其位置和定义之间。对于菜单层级结构中的每一级，都必须指定优先级，或者以点号表明将优先级留空。因此，如果你添加了一个层级比较深的菜单项，比如Edit → Global Settings → Context lines → Display，你想为最后一个菜单项（Display）分配优先级值30，可以写作`...30`，再加上菜单项位置，表示为：

```
Edit.Global\ Settings.Context\ lines.Display ...30
```

和菜单优先级一样，菜单项的优先级一经分配，就固定下来了。

最后，你还可以使用`gvim`的菜单分隔符控制菜单的“留白（whitespace）”。其定义方式和添加菜单项一样，但是要在命令名前后加上连字符（-）。参见下一个例子中含有标号②和③的行。

综合运用

我们已经知道如何创建、放置和自定义菜单。接下来，我们把先前讨论过的命令放入*.gvimrc*文件，使新菜单成为`gvim`环境的永久组成部分。相关命令如下所示：

```
" add XML/HTML/XHTML menu between File and Edit menus
  ❶ 15amenu MyMenu.XML<TAB>filetype=xml :set filetype=xml<CR>
```

```
❷ amenu ❸ .600 MyMenu.-Sep- :
❹ amenu ❺ .650 MyMenu.HTML<TAB>filetype=html :set filetype=html<CR>
❻ amenu ❼ .700 MyMenu.XHTML<TAB>filetype=xhtml :set filetype=xhtml<CR>
```

现在，我们有了一个位于顶层的个性化菜单，可以快捷地访问 3 个文件类型命令。在这个例子中，注意几个重要之处：

- 第一个命令（❶）的前缀 `15`，告诉 `gvim` 使用优先级值 `15`。对于尚未自定义过的环境，这会将新菜单置于 File 和 Edit 菜单之间。
- 后续命令（❷、❹、❻）并没有指定优先级，因为优先级一旦确定，就不会改变了。
- 我们在首个命令之后使用菜单项优先级语法（❸、❺、❼），确保每个新菜单项的正确顺序。注意，我们使用 `.600` 作为第一个定义。这是为了确保将其置于第一个菜单项之后，因为我们没有分配菜单的优先级，故依然为默认的 500。

为了便于访问，单击“剪刀”图示，将这个个性化菜单剪下来，如图 9-13 所示。

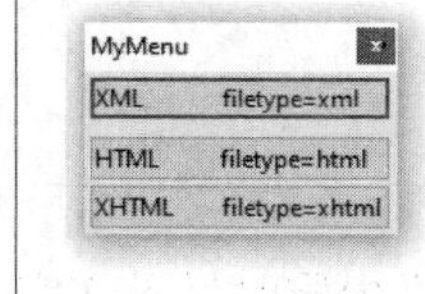
MyMenu
XML filetype=xml
HTML filetype=html
XHTML filetype=xhtml
We now have a top-level, personalized menu with three favorite file type commands quickly available to us. There are a few important things to note in this example:
• The first command (❶) uses the prefix 15, telling gvim to use priority 15. For an uncustomized environment, this places the new menu between the File and Edit

图 9-13：剪下来的个性化浮动菜单

9.2.3 工具栏

工具栏是含有多个图标的长条形面板，可以快速访问各种功能。在 GNU/Linux 中，`gvim` 在窗口顶部显示的工具栏如图 9-14 所示。

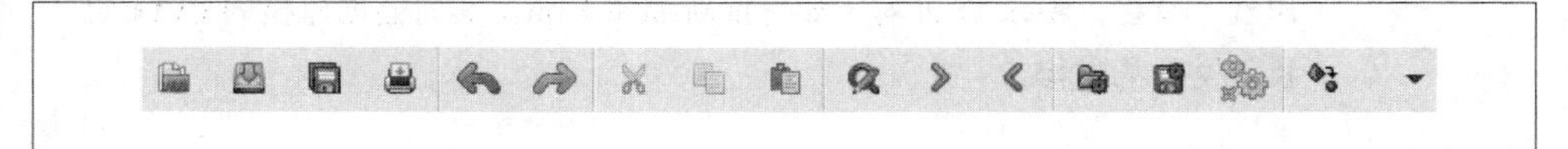

图 9-14：gvim 的工具栏（Linux 版）

表 9-2 显示了工具栏图标及其含义。

表 9-2：gvim 工具栏图标及其含义

图标	含义	图标	含义
	Open file dialog		Find next occurrence of search pattern
	Save current file		Find previous occurrence of search pattern
	Save all files		Choose saved edit session to load
	Print buffer		Save current edit session
	Undo last change		Choose Vim script to run
	Redo last action		Make the current project with the make command
	Cut selection to clipboard		Build tags for the current directory tree
	Copy selection to clipboard		Jump to tag under cursor
	Paste clipboard into buffer		Open help
	Find and replace		Search help

如果其中有些图标不熟悉或不直观，可以使用下列命令，在工具栏中同时显示文字和图标：

```
:set toolbar="text,icons"
```

和许多高级特性一样，Vim 要求在编译期间启用工具栏特性，没有相关需要的用户可以关闭该特性来节省内存。除非将 +GUI_GTK、+GUI_Athena、+GUI_Motif 或 +GUI_Photon 其中之一编译入你的 gvim 版本中，否则不会出现工具栏。附录 D 讲解了如何重新编译 Vim，其间会创建指向 gvim 可执行文件的链接。

修改工具栏的方法和修改菜单差不多。实际上，连命令都是一样的 :menu，只不过需要使用另外的语法来指定图标。尽管有专门的算法可以帮助 gvim 查找与每个命令关联的图标，但我们建议最好还是明确指定。

gvim 将工具栏视为一个一维菜单（one-dimensional menu）。就像你能够控制新菜单从右向左的位置一样，你也可以控制新工具栏项的位置：在 menu 命令前加上决定位置的优先级值。和菜单不同的是，并没有创建新工具栏的概念。所有的新工具栏定义最终都呈现在单个工具栏中。添加工具栏项的语法如下：

```
:amenu icon=/some/icon/image.bmp ToolBar.NewToolBarSelection Action
```

其中，*/some/icon/image.bmp* 是包含要在任务栏上显示的按钮或图片（通常是图标）的文件路径，*NewToolBarSelection* 是对应于按钮的新工具栏项，*Action* 定义了按钮操作。

例如，我们来定义一个新的工具栏项，单击后会在 Windows 中启动一个 DOS 窗口。假设 Windows 路径设置正确，通过下列命令（按钮对应的 *Action*）在 gvim 中启动 DOS 窗口：

```
:!cmd
```

对于新工具栏项的按钮或图片，我们使用图 9-15 所示的 DOS 命令行提示符图标，其路径为 *$HOME/dos.bmp*。

图 9-15：DOS 图标

执行命令：

```
:amenu icon="c:$HOME/dos.bmp" ToolBar.DOSWindow :!cmd<CR>
```

该命令会创建一个工具栏项在工具栏末尾添加图标。现在的工具栏如图 9-16 所示。新图标显示在最右侧。

图 9-16：添加了 DOS 窗口图标的工具栏

9.2.4 工具提示

gvim 允许自定义菜单项和工具栏图标的工具提示。当鼠标悬停在菜单项上时，菜单工具提示会显示在 gvim 命令行区域中。当鼠标悬停在工具栏图标上时，工具栏工具提示会以图形方式弹出。 例如，图 9-17 显示了当我们将鼠标放在工具栏的 Find Previous 图标上时弹出的工具提示：

图 9-17：Find Previous 图标的工具提示

:tmenu 命令可以为菜单项和工具栏项定义工具提示。语法如下：

```
:tmenu TopMenu.NextLevelMenu.MenuItem tool tip text
```

其中，*TopMenu.NextLevelMenu.MenuItem* 从顶层菜单开始，按照层叠顺序指定了需定义工具提示的菜单项。例如，要想为 File 菜单下的 Open 菜单项定义工具提示，可以使用下列命令：

```
:tmenu File.Open Open a file
```

如果你要定义工具栏项，使用 ToolBar 作为顶层“菜单”（工具栏并没有真正的顶层菜单）。

让我们来给上一节中创建的 DOS 窗口图标定义一个弹出式工具提示。输入下列命令：

```
:tmenu ToolBar.DOSWindow Open up a DOS window
```

现在，如果将鼠标悬停在新添加的工具栏图标，会看到如图 9-18 所示的工具提示。

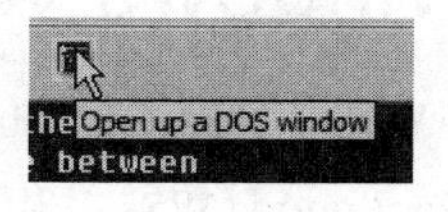

图 9-18：添加了 DOS 窗口图标和工具提示的工具栏

9.3 Microsoft Windows 中的 gvim

`gvim` 在 MS-Windows 用户之间日渐流行。`vi` 和 Vim 的老用户会发现 Windows 版本非常出色，可能是所有操作系统平台的最新版本。

独立的安装程序应该会自动将 Vim 无缝集成入 Windows 环境。如果出现问题，可以在 Vim 的运行时目录中查阅 *gui-w32.txt* 帮助文件，了解相关的 `regedit` 操作方法。因为这涉及编辑 Windows 注册表，哪怕你有一丝的没把握，就不要尝试。不妨找有经验的用户来帮助你解决。这是个常见但却很重要的练习。

长期使用 Windows 的用户都熟悉剪贴板，这是一个保存文本和其他信息以便于复制、剪切和粘贴操作的存储区域。Vim 支持与 Windows 剪贴板的交互。只需在可视化模式下高亮显示文本，单击 Copy 或 Cut 菜单项即可将文本保存在 Windows 剪贴板中。然后就可以将文本粘贴到其他 Windows 应用程序中。

9.4 X Window System 中的 gvim

熟悉 X 环境的用户可以定义和使用很多可调整的 X 特性。例如，使用在 *.Xdefaults* 文件中定义的标准类指定多种资源。

注意，标准 X 资源仅适用于 Motif 或 Athena 版本的 GUI。Windows 版本的 GUI 显然不理解 X 资源。你可能没想到的是，KDE 或 GNOME 也不支持 X 资源，在现代系统中，`gvim` 可能依赖于这两种桌面环境之一。

9.5 在 Microsoft Windows WSL 中运行 gvim

在本书撰写之时，Microsoft 已经发布了其对 GNU/Linux 发行版虚拟化支持的两个主要版本，即 *Windows Subsystem for Linux*（WSL，用于 Linux 的 Windows 子系统）。二者通常被称为 WSL 和 WSL 2。

WSL 提供了允许 GNU 应用程序运行的兼容接口，从而使得完整的 GNU/Linux 发行版可以在 Windows 环境中运行。WSL 2 则更上一层楼，提供了在虚拟环境中运行的原生 Linux 内核。深入的细节超出了本书的范围，但值得一提的是，我们之中的一位经常使用 WSL，而且卓有成效，见证了 Vim 在 `Terminal`（Windows 的控制台应用程序）中运行时的全能表现。这固然是个惊喜，但更令人兴奋的是得知微软正在为 WSL Linux 增加更多的 GUI 支持。

本节将帮助你通过 WSL 2 运行 `gvim`，在原生 Windows 中显示运行界面。对于熟悉 X11 的用户，实现方法都已经是老生常谈了，但在 Windows 下，还有一些必不可少的配置调整工作要做，也要安装特定 GNU/Linux 发行版对应的 `gvim` 软件包。

9.5.1 在 WSL 2 中安装 gvim

我们接下来将描述如何在 WSL 2 Ubuntu 中安装和配置 `gvim`。

首先，使用 `dpkg` 搜索 `gvim` 二进制文件，确认 `gvim` 是否可用。为了消除干扰项（手册页、配置文件等），直接搜索“bin/gvim”：

```
$ dpkg -S bin/gvim
vim-gui-common: /usr/bin/gvimtutor
```

竟然没有 `gvim`!`gvimtutor` 可不是 `gvim`，会在没有安装 `gvim` 的情况下直接回退到基于终端的 Vim。

现在，以 root 身份（通过 `sudo`）安装 `gvim` 软件包。尽管我们碰巧知道该软件包是 `vim-gtk3`，但 Ubuntu 的包管理器 `apt` 给出提示有时候还是很有帮助的。如果只是要求 `apt` 安装 `gvim`，你会看到三种安装选择，其中的 `vim-gtk3` 才是我们想要的：

```
vim@office-win10:~$ sudo apt install gvim
[sudo] password for vim:
Reading package lists... Done
```

```
Building dependency tree
Reading state information... Done
Package gvim is a virtual package provided by:
  vim-gtk 2:8.0.1453-1ubuntu1.4
  vim-athena 2:8.0.1453-1ubuntu1.4
  vim-gtk3 2:8.0.1453-1ubuntu1.4
You should explicitly select one to install.
```

现在，使用 apt 安装该软件包：

```
vim@office-win10:~$ sudo apt install vim-gtk3
...
```

在所有条件相同的情况下（我们无法一一排查安装失败的所有情况，但这里给出方法应该靠得住），gvim 在你的 Linux 子系统中就能用了。安装程序会更新你的 PATH 环境变量，使 gvim 成为直接可用的命令。使用 type 命令验证这一点：

```
$ type gvim
gvim is /usr/bin/gvim
```

基本上已经差不多了。你现在可以执行 gvim，但在运行时会产生如下输出，这可不是我们想看到的结果：

```
$ gvim
E233: cannot open display
Press ENTER or type command to continue
```

当你按下 ENTER 时，gvim 会回退到基于文本的终端 Vim。我们需要在 Windows 环境中安装 X Window 服务器并要求 Linux gvim 以图形化方式显示，以此完成 X Window 的设置。[注3]

9.5.2 安装 Windows 版的 X 服务器

如前所述，我们必须在 Windows 中安装服务器，接收图形化请求，使得 WSL Linux 的 gvim 实例能够在 Windows 桌面上显示。我们选择免费的 Xming 作为 X 服务器（X server）。

注 3：这多少让人有些摸不着头脑。耐心点。Windows 和 X Window 不是一回事，但两者在这里都很重要。Windows 是 Windows，就是那个你熟悉的微软桌面。X Window 是运行在你的 MS-Windows 中的图形服务器，知道如何显示远程系统请求的图形。

下载最新的 Xming 安装程序并运行。安装画面如图 9-19 所示。

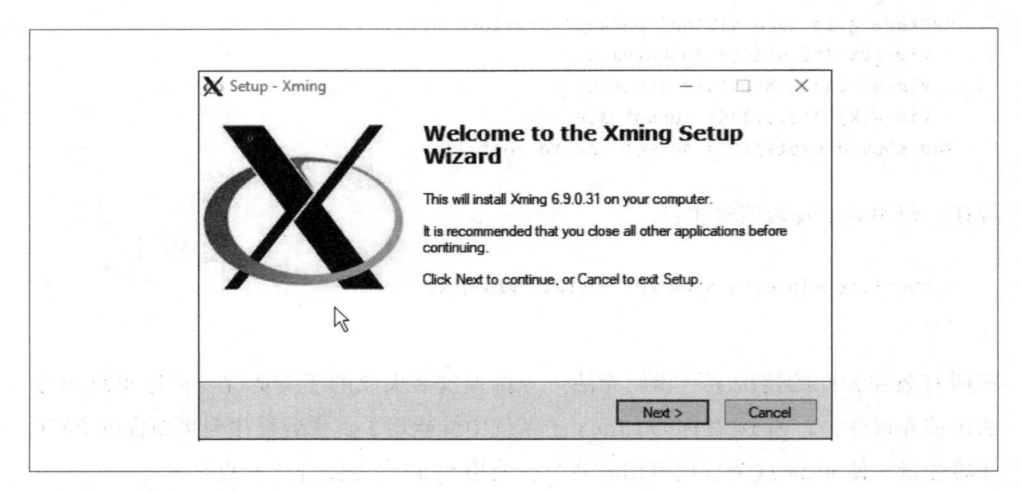

图 9-19：Xming 安装程序

9.5.3 配置 X Server

Xming 会安装两个可执行文件：

- XLanunch，一个配置向导，用于简化 Xming 的启动。
- Xming，实际的 X 服务器。

打开 Windows 的应用程序菜单，在其中找到 Xming 文件夹，内容如图 9-20 所示。

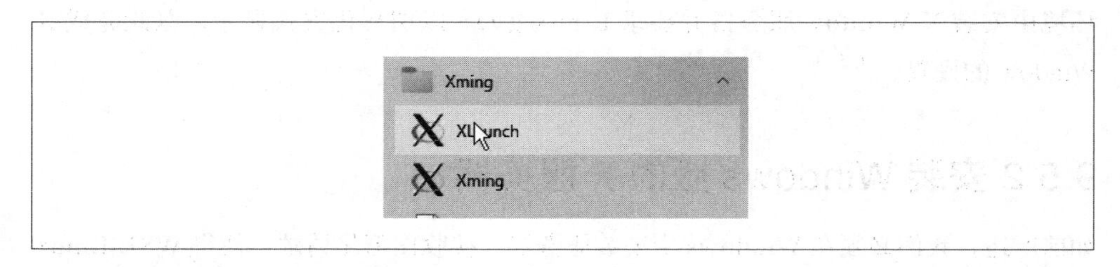

图 9-20：安装好的 Xming 相关程序

执行 XLaunch 配置 Xming。XLaunch 会引导你完成一系列标准设置。图 9-21 是 XLaunch 的第一个设置画面。选择您在这些图中看到的相同选项。选择与图中相同的选项。

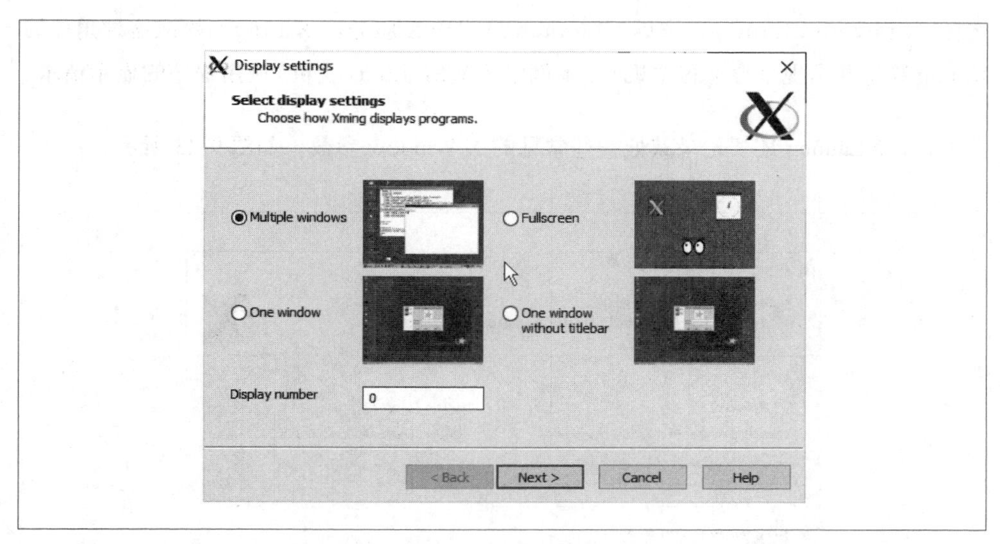

图 9-21：在 XLaunch 的“Display settings”对话框中，我们选择“Multiple windows”

选择“Multiple windows”，在 Display number 中填入数字 0。[注 4]

下一个对话框定义了 X 的“Session type”，如图 9-22 所示。

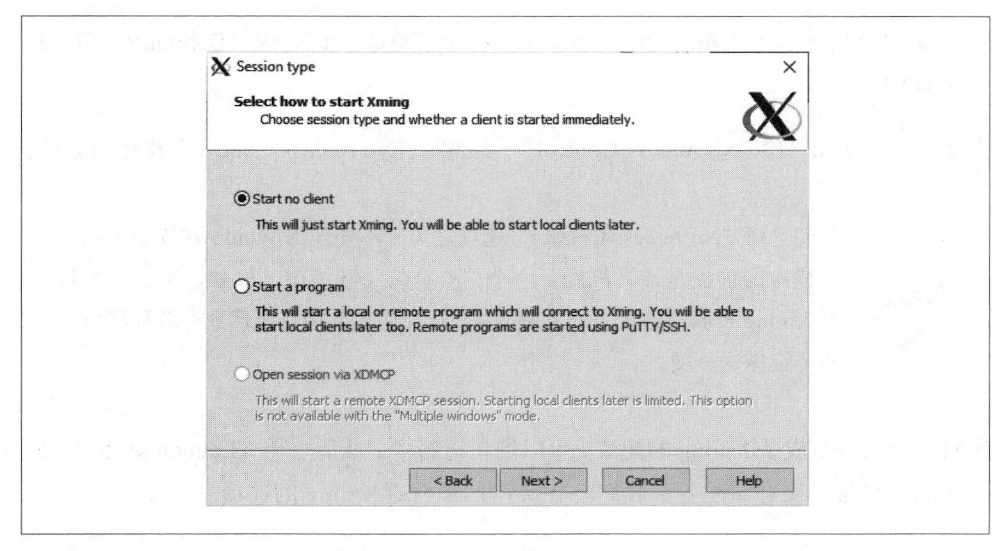

图 9-22：在 XLaunch 的“Session type”对话框中，我们选择“Start no client”

注 4：　各种选项的解释超出了本书的范围。简而言之，我们之所以选择“Multiple windows”，是因为该选项可以让 gvim 在 Windows 窗口中以图形化形式显示。

选择“Start no client”，告诉 XLaunch 只启动 X 服务器 Xming。扮演这种角色的 Xming 等待并呈现来自远程主机（在本例中为 WSL Linux 主机）应用程序的显示请求。

接下来，XLaunch 还要记录其他一些常见的 X Window 参数。如图 9-23 所示。

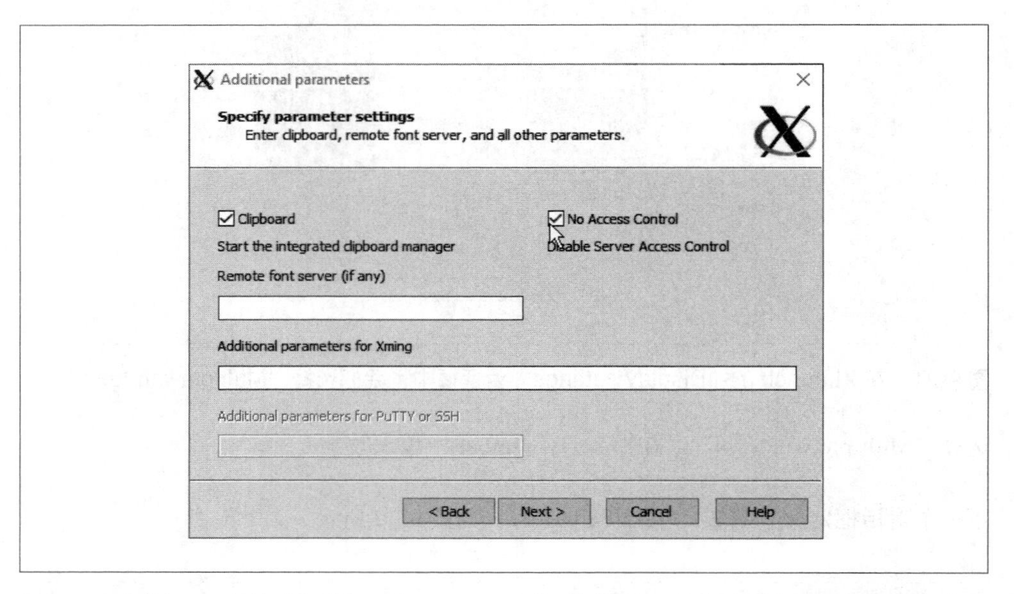

图 9-23：在 XLaunch 的“Additional parameters”对话框中，我们选择“Clipboard”和“No Access Control”

选择“Clipboard”和“No Access Control”。注意，“No Access Control”并非预选项。

我们选择“No Access Control”选项是为了不处理 X Windows 安全机制。这样做的前提是计算机处于一个“安全的”环境中，例如，不会发生针对 Xming X 服务器攻击的家庭网络。在任何公共网络或商业办公环境中，不要选择这一项。

我们现在已经完成了 Xming 的配置，可以准备运行了。最后一个 XLaunch 对话框（如图 9-24）显示了保存新配置（我们没有保存）并启动 Xming 的选项。

启动 Xming 后，可以在系统托盘中查找 Xming 图标，确认其是否正在运行并做好了显示 Ubuntu X Window 应用程序的准备（如图 9-25 所示）。

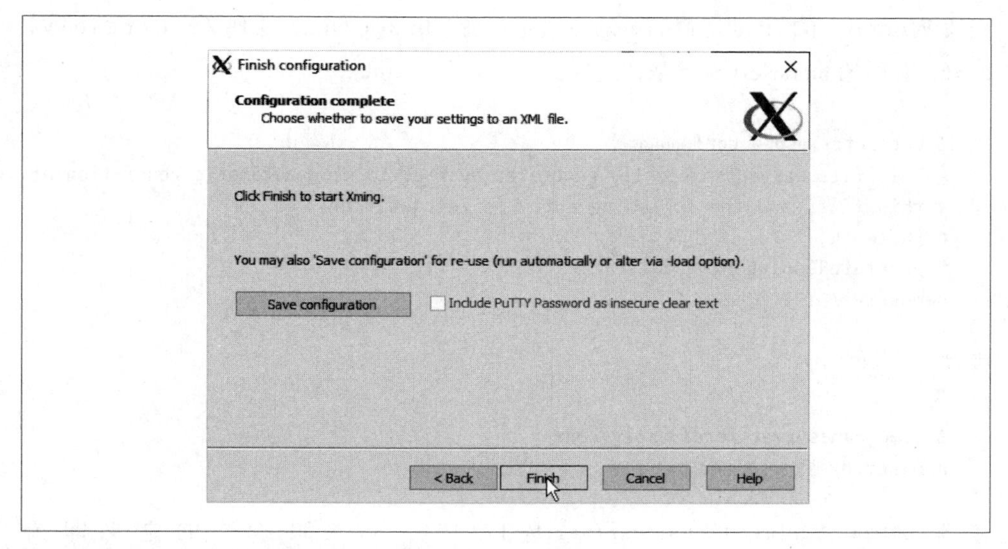

图 9-24：XLaunch 的“Finish configuration”对话框

图 9-25：Windows 系统托盘中的 Xming 图标

我们已经做完了启动 Ubuntu gvim 实例所需的全部工作，但还不算彻底完成。如果执行 gvim，仍然会显示错误消息并回退到终端 Vim。

原因在于我们需要告诉 Ubuntu 系统在哪里显示 gvim。在本例中，这个位置是 Windows 桌面。虽然从表面上看显而易见，但根据定义，X Window 应用程序必须请求 X 服务器来显示其内容，而我们并没有这样做。

我们在 Ubuntu 中使用 Windows 的网络地址及其关联的 X 服务器 display [译注 2] 来定义在何处显示 gvim。[注 5] 书写格式为 *hostname:DISPLAY*，其中，*hostname* 是 Windows 的 IP 地址，*DISPLAY* 为 0。

译注 2：X Window 中的“display”一词目前尚无较好的统一译法，故选择保留原词。

注 5：没错，MS-Windows 计算机现在具有对 Linux 子系统可见的网络接口。这正是 WSL 的工作方式，它本身就是一个拥有网络地址的虚拟机，因此需要表现得像真实网络一样，以便 Linux 和 MS-Windows 之间可以相互通信。

查找 Windows 的 IP 地址最简单的方法是查看 Ubuntu 的配置文件 /etc/resolv.conf，其中的 nameserver 就是该地址：

```
$ cat /etc/resolv.conf
# This file was automatically generated by WSL. To stop automatic generation of
# this file, add the following entry to /etc/wsl.conf:
# [network]
# generateResolvConf = false
nameserver 172.17.224.1
```

或者：

```
$ grep nameserver /etc/resolv.conf
nameserver 172.17.224.1
```

在本例中，Ubuntu 的 nameserver 是 172.17.224.1。X 服务器的定义即为 172.17.224.1:0.0。[注 6]

有多种方法可以告知 gvim 要在哪里呈现。最常见的方法是通过 shell 命令 export 设置环境变量 DISPLAY：

```
$ export DISPLAY=172.17.224.1:0.0
```

现在万事俱备。启动 gvim，你应该能在 Windows 桌面上看到以窗口形式运行的 GUI 版本。如图 9-26 所示。这可是真实画面：我们捕捉到了使用 gvim 编辑本章内容的那一瞬间。你会从中发现我们在终端命令行中编辑的真正的章节文件。非常酷。

注意编号处：

❶ 这是实际的 gvim 窗口，作为 Windows 桌面应用程序运行。

❷ 这是底层的 Microsoft Terminal，我们在其中运行 Ubuntu 的 WSL 实例。先前提及的那些命令行都可以在这里看到。

注 6：注意其中的 0.0，该形式与 display 和可能的多屏幕有关。对于大部分（简单）用例，写作 0.0 即可。

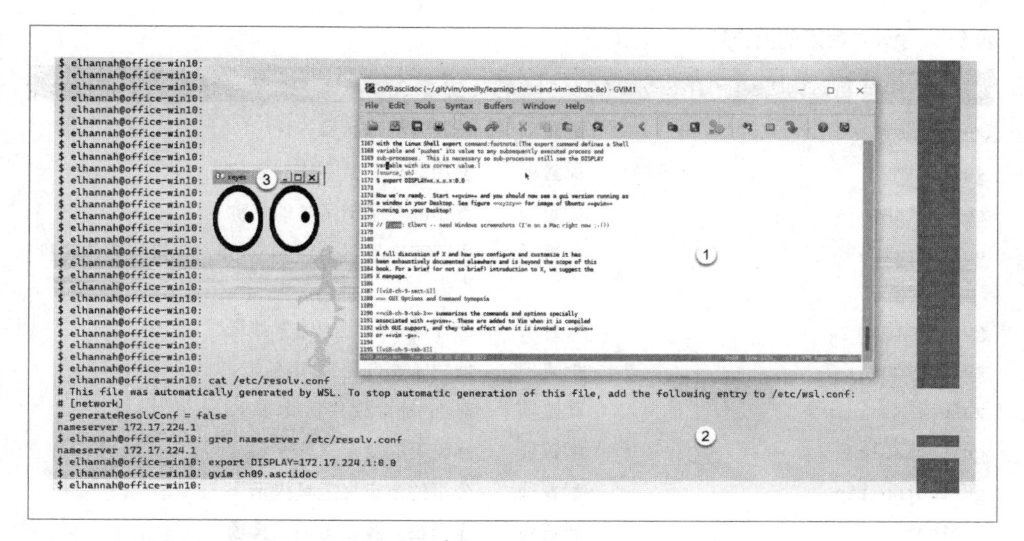

图 9-26：显示在 Windows 桌面上的 Ubuntu gvim

❸ 这是 xeyes，一个无聊但却流行的 X Window 小程序，在我们工作时盯着我们。注7

至此，我们已经展示了如何在 MS-Windows WSL Linux 实例中配置和使用 `gvim`，以及无缝显示 `gvim` 会话。X 服务器和客户端的配置方法数不胜数。本章内容有助于你更好地使用 `gvim` 和理解 X Window 的基础知识。关于 X Window 的完整讨论以及配置和定制方法已经超出了本书的范围，你在其他地方可以找到详尽的描述。X Window 的简要（或许没那么简要）介绍，建议参考手册页。

9.6 GUI 配置项和命令概要

表 9-3 汇总了与 `gvim` 相关的命令和配置项。当 Vim 在编译时加入 GUI 支持时，这些命令和配置项也会一并被添加，并在调用 `gvim` 或 `vim -g` 时生效。

注 7：你也许还没有意识到，这个练习也可以用来运行 Ubuntu 实例中任意的 X Window 应用程序，`xeyes` 只是其中之一。只要你配置好 X 服务器，定义过网络和 `DISPLAY`，所有的 X Window 应用程序都可以使用这些设置。恭喜！你已经完成了一次卓有成效的 X Window 课程。不妨尝试执行 X Window 的终端应用 `xterm`，看看自己的身手如何。

表 9-3：gvim 特定的配置项

命令、配置项或选项	类型	描述
guicursor	配置项	设置光标形状和闪烁
guifont	配置项	使用的单字节字体的名称
guifontset	配置项	使用的多字节字体的名称
guifontwide	配置项	用于双宽度（double-wide）字符的字体名称列表
guiheadroom	配置项	留作窗口装饰的像素数量
guioptions	配置项	使用了哪些组件和选项
guipty	配置项	对 ":!" 命令使用伪终端
guitablable	配置项	标签页的自定义标签
guitabtooltip	配置项	分页的自定义工具提示
toolbar	配置项	显示在工具栏上的工具项
-g	选项	启动 GUI（也允许其他选项）
-U *gvimrc*	选项	在启动 GUI 时，使用 *gvimrc* 或其他类似名称的 gvim 启动文件
:gui	命令	启动 GUI（仅适用于类 Unix 系统）
:gui filename...	命令	启动 GUI 并编辑指定文件
:menu	命令	打开所有菜单
:menu *menupath*	命令	列出以 *menupath* 起始的菜单
:menu *menupath action*	命令	添加路径为 *menupath* 的菜单，执行 *action*
:menu *n menupath action*	命令	添加路径为 *menupath* 的菜单，位置优先级为 *n*
:menu ToolBar.*toolbarname action*	命令	添加工具栏项 *toolbarname*，执行 *action*
:tmenu *menupath text*	命令	使用文本 *text* 为路径为 *menupath* 的菜单项创建工具提示
:unmenu *menupath*	命令	删除路径为 *menupath* 的菜单

第 10 章

Vim 的多窗口功能

默认情况下，Vim 在单个窗口中编辑其所有文件，当在文件之间跳转或移动到单个文件的不同部分时，一次只显示一个缓冲区。但 Vim 也提供了多窗口编辑功能，能够简化复杂的编辑任务。这与在图形化终端上启动多个 Vim 实例不同。本章介绍了在单个 Vim 进程实例（我们称之为会话）中使用多个窗口。

你可以使用多个窗口发起编辑会话，或是在会话启动后创建新窗口。你也可以不断为编辑会话添加窗口，直到你觉得数量合理为止，随后再将这些窗口删除到只剩一个。

随着高分辨率显示器成为常态，多窗口比以往更有意义。在本书第 7 版的时候，WXGA（1280 × 800）已经是不错的分辨率了。而在今天（2021 年底），以差不多的价格，大概也就是 400 美元左右，可以很容易买到 4K 分辨率（超高清：3840 × 2160）的显示器。分辨率提升了近 9 倍！

Vim 的多窗口功能提供了多个视口（viewport），可以同时查看单个文件的不同部分或多个文件，以此增强编辑效果。该功能大大提升了编辑效率，但这往往是以牺牲空间为代价的，要么设置换行参数使整行保持可见，要么设置行移动配置项使行到达窗口两侧时左右滚动。

在如今的高分辨率屏幕上，Vim 的多窗口提供了同样强大的功能，用户可以轻松地并排拆分窗口，而且每个窗口仍然可以获得全宽（full-width）文本显示。[注 1]

注 1：当然，正如本章所述，你仍然可以选择将窗口拆分为非常小的尺寸，以满足你的编辑需要。

以下是多窗口带来的一些便利之处：

- 在编辑多个需要以相同方式进行格式化的文件时，可以在格式化过程中对其进行可视化比较。
- 在多个文件或单个文件的不同部分之间快速地重复剪切和粘贴文本。
- 显示文件的一部分作为参考，方便处理同一文件的其他部分。
- 比较文件的两个不同版本。

Vim 提供了大量便利的文件管理特性，包括：

- 水平或垂直拆分窗口
- 在窗口之间快速切换
- 在窗口之间复制和移动文本
- 使用缓冲区，包括隐藏缓冲区（随后介绍）
- 在多个窗口中使用外部工具，例如 `diff` 命令

在本章中，我们将指引你体验 Vim 的多窗口功能，向你展示如何启动多窗口会话，讨论编辑会话的各种特性和窍门，介绍如何退出窗口并确保所有工作成果都得以妥善保存（或者丢弃，如果你愿意的话！）。接下来的主题包括：

- 初始化或启动多窗口编辑
- 多窗口 `:ex` 命令
- 将光标从一个窗口移动到另一个窗口
- 调整窗口大小
- 缓冲区及其与窗口之间的交互
- 窗口标签
- 标签页式编辑（类似于现代网络浏览器和对话框提供的标签页）
- 关闭和退出窗口

10.1 发起多窗口编辑

你可以在启动 Vim 时发起多窗口编辑，或是在编辑会话期间拆分窗口。多窗口编辑不是一成不变的，在大多数情况下，你可以随时打开、关闭、切换窗口。

10.1.1 从命令行发起多窗口编辑

在默认情况下，Vim 只为一个会话打开一个窗口，即便是你指定了多个文件。我们也不确定为什么 Vim 不为多个文件打开多个窗口，也许这种单窗口行为是为了和 vi 保持一致。多个文件会占用多个缓冲区，每个文件都有自己的缓冲区（我们马上就会讨论缓冲区的话题）。

可以使用 Vim 的 -o 选项从命令行打开多个窗口。例如：

```
$ gvim -o file1.txt file2.txt
```

该命令打开编辑会话，显示为水平拆分的 2 个同等大小的窗口，每个文件对应一个（如图 10-1 所示）。对于命令行中指定的各个文件，Vim 都会尝试为其打开一个编辑窗口。如果 Vim 无法为所有的文件拆分出足够的窗口，则命令行中指定的第一个文件获得窗口，其他文件被载入不可见（但仍可用）的缓冲区。

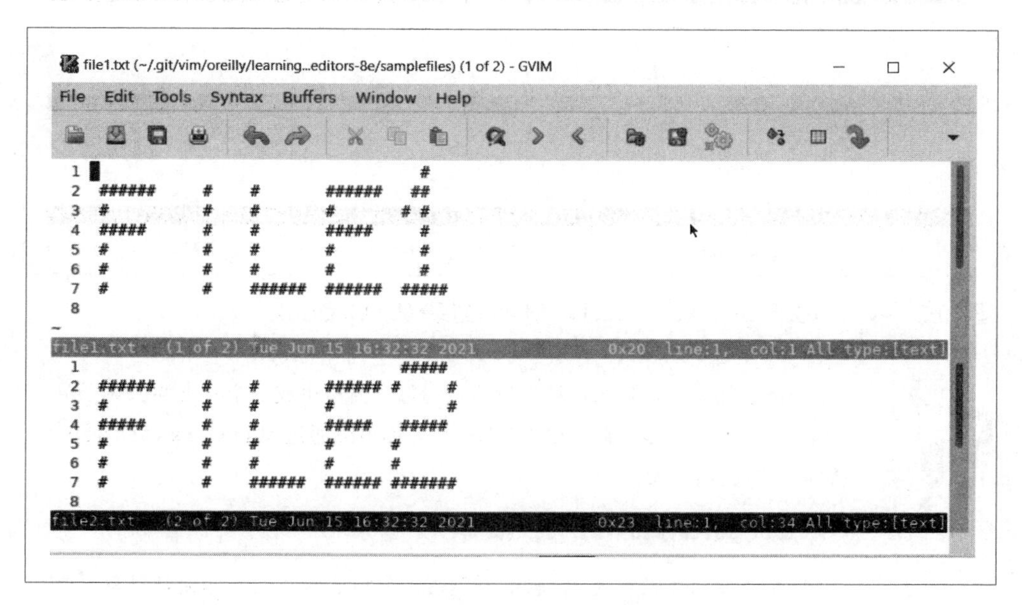

图 10-1：gvim -o file1.txt file2.txt 的运行结果（Linux gvim）

另一个预先分配窗口的命令形式是在 -o 之后加上一个数字：

```
$ gvim -o5 file1.txt file2.txt
```

该命令打开编辑会话，显示为水平拆分的 5 个同等大小的窗口，最上面的窗口包含 *file1.txt* 的内容，第二个窗口包含 *file2.txt* 的内容（如图 10-2 所示）。

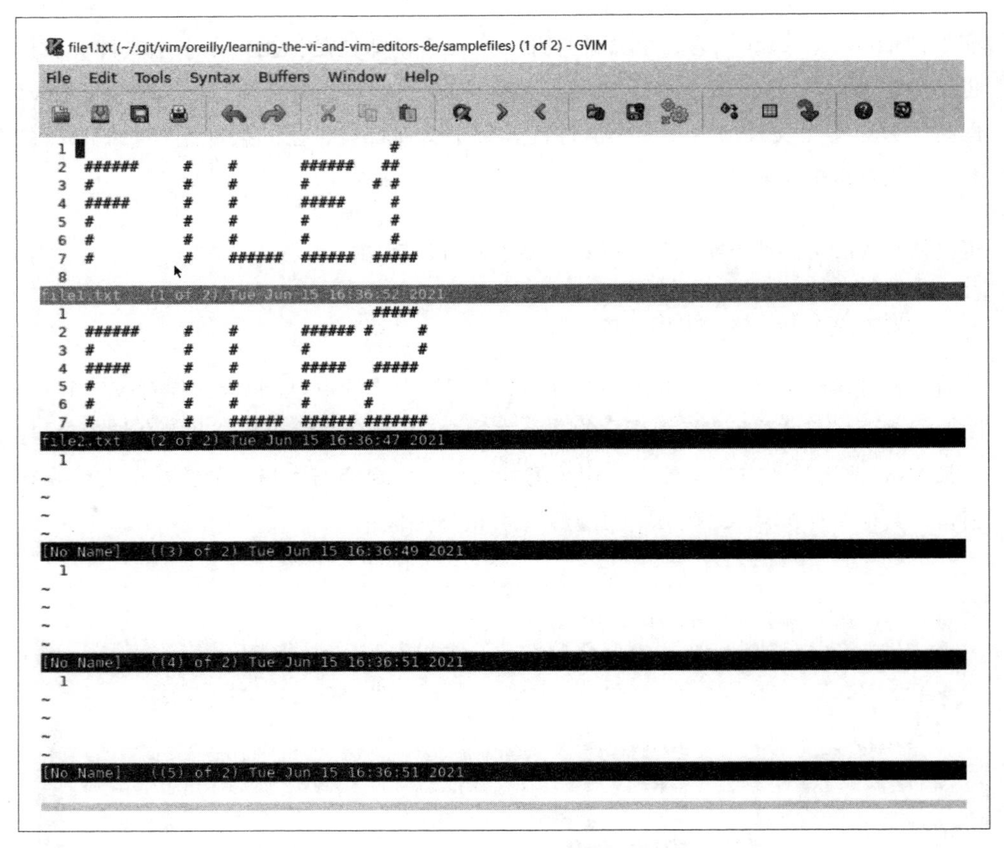

图 10-2：`gvim -o5 file1.txt file2.txt` 的运行结果（Linux gvim）

当 Vim 创建多个窗口时，默认行为是为每个窗口生成一个状态栏（对于单个窗口，默认则是不显示任何状态栏）。你可以通过 Vim 的 `laststatus` 配置项控制该行为：

```
:set laststatus=1
```

将 `laststatus` 设置为 2，就能看到每个窗口的状态栏，即便是只有一个窗口也可以。最好是在 *.vimrc* 文件中设置该配置项。

因为窗口大小会影响可读性和可用性，你可能想控制 Vim 对窗口大小的限制。可以使用 Vim 的 `winheight` 和 `winwidth` 配置项为当前窗口定义合理的限制（其他窗口的大小可能会随之作相应的调整）。

10.1.2 在 Vim 中进行多窗口编辑

你可以在 Vim 中启用和修改窗口配置。使用 `:split` 命令创建一个新窗口。这会将当前窗口平分为二，各自显示同样的缓冲区。这样就可以在两个窗口中浏览相同的文件了。

本章中的很多命令都有便捷的组合键。在本例中，CTRL-W S 可用于拆分窗口。Vim 所有的窗口相关命令均以 CTRL-W 起始，其中的“W”代表“window”。出于讨论的目的，我们只展示命令行的方式，因为这种方式可以通过可选参数（自定义默认行为）提供额外的功能。对于常用命令，可以很轻松地在 Vim 文档中找到对应的组合键，参见 8.3 节。

类似的，你也可以使用 `:vsplit` 命令创建新的垂直拆分窗口（如图 10-3 所示）。

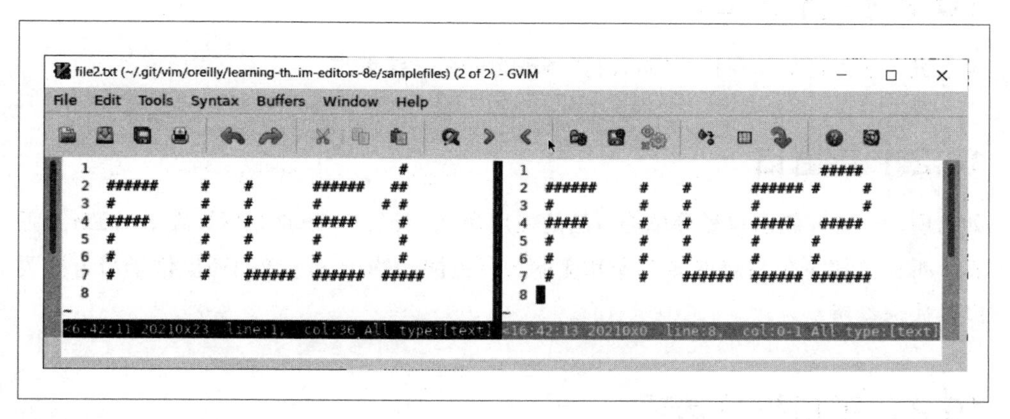

图 10-3：垂直拆分窗口（Linux gvim）

不管是哪种方法，Vim 都会拆分窗口（水平或垂直），由于 `:split` 命令行没有指定文件，你将在两个视图或窗口中编辑同一个文件。

不相信你在同时编辑同一个文件？拆分编辑窗口，拖动每个窗口的滚动条，使其显示文件的相同区域。在一个窗口中修改文件内容，同时观察另一个窗口。太神奇了！

这有什么用？在编写 shell 脚本或 C 程序时，一种常见做法是写一段程序用法说明。当指定该程序的 `--help` 选项时会显示这段文本。我们拆分窗口，在一个窗口中显示用法说明，用它作为模板来编辑另一个窗口中负责解析命令行选项和参数的代码。这段代码往往（几乎总是）很复杂，并且与用法说明相距甚远，我们无法在单个窗口中同时显示两者。

如果你想编辑或浏览其他文件，但同时又不想离开在当前文件中所处的位置，可以将新文件作为 `:split` 命令的参数。例如：

```
:split otherfile
```

下一节将详述拆分和恢复窗口。

10.2 打开窗口

本节进一步讨论如何在拆分窗口时得到理想的精准结果。

10.2.1 新窗口

如前所示，打开新窗口最简单的方法是使用命令 `:split`（水平分拆）或 `:vsplit`（垂直分拆）。接下来将对许多命令和变体进行更深入的讨论。我们还提供了命令概要以供快速参考。

10.2.2 窗口拆分选项

打开一个新的水平窗口的 `:split` 命令的完整形式如下：

:[*n*]split [++opt] [+*cmd*] [*file*]

其中：

n

指定在新窗口中显示的行数，新窗口位于顶部。

opt

将 Vim 配置项传入新的窗口会话（注意，必须以两个加号起始）。

cmd

传入要在新窗口中执行的命令（注意，必须以单个加号起始）。

file

指定要在新窗口中编辑的文件。

例如，假设你正在编辑一个文件，想拆分窗口，编辑另一个文件 *otherfile*。你希望编辑会话使用值为 unix 的 fileformat（确保使用换行符作为每行的结尾，而不是使用回车符和换行符的组合）。最后，想要窗口高度为 15 行。输入下列命令：

```
:15split ++fileformat=unix otherfile
```

如果只是想简单地拆分屏幕，使用当前的默认设置在两个窗口中显示同样的文件，可以使用命令 CTRL-W S、CTRL-W SHIFT-S 或 CTRL-W CTRL-S。

如果你想平均拆分窗口，可以设置 equalalways 配置项，最好是放入 *.vimrc*，使其永久生效。在默认情况下，equalalways 会在水平方向或垂直方向平均拆分窗口。设置 eadirection 配置项（hor、ver、both 分别对应水平方向、垂直方向、水平垂直方向）来控制在哪个方向平均拆分窗口。

下列形式的 :split 命令可以像先前一样打开一个新的水平窗口，但有一点细微差别：

```
:[n]new [++opt] [+cmd] [file]
```

除了创建新窗口，还会执行自动命令 WinLeave、WinEnter、BufLeave 以及 BufEnter（自动命令的更多信息，可参见 12.2.1 节）。

除了水平拆分命令，Vim 还提供了垂直拆分命令。例如，要想垂直拆分窗口，可以使用 :vsplit 或 :vnew 代替 :split 或 :new。该命令的参数也适用于水平拆分命令。

有两个水平拆分命令没有对应的垂直拆分版本：

`:sview` *filename*

水平拆分屏幕，打开一个新窗口，将其缓冲区设置为只读。:sview 要求指定文件名参数。

`:sfind [++` *opt* `] [+` *cmd* `]` *filename*

类似于 `:split`，但是会在配置项 `path` 中查找 *filename*。如果 Vim 没有找到指定文件，则不会拆分窗口。

10.2.3 条件拆分命令

Vim 允许你指定命令，在打开新文件时生成一个窗口。`:topleft` *cmd* 告诉 Vim 执行 *cmd*，如果 *cmd* 打开了新文件，则显示一个新窗口，将光标置于窗口左上角。该命令会产生三种不同的结果：

- *cmd* 水平拆分窗口，新窗口占据 Vim 窗口的上部。
- *cmd* 垂直拆分窗口，新窗口占据 Vim 窗口的左侧。
- *cmd* 未造成拆分，而是将光标置于当前窗口的左上角处。

除了条件拆分命令 `:topleft`，Vim 还提供了类似的命令 `:vertical`、`:leftabove`、`:aboveleft`、`:rightbelow`、`:belowright`、`:botright`。你可以通过 Vim 的 `:help` 命令找到详细的用法描述。

10.2.4 窗口命令总结

表 10-1 总结了窗口拆分命令。

表 10-1：窗口命令汇总

ex 命令	vi 命令	描述
`:[`*n*`]split [++`*opt*`] [+`*cmd*`] [`*file*`]`	CTRL-W S CTRL-W SHIFT-S CTRL-W CTRL-S	将当前窗口并排拆分成两个，光标位于新窗口内。可选的 *file* 参数把指定文件显示在新窗口中。两个窗口尽可能保持大小相对一致，具体由可用窗口空间决定。
`:[`*n*`]new [++`*opt*`] [+`*cmd*`]`	CTRL-W N CTRL-W CTRL-N	同 `:split`，但会在新窗口中打开一个空文件进行编辑。注意，在指定之前，缓冲区没有名称。

表 10-1：窗口命令汇总（续）

ex 命令	vi 命令	描述
:[*n*]sview [++*opt*] [+*cmd*] [*file*]		只读版的 :split。
:[*n*]sfind [++*opt*] [+*cmd*] [*file*]		拆分窗口，在新窗口中打开 *file*（如果指定的话）。在配置项 path 中查找 *file*。
:[*n*]vsplit [++*opt*] [+*cmd*] [*file*]	CTRL-W V CTRL-W CTRL-V	将当前窗口拆分成上下两个，在新窗口中打开 *file*（如果指定的话）。
:[*n*]vnew [++*opt*] [+*cmd*]		:new 的垂直拆分版本。

10.3 在窗口之间切换（在窗口之间移动光标）

在 gvim 和 Vim 中，可以轻松地使用鼠标在窗口之间切换。gvim 默认支持鼠标点击，Vim 通过 mouse 配置项支持该操作。Vim 的默认设置 :set mouse=a 效果不错，可以激活鼠标的各种用途：命令行、输入、导航。

如果你没有鼠标，或是更喜欢使用键盘控制会话，Vim 提供了一组完整的导航命令，能够快速准确地在会话窗口之间切换。令人高兴的是，Vim 在窗口导航方面一直使用 CTRL-W 这个助记前缀。之后的按键定义了移动或其他操作，窗口导航命令对于有经验的 vi 和 Vim 用户来说应该并不陌生，因为它们与编辑时使用的移动命令紧密对应。

我们不打算描述每个命令及其行为，而是采用示例说明，配合命令概要表，应该就一目了然了。

想从当前窗口移至下一个窗口，输入 CTRL-W J（或 CTRL-W ↓，或 CTRL-W CTRL-J）。CTRL-W 是“window（窗口）”命令的助记符，j 类似于 Vim 的 j 命令，或者将光标移至下一行。

表 10-2 总结了窗口导航命令。

与很多 Vim 和 vi 命令一样，可以通过加入次数前缀来重复执行命令。例如，3 CTRL-J J 告诉 Vim 跳转到当前窗口下方的第三个窗口。

表 10-2：窗口导航命令

命令	描述
CTRL-W W CTRL-W CTRL-W	移至下方或右侧的下一个窗口。注意，不同于CTRL-W J，该命令在所有窗口之间循环移动。当到达最下面的窗口时，Vim 从最左上角的窗口开始重新循环。
CTRL-W ↓	向下移动到下一个窗口。
CTRL-W CTRL-J CTRL-W J	注意，该命令不会在窗口之间循环移动。它只是移至当前窗口下方的窗口。如果光标位于屏幕底部的窗口中，则命令不起任何效果。此外，在“向下”移动时会绕过相邻的窗口；例如，如果当前窗口右侧有一个窗口，命令不会跳转到相邻窗口。（使用CTRL-W CTRL-W在窗口之间循环移动。）
CTRL-W ↑ CTRL-W CTRL-K CTRL-W K	向上移至下一个窗口。和CTRL-W J命令的移动方向正好相反。
CTRL-W ← CTRL-W H CTRL-W BACKSPACE	移至当前窗口左侧的窗口。
CTRL-W → CTRL-W CTRL-L CTRL-W L	移至当前窗口右侧的窗口。
CTRL-W SHIFT-W	移至上方或左侧的下一个窗口。该命令与CTRL-W W命令呼应（注意两者的不同）。
CTRL-W T CTRL-W CTRL-T	移至最左上方的窗口。
CTRL-W B CTRL-W CTRL-B	移至最右下方的窗口。
CTRL-W P CTRL-W CTRL-P	移至前一个（最后访问过的）窗口。

助记窍门

字符 t 和 b 是 *top*（顶部）和 *bottom*（底部）窗口的助记符。

为了与小写字母和大写字母实现相反操作的约定保持一致，CTRL-W W与CTRL-W SHIFT-W以相反的方向移动窗口。

控制字符并不区分大小写字母；换句话说，在按下CTRL键的同时按SHIFT键本身没有任何效果。但随后按下的普通按键是有大小写之分的。

10.4 移动窗口

你可以在 Vim 中以两种方式移动窗口。一种是简单交换窗口位置，另一种是改变窗口的实际布局。在第一种情况中，窗口大小保持不变，只是改变了窗口在屏幕上的位置。在第二种情况中，不仅移动窗口，还会重新调整窗口大小，以适应新的位置。

10.4.1 移动窗口（转动或交换）

有3个命令可以在不改变窗口布局的情况下移动窗口：两个命令将窗口往一个方向（向右或向下）或另一个方向（向左或向上）转动，另一个命令交换两个可能不相邻的窗口的位置。这些命令仅对当前窗口所在的行或列操作。

CTRL-W R 向右或向下转动窗口。与其呼应的是 CTRL-W SHIFT-R，以相反方向转动窗口。

对于窗口转动的工作方式，一种简单的方法是把一行或一列 Vim 窗口看作一维数组。CTRL-W R 将数组中的每个元素向右移动一个位置，并将最后一个元素移到空出的第一个位置。CTRL-W SHIFT-R 只是简单地将元素向另一个方向移动。

如果没有窗口与当前窗口同列或同行，则该命令没有任何效果。

在 Vim 转动窗口后，光标仍留在执行转动命令的窗口中，光标也因此随着窗口移动。

CTRL-W X 和 CTRL-W CTRL-X 允许你交换同行或同列的两个窗口。默认情况下，Vim 会将当前窗口与下一个窗口交换，如果没有下一个窗口，Vim 会尝试与上一个窗口交换。你可以通过在命令前加一个计数来与接下来的第 *n* 个窗口交换。例如，要将当前窗口与接下来的第 3 个窗口交换，可以使用 3 CTRL-W X 命令。

与前两个命令一样，光标停留在执行交换命令的窗口内。

10.4.2 移动窗口和改变窗口布局

共有 5 个命令可用于移动和重新布局窗口，其中两个命令用于当前窗口移作顶部或底部窗口（占据整个屏幕的宽度），两个命令用于当前窗口移作左侧或右侧窗口（占据整个屏幕的高度），一个命令将当前窗口移作标签页（标签页式编辑参见 10.8 节）。

前四个命令和其他 Vim 命令具有相似的助记法，例如，CTRL-W SHIFT-K 对应于将 k 作为“up（向上）”的传统记法。表 10-3 总结了这些命令。[注 2]

表 10-3：移动窗口和改变窗口布局的相关命令

命令	描述
CTRL-W SHIFT-K	将当前窗口移作顶部窗口，占据整个屏幕的宽度。
CTRL-W SHIFT-J	将当前窗口移作底部窗口，占据整个屏幕的宽度。
CTRL-W SHIFT-H	将当前窗口移作左侧窗口，占据整个屏幕的高度。
CTRL-W SHIFT-L	将当前窗口移作右侧窗口，占据整个屏幕的高度。
CTRL-W SHIFT-T	将当前窗口移作一个新的标签页。

很难精准地描述这些窗口布局命令的行为。在移动窗口并将其扩展为整个屏幕的高度和宽度之后，Vim 会以合理的方式重新调整窗口布局。具体的布局行为也会受到部分窗口配置项的影响。

10.4.3 窗口移动命令概要

表 10-4 和表 10-5 总结了本节介绍的各种命令。

表 10-4：转动窗口位置的命令

命令	描述
CTRL-W R CTRL-W CTRL-R	将窗口向下或向右转动。
CTRL-W SHIFT-R	将窗口向上或向左转动。
CTRL-W X CTRL-W CTRL-X	与下一个窗口交换位置，如果加上计数 *n*，则与接下来的第 *n* 个窗口互换。

表 10-5：改变窗口位置和布局的命令

命令	描述
CTRL-W SHIFT-K	将当前窗口移至屏幕顶部并占据整个屏幕的宽度。光标停留在被移动的窗口内。
CTRL-W SHIFT-J	将当前窗口移至屏幕底部并占据整个屏幕的宽度。光标停留在被移动的窗口内。

注 2： 这里的大写字母作为某种强调，表明管理的是窗口。记住，这些命令移动的是窗口，而不是光标。

表 10-5：改变窗口位置和布局的命令（续）

命令	描述
CTRL-W SHIFT-H	将当前窗口移至屏幕左侧并占据整个屏幕的高度。光标停留在被移动的窗口内。
CTRL-W SHIFT-L	将当前窗口移至屏幕右侧并占据整个屏幕的高度。光标停留在被移动的窗口内。
CTRL-W SHIFT-T	移动当前窗口，使其成为一个新的标签页。光标停留在被移动的窗口内。如果当前窗口是当前标签页中唯一的窗口，则不执行任何操作。

10.5 调整窗口大小

你现在对 Vim 的多窗口特性已经比较熟悉了，还需要对其加以更多的控制。本节介绍如何更改当前窗口的大小，当然，这也会影响到屏幕内的其他窗口。Vim 提供了各种配置项，用于控制窗口大小以及使用拆分命令打开新窗口时的窗口缩放行为。

如果你不想通过命令控制窗口大小，可以使用 `gvim`，借助鼠标帮你完成。只需用鼠标单击并拖动窗口边界就可以调整窗口大小。对于垂直拆分的窗口，在由竖线（|）字符组成的垂直分隔栏上单击鼠标并拖动即可。水平拆分的窗口之间是以各自的状态栏分隔的。

10.5.1 窗口大小调整命令

如你所料，Vim 有垂直窗口和水平窗口的大小调整命令。和其他窗口命令一样，这些命令均以 CTRL-W 开头，配有很好的助记方法，使其易于学习和记忆。

CTRL-W = 尝试将所有窗口调整为同样大小。这会受到 `winheight` 和 `winwidth`（我们会在下一节讨论）的当前值影响。如果可用的屏幕面积不足以等分，Vim 会尽可能使各个窗口的大小接近于相等。

CTRL-W - 将当前窗口的高度减少一行。Vim 也有一个 `ex` 命令，允许你明确减小窗口大小。例如，命令 `:resize -4` 从当前窗口高度中减去 4 行，并将减去的行数分配给它下面的窗口。

还有另外一个机制可以改变窗口大小：lines配置项。通常由Vim管理lines的值，你可以通过ex 命令set查看（和）使用该值：

```
:set lines
```

但是，对于gvim，你可以通过设置lines来改变图形窗口的大小。由此带来的副作用是，在只有单个窗口的终端中，如果你lines的值小于Vim窗口缓冲区的行数，Vim会把绘制空间（drawing real estate）调整为较小的计数。因此，窗口缓冲区“丢失”的行数被补给了ex命令行。如果你在 *.vimrc* 文件中将lines设置为15，并在30行的窗口中启动vim，Vim会分配15行作为编辑缓冲区。其余行分配给状态栏（1行）和ex命令缓冲区（14行），这可能会造成混淆，因为ex命令缓冲区通常只有1行。为避免这种副作用，我们建议你仅在 *.gvimrc* 配置文件中使用 :set lines=xx。[注 3]

CTRL-W + 将当前窗口的高度增加一行。命令:resize +*n*将当前窗口高度增加*n*行。一旦窗口高度达到最大值，之后再使用该命令就没有任何效果了。

14.1.2节中提供了两个不错的按键映射，可以更加轻松地调整窗口大小。

:resize *n*将当前窗口的高度设置为*n*行。该命令设置的是绝对高度，而先前描述的命令改变的则是相对大小。

z*n*将当前窗口高度设置为*n*行。注意，*n*是必须指定的！如果没有指定，则代表的是vi/vim命令z，该命令用于将光标移至屏幕顶部。

CTRL-W < 和 CTRL-W > 可分别减少和增加窗口宽度 。想想“左移”（<<）和“右移”（>>）的助记符，有助于记忆这些命令及其对应的功能。

最后，CTRL-W | 可将当前窗口调整为可能的最大宽度（默认情况下）。你还可以使用 :vertical resize *n*明确指定如何更改窗口宽度。*n*定义了窗口的新宽度。

注 3：　你可以使用cmdheight配置项修改ex命令行占用的屏幕空间高度（别和cmdwinheight配置项搞混了）。

10.5.2 窗口大小调整配置项

一些 Vim 配置项会影响到上一节中介绍的窗口大小调整命令的行为：

`winheight` 和 `winwidth`

　　这两个配置项分别定义了活动（active）窗口的最小高度和最小宽度。如果屏幕可以容纳两个各为 45 行的窗口，Vim 的默认行为是平分。如果你将 `winheight` 设置为一个大于 45 的值（比如 60），Vim 会将活动窗口调整为 60 行，将另一个窗口调整为 30 行。在同时编辑两个文件时，这种行为很方便；当你从一个窗口切换到另一个窗口，从一个文件切换到另一个文件时，窗口大小会自动增加，获得最大的上下文范围。

`equalalways`

　　指明 Vim 在拆分或关闭窗口后总是等量调整窗口大小。这是个不错的设置项，可以确保在添加或删除窗口时公平分配窗口大小。

`eadirection`

　　定义了 `equalalways` 的方向管辖。可取值包括 `hor`、`ver` 或 `both`，分别指明 Vim 在水平方向、垂直方向或两个方向上平分窗口。每次拆分或删除窗口时都会应用这种调整。

`cmdheight`

　　设置命令行高度。如前所述，当只有一个窗口时，减少窗口高度会相应地增加命令行高度。你可以使用该配置项保持命令行高度。

`winminwidth` 和 `winminheight`

　　指明 Vim 在调整窗口大小时的最小宽度和高度。Vim 将其视为硬指标，意味着窗口大小绝不会小于这两个值。

10.5.3 窗口大小调整命令概要

表 10-6 总结了调整窗口大小的各种方式。配置项使用 `:set` 命令设置。

表 10-6：窗口大小调整命令

命令或配置项	类型	描述
CTRL-W =	vi 命令	平均调整所有窗口大小。当前窗口大小以 winheight 和 winwidth 配置项的设置为准。
:resize -*n*	ex 命令	减少当前窗口的高度。默认值为一行。
CTRL-W -	vi 命令	同 :resize -*n*
:resize +*n*	ex 命令	增加当前窗口的高度。默认值为一行。
CTRL-W +	vi 命令	同 :resize +*n*。
:resize *n*	ex 命令	将当前窗口的高度设为 *n*。默认值为窗口最大高度（除非指定了 *n*）。
CTRL-W CTRL-_ CTRL-W _	vi 命令	同 :resize *n*。
z *n* ENTER	vi 命令	将当前窗口的高度设为 *n*。
CTRL-W <	vi 命令	减少当前窗口的宽度。默认值为一列。
CTRL-W >	vi 命令	增加当前窗口的宽度。默认值为一列。
:vertical resize *n*	ex 命令	将当前窗口宽度设置为 *n*。默认使窗口尽可能的宽。
CTRL-W |	vi 命令	同 :vertical resize *n*。
cmdheight	配置项	设置命令行高度。
eadirection	配置项	定义 Vim 在哪个方向上（水平方向、垂直方向或两个方向）平分窗口大小。
equalalways	配置项	无论是由于切分还是关闭，当窗口的数量发生变化时，调整窗口大小，使其尺寸相同。
winheight	配置项	进入或创建窗口时，将窗口高度至少设置为指定的值。
winwidth	配置项	进入或创建窗口时，将窗口宽度至少设置为指定的值。
winminheight	配置项	定义窗口的最小高度，适用于所有新建的窗口。
winminwidth	配置项	定义窗口的最小宽度，适用于所有新建的窗口。

10.6 缓冲区及其与窗口之间的交互

Vim 使用缓冲区作为工作容器。全面理解缓冲区是一项必备技能，有不少命令可用于缓冲区操作和导航。不过，先花点时间熟悉一些缓冲区的基础知识，弄明白缓冲区在 Vim 会话期间的存在方式以及缘由，还是值得的。

打开几个窗口来编辑不同的文件，可以作为一个不错的着手点。例如，用 Vim 打开 *file1*。然后在该会话中，执行 :split file2 和 :split file3。这时你应该在 3 个独立的 Vim 窗口中打开了 3 个文件。

现在使用命令 :ls、:files 或 :buffers 列出缓冲区。你应该会看到 3 行输出，每一行都有编号，包括文件名以及额外信息。这些就是该会话的 Vim 缓冲区。每个文件一个缓冲区，每个缓冲区的编号都是唯一的，不会改变。在本例中，*file1* 位于缓冲区 1 中，*file2* 位于缓冲区 2 中，*file3* 位于缓冲区 3 中。

如果在命令后加上感叹号（!），会显示出每个缓冲区的额外信息。

缓冲区编号的右边是用于描述缓冲区的状态标志，其含义如表 10-7 所示。

表 10-7：缓冲区状态标志

状态标志	描述
u	未列名的缓冲区（unlisted buffer）。使用 ! 修饰符可以将其列出。要想查看未列出缓冲区的示例，可以输入 :help。Vim 会拆分当前窗口，在一个新窗口中显示内建帮助。普通的 :ls 命令不会显示 help 缓冲区，而 :ls! 则可以。
% 或 #	% 代表当前窗口的缓冲区。# 代表你使用 :edit# 命令切换到的缓冲区。% 和 # 是互斥关系。
a 或 h	a 代表活动缓冲区。这意味着该缓冲区已载入且可见。h 代表隐藏缓冲区。这种缓冲区虽然存在，但不可见于任何窗口。a 和 h 是互斥关系。
- 或 =	- 代表该缓冲区的 modifiable 配置项已关闭，文件为只读。= 代表无法被修改的只读缓冲区（例如，你没有写入该文件的文件系统权限）。- 和 = 是互斥关系。
+ 或 x	+ 代表已修改的缓冲区。x 代表发生了读取错误的缓冲。+ 和 x 是互斥关系。

我们可以通过 u 标志知道查看的是哪个帮助文件。例如，先后执行 :help split 和 :ls!，你会看到未列名的缓冲区指向内建的 Vim 帮助文件 *windows.txt*。

你现在已经可以列出 Vim 缓冲区，接下来就该讨论缓冲区及其用途了。

10.6.1 Vim 的特殊缓冲区

Vim 使用了一些特殊缓冲区来实现自己的各种目的。例如，上节中提到过的 help 缓冲区就是其中之一。这些缓冲区通常是无法编辑或修改的。

下面列举了 4 种特殊缓冲区：

directory

包含目录内容，也就是目录的文件列表（以及一些有帮助的命令提示）。这个方便的工具可以让你像在常规文本文件中那样在缓冲区中移动，通过按 ENTER 选择光标下的文件进行编辑。

help

包含 Vim 帮助文件（参见 8.4 节）。`:help` 将帮助文件载入该缓冲区。

QuickFix

包含由你的命令产生的错误列表（可以使用 `:cwindow` 查看）或位置列表（可以使用 `:lwindow` 查看）。不要编辑这个缓冲区的内容！它有助于程序员重复“编辑 - 编译 - 调试”周期。参见第 11 章。

scratch

这些缓冲区包含用于一般用途的文本。其中文本可以随时被丢弃。

10.6.2 隐藏缓冲区

隐藏缓冲区不会在任何窗口中显示。考虑到显示多窗口时有限的屏幕面积，这使得编辑多个文件更加容易，无需不断地检索和重写文件。例如，假设你正在编辑 *myfile* 文件，但是想临时去编辑另一个文件 *myOtherfile*。如果设置了 `hidden` 配置项，你可以通过 `:edit` myOtherfile 编辑 *myOtherfile*，Vim 会隐藏 *myfile* 缓冲区并在其位置显示 *myOtherfile*。可以使用 `:ls` 验证这一点并查看列出的两个缓冲区，*myfile* 被标记为“h（隐藏）”。

10.6.3 缓冲区相关命令

缓冲区相关的命令有将近 50 个。很多命令都很实用，但大部分超出了此次讨论的范围。当打开和关闭多个文件及窗口时，Vim 自动为你管理缓冲区。这些缓冲区命令允许你对缓冲区执行几乎任何操作，通常在脚本中用于处理卸载、删除和修改缓冲区等任务。

在日常使用中，有两个缓冲区命令值得了解，因为二者能够一次性处理多个文件：

`windo` *`cmd`*

“window do”的缩写（反正我们觉得这是个不错的助记词），这个伪缓冲区命令（其实是窗口命令）在每个窗口中执行命令 *cmd*。其操作方式就像是跳转到屏幕顶部（CTRL-W T），遍历每个窗口并在窗口中执行 :cmd。该命令仅在当前标签页中起作用，并在 :cmd 产生错误的窗口停止。出现错误的窗口成为新的当前窗口。有关 Vim 标签页的讨论，参见 10.8 节。

cmd 不允许更改窗口状态，也就是说，不能删除、添加窗口或改变窗口顺序。

cmd 可以是通过管道（|）符号串联起来的多个 ex 命令。这些命令按顺序执行，第一个命令依次在所有窗口执行，然后第二个命令依次在所有窗口中执行，依此类推。

来看一个 :windo 的实例。假设你在编辑多个 Java 文件，但其中有个类名因为某些原因忘记大写了。你需要将所有的 myPoorlyCapitalizedClass 改为 MyPoorlyCapitalizedClass。可以像下面这样使用 :windo 命令：

```
:windo %s/myPoorlyCapitalizedClass/MyPoorlyCapitalizedClass/g
```

很酷！

bufdo[!] *cmd*

该命令类似于 windo，但应用于编辑会话中的所有缓冲区，而不仅仅是当前标签页中的可见缓冲区。和 windo 一样，bufdo 会在出现错误的第一个缓冲区停止，将光标置于该缓冲区。

下面的例子将所有的缓冲区更改为 Unix 文件格式：

```
:bufdo set fileformat=unix
```

10.6.4 缓冲区相关命令概要

表 10-8 并不打算描述缓冲区相关的所有命令，仅是汇总了本节介绍过的部分命令和其他一些常用命令。

表 10-8：缓冲区相关命令汇总

命令	描述
:ls[!] :files[!] :buffers[!]	列出缓冲区和文件名。如果指定了 ! 修饰符，还会列出未列名的缓冲区。

表 10-8：缓冲区相关命令汇总（续）

命令	描述
:ball :sball	标记所有的参数或缓冲区（sball 将其在新窗口中打开）。
:unhide :sunhide	编辑所有已载入的缓冲区（sunhide 将其在新窗口中打开）。
:badd *file*	将 *file* 加入缓冲区列表。
:bunload[!]	从内存中卸载当前缓冲区。! 修饰符强制在不保存的情况下卸载有改动的缓冲区。
:bdelete[!]	卸载当前缓冲区并将其从缓冲区列表中删除。! 修饰符强制卸载有改动的缓冲区被，不做保存。
:buffer [*n*] :sbuffer [*n*]	移至第 *n* 个缓冲区。sbuffer 会打开一个新窗口。
:bnext [*n*] :sbnext [*n*]	移至当前缓冲区之后第 *n* 个缓冲区。sbnext 会打开一个新窗口。
:bNext [*n*] :sbNext [*n*] :bprevious [*n*] :sbprevious [*n*]	移至当前缓冲区之后或之前的第 *n* 个缓冲区。sbnext 和 sbprevious 会打开一个新窗口。
:bfirst :sbfirst	移至第一个缓冲区。sbfirst 会打开一个新窗口。
:blast :sblast	移至最后一个缓冲区。sblast 会打开一个新窗口。
:bmod [*n*] :sbmod [*n*]	移至第 *n* 个有改动的缓冲区。sbmod 会打开一个新窗口。

10.7 玩转窗口标签

Vim 通过在多个窗口中提供相同的标签遍历机制，将 vi 标签功能扩展到了窗口（有关 vi 标签的讨论，参见 7.5.3 节）。追随标签（following a tag）还能在新窗口中的相关位置打开文件。

标签窗口化（tag windowing）命令拆分当前窗口，追随标签来到与该标签匹配的文件，或是到与光标下的文件名匹配的文件：

:stag[!] *tag*

该命令拆分窗口，以显示找到的标签的位置。包含匹配标签的新文件成为当前窗口，光标被置于匹配标签处。如果未找到标签，则命令失败且不创建新窗口。

随着你对 Vim 的帮助系统越来越熟悉，可以使用 :stag 来拆分帮助窗口，而仅限于在同一个窗口中从一个文件跳到另一个文件。

CTRL-W] 或 CTRL-W ^

拆分窗口，在当前窗口之上创建一个新窗口。这个新窗口成为当前窗口，光标被置于匹配标签处。如果未找到标签，则命令失败。

CTRL-W G

拆分窗口，在当前窗口之上创建一个新窗口。在新窗口中，Vim 执行命令 :tselect *tag*，其中的 tag 是光标处的标签。执行该命令后，光标出现在新窗口中，新窗口成为当前窗口。如果未找到标签，则命令失败。

CTRL-W G CTRL-]

工作方式和 CTRL-W G 一样，只不过执行的 :tjump，而非 :tselect。

CTRL-W F 或 CTRL-W CTRL-F

拆分窗口，编辑光标处文件名所指的文件。Vim 在配置项 path 设置的目录中查找该文件。如果没有找到，则命令失败且不创建新窗口。

CTRL-W SHIFT-F

拆分窗口，编辑光标处文件名所指的文件。光标位于编辑该文件的新窗口内，确切位置由第一个窗口中文件名之后的行号指定。

CTRL-W G F

在新标签页中打开光标处文件名所指的文件。如果该文件不存在，则不创建新的标签页。

CTRL-W G SHIFT-F

在新标签页中打开光标处文件名所指的文件，光标的确切位置由第一个窗口中文件名之后的行号指定。如果该文件不存在，则不创建新的标签页。

10.8 标签页式编辑

你是否知道除了在多个窗口中进行编辑之外，还可以创建多个标签页？ Vim 允许你新建标签页，每个标签页都独立运行。在标签页中，你可以拆分屏幕、编辑多个文件 —— 在单个窗口中执行的操作几乎都可以照搬过来，但现在所有工作都可以在带有标签页的窗口中轻松管理。

很多 Chrome 和 Firefox 用户都非常熟悉并依赖标签页上网浏览，也很清楚标签页为高效的文本编辑所带来的价值[注4]。对于初学者而言，确实值得一试。

普通的 Vim 和 `gvim` 都支持标签页，但在 `gvim` 中要好用得多。创建和管理标签页的一些重要方法包括：

`:tabnew` *`filename`* 或 `:tabedit` *`filename`*

打开新标签页并编辑文件（可选）。如果未指定文件，Vim 打开一个包含空缓冲区的新标签页。

`:tabclose`

关闭当前标签页。

`:tabonly`

关闭其他所有标签页。如果这些标签页中有改动过的文件，只有在设置过 `autowrite` 配置项的情况下才会被关闭，该配置项会在关闭标签页前保存所有修改过的文件。

在 `gvim` 中，你只需单击屏幕顶部的标签页便可将其激活。如果配置了鼠标（参见 `mouse` 配置项），还可以使用鼠标激活基于字符的终端中的标签页。此外，使用 CTRL PAGEDOWN（向右移动一个标签页）和 CTRL PAGEUP（向左移动一个标签页）可以轻松地在标签页之间左右移动。如果你位于最左或最右的标签页，尝试继续向左或向右移动，Vim 会跳转到最右或最左的标签页。

`gvim` 支持标签页的右键弹出菜单，你可以从中打开新的标签页（编辑或不编辑新文件）和关闭标签页。

注 4： 在本书第 7 版问世之时，Chrome 甚至都还没出现呢！如果所有的浏览器都支持标签页，大家对此应该都很熟悉了。

图 10-4 展示了一组标签页（注意标签页的右键弹出菜单）。图 10-5 是同一组标签页在终端仿真器中的展示。

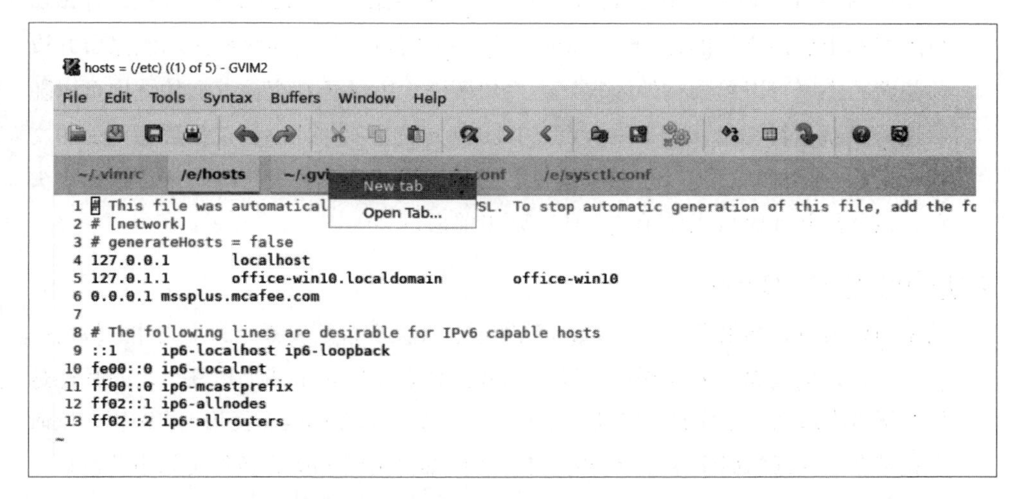

图 10-4：gvim 的标签页和标签页式编辑

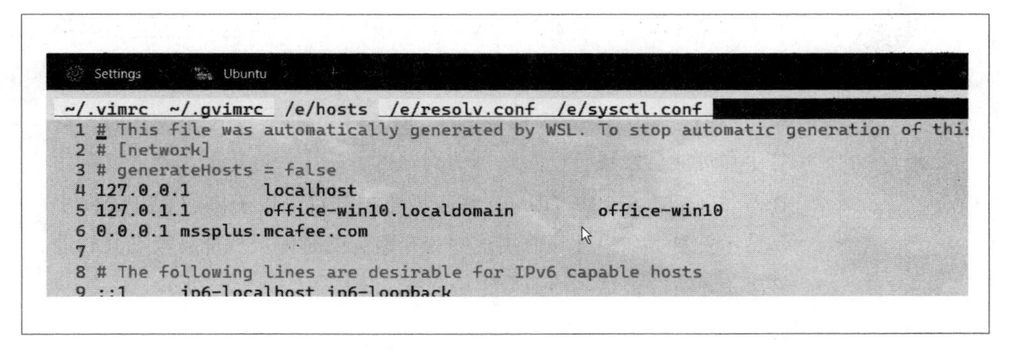

图 10-5：终端仿真器中的同一组标签页（Linux Vim）

Vim 命令行选项 -p 可以打开多个文件，每个文件各占一个单独的标签页。图 10-4 和 10-5 中对应的命令调用方式如下：

```
gvim -p ~/.vimrc ~/.gvimrc /etc/hosts /etc/resolv.conf/etc/sysctl.conf
vim -p ~/.vimrc ~/.gvimrc /etc/hosts /etc/resolv.conf/etc/sysctl.conf
```

10.9 关闭和退出窗口

有四种关闭窗口的方法，分别对应于退出、关闭、隐藏和关闭其他窗口：

CTRL-W Q或CTRL-W CTRL-Q

其实就是 :quit 命令的窗口版本。在最简单的形式中（只有一个窗口的单个会话），该命令的行为和 vi 的 :quit 命令一模一样。如果设置了 hidden 配置项，且该窗口是屏幕上引用文件的最后一个窗口，则关闭窗口，但文件缓冲区仍然保留并设为隐藏状态（可以检索文件内容）。换句话说，Vim 还在存储着文件，你可以随后返回重新进行编辑。如果没有设置 hidden 配置项，且该窗口是屏幕上引用文件的最后一个窗口，同时还有未保存的改动，为了避免丢失修改结果，该命令失败。但如果其他窗口还显示该文件，则当前窗口关闭。

CTRL-W C 或 :close[!]

关闭当前窗口。如果设置了 hidden 配置项，且该窗口是屏幕上引用文件的最后一个窗口，则关闭窗口并将缓冲区设为隐藏。如果窗口属于某个标签页，同时还是该标签页中最后一个窗口，则关闭窗口和标签页。只要你没有使用 ! 修饰符，该命令就不会丢弃任何尚未保存改动的文件。! 修饰符指明 Vim 无条件关闭当前窗口。

注意该命令没有使用CTRL-W CTRL-C，因为CTRL-C被 Vim 用于取消命令。因此，如果你尝试使用CTRL-W CTRL-C，CTRL-C会取消该命令。

与此类似，当 CTRL-W 命令与 CTRL-S 和 CTRL-Q 配合使用时，有些用户可能会发现自己的终端仿真器被卡死了，这是因为部分终端仿真器将 CTRL-S 和 CTRL-Q 解释为控制字符，用于停止和开始向屏幕显示信息。如果你在使用这些命令组合的时候发现屏幕莫名其妙地停滞了，可以尝试其他命令组合。

CTRL-W O，CTRL-W CTRL-O和 :only[!]

关闭除当前窗口之外的其他所有窗口。如果设置了 hidden 配置项，所有关闭的窗口隐藏其缓冲区。如果没有设置，如果窗口引用的文件有尚未保存的改动，则该窗口保留在屏幕上，除非加入 ! 修饰符，在这种情况下，所有的窗口全被关闭，未保存的内容也直接被丢弃。此命令的行为会受到 autowrite 配置项的影响：如果设置过，关闭所有窗口，窗口中尚未保存的内容会在窗口关闭前写入磁盘文件。

:hind[*cmd*]

退出当前窗口并隐藏缓冲区（如果没有其他窗口引用该缓冲区中的内容）。如果指定了 *cmd*，则隐藏缓冲区并执行 *cmd*。

表 10-9 总结了上述命令。

表 10-9：关闭和退出窗口的相关命令

命令	组合键	描述
:quit[!]	CTRL-W Q CTRL-W CTRL-Q	退出当前窗口。
:close[!]	CTRL-W C	关闭当前窗口。
:only[!]	CTRL-W O CTRL-W CTRL-O	使当前窗口称为唯一的窗口。
:hide[*cmd*]		关闭当前窗口并隐藏缓冲区，执行 *cmd*（如果指定的话）。

10.10 小结

正如你现在所认识到的，Vim 凭借其诸多窗口化功能提高了自身的编辑能力。Vim 让你可以轻松地即时创建和删除窗口。此外，Vim 还提供了原始的缓冲区命令。缓冲区作为底层的文件管理基础设施，可供 Vim 管理窗口编辑。这里再次体现了 Vim 为初学者带来多窗口编辑功能的同时，又为高级用户提供调整窗口化体验所需的工具。

第 11 章

面向程序员的 Vim 增强功能

文本编辑只是 Vim 的强项之一。优秀的程序员需要强大的工具来确保高效娴熟地工作。好的编辑器只是第一步，光靠它还不够。很多现代编程环境尝试提供全面的解决方案，而真正需要的其实是一款强大而高效的智能编辑器。

编程工具提供了额外的特性，从具有语法着色、自动缩进和格式化、关键字补全等功能的编辑器到全面成熟集成式开发环境（integrated development environments，IDE），后者提供了构建完备的开发生态系统所需的复杂元素。这些 IDE 有些价格昂贵（例如，Visual Studio[注 1]），有些则不用花钱（Eclipse），如今已经不用再时刻把计算机的资源需求放在首位，一些轻量级的东西通常也够用了。Vim 提供了一些类似于 IDE 的特性来实现轻量化，并通过来自社区的插件处理 IDE 功能 （如果想深入了解如何使用 Vim IDE 插件进行开发，参见第 15 章）。

程序员面对的任务不尽相同，相应的技术需求自然也各异。小型开发任务用简单的编辑器（提供比文本编辑稍多一点的功能）就可以轻松搞定。涉及多组件、多平台和多人员的大型开发任务几乎都要依赖于 IDE。但据说，许多资深的程序员认为，IDE 只是徒增了复杂性，成功率却没什么提高。

Vim 在简单的编辑器和庞大的 IDE 之间取得了很好的折中。它拥有的一些特性直到最近才在昂贵的 IDE 中提供。Vim 可以让你又好又快地完成编程任务，同时免去了 IDE 的开销和学习曲线。

注 1： 不要和 Microsoft 的 VS Code 搞混了，后者是免费的，用起来相当不错。

从代码折叠到语法高亮和自动格式化，大量的配置项、特性、命令以及函数，特别适合于减轻程序员的负担。Vim 为程序员提供了各种工具，只有用过之后才能体会到妙处。在高级功能方面，提供了一种叫作 QuickFix 的迷你 IDE，但它也有针对各种编程任务的便利特性。我们在本章中将介绍以下主题：

- 折叠
- 自动和智能缩进
- 关键字和 dictionary 单词补全
- 标签和扩展标签
- 语法高亮和高亮创作（highlight authoring）（自行编写）
- Vim 的迷你 IDE：QuickFix

11.1 折叠和大纲（大纲模式）

折叠允许你定义想查看的那部分文件。例如，在一段代码中，你可以隐藏花括号内的任何内容，或隐藏所有注释。折叠分为两个阶段。首先，选择任意一种折叠方法（我们很快会介绍），定义要折叠的文本块。然后，在使用折叠命令时，Vim 会隐藏设定的文本并在其位置留下一行占位符。图 11-1 显示了 Vim 中的折叠效果。你可以通过折叠占位符管理隐藏行。

```
  4
  5 int fcn (int v1, int v2)
  6   {
  7
  8   printf ("02 some line\n");
  9   printf ("03 some line\n");
 10 +--  2 lines: printf ("04 some line\n");-------------------
 12   printf ("06 some line\n");
 13
 14   if (thiscode == anysense)
 15 +--  8 lines: { ------------------------------------------
 23
 24   printf ("06 some line\n");
 25   printf ("06 some line\n");
 26 +--  4 lines: printf ("06 some line\n");-------------------
 30
 31  }
```

图 11-1：Vim 折叠示例（MacVim，配色方案：zellner）

在本例中，第 11 行因为一个 2 行的折叠（始于第 10 行）而被隐藏。第 15 行开始，有一处 8 行的折叠，隐藏了第 15 行至第 22 行。从第 26 行开始，有一处 4 行的折叠，隐藏了第 26 行至 29 行。

对于可折叠的行数，实际上并无限制。你甚至还可以创建嵌套折叠（在折叠中再折叠）。

有些配置项控制着 Vim 如何创建和显示折叠。另外，如果你花时间创建了很多折叠，Vim 还提供了两个方便的命令 `:mkview` 和 `:loadview`，可以跨会话保留折叠，省得你再重新创建了。

要想学会如何折叠，得下点功夫，但是一经掌握，你就获得了一种控制显示内容和显示时机的强大方法。可别低估这项技能的威力。正确且可维护的程序离不开多个层面上的稳健设计，因此优秀的编程技术通常要有大局观，只见森林而不见树木[注 2]——换句话说，为了了解宏观结构而忽略实现细节。

对于高级用户，Vim 提供了 6 种不同的方式来定义、创建和操作折叠。这种灵活性让你可以在不同的上下文中创建和管理折叠。最终，一旦创建好折叠，其打开、关闭以及行为对于所有的折叠命令都是相似的。

创建折叠的 6 种方法如下：

`diff`

由两个文件之间的差异定义折叠。

`expr`

由正则表达式定义折叠。

`indent`

折叠和折叠的层级对应于文本缩进和 `shiftwidth` 配置项的值。

`manual`

折叠和折叠级别由用户的 Vim 命令产生（例如，折叠段落）。

注 2：　实际上也可能“需要只见树木不见森林”。也许两者都要皆有吧。折叠功能都可以为你做到！

marker

　　由文件中的预定义（但可以是用户自定义）标记指定折叠边界。

syntax

　　折叠位置对应于程序设计语言的语义（例如，折叠C程序的函数块）。

你可以使用这些词作为 foldmethod 配置项的值。折叠操作（打开、关闭、删除等）对于所有方法都是相同的。我们将介绍手动（manual）折叠并详细讨论 Vim 的折叠命令。同时也会提及其他方法的部分细节，但这些内容比较复杂，有特定的使用场合，超出了此次概述的范围。希望我们的叙述能促使你探索其他这些方法的丰富功能。

好了，让我们来简要介绍一下重要的折叠命令，并通过一个简短的示例来了解折叠的用法。

11.1.1 折叠命令

折叠命令均以 z 开头。作为一种助记方法，想想一张折叠过的纸从侧面看的形状（正确折叠时），是不是像字母“z”。

有大概 20 个 z 折叠命令。使用这些命令，你可以创建或删除折叠、打开或关闭折叠（显示或隐藏折叠过的文本）以及切换折叠的显示或隐藏状态。以下是命令的简短说明：[注3]

zA

　　递归切换折叠状态。

zC

　　递归关闭折叠。

zD

　　递归删除折叠。

zE

　　删除所有折叠。

注 3：　注意，不要把“删除折叠”和 Vim 的 delete 命令搞混了。删除折叠是去掉隐藏行的视觉语义，而删除折叠内容则恰如字面所示！

zf

创建折叠，范围从当前行开始到接下来光标移动后的位置。

[*count*] zF

创建范围为 *count* 行的折叠，从当前行开始。

zM

将配置项 foldlevel 设置为 0。

zN，zn

设置（zN）或复位（zn）foldenable 配置项。

zO

递归打开折叠。

za

切换一个折叠的状态。

zc

关闭一个折叠。

zd

删除一个折叠。

zi

切换配置项 foldenable 的值。

zj，zk

将光标移至下一个折叠的开头（zj）或上一个折叠的结尾（zk）。注意，可以用移动命令 j 和 k 的含义来帮助记忆这两个折叠命令。

zm，zr

递减（zm）或递增（zr）配置项 foldlevel 的值（以 1 为单位）。

zo

打开一个折叠。

不要把删除折叠和删除文本搞混了。“删除折叠”(zd)命令可以删除(取消)已定义的折叠。被删除的折叠不会影响到该折叠中包含的文本。你可能注意到我们曾不止一次提到过这一点。我们其中一位作者就犯过这种错误，他觉得他只是删除了折叠，但其实删除的却是文本内容。当然，这种事发现的时候往往已经太迟了。

zA、zC、zD、zO之所以被称为“递归”的原因在于指定折叠中嵌套的所有折叠进行操作。

11.1.2 手动折叠

如果你懂得 Vim 移动命令，那么在精通手动折叠命令之路上已经成功一半了。

例如，要想折叠 3 行文本，可以使用下列命令之一：

```
3zF
2zfj
```

3zF 从当前行开始，连续对 3 行文本执行 zF 折叠命令。2zfj 从当前行开始执行 zf 折叠命令，直到移动命令 j 使光标所至的行（在本例中，折叠范围为 2 行）。

我们来尝试一个适用于 C 程序员的复杂命令。要想折叠 C 代码块，先将光标定位在代码块的起始花括号或闭合花括号（{ 或 }），然后输入 zf%（记住，% 可以将光标移至匹配的花括号）。

输入 zfgg，可以创建从光标所在行至文件起始行的折叠（gg 可以跳转到文件开头）。

通过例子会更容易理解折叠。我们用一个简单的文件，在其中创建并处理折叠，同时观察其行为。另外我们也将看到 Vim 提供的一些增强的可视化折叠提示。

先来看图 11-2 中的示例文件，其中包含一些(无意义的)C 代码。一开始没有任何折叠。

图中有几处需要注意。首先，Vim 在屏幕左侧显示了行号。我们建议始终开启行号显示（使用 number 配置项），可以增加辨别文件位置的视觉信息，在本例中，行号在部分内容被折叠后显得更有价值。Vim 会告知你有多少行没有显示，行号可用于确认并强调该信息。

```
 1
 2
 3
 4
 5 int fcn (int v1, int v2)
 6   {
 7
 8   printf ("02 some line\n");
 9   printf ("03 some line\n");
10   printf ("04 some line\n");
11   printf ("05 some line\n");
12   printf ("06 some line\n");
13
14   if (thiscode == anysense)
15     {
16
17     printf ("07 some other line\n");
18     printf ("08 some other line\n");
19     printf ("09 some other line\n");
20     printf ("10 some other line\n");
21
22     }
23
24   printf ("07 some line\n");
25   printf ("08 some line\n");
26   printf ("09 some line\n");
27   printf ("10 some line\n");
28   printf ("11 some line\n");
29   printf ("12 some line\n");
30
31   }
```

图 11-2：没有折叠的示例文件（MacVim，配色方案：zellner）

另外注意行号左侧的灰色部分。这部分保留用于更多的折叠视觉提示。当我们创建和使用折叠时，Vim 会将视觉提示呈现在其中。

在图 11-2 中，光标位于第 18 行。输入 zf2j，将该行与接下来的两行折叠起来。效果如图 11-3 所示。

注意 Vim 如何使用 +-- 作为前缀创建易于识别的标记，如何显示折叠占位符中第一行折叠文本。 另一个视觉提示是 Vim 在屏幕最左侧插入 + 的位置。

还是在该文件中，我们接下来要折叠 if 语句之后，包含花括号在内的代码块。将光标定位在任意一个花括号，然后输入 zf%。[注4] 效果如图 11-4 所示。

注 4：折叠是通用的；你可以运用第一部分介绍的文本对象的概念，在对象内的任意位置进行折叠。在本例中，则是花括号内的任意位置，对应的 vi 命令是 za{。

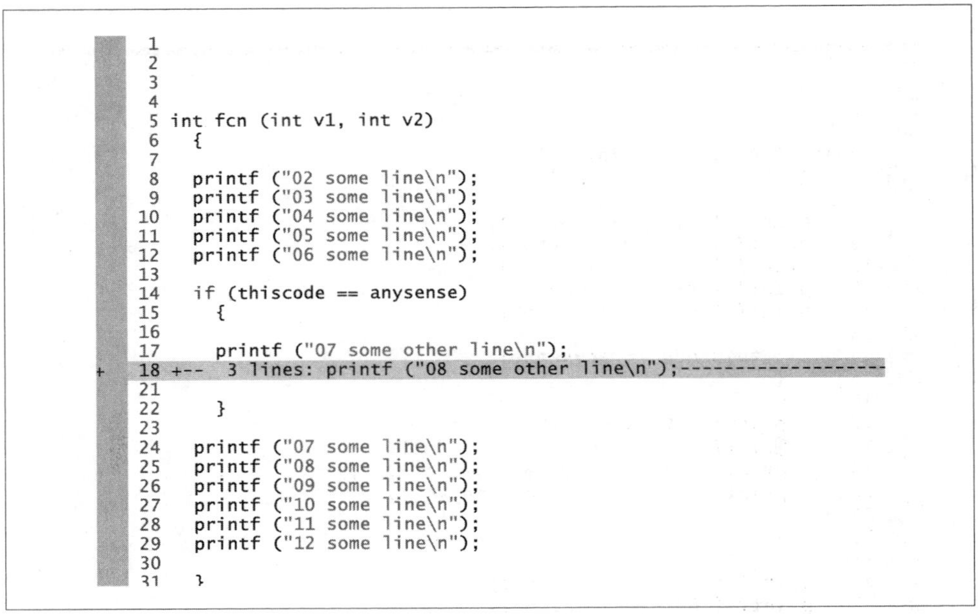

```
 1
 2
 3
 4
 5 int fcn (int v1, int v2)
 6   {
 7
 8   printf ("02 some line\n");
 9   printf ("03 some line\n");
10   printf ("04 some line\n");
11   printf ("05 some line\n");
12   printf ("06 some line\n");
13
14   if (thiscode == anysense)
15     {
16
17     printf ("07 some other line\n");
18 +--  3 lines: printf ("08 some other line\n");-----------------
21
22     }
23
24   printf ("07 some line\n");
25   printf ("08 some line\n");
26   printf ("09 some line\n");
27   printf ("10 some line\n");
28   printf ("11 some line\n");
29   printf ("12 some line\n");
30
31   }
```

图 11-3：在第 18 行处折叠起来的 3 行文本（MacVim，配色方案：zellner）

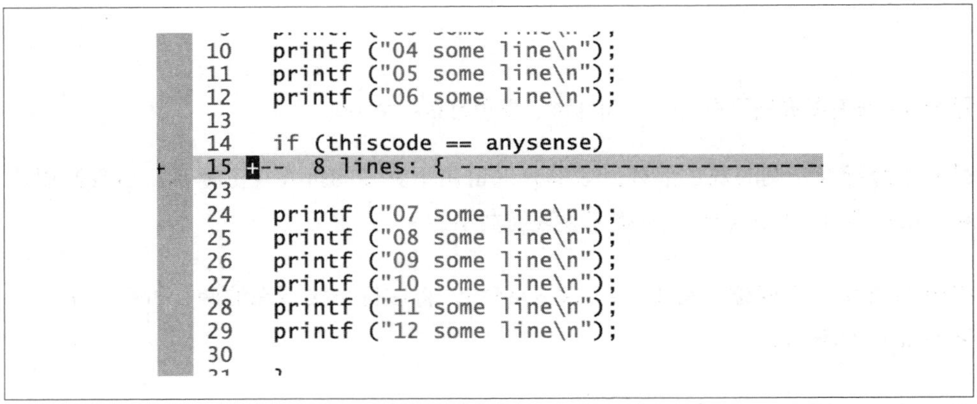

```
10   printf ("04 some line\n");
11   printf ("05 some line\n");
12   printf ("06 some line\n");
13
14   if (thiscode == anysense)
15 +--  8 lines: { ----------------------------
23
24   printf ("07 some line\n");
25   printf ("08 some line\n");
26   printf ("09 some line\n");
27   printf ("10 some line\n");
28   printf ("11 some line\n");
29   printf ("12 some line\n");
30
```

图 11-4：if 语句之后的折叠代码块（MacVim，配色方案：zellner）

现在共有 8 行代码被折叠起来，其中 3 行包含在先前创建的折叠中。这叫作嵌套折叠。注意，嵌套折叠并没有指示标志。

我们下一个实验是将光标定位在第 25 行，向上将包括 `fcn` 函数声明的所有行折叠起来。这次我们要使用 Vim 的搜索移动命令。折叠命令以 `zf` 起始，使用 `?int fcn` 向后搜索到 `fcn` 函数的开头处，然后按 ENTER 键。效果如图 11-5 所示。

```
 3
 4
+ 5 +-- 21 lines: int fcn (int v1, int v2)---
 26   printf ("09 some line\n");
 27   printf ("10 some line\n");
 28   printf ("11 some line\n");
 29   printf ("12 some line\n");
```

图 11-5：折叠至函数开头处（MacVim，配色方案：zellner）

如果你计算行数并创建一个跨越其他折叠的折叠（例如，3zf），则被跨越的折叠所包含的全部行都被计为一行。例如，如果光标位于第 30 行，第 31-35 行被隐藏在一个折叠中，屏幕上的再下一行则显示为 36 行，3zf 会创建一个包含三行的新折叠：第 30 行、被折叠的 5 行（第 31-35 行）以及第 36 行。晕了？确实有点。你可以这么想：zf 命令计算行数的规则是“只统计看得见的行”。

让我们再来看看其他特性。首先，使用命令 zO（z 后面的是字母 O，不是数字 0）打开所有折叠。这时我们会在左侧灰色区域看到一些折叠相关的视觉提示，如图 11-6 所示。该区域中的每一列称为折叠列。

在该图中，每个折叠的第一行都被标记为减号（-），其他行被标记为竖线或管道符号（|）。最左侧一列代表范围最大（最外层）的折叠，最右侧一列代表最内层的折叠。如你所见，第 5-25 行的折叠层级最低（在本例中为 1），第 15-22 行的折叠层级次之（2），第 18-20 行的折叠层级最高。

默认情况下，这么好用的视觉提示却是被关闭的（我们也不知道原因，可能是因为占用了屏幕空间）。可以使用下列命令开启并设置左侧空白区域宽度：

```
:set foldcolumn=n
```

其中，*n* 是要使用的列数（最大为 12，默认为 0）。在图 11-6 中，我们选择的是 foldcolumn=5。如果你观察得够仔细，没错，在先前的图示中，我们是将 foldcolumn 设为 3。为了追求更好的视觉效果，才将该值改为了 5。

现在创建更多的折叠来观察效果。

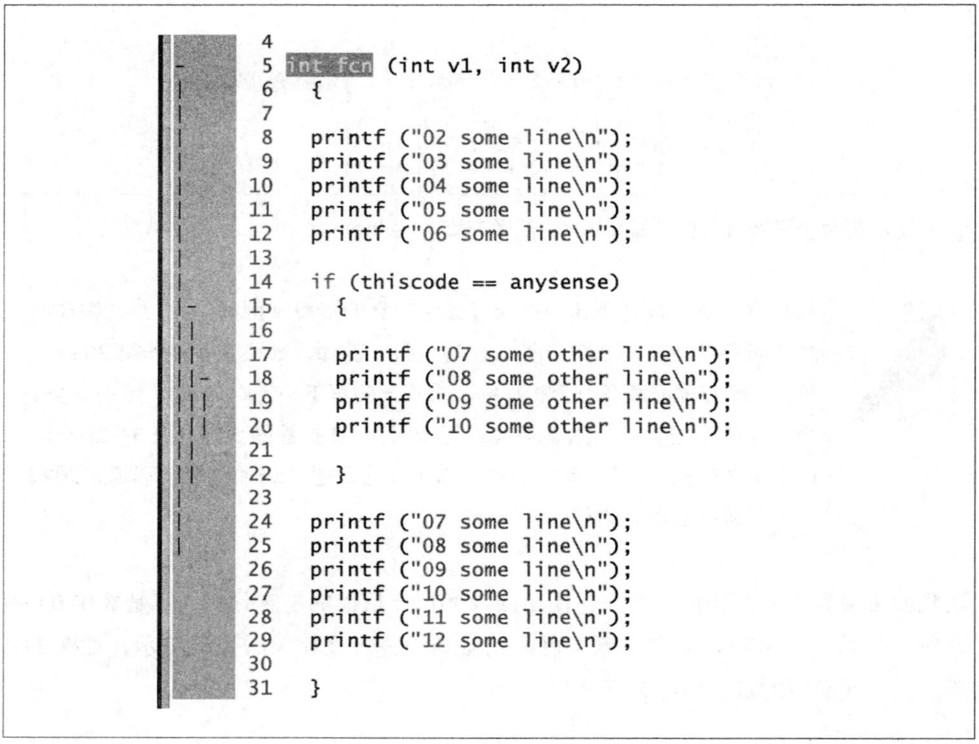

```
 4
-  5 int fcn (int v1, int v2)
|  6   {
|  7
|  8   printf ("02 some line\n");
|  9   printf ("03 some line\n");
| 10   printf ("04 some line\n");
| 11   printf ("05 some line\n");
| 12   printf ("06 some line\n");
| 13
| 14   if (thiscode == anysense)
|- 15     {
|| 16
|| 17     printf ("07 some other line\n");
||- 18     printf ("08 some other line\n");
||| 19     printf ("09 some other line\n");
||| 20     printf ("10 some other line\n");
|| 21
|| 22     }
| 23
| 24   printf ("07 some line\n");
| 25   printf ("08 some line\n");
  26   printf ("09 some line\n");
  27   printf ("10 some line\n");
  28   printf ("11 some line\n");
  29   printf ("12 some line\n");
  30
  31   }
```

图 11-6：已打开的所有折叠（MacVim，配色方案：zellner）

首先，将光标关闭最内层的折叠（第 18-20 行）：将光标定位在该折叠范围内，输入 zc（关闭折叠）。效果如图 11-7 所示。

看到灰色区域的变化没？ Vim 负责维护视觉提示，简化了折叠的可视化及管理。

接下来看看典型的"单行（one line）"命令对于折叠的效果。将光标定位在折叠行（第 18 行）。输入 ~~（切换当前行内所有字符的大小写）。不过，这是在设置过 Vim 配置项 tildeop 的情况下，更改内联大小写的方法；否则要使用 g~~。记住，在 Vim 中，~是一个对象操作符（除非设置了 compatible 配置项），用于切换字符大小写。接下来，输入 zo，打开折叠。效果如图 11-8 所示。

太厉害了。行命令或操作符可以直接作用于整个被折叠的内容！我们承认，这个例子看起来可能有点刻意，但却很好地展示了这项特性的潜力。

```
-     5 int fcn (int v1, int v2)
|     6   {
|     7
|     8   printf ("02 some line\n");
|     9   printf ("03 some line\n");
|    10   printf ("04 some line\n");
|    11   printf ("05 some line\n");
|    12   printf ("06 some line\n");
|    13
|    14   if (thiscode == anysense)
|-   15     {
||   16
||   17     printf ("07 some other line\n");
||+  18 +----  3 lines: printf ("08 some other line\n");----------
||   21
||   22     }
|    23
|    24   printf ("07 some line\n");
|    25   printf ("08 some line\n");
     26   printf ("09 some line\n");
     27   printf ("10 some line\n");
     28   printf ("11 some line\n");
     29   printf ("12 some line\n");
     30
     31   }
```

图 11-7：关闭第 18-20 行的折叠之后（MacVim，配色方案：zellner）

```
|     14    if (thiscode == anysense)
|-    15      {
||    16
||    17      printf ("07 some other line\n");
||-   18 █    PRINTF ("08 SOME OTHER LINE\N");
|||   19      PRINTF ("09 SOME OTHER LINE\N");
|||   20      PRINTF ("10 SOME OTHER LINE\N");
||    21
||    22      }
```

图 11-8：修改被折叠内容的大小写（MacVim，配色方案：zellner）

如你所见，对折叠的任何操作都会影响到整个被折叠的内容。例如，在图 11-7 中，如果你将光标定位在第 18 行（此处隐藏了第 18-20 行），输入 dd（删除行），该折叠及其包含的 3 行内容全部都会被删除。

注意，Vim 在管理编辑操作时并不考虑折叠，这一点很重要，因此，撤销命令会将整个编辑操作全部撤销。如果我们在执行过删除操作之后输入 u（撤销），被删除的 3 行内容都会被恢复。撤销功能与本节讨论的“单行”操作相互独立，尽管有时候两者的行为存在相似之处。

现在是熟悉折叠列中的各种视觉提示的好时机。这些提示可以使你轻松地知道要处理的折叠。例如，zc（关闭折叠）命令会关闭包括光标所在行的最内层折叠。你可以通过折叠列中的竖线了解该折叠的范围。一旦掌握，打开、关闭、删除折叠等操作就会变成你的第二天性。

11.1.3 大纲

下面这个简单的（也是臆造的）文件使用制表符进行缩进：

```
1. This is Headline ONE with NO indentation and NO fold level.
    1.1 This is sub-headline ONE under headline ONE
        This is a paragraph under the headline. Its fold
        level is 2.
    1.2 This is sub-headline TWO under headline ONE.
2. This is Headline TWO. No indentation, so no folds!
    2.1 This is sub-headline ONE under headline TWO.
        Like the indented paragraph above, this has fold level 2.
            - Here is a bullet at fold level 3.
                A paragraph at fold level 4.
            - Here is the next bullet, again back at fold level 3.
        And, another set of bullets:
            - Bullet one.
            - Bullet two.
    2.2 This is sub-heading TWO under Headline TWO.
3. This is Headline THREE.
```

你可以使用 Vim 折叠，以伪大纲（pseudo-outline）的形式查看文件。将折叠方法定义为 indent：

```
:set foldmethod=indent
```

在该文件中，我们将 shiftwidth（制表符缩进层级）定义为 4。现在就可以基于行缩进打开和关闭折叠了。每碰到缩进行中的一处 shiftwidth（在本例中为 4 列的倍数），其折叠层级增加 1。例如，文件中的子标题缩进了 1 个 shiftwidth（或者说 4 列），因此对应的折叠层级为 1。缩进 8 列（2 个 shiftwidth）的行，对应的折叠层级为 2，依此类推。

你可以通过 foldlevel 配置项控制所看到的折叠层级。该配置项取值为整数，仅显示折叠层级小于或等于此整数的那些行。在本例中，我们只显示一级标题：

```
:set foldlevel=0
```

显示效果如图 11-9 所示。

```
+ s/foldfileC_2.c    s/foldfile.txt
   1 1. This is Headline ONE with NO indentation and NO fold level.
+  2 +--  4 lines: 1.1 This is sub-headline ONE under headline ONE-------------
   6 2. This is Headline TWO.  No indentation, so no folds!
+  7 +--  9 lines: 2.1 This is sub-headline ONE under headline TWO.------------
  16 3. This is Headline THREE.
~
~
```

图 11-9：:set foldlevel=0 的显示效果（Linux gvim，配色方案：zellner）

将 foldlevel 设置为 2，折叠层级小于或等于 2 的所有内容都会被显示，如图 11-10 所示。

```
+ s/foldfileC_2.c    s/foldfile.txt
      1 1. This is Headline ONE with NO indentation and NO fold level.
-     2     1.1 This is sub-headline ONE under headline ONE
|-    3         This is a paragraph under the headline.  Its fold
||    4         level is 2.
|     5     1.2 This is sub-headline TWO under headline ONE.
      6 2. This is Headline TWO.  No indentation, so no folds!
-     7     2.1 This is sub-headline ONE under headline TWO.
|-    8         Like the indented paragraph above, this has fold level 2.
||+   9 +----  3 lines: - Here is a bullet at fold level 3.-------------------
||   12         And, another set of bullets:
||+  13 +----  2 lines: - Bullet one.-----------------------------------------
|    15     2.2 This is heading TWO under Headline TWO.
     16 3. This is Headline THREE.
~
```

图 11-10：:set foldlevel=2 的显示效果（Linux gvim，配色方案：zellner）

使用这项技术检查文件时，可以通过 Vim 的折叠递增（zr）和折叠递减（zm）命令快速展开和收起可见的层次细节。

11.1.4 其他折叠方式浅述

我们无法在此介绍其他所有的折叠方法，但为了激发你的兴趣，我们将概述一下 syntax 折叠方法。

继续沿用先前的 C 源代码文件，但这次我们让 Vim 根据 C 语言的语法自行决定该如何折叠。C 语言的折叠规则颇为复杂，带这段简单的代码足以演示 Vim 的自动折叠功能。

首先，使用 zE 清除所有折叠，确保所示代码在折叠列区域内没有任何视觉标记。

使用下列命令确保启用折叠功能：

```
:set foldenable
```

手动折叠之前无需多此一举，因为 foldenable 默认就是启用的，foldmethod 的默认值为 manual。现在，输入下例 Vim ex 命令：

```
:syntax on
:set foldmethod=syntax
```

折叠效果如图 11-11 所示。

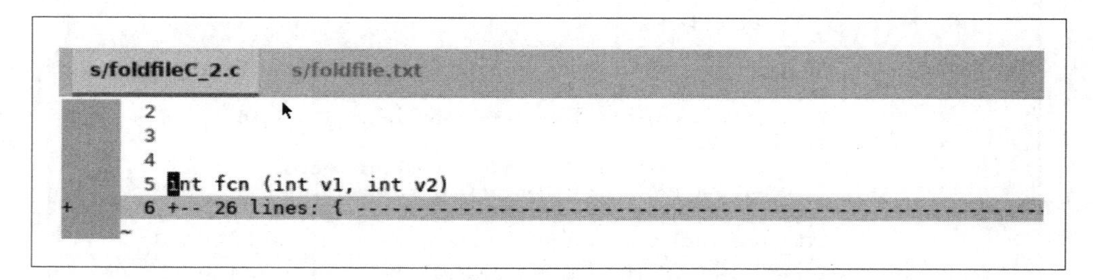

图 11-11：:set foldmethod=syntax 的显示效果（Linux gvim，配色方案：zellner）

Vim 折叠了所有的括号代码块，因为在 C 语言中，这些都属于逻辑语义块（logical semantic blocks）。在本例中，如果你在第 6 行出输入 zo，Vim 会展开该折叠，显示出嵌套在其内部的其他折叠。

每种折叠方法采用不同的规则定义折叠。我们鼓励大家亲自动手尝试，阅读 Vim 文档，从中更多地了解这些强大的方法。

Vim 的 diff 模式（也可以通过 vimdiff 命令调用）集折叠、窗口化、语法高亮于一体，我们随后会讨论这项功能。如图 11-12 所示，该模式可以显示出文件（通常是同一文件的两个版本）之间的差异。

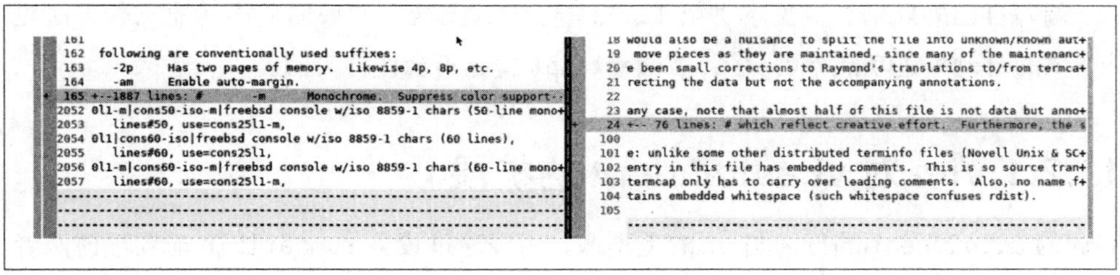

图 11-12：Vim diff 以及其中的折叠（Linux gvim，配色方案：zellner）

11.2 自动缩进和智能缩进

Vim 提供了 4 种自动缩进文本的方法，其复杂性和功能性依次递增。在最简单的方法中，Vim 的行为方式基本上和 vi 的 `autoindent` 配置项一样，而且 Vim 也的确使用相同的命令来描述该方法（关于 vi 如何进行自动缩进，参见 7.5.1 节）。

你可以在 `:set` 命令中指定缩进方法，比如：

```
:set cindent
```

按复杂程度递增的顺序，Vim 提供了下列方法：

`autoindent`

　　自动缩进非常接近于 vi 的自动缩进。删除缩进后光标的位置略有不同。

`smartindent`

　　比 `autoindent` 稍微强大一些，可以识别一些用于定义缩进级别的基本 C 语言语法原语。

`cindent`

　　顾名思义，`cindent` 具备更强的 C 语言语法理解能力，在简单的缩进层级之外引入了复杂的自定义缩进功能。例如，可以 `cindent` 进行配置，使其匹配你（或者你的老板）偏好的编码风格规则，包括但不限于如何缩进花括号（{}）、在哪里放置花括号、是缩进单个花括号还是一对花括号，甚至还能设置缩进如何匹配内含的文本。

`indentexpr`

　　允许你自定义表达式，Vim 会在每行起始处评估该表达式。你可以通过这项功能编写自己的规则。详见本书第 12 章以及 Vim 文档。如果你觉得其他三种方法提供的自动缩进功能不够灵活，indentexpr 肯定不会让你失望。

11.2.1 Vim 对 vi autoindent 的扩展

Vim 的 autoindent 的行为与 vi 的差不多，可以通过设置 compatible 配置项使两者相同。Vim 对 vi 的 autoindent 作了一处很好的扩展：能够识别文件的“类型”并在文件中的注释换行时插入适当的注释字符。该功能可以与 wrapmargin 配置项（文本从窗口右边界起的第 wrapmargin 个字符处折行）或 textwidth 配置项（当一行中的字符数超过 textwidth 时折行）协同工作。图 11-13 显示了相同输入的结果，分别使用 Vim 和 vi 的 autoindent。

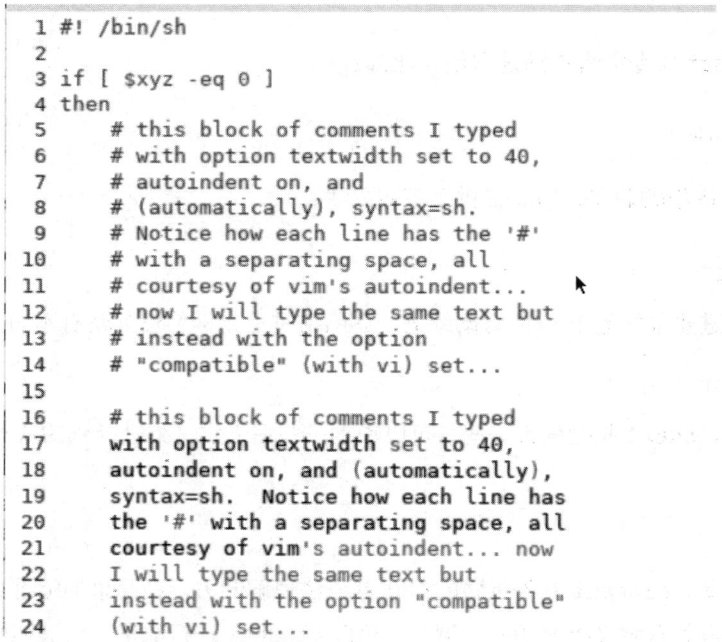

```
 1 #! /bin/sh
 2
 3 if [ $xyz -eq 0 ]
 4 then
 5         # this block of comments I typed
 6         # with option textwidth set to 40,
 7         # autoindent on, and
 8         # (automatically), syntax=sh.
 9         # Notice how each line has the '#'
10         # with a separating space, all
11         # courtesy of vim's autoindent...
12         # now I will type the same text but
13         # instead with the option
14         # "compatible" (with vi) set...
15
16         # this block of comments I typed
17         with option textwidth set to 40,
18         autoindent on, and (automatically),
19         syntax=sh.  Notice how each line has
20         the '#' with a separating space, all
21         courtesy of vim's autoindent... now
22         I will type the same text but
23         instead with the option "compatible"
24         (with vi) set...
```

图 11-13：Vim 和 vi 的 autoindent 之间的差异（Linux gvim，配色方案：zellner）

注意，在第二个文本块中（从第 16 行开始），绝大部分行缺少开头的注释字符。另外，设置了 compatible 配置项之后（为了模拟 vi 的行为），则不再识别 textwidth 配置项，文本之所以换行是因为设置了 wrapmargin 配置项。

11.2.2 smartindent

smartindent 略微扩展了 autoindent。尽管确实管用，但如果你使用类似于 C 的编程语言编写代码，语法非常复杂，最好还是选择 cindent 吧。

smartindent 会在下列情况下自动进行缩进：

- 在含有左花括号（{）的行之后出现的新行。
- 新行以配置项 cinwords 指定的关键字起始。
- 如果光标位于含有花括号的行，并且用户使用 O（在上方打开行）命令创建了一个新行，则在以右括号（}）起始的行之前创建新行。
- 内容为右花括号的新行。

一般来说，在使用 smartindent 时，应该启动 autoindent：

```
:set autoindent
```

11.2.3 cindent

使用类 C 语言（C-like languages）编程的普通 Vim 用户会希望使用 cindent 或 indentexpr 进行编码。尽管 indentexpr 更强大、更灵活、可定制更好，但 cindent 对于大多数编程任务更实用。它拥有大量可以满足大多数程序员的需求（和企业标准）的设置。不妨先尝试一下默认设置，如果不符合你的标准，可以再对其进行自定义。

如果 indentexpr 配置项不为空，则会覆盖 cindent 的操作。

有三个配置项定义了 cindent 的行为：

cinkeys

定义了指示 Vim 重新估算缩进的按键。

cinoptions

定义缩进样式。

cinwords

定义指示 Vim 何时应该在后续行添加额外缩进的按键。

cindent 使用 cinkeys 指定的字符串作为定义如何进行缩进的规则集。我们将检查 cinkeys 的默认值，然后介绍可以定义的其他设置及其工作方式。

cinkeys 配置项

cinkeys 是一个以逗号分隔的值列表：

```
0{,0},0),:,0#,!^F,o,O,e
```

下面将这些值按照其各自的上下文分别列出，并简要描述相应的行为：

0{

0（数字 0）为下一个字符 { 设置行首上下文。也就是说，如果你输入的字符 { 是某行的第一个字符，Vim 将重新估算该行的缩进。

不要将该配置项中的 0 与“在此处使用零缩进”搞混了，后者是 C 语言缩进的常见做法。这里的 0 表示“如果字符在行首输入”，而不是“强制字符出现在行首”。

{ 的默认缩进为 0：除了当前缩进层级，不添加任何缩进。下面的例子显示了典型的效果：

```
main ()
{
    if ( argv[0] == (char *)NULL )
    { ...
```

0}, 0)

如前所述，这两个设置定义了行首上下文。因此，如果你在行首输入了 } 或)，Vim 将重新估算该行的缩进。

} 的默认缩进同与其匹配的 { 一致。) 的默认缩进为 1 个 shiftwidth。

:

这是C语言的标签（lable）或case语句上下文。如果在标签或case语句末尾输入 :（冒号），Vim会重新估算缩进。

:的默认缩进量是一列，也就是行中的第一列。别把它和零缩进搞混了，后者是让新行与前一行保持相同的缩进层级。当缩进为一列时，新行的第一个字符将向左移动到第一列。

0#

这也是行首上下文。如果在行首输入#，Vim将重新估算该行的缩进。

默认缩进量和前一个定义中的相同，也就是把整行移到第一列。这与在第一列开始宏定义（#define ...）的做法一致。

!^F

特殊字符!将紧随其后的字符定义为重新估算当前行缩进的触发器。在本例中，触发字符是^F，表示CTRL-F，所以Vim的默认行为是在你输入CTRL-F时重新估算一行的缩进。

o

这个上下文定义了创建的任何新行，无论是在插入模式中按ENTER键，还是使用o（打开新行）命令。

O

这个上下文涵盖了使用O命令在当前行上方创建新行。

e

这是*else*上下文。如果某行以单词else起始，Vim将重新估算该行的缩进。直到输入*else*的最后一个“e”，Vim才能识别该上下文。

cinkeys语法规则

每个cinkeys定义都包含一个可选前缀（!、*或0）和重新估算缩进的按键。各个前缀的含义如下：

!

指明会使Vim重新估算当前行缩进的按键（默认为CTRL-F）。你可以在不覆

盖现有设置的情况下添加额外的按键定义（通过 += 语法）。换句话说，你可以提供多个按键来触发缩进行。在 ! 定义中添加的任何键也仍然保留其原有的功能。

*

要求 Vim 在插入按键输入前重新估算当前行的缩进。

0

设置行首上下文。仅当行首输入的字符是 0 之后指定的按键时才会重新估算缩进。

注意 vi 和 Vim 中“一行的首字符”和“一行的首列”之间的区别。输入 ^ 会移至一行的第一个字符，但不一定是第一列（左对齐）；用 I 插入文本的时候也是如此。同理，前缀 0 适用于输入一行的首个字符，不管是否左对齐。

cinkeys 有一些特殊的按键名称，提供了覆盖保留字符（例如那些前缀字符）的方法。以下是特殊按键选项：

<>

使用该形式定义字面按键（keys literally）。对于特殊的非打印键，则使用拼写版本。例如，你可以用 <:> 定义字面字符“:”，非打印键“上箭头”定义为 <Up>。

^

使用脱字符（^）表示控制字符。例如 ^F 定义按键 CTRL-F。

o，O，e：

我们在 cinkeys 的默认值中已经看到过这些特殊按键。

= *word*，=~ *word*

用于定义应接受特殊行为的单词。一旦匹配字符串 *word*，如果它是新行的起始文本，Vim 将重新估算缩进。

=~*word* 形式与 =*word* 相同，只是它忽略大小写。

术语“单词（word）”是一个不幸的误称。准确地说，它表示单词的开头（beginning of word），因为只要字符串匹配就会触发，但并不要求匹配的字符串结尾非得是单词的结尾。Vim 文档给出了 end 匹配 end 和 endif 的例子。

cinwords 配置项

当输入 cinwords 定义的关键字时，会触发下一行的额外缩进。该配置项的默认值为：

```
if,else,while,do,for,switch
```

这涵盖了 C 语言中的标准关键字。

这些关键字区分大小写。在进行检查的时候，Vim 甚至会忽略 ignorecase 配置项的设置。如果你需要大小写不同的关键字，则必须在 cinwords 中指定所有的大小写组合。

cinoptions 配置项

cinoptions 控制着 Vim 在 C 语言上下文中如何重新缩进行。其中包括控制各种代码格式化标准的设置，比如：

- 以花括号闭合的代码块的缩进量
- 是否要在条件语句之后的花括号前插入新行
- 如何相对于右花括号对齐代码块

cinoptions 的默认值定义了 29 个设置：

```
s,e0,n0,f0,{0,}0,^0,:s,=s,l0,b0,gs,hs,ps,ts,is,+s,c3,C0,/0,(2s,us,U0,w0,W0,
    m0,j0,)20,*30
```

你应该能从这冗长的默认值中感受到 Vim 有多少种自定义缩进的方式了吧。大多数使用 cinoptions 的自定义缩进依据上下文块略有不同。有些自定义缩进指定义了扫描距离（要在文件中前后移动多少行），以便建立正确的上下文并恰当地估算缩进。

更改各种上下文缩进量的设置会增加或降低缩进层级。此外，你也可以重新定义用于缩进的列数。 例如，设置 cinoptions=f5 会使得左大括号（{）缩进五列，只要它不在其他花括号内。

定义缩进增量的另一种方法是使用 shiftwidth 的某个倍乘数（不必是整数）。在前一个例子中，如果将 w 追加到定义结尾（即 cinoptions=f5w），则左花括号将移动 5 个 shiftwidth。

在任意数值前插入减号（-），可向左改变缩进层级（负向缩进）。

修改该配置项的值时一定要多加小心。记住，使用 = 语法会彻底重定义配置项。因为 cinoptions 包含了大量的设置，最好是使用非常精细的命令来进行修改：+= 用于增加设置，-= 用于删除现有设置，-= 后接 += 可以改变现有设置。

下面简要地列出了你最有可能用到的值。这只占了 cinoptions 设置的一小部分，你可能会发现其他（甚至所有）设置在自定义缩进时也能派上用场。

>*n*（默认为 *s*）

任何被标明缩进的行应该缩进的位置为 n。默认值为 s，意味着一行的默认缩进量是 1 个 shiftwidth。

f *n*，{ *n*

f 定义了非嵌套的左花括号（{）的缩进量。默认值为 0，因此会将花括号与其逻辑对应项对齐。例如，while 语句行之后的花括号会被放置在 while 的 w 下方。

{ 的行为方式和 f 一样，只不过应用于嵌套的左花括号。同样，默认值也为 0。

图 11-14 和图 11-15 展示了 Vim 中同一段文本的两个例子。第一个例子的配置项为 cinoptions=s,f0,{0，第二个例子的配置项为 cinoptions=s,fs,{s。在这两个例子中，配置项 shiftwidth 的值均为 4（4 列）。

```
18
19 while (condition)
20 {
21     if (someothercondition)
22     {
23         printf("looks like I've got both conditions!\n");
24     }
25 }
26
```

图 11-14：:set cinoptions=s,f0,{0 的效果（WSL Ubuntu Linux terminal，配色方案：zellner）

```
26
27 while (condition)
28     {
29     if (someothercondition)
30         {
31         printf("looks like I've got both conditions!\n");
32         }
33     }
34
```

图 11-15：:set cinoptions=s,fs,{s 的效果（WSL Ubuntu Linux terminal，配色方案：zellner）

} *n*

定义右花括号同与之匹配的左花括号之间的偏移。默认值为 0（与匹配的左花括号对齐）。

^ *n*

如果左花括号位于第一列，则为一对花括号（{...}）内部的当前缩进量加 n。

: *n*，= *n*，b *n*

这三者用于控制 case 语句中的缩进。使用 :n，Vim 将 case 标签缩进 *n* 个字符，从对应的 switch 语句开始计算。默认值为 1 个 shiftwidth。

= 定义了代码行同与之对应的 case 标签之间的偏移。默认值为 1 个 shiftwidth。

b 定义了在哪里放置 break 语句。默认值（0）将 break 与相应的 case 语句块中的其他语句对齐。任何非 0 值会将 break 同与之对应的 case 标签对齐。

) *n*，* *n*

这两个设置指示 Vim 在查找未闭合的括号和未闭合的注释时，分别要扫描多少行（前者默认 20 行，后者默认 30 行）。

显然，这两个设置限制了 Vim 查找匹配时的范围。考虑到计算机如今强大的处理能力，可以考虑增加二者的值，提供更全面的查找范围。试着最少将其分别扩大二倍（40 和 60）。

11.2.4 indentexpr

已定义的 indentexpr 会覆盖 cindent，你可以自定义缩进规则，使其适用于特定语言的编辑需要。

indentexpr 定义了一个表达式，每次创建新行的时候都会对该表达式进行求值，得到的整数被 Vim 用作新行的缩进。

除此之外，indentkeys 能像 cinkeys 一样定义关键字，这些关键字出现之后，Vim 会重新估算该行的缩进。

但问题是，为一种语言重新设计缩进规则可不是件简单的事情。好消息是这项工作可能已经搞定了。查找 *$VIMRUNTIME/indent* 目录，看看其中有没有你喜欢的语言。目前的版本（8.2）中包含了超过 120 个缩进文件。

最常见的编程语言都没有缺席，其中包括 *ada*、*awk*、*docbook*（缩进文件名为 *docbk*）、*eiffel*、*fortran*、*html*、*java*、*lisp*、*pascal*、*perl*、*php*、*python*、*ruby*、*scheme*、*sh*、*sql*、*zsh*。甚至还有为 xinetd 定义的缩进文件！

可以在你的 *.vimrc* 文件中加入 filetype indent 命令，要求 Vim 自动检测文件类型并载入缩进文件。Vim 会尝试检测你所编辑的文件类型，载入对应的缩进定义文件。如果缩进规则无法满足你的要求，比如说，并非你所熟悉或想要的缩进方式，可以使用命令 :filetype indent off 停用该缩进定义。

我们鼓励高级用户研究学习 Vim 自带的缩进定义文件。如果你编写出了新的缩进定义文件，或是对现有的文件做出了改进，不妨将其提交至 *vim.org*，以后还有可能会被纳入 Vim 软件包。

11.2.5 缩进小结

在结束我们的讨论之前，关于自动缩进，有几点值得指出：

什么时候不进行自动缩进

在编辑会话中，只要你手动改变了自动缩进行的缩进，Vim 会标记出该行，不再尝试对其自动缩进。

复制和粘贴

当你向启用了自动缩进的文件中粘贴文本时，Vim 会将其视为普通输入并应用所有的自动缩进规则。在大多数情况下，这种缩进都不是我们想要的效果。粘贴文本的缩进会与已应用的缩进规则叠加，这往往造成文本缩进量过大，逐渐向屏幕右侧偏离，没有相应地退到左侧。

为了避免这种难堪的情况，在没有副作用的情况下完整地粘贴文本，可以事先设置 Vim 的 `paste` 配置项。`paste` 会全面调整 Vim 的所有自动功能，如实地粘贴文本。要返回到自动模式，只需用 `:set nopaste` 命令重置 `paste` 配置项。

11.3 关键字和字典单词补全

Vim 提供了一套全面的插入补全功能。从编程语言特定的关键字到文件名、字典单词，甚至是整行，Vim 知道如何为部分输入的文本提供可能的补全项。不仅如此，Vim 还抽象了基于字典的补全语义，能够基于词库（thesaurus）中补全词（completed word）的同义词进行补全！

在本节中，我们将介绍不同的补全方法及其语法，通过例子描述其工作方式。这些补全方法包括：

- 整行补全
- 当前文件关键词补全
- `dictionary` 配置项关键字补全
- `thesaurus` 配置项关键字补全
- 当前文件和包含文件关键字补全
- 标签补全（如同 ctangs）
- 宏补全
- Vim 命令行补全
- 用户自定义补全
- omni 补全

- 拼写建议补全
- complete 配置项关键字补全

除了 complete 关键字，所有的补全命令均以 CTRL-X 起始。第二组按键特别定义了 Vim 要尝试的补全类型。例如，自动补全文件名的命令是 CTRL-X CTRL-F。可惜并不是所有的命令都这么好记。Vim 使用尚未映射的按键，允许你通过适当的命令映射，将大多数命令缩短到第二组按键。例如，你可以将 CTRL-X CTRL-N 映射为 CTRL-N。

所有的补全方法几乎都有一样的行为：当你重新输入第二个按键时，会在候选补全的列表中循环。因此，如果你选择通过 CTRL-X CTRL-F 补全文件名，第一次尝试时没有得到正确的结果，可以重复按 CTRL-F 来查看其他选项。此外，如果你按 CTRL-N（代表“下一个”），则是在各种可能的备选项中向前移动，而 CTRL-P（代表“上一个”）是向后移动。

让我们通过例子来了解其中一些自动补全方法并考虑其用途。

11.3.1 插入补全命令

这些方法（用于插入模式）的功能广泛，从简单地在当前文件中查找单词，到整套代码中的函数、变量、宏和其他名称。最后一种方法结合了其他方法的特性，在功能和复杂性之间取得了良好的折中。

你也许想把自己喜欢的补全方法映射为便于使用的单个按键。本书作者之一选择映射到 TAB 键：

```
:imap Tab <C-P>
```

这可能会不便于插入制表符，但却可以让你使用与命令行环境（DOS 和 xterm、konsole 等 shell）相同的补全键。

别忘了，你总是可以通过 CTRL-V 引用的方式来插入制表符。映射到 TAB 键也对应于 Vim 的 ex 命令模式中的补全键。

接下来的几小节描述了 Vim 提供的各种补全方法。

整行补全

你可以输入 CTRL-X CTRL-L 补全整行。该方法在当前文件中向后查找与已输入字符匹配的行。我们通过例子来感受一下整行补全的工作方式。

考虑一个终端或控制台定义文件，其中描述了终端特征及其操作方法。假设屏幕显示如图 11-16 所示。

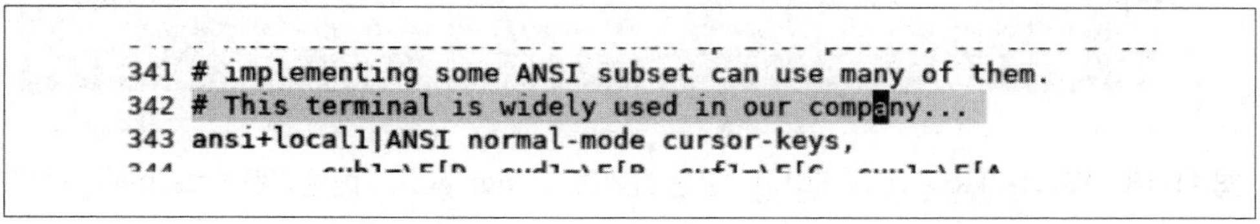

```
341 # implementing some ANSI subset can use many of them.
342 # This terminal is widely used in our company...
343 ansi+local1|ANSI normal-mode cursor-keys,
```

图 11-16：整行补全示例（Linux gvim，配色方案：zellner）

注意包含“This terminal is widely used in our company...”的高亮行。你在很多地方都要用到这行文本，因为你自己也说了，该终端在公司中“被广泛使用（widely used）”。只需输入足够多的文本，使内容尽量唯一，然后输入 CTRL-X CTRL-L。图 11-17 包含部分输入行：

```
# Thi
```

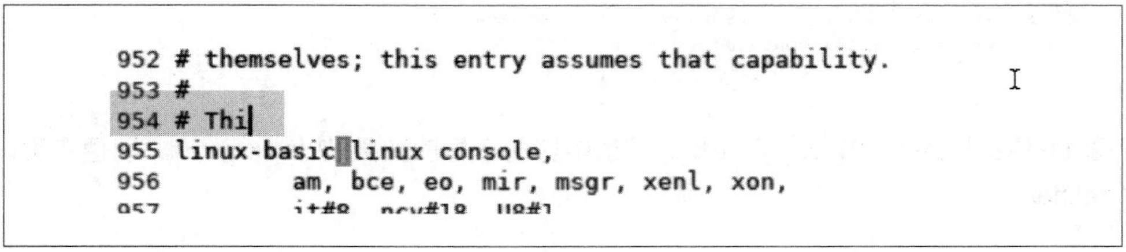

```
952 # themselves; this entry assumes that capability.
953 #
954 # Thi
955 linux-basic|linux console,
956         am, bce, eo, mir, msgr, xenl, xon,
```

图 11-17：等待补全的部分输入行（Linux gvim，配色方案：zellner）

CTRL-X CTRL-L 使得 Vim 根据文件中之前输入过的行，显示出该行的一组备选补全项。这些补全项如图 11-18 所示。

在实体书的灰色图片中不太容易分辨，但在显示器屏幕上可以看到一个彩色的弹出窗口，其中包含与已输入的部分文本匹配的多行。此外还显示了这些匹配行的位置信息（在截图上看不到）。该方法使用 `complete` 配置项定义搜索范围。我们会在介绍本节最后一种方法时详细讨论搜索范围。

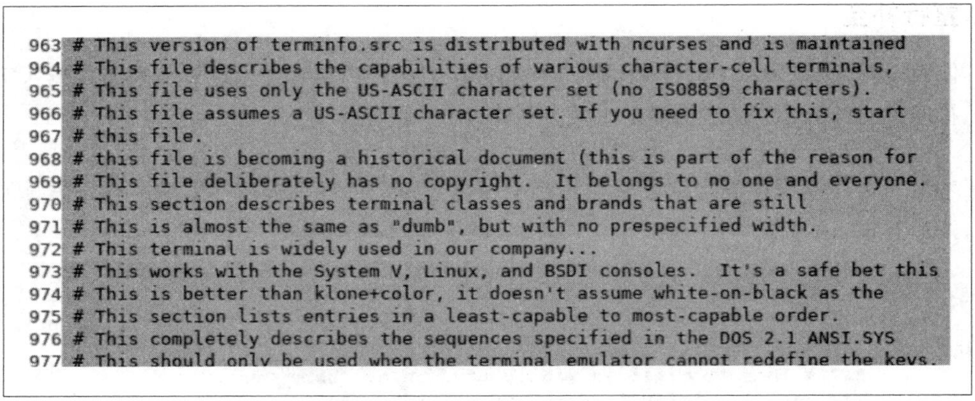

```
963 # This version of terminfo.src is distributed with ncurses and is maintained
964 # This file describes the capabilities of various character-cell terminals,
965 # This file uses only the US-ASCII character set (no ISO8859 characters).
966 # This file assumes a US-ASCII character set. If you need to fix this, start
967 # this file.
968 # this file is becoming a historical document (this is part of the reason for
969 # This file deliberately has no copyright.  It belongs to no one and everyone.
970 # This section describes terminal classes and brands that are still
971 # This is almost the same as "dumb", but with no prespecified width.
972 # This terminal is widely used in our company...
973 # This works with the System V, Linux, and BSDI consoles.  It's a safe bet this
974 # This is better than klone+color, it doesn't assume white-on-black as the
975 # This section lists entries in a least-capable to most-capable order.
976 # This completely describes the sequences specified in the DOS 2.1 ANSI.SYS
977 # This should only be used when the terminal emulator cannot redefine the keys.
```

图 11-18：输入CTRL-X CTRL-L之后的效果（Linux gvim，配色方案：zellner）

当你在弹出的列表[注5]中向前（CTRL-N）或向后（CTRL-P）移动时，选中的条目会被高亮显示。你也可以使用箭头键上下移动。按ENTER选中匹配内容。如果你不需要列表中的任何条目，输入CTRL-E，则停止匹配，不替换任何文本。光标会返回部分输入行中的原先位置。

图 11-19 展示了我们从列表中选中所需条目之后的效果。

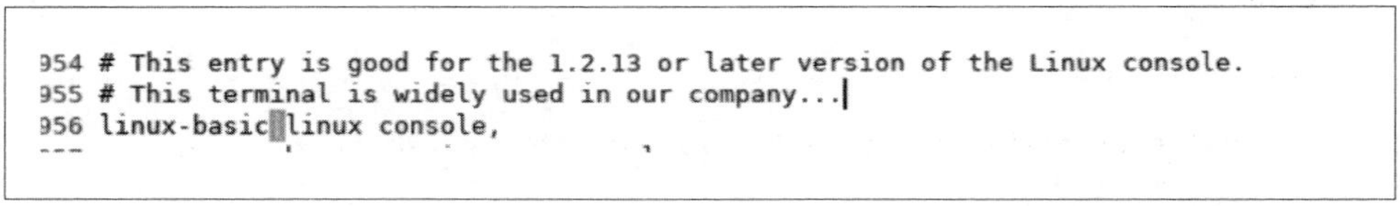

```
954 # This entry is good for the 1.2.13 or later version of the Linux console.
955 # This terminal is widely used in our company...
956 linux-basic|linux console,
```

图 11-19：输入CTRL-X CTRL-L并选中匹配行后的效果（Linux gvim，配色方案：zellner）

以文件中的关键字补全

CTRL-X CTRL-N在当前文件中向前搜索光标之前的关键字。输入这两组按键之后，你可以使用CTRL-N和CTRL-P分别向前或向后搜索。按ENTER选择匹配条目。你也可以使用箭头键在列表中上下移动。

注 5：　在 gvim 中是弹出的；Vim 的行为略有不同。

注意，“关键字（keyword）”一词定义并不严格。尽管它能够匹配程序员熟悉的关键字，但也能匹配文件中的任意单词。“单词（word）”被定义为由 iskeyword 配置项中的字符组成的序列。iskeyword 默认值非常合理，但如果你想加入或去除一些标点符号，可以重新定义该配置项。iskeyword 中的字符可以直接指定（比如 a-z），也可以通过其对应的 ASCII 码指定（比如用 97-122 表示 a-z）。

例如，iskeyword 的默认值允许下划线作为单词的一部分，但将点号或连字符视为分隔符。对于和 C 类似的编程语言，这没什么问题，但对于其他环境，未必就是最佳选择了。

以 dictionary 配置项补全

CTRL-X CTRL-K在 dictionary 配置项定义的文件中向前搜索光标之前的关键字。

默认设置并未定义 dictionary 配置项。有一些常见位置可供查找字典文件，你也可以自行定义。最常见的字典文件包括：

- */usr/share/dict/words*（MS-Windows 上的 Cygwin，Ubuntu GNU/Linux）
- */usr/share/dict/web2*（FreeBSD）
- *$HOME/.mydict*（个人的字典单词清单）

以 thesaurus 配置项补全

CTRL-X CTRL-T在 thesaurus 配置项定义的文件中向前搜索光标之前的关键字。

这种方法有一种有趣的变化。当 Vim 查找到匹配关键字时，如果其所在行包含多个单词，Vim 会将这些单词全部加入补全备选列表。

显然（也正如该配置项名称所暗示的），该方法可以实现同义词，但也允许你定义自己的标准。考虑包含下列行的示例文件：[注6]

```
fun,enjoyable,desirable
funny,hilarious,lol,rotfl,lmao
retrieve,getchar,getcwd,getdireentries,getenv,getgrent,getgrgid,...
```

注6：注意，各行中的同义词是以逗号分隔的。要想在单词中加入逗号，需要使用反斜线对其进行转义。

前两行是典型的英语同义词（分别匹配“fun”和“funny”），而第三行则适用于经常插入以 get 起始的函数名的 C 语言程序员。用于这些函数名的同义词是“retrieve”。

实际上，我们会将英语同义词与 C 语言同义词分开存放，因为 Vim 可以搜索多个同义词词库。

在输入模式中，输入单词 `fun`，然后按 CTRL-X CTRL-T。图 11-20 显示了 `gvim` 中的弹出结果。

```
23 " this is fun_
24            fun        ./samplefiles/thesaurus.txt
25 " set fol enjoyable  ./samplefiles/thesaurus.txt
26 "set fold desirable  ./samplefiles/thesaurus.txt
27 "set fold funny      ./samplefiles/thesaurus.txt
28 set js    hilarious  ./samplefiles/thesaurus.txt
29 set mouse lol        ./samplefiles/thesaurus.txt
30 set terse rotfl      ./samplefiles/thesaurus.txt exrc wc=<Tab> more
31 set histo lmao       ./samplefiles/thesaurus.txt tyfast
```

图 11-20：“fun”的同义词补全（WSL Ubuntu Linux，color scheme：zellner）

注意：

- Vim 匹配同义词条目中的任意单词，不仅仅是每行的第一个单词。
- Vim 列出同义词词库中所有行的备选单词，只要该行中能找到与光标之前的关键字匹配的单词。在本例中，Vim 找出了“fun”和“funny”的匹配。

`thesaurus` 配置项还有另一个值得注意且有可能让人始料未及的行为：匹配也会发生在词库文件中某行的第一个单词之外。例如，上一个示例文件中有如下行：

```
funny hilarious lol rotfl lmao
```

如果你输入 `hilar` 并进行补全，Vim 会在备选列表中加入 `hilarious` 所在行的全部单词，即“hilarious”“lol”“rotfl”“lmao”。有意思吧！

你有没有注意到补全备选列表中的额外信息？将 `preview` 加入 `completeopt` 配置项，可以在弹出菜单中显示匹配项的位置。

来看一个例子，还是使用先前的示例文件，我们在其中输入部分单词 retrie。这会匹配“retrieve”，我们喜欢把这个同义词作为 get 相关函数的助记词，所有的“get”函数名都作为同义词出现。现在，CTRL-X CTRL-T 为我们提供了包含所有函数的弹出菜单（在 gvim 中），作为补全之用。如图 11-21 所示。

```
23 " Now create a retrieve_
24                  retrieve        ./samplefiles/thesaurus.txt
25 " set foldcolu getchar         ./samplefiles/thesaurus.txt
26 "set foldmetho getcwd          ./samplefiles/thesaurus.txt
27 "set foldlevel getdireentries  ./samplefiles/thesaurus.txt
28 set js         getenv          ./samplefiles/thesaurus.txt
29 set mouse=a    getgrent        ./samplefiles/thesaurus.txt
30 set terse sw=1 getgrgid        ./samplefiles/thesaurus.txt ab> more
31 set history=10 getgrnam        ./samplefiles/thesaurus.txt
32 set novisualbe gethostbyaddr   ./samplefiles/thesaurus.txt
33 set nrformats= gethostbyname   ./samplefiles/thesaurus.txt
34 set dictionary getmntent       ./samplefiles/thesaurus.txt
```

图 11-21：字符串 retrie 的同义词补全

和其他补全方法一样，按 ENTER 选择匹配项。

别把词库补全和拼写检查搞混了，后者是 Vim 另一个出色的特性。关于拼写检查的讨论，参见 13.1 节。

以当前文件和包含文件内的关键字补全

该特性适用于 C 和 C++ 程序员，因为这两种语言中会大量用到 #include 文件。CTRL-X CTRL-I 在当前文件和包含文件中向前搜索光标之前的关键字。该方法不同于“搜索当前文件”（CTRL-X CTRL-P），Vim 会检查当前文件中引用的包含文件并搜索这些文件。

Vim 使用配置项 include 的值检测引用了包含文件的行。*include* 的默认值是一个模式[译注 1]，指明 Vim 查找匹配标准 C 结构的行：

```
# include <somefile.h>
```

译注 1：默认值为 ^\s*#\s*include。

在本例中，Vim 会在文件 *somefile.h*（位于系统标准包含文件目录）中查找匹配。Vim 还使用配置项 `path` 包含的目录列表中搜索包含文件。

以标签补全

CTRL-X CTRL-] 在当前文件和包含文件中向前搜索匹配标签的关键字。关于标签的相关讨论，参见 7.5.3 节。

以文件名补全

CTRL-X CTRL-F 搜索与光标之前的关键字匹配的文件名。注意，这种方法是让 Vim 以文件名补全关键字，而不是使用文件中的单词。

从 Vim 8.2 开始，Vim 仅在当前目录中搜索可能匹配的文件名。这与很多使用 `path` 配置项查找文件的 Vim 功能形成了鲜明的对比。Vim 文档暗示该行为是暂时的，只不过尚未使用 `path` 而已。然而，这种情况已经持续了十多年了 ……

以宏名称和定义补全

CTRL-X CTRL-D 在当前文件和包含文件中搜索 `#define` 指令定义的宏名称和定义。

以 Vim 命令补全

该方法通过 CTRL-X CTRL-V 调用，用于在 Vim 命令行中猜测单词的最佳补全结果。目的是为了协助用户开发 Vim 脚本。

以用户自定义函数补全

该方法通过 CTRL-X CTRL-U 调用，允许你使用自己编写的函数定义补全方法。Vim 使用 `completefunc` 配置项指定的函数进行补全。关于 Vim 脚本以及函数的相关讨论，参见第 12 章。

以 omni 函数补全

该方法通过 CTRL-X CTRL-O 调用，使用用户自定义函数，这和上一种方法很像。两者的显著区别在于，此方法期望函数是特定于文件类型的，以便在载入文件时确定和加载。Omni 补全文件已经可用于 C、CSS、HTML、JavaScript、PHP、Python、Ruby、SQL 和 XML。

以拼写纠正补全

该方法通过 CTRL-X CTRL-S 调用。光标之前的单词被作为 Vim 提供候选补全项的基础单词。如果单词拼写有误，Vim 会建议"更正确"的拼写。

使用 complete 配置项补全

这是最通用的方法，可以通过 CTRL-N 调用，可以让你在一次搜索中结合其他所有方法。对于许多用户来说，这可能是最令人满意的选择，因为它几乎不需要了解具体方法之间的细微差别。

你可以在 `comlete` 配置项中设置以逗号分隔的可用来源列表，定义补全操作的位置和方式。每个可用来源（通常）用单个字符代表。其中包括：

`.`（点号）

搜索当前缓冲区。

`w`

搜索其他窗口的缓冲区（在包含 Vim 会话的屏幕内）。

`b`

搜索缓冲区列表中其他已载入的缓冲区（在 Vim 窗口中可能不可见）。

`u`

搜索缓冲区列表中未载入的缓冲区。

`U`

搜索不在缓冲区列表中的缓冲区。

`k`

搜索字典文件（在 `dictionary` 配置项中列出）。

`kspell`

使用当前的拼写检查方案（这是唯一一个非单个字符的可用来源）。

s

搜索词库文件（在 thesaurus 配置项中列出）。

i

搜索当前文件和包含文件。

d

在当前文件和包含文件中搜索已定义的宏。

t，]

搜索标签补全。

11.3.2 Vim 自动补全的一些结语

我们已经介绍了很多与自动补全相关的内容，但还是有不少遗漏。在掌握自动补全方法上花费的时间会为你带来巨大的回报。如果你要从事大量编辑工作，有需要补全的文本，找出最适合的补全方法并好好学习。

最后一个提示：两组按键的组合（如果你是典型的 Unix 用户，将组合键视为“多个按键”的话，那可就更多了）容易出错，尤其考虑到是包含 CTRL 键的组合键。如果你觉得自己会大量用到自动补全，可以考虑将惯用的自动补全命令映射到单个按键或组合键上。这样一来，大量的自动补全命令的长度被缩减了一半，大大提高了效率。

下面的例子说明了这种自定义操作的价值所在。如前所述，本书的其中一位作者将 TAB 键映射为通用关键字匹配。在使用 DocBook XML 标签编辑本书（第 7 版）时，“emphasis”一词出现了超过 1200 次（通过 grep 统计出来的）！使用关键字补全，他知道部分出现的“emph”总是会有一个匹配项，也就是所需的“emphasis”标签。因此，这个词每出现一次，至少能少敲 3 次键盘（假设前 3 个字母没输错），合计起来节省了至少 3600 次击键！

还有另一种方式来衡量这种方法的效率：这位作者已经知道他每秒钟能输入大约 4 个字符，因此仅一个关键字就节省了 15 分钟（3600 除以 4）。对于同样的 DocBook 文件，他以同样的方式实现了另外 20 个到 30 个关键字的补全。这些时间积累起来就很可观了！

11.4 标签栈

我们在 7.5.4 节中讲过标签栈。

除了在搜索的标签之间来回移动之外，还能在多个匹配的标签中进行选择。你也可以使用命令选择标签和拆分窗口。表 11-1 中列出了用于处理标签的 Vim ex 模式命令。

表 11-1：Vim 标签命令

命令	功能
ta[g][!] [*tagstring*]	编辑包含 *tagstring*（在 *tags* 文件中定义）的文件。如果当前缓冲区已被修改但尚未保存，! 强制 Vim 切换至新文件。文件是否会写入，取决于 autowrite 配置项的设置。
[*count*]ta[g][!]	跳转到标签栈中的第 *count* 个新标签（the countth newer entry）。
[*count*]po[p][!]	从栈中弹出一个光标位置，将光标恢复到先前的位置。如果提供了 count，则跳转到第 *count* 个旧标签（the countth older entry）[译注 2]。
tags	显示标签栈的内容。
ts[elect][!] [*tagstring*]	通过 *tags* 文件中的信息列出匹配 *tagstring* 的标签。如果没有指定 *tagsting*，则使用标签栈中最后一个标签的名称。
sts[elect][!] [*tagstring*]	类似于 :tselect，但为所选的标签拆分窗口。
[*count*]tn[ext][!]	跳转到接下来第 *count* 个匹配标签（默认为 1）。
[*count*]tp[revious][!]	跳转到之前第 *count* 个匹配标签（默认为 1）。
[*count*]tN[ext][!]	
[*count*]tr[ewind][!]	跳转到第 1 个匹配标签。如果指定了 *count*，则跳转到第 *count* 匹配标签。
tl[ast][!]	跳转到最后一个匹配标签。

通常，Vim 会显示已跳转到的匹配标签中的哪个标签。例如：

```
tag 1 of >3
```

大于号 (>) 表示还没尝试完所有的匹配。你可以使用 :tnext 或 :tlast 尝试其他匹配。如果由于其他信息而没有看到此消息，可以使用 :0tn 再次查看。

下面是 :tags 命令的输出，当前位置以大于号（>）标示：

译注 2：在 :tags 命令的输出中，旧标签位于上部，新标签位于下部。

```
  # TO tag         FROM line in file
  1  1 main             1  harddisk2:text/vim/test
> 2  2 FuncA           58  -current-
  3  1 FuncC          357  harddisk2:text/vim/src/amiga.c
```

:tselect 命令可以选择多个匹配标签。“优先级（pri 字段）”指示该匹配项的匹配程度（全局标签或静态标签、区分大小写或不区分大小写，等等），这在 Vim 文档中有更详细的描述：

```
  nr pri kind tag               file ~
   1 F    f   mch_delay         os_amiga.c
                mch_delay(msec, ignoreinput)
 > 2 F    f   mch_delay         os_msdos.c
                mch_delay(msec, ignoreinput)
   3 F    f   mch_delay         os_unix.c
                mch_delay(msec, ignoreinput)
 Enter nr of choice (<CR> to abort):
```

:tag 和 :tselect 命令接受以 / 起始的参数。此时，命令将其视为正则表达式，Vim 会查找匹配该正则表达式的所有标签。

例如，:tag /normal 命令可找出宏 NORMAL、函数 normal_cmd 等。使用 :tselect /normal 并输入所需的标签编号。

表 11-2 列出了 Vim 命令模式中的标签命令。除了可以向其他编辑器一样使用键盘，如果你的 Vim 启用了鼠标支持，也可以使用鼠标。

表 11-2：Vim 命令模式中的标签命令

命令	功能
^]	在 *tags* 文件中查找光标处的标识符的位置，并跳转到此处。当前位置被自动压入标签栈。
g <LeftMouse> CTRL-<LeftMouse> ^T	返回到标签栈中的上一个位置，也就是弹出一个元素。如果在命令前指定了数值，则弹出指定数量的元素。

表 11-3 列出了影响标签搜索的 Vim 配置项。

表 11-3：Vim 的标签管理配置项

配置项	功能
taglength，tl	控制要查找的标签中的有效字符数量。默认值 0 表示所有字符均有效。
tags	该值是一个以逗号分隔的文件名列表，Vim 会在其中查找标签。作为一种特殊情况，如果文件名以 ./ 起始，点号会被替换为当前文件路径名中的目录部分，以便在不同的目录中使用 *tags* 文件。默认值为 ./tags,tags。
tagrelative	如果设置为 true（默认值）并在其他目录中使用 *tags* 文件，则该 *tags* 文件中的文件名被视为相对于此文件所在的目录。

Vim 可以使用 Emacs 风格的 *etags* 文件，但这仅是为了向后兼容。这种格式并未在 Vim 文档中提及，也不鼓励使用 *etags* 文件。

最后，Vim 还会查找光标所在的整个单词，而不仅仅是光标之前的部分单词。

11.5 语法高亮

Vim 对 vi 最有力的增强之一就是语法高亮。Vim 的语法格式化极其依赖于使用色彩，但在不支持彩色显示的屏幕上也能够优雅地降级（degrades gracefully）。在本节中，我们将讨论三个主题：语法高亮入门、自定义语法高亮和编写自己的语法文件。Vim 语法高亮的有些特性超出了本书范围，因此我们的重点在于为提供足够的信息，以便你熟悉语法高亮并能够根据需要对其进行扩展。

Vim 语法高效的效果最主要体现在色彩上，但本书采用的是黑白印刷，所以我们强烈鼓励你动手尝试语法高亮显示，这样才能完全体会到色彩在特定上下文中的魅力。我们还没碰到过哪个用户在体验过之后能忍住不用语法高亮的。[注 7]

11.5.1 语法高亮入门

显示文件的语法高亮很简单。输入下列命令即可：

```
:syntax enable
```

注 7：　好吧，除了我们的一位评审人！

如果一切顺利，当你编辑采用了正式语法（比如编程语言）的文件时，应该会看到五颜六色的文本，具体颜色由上下文和语法决定。如果没有任何效果，尝试启用语法高亮：

```
:syntax on
```

当 syntax on 不够用的时候

启用语法高亮本身应该足够了，但我们碰到过还需要进一步设置的情况。

如果你还没有看到语法高亮效果，可能是因为 Vim 无法识别文件类型，不知道该用哪种语法。造成这种情况的原因有多种。

如果你创建了一个新文件，但没有使用能够被 Vim 识别的后缀，或是压根就没用后缀，Vim 则无法判断文件类型，因为这是个新文件，内容为空。例如，我们编写 shell 脚本时经常不加 *.sh* 后缀。新的 shell 脚本在刚开始编辑时是没有语法高亮效果的。一旦在其中写入代码，Vim 就知道如何推断文件类型，语法高亮也就能如期工作了。

Vim 也有可能（尽管可能性不大）没有该文件类型的语法定义。这种情况极为罕见，通常你只需要明确指定文件类型即可，因为有人已经写好了语言语法文件。遗憾的是，从头开始编写语法文件是一项复杂的工作，我们在本章稍后会为你提供一些提示。

你可以通过在 ex 命令行中手动设置语法，强制 Vim 使用特定的语法高亮风格。例如，在开始编写新的 shell 脚本时，使用下列命令定义语法：

```
:set syntax=sh
```

在 12.2 节中，显示了一个巧妙（颇为拐弯抹角）的方法来避免这一步骤。

如果启用了语法高亮，Vim 会依照固定步骤进行高亮设置。无需纠缠于过多技术细节，只用知道 Vim 最终会确定文件类型，找到适合的语法定义文件，然后将其载入。语法文件的标准位置是 *$VIMRUNTIME/syntax* 目录。

语法定义文件的覆盖范围有多大？这么说吧，Vim 语法文件目录中包含了近 500 个语法文件。从语言（C、Java、HTML）到内容（日历）再到众所周知的配置文件（fstab、 *xinetd*、*crontab*）。如果 Vim 不识别某种文件类型，可以尝试在 *$VIMRUNTIME/syntax* 目录中查找与你的文件最接近的语法文件。

11.5.2 自定义语法高亮

一旦开始使用语法高亮，你可能会发现某些颜色并不适合。也许是因为不容易分辨或是不符合你的品位。Vim 提供了几种自定义和调整颜色的方法。

在采取进一步的手段（例如，编写自己的语法定义，如下一节所述）之前，可以尝试下面的方法，让语法高亮符合你的需求。

语法高亮陷入混乱的两种最常见、也是最引人注目的现象分别是：

- 糟糕的对比，颜色过于相似，很难区分彼此。
- 颜色杂乱，使文字看起来很刺眼。

尽管这些都是主观上的不足，好在 Vim 可以让你做出修正。两个命令（`colorscheme` 和 `highlight`）和一个配置项（`background`）应该能使配色达到一个令人满意的平衡。

还有其他一些命令和配置项可用于定制语法高亮。在简要介绍过语法分组之后，我们将讨论这些命令和配置项，重点放在先前提到过的 colorscheme、highlight 和 background。

语法分组

Vim 将不同类型的文本划分成组。每组都有自己的颜色和高亮定义。除此之外，Vim 还允许将若干分组再划分成组。你可以在不同的层级上进行定义。如果你为包含子组（subgroups）的组指派了定义，每个子组都会继承父组的定义，除非另作定义。

语法高亮的一些高层级分组包括：

Comment

特定编程语言的注释，例如：

```
// I am both a C++ and a JavaScript comment
```

Constant

任意常量，例如：TRUE

Identifier

变量和函数名称

Type

声明，例如 C 语言中的 int 和 struct。

Special

特殊字符，例如分隔符。

注意其中的 *Special* 分组，我们来看看其中的子组：

- SpecialChar
- Tag
- Delimiter
- SpecialComment
- Debug

对语法高亮、分组、子组有了基本理解之后，我们现在就可以根据自己的喜好修改语法高亮了。

colorscheme 命令

该命令通过重新定义语法组来更改不同语法高亮的配色，例如注释、关键字或字符串。Vim 自带了以下配色方案：[注 8]

```
blue        delek     evening   murphy      ron     torte
darkblue    desert    koehler   pablo       shine   zellner
default     elflord   morning   peachpuff   slate
```

这些文件位于目录 *$VIMRUNTIME/colors*。你可以使用下列命令激活任意一种配色方案：

```
:colorscheme scheme_name
```

注 8：　我们注意到有些版本 Vim 的默认配色方案略有不同。

在 Vim 和 gvim 中，你可以快速地在不同的配色方案之间循环选择：输入部分命令 :color，按 TAB 键进行命令补全，再按空格键，然后反复按 TAB 键循环选择不同的配色方案。

在 gvim 中，还有更简单的方法。单击 Eidt 菜单，将鼠标移至 Colorsheme 子菜单并将其剪下。现在你就可以单击各个按钮，查看所有配色方案了。

可用的配色方案有很多，全部由 Vim 的用户社区提供。你也许有兴趣到 GitHub 仓库（*https://github.com/flazz/vimcolorschemes/tree/master/colors*）看看，那里有近千种配色方案可供下载。

设置 background 配置项

当 Vim 设置颜色时，它先是尝试确定屏幕是哪种背景色。Vim 只有两类背景：深色或浅色。根据判断，Vim 为每种背景设置不同的颜色，希望得到一组与该背景配合得当的颜色（具有良好的对比度和颜色兼容性）。尽管 Vim 确实非常努力，但正确的评估并非易事，对深色或浅色的分配是主观的。有时设置的对比度使会话看起来不舒服，有时甚至无法直视。

如果配色不尽如人意，可以尝试明确设置 background 配置项。先确定当前设置：

```
:set background?
```

然后执行下列命令：

```
:set background=dark
```

使用 background 配置项和 colorscheme 命令来微调你的屏幕配色。两者的配合通常能产生令人赏心悦目的满意结果。

highlight 命令

Vim 的 highlight 命令能够操作不同的组，控制这些组在编辑会话中的高亮方式。该命令功能强大。你可以以列表的形式检查各组的设置，也可以查看特定组的高亮信息。例如：

```
:highlight comment
```

结果如图 11-22。第一个字段为组名（在本例中为 Comment）。第二个字段始终显示字符串“xxx”，此处与终端或 GUI 中的高亮定义一致。

```
:hi comment
Comment        xxx term=bold ctermfg=12 guifg=Red
```

图 11-22：注释的高亮显示（WSL Ubuntu Linux terminal，配色方案：zellner）

命令输出展示了文件中的注释如何显示。在实体书中，xxx 是深灰色，但在屏幕上是红色。[注9] term=bold 表示在不支持彩色的终端中，注释显示为粗体。ctermfg=12 表示在彩色终端中，比如彩色显示器上的 xterm，注释的前景（文字）色为 DOS 配色方案中的蓝色（DOS color blue）。最后，guifg=Red 表示 GUI 界面使用红色作为前景色显示注释。

与现代 GUI 配色相比，DOS 的配色方案限制更多。在该方案中，只有八种颜色：black、red、green、yellow、blue、magenta、cyan、white。每一种都可以被设置为文本前景色或背景色，亦可选择定义为“明亮（bright）”，即在屏幕上更亮的颜色。Vim 使用类似的映射来定义非 GUI 窗口（例如，xterms）中的文本颜色。

GUI 窗口提供了近乎无限的颜色定义。Vim 允许你使用常用名称定义一些颜色，例如 Blue，但也可以使用 RGB 值定义颜色，格式为 #rrggbb，其中 # 是字面量，而 rr、gg、bb 是十六进制数，代表每种颜色的亮度。例如，红色可以定义为 #ff0000。

如果哪组的配色你不喜欢，可以使用 highlight 命令更改。例如，该文件中的标识符在 GUI 界面中显示为深青色，如图 11-23 所示：

```
:hightlight indentifier
```

我们可以使用下列命令重新定义标识符的颜色：

```
:highlight identifiers guifg=red
```

注 9：　可以在 O’Reilly 的网站（*https://oreil.ly/LhSuQ*）上查看图 11-22 至图 11-27 的彩色版。

现在，屏幕上所有的标识符都显示为（难看的）红色。这种自定义方式相当不灵活：它应用于所有文件类型，无法有选择地采用不同的背景或配色方案。

```
Constant       xxx term=underline ctermfg=4 guifg=Magenta
Special        xxx term=bold ctermfg=5 guifg=SlateBlue
Identifier     xxx term=underline ctermfg=3 guifg=DarkCyan
Statement      xxx term=bold ctermfg=6 gui=bold guifg=Brown
PreProc        xxx term=underline ctermfg=5 guifg=Purple
Type           xxx term=underline ctermfg=2 gui=bold guifg=SeaGreen
Underlined     xxx term=underline cterm=underline ctermfg=5 gui=underline guifg=SlateBlue
Ignore             ctermfg=15 guifg=bg
Error          xxx term=reverse ctermfg=15 ctermbg=12 guifg=White guibg=Red
Todo           xxx term=standout ctermfg=0 ctermbg=14 guifg=Blue guibg=Yellow
String         xxx links to Constant
Character      xxx links to Constant
Number         xxx links to Constant
Boolean        xxx links to Constant
Float          xxx links to Number
Function       xxx links to Identifier
```

图 11-23：标识符高亮显示

要想查看有多少种高亮定义及其取值，一样可以使用 highlight 命令：

```
:highlight
```

图 11-24 显示了 highlight 命令输出结果的一小部分：

```
Identifier     xxx term=underline ctermfg=9 guifg=red
Statement      xxx term=bold ctermfg=4 guifg=Brown
PreProc        xxx term=underline ctermfg=13 guifg=Purple
Type           xxx term=underline ctermfg=9 guifg=Blue
Underlined     xxx term=underline cterm=underline ctermfg=5 gui=underline guifg=SlateBlue
```

图 11-24：:highlight 命令的部分输出（WSL Ubuntu Linux terminal，配色方案：zellner）

注意，有些行包含了完整的高亮定义（列出了 term、ctermfg 等），有些行则是继承了父组的定义（例如，String 链接到 Constant）。

覆盖语法文件

在上一节中，我们学习了如何为语法组的所有实例定义属性。假设你只想修改少数语法定义，利用 Vim 的 *after* 目录即可实现。你可以在该目录中创建任意数量的 *after* 语法文件，Vim 会在普通语法文件之后对其进行处理。

为此，只需在 `runtimepath` 配置项指定的 *after* 目录内的特定文件中加入 `highlight` 命令（或任何处理命令 —— “事后 [after]”处理的概念是通用的）即可。当 Vim 为你的文件类型设置好语法规则后，还会执行 after 文件中的定制命令。

让我们来定制使用了 xml 语法的 XML 文件。Vim 会从语法目录中的文件 *xml.vim* 载入语法定义。和前面的例子一样，我们希望始终将标识符定义为红色。因此，在 *~/.vim/after/syntax* 目录中创建我们自己的 *xml.vim* 文件。我们在该文件中加入以下行：

```
highlight identifier ctermfg=red guifg=red
```

在这之前，我们必须确保 `runtimepath` 配置项中包含 *~/.vim/after/syntax*：

```
:set runtimepath+=~/.vim/after/syntax            In our .vimrc file
```

当然了，要想使改动永久生效，应该将这行放入 *.vimrc* 文件中。

现在，只要 Vim 载入 XML 文件的语法定义，我们自己的设置就会覆盖 `identifier` 的定义。

11.5.3 编写自己的语法文件

有了前几节的基础，我们现在已经有能力编写自己的语法文件了，就是这么简单。但在动手之后，还有不少要学习的东西。

我们将逐步达成最终目标。因为语法定义相当复杂，我们先来看一些易于理解，但又具备一定的复杂性，足以展现其潜力的例子。

下面的内容摘自拉丁语文件 *loremipsum.latin*：

```
Lorem ipsum dolor sit amet, consectetuer adipiscing elit. Proin eget
tellus. Suspendisse ac magna at elit pulvinar aliquam. Pellentesque
iaculis augue sit amet massa. Aliquam erat volutpat. Donec et dui at
massa aliquet molestie. Ut vel augue id tellus hendrerit porta. Quisque
condimentum tempor arcu. Aenean pretium suscipit felis. Curabitur semper
eleifend lectus. Praesent vitae sapien. Ut ornare tempus mauris. Quisque
ornare sapien congue tortor.

In dui. Nam adipiscing ligula at lorem. Vestibulum gravida ipsum iaculis
justo. Integer a ipsum ac est cursus gravida. Etiam eu turpis. Nam laoreet
```

```
ligula mollis diam. In aliquam semper nisi. Nunc tristique tellus eu
erat. Ut purus. Nulla venenatis pede ac erat.

...
```

你可以通过创建以该语法名称为名（在本例中为 latin）的新文件来创建新语法文件。其对应的 Vim 文件是 *latin.vim*，你可以在个人的 Vim 运行时目录 *$HOME/.vim* 中创建该文件。然后，使用 syntax keyword 命令创建一些关键字来开始定义语法。选择 *lorem*、*dolor*、*nulla*、*lectus* 作为关键字，语法文件可以从下面这行开始：

```
syntax keyword identifier lorem dolor nulla lectus
```

当你编辑 *loremipsum.latin* 时，仍没有任何语法高亮效果。在实现自动语法高亮之前，还有更多的工作要做。但就目前而言，先使用下列命令激活语法文件：

```
:set syntax=latin
```

文本现在如图 11-25 所示：

```
Lorem ipsum dolor sit amet, consectetur adipiscing elit, sed do
eiusmod tempor incididunt ut labore et dolore magna aliqua. Ut enim
ad minim veniam, quis nostrud exercitation ullamco laboris nisi ut
aliquip ex ea commodo consequat. Duis aute irure dolor in
reprehenderit in voluptate velit esse cillum dolore eu fugiat nulla
pariatur. Excepteur sint occaecat cupidatat non proident, sunt in
culpa qui officia deserunt mollit anim id est laborum.
~
~
```

图 11-25：包含已定义关键字的 latin 文件

在屏幕上，普通单词是黑色，关键字是红色。在实体书中，两者很难区分，关键字呈现为深灰色。

你可能注意到 *Lorem* 第一次出现的时候并没有被高亮显示。默认情况下，语法关键字区分大小写。在语法文件顶部加入下面这行：

```
:syntax case ignore
```

这时你应该会看到 *Lorem* 已经成为高亮关键字。

再次尝试之前，我们先将所有这些工作自动化。Vim 尝试检测过文件类型之后，还会有选择地在 runtimepath 指定的 *ftdetect* 目录中检查其他定义，甚至是覆盖现有定义（不推荐）。因此，在 *$HOME/.vim* 中创建 *ftdetect* 目录，并在其中新建文件 *latin.vim*，加入下面这行：

```
au BufRead,BufNewFile *.latin set filetype=latin
```

这告诉 Vim 凡是以 *.latin* 为后缀的文件均为 latin 文件，在显示这类文件时，Vim 应该执行语法文件 *$HOME/.vim/syntax/latin.vim*。

现在，重新编辑 *loremipsum.latin*，你会看到如图 11-26 所示的效果。

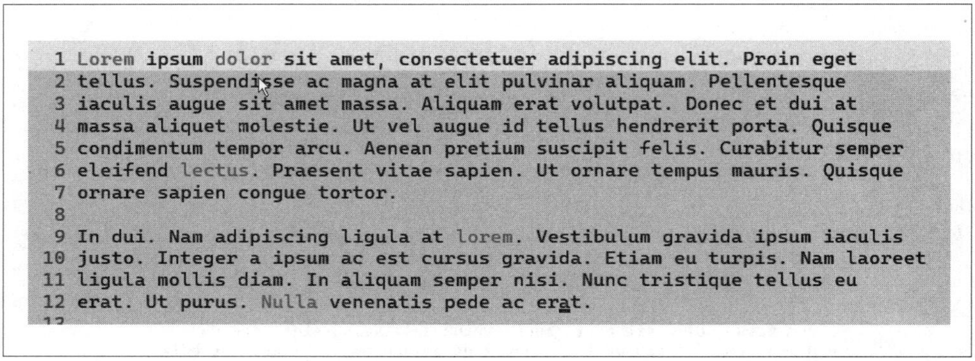

```
 1 Lorem ipsum dolor sit amet, consectetuer adipiscing elit. Proin eget
 2 tellus. Suspendisse ac magna at elit pulvinar aliquam. Pellentesque
 3 iaculis augue sit amet massa. Aliquam erat volutpat. Donec et dui at
 4 massa aliquet molestie. Ut vel augue id tellus hendrerit porta. Quisque
 5 condimentum tempor arcu. Aenean pretium suscipit felis. Curabitur semper
 6 eleifend lectus. Praesent vitae sapien. Ut ornare tempus mauris. Quisque
 7 ornare sapien congue tortor.
 8
 9 In dui. Nam adipiscing ligula at lorem. Vestibulum gravida ipsum iaculis
10 justo. Integer a ipsum ac est cursus gravida. Etiam eu turpis. Nam laoreet
11 ligula mollis diam. In aliquam semper nisi. Nunc tristique tellus eu
12 erat. Ut purus. Nulla venenatis pede ac erat.
```

图 11-26：包含已定义关键字且忽略大小写的 latin 文件（WSL Ubuntu Linux terminal，配色方案：zellner）

Vim 正确检测到了文件类型为 *latin*，语法文件 *latin.vim* 立即生效，而且在匹配关键字时也不区分大小写。

还可以实现一些更有意思的扩展，定义 `match` 方法并将其分配给 `Comment` 组。`match` 方法使用正则表达式定义高亮内容。例如，我们将所有以 `s` 开头且以 `t` 结尾的单词定义为 `Comment` 语法（记住，这只是个例子而已！）。该正则表达式为：`\<s[^\t ]*t\>`。我们还将定义一个区域（region）并将其分配给 `Number` 组。区域使用 `start` 和 `end` 并配合正则表达式进行定义。

区域以 `Suspendisse` 起始，以 `sapien\.` 结束。为了加入更多的变化，我们决定让关键字 `lectus` 包含在该区域内。*latin.vim* 语法文件现在如下所示：

```
syntax case ignore
syntax keyword identifier lorem dolor nulla lectus
syntax keyword identifier lectus contained
```

```
syntax match comment /\<s[^\t ]*t\>/
syntax region number start=/Suspendisse/ end=/sapien\./ contains=identifier
```

现在编辑 *loremipsum.latin* 时，看到的画面如图 11-27 所示。

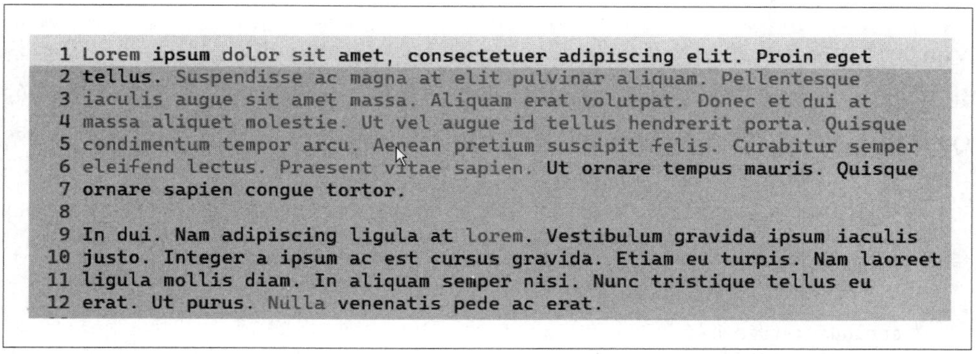

```
 1 Lorem ipsum dolor sit amet, consectetuer adipiscing elit. Proin eget
 2 tellus. Suspendisse ac magna at elit pulvinar aliquam. Pellentesque
 3 iaculis augue sit amet massa. Aliquam erat volutpat. Donec et dui at
 4 massa aliquet molestie. Ut vel augue id tellus hendrerit porta. Quisque
 5 condimentum tempor arcu. Aenean pretium suscipit felis. Curabitur semper
 6 eleifend lectus. Praesent vitae sapien. Ut ornare tempus mauris. Quisque
 7 ornare sapien congue tortor.
 8
 9 In dui. Nam adipiscing ligula at lorem. Vestibulum gravida ipsum iaculis
10 justo. Integer a ipsum ac est cursus gravida. Etiam eu turpis. Nam laoreet
11 ligula mollis diam. In aliquam semper nisi. Nunc tristique tellus eu
12 erat. Ut purus. Nulla venenatis pede ac erat.
```

图 11-27：新的 latin 语法高亮（WSL Ubuntu Linux terminal，配色方案：zellner）

有几件事情要注意，如果你在支持彩色显示的终端上运行示例并查看结果，会更容易看出来：

- 匹配结果以高亮显示。在第一行中，*dolor sit* 高亮显示为红色，因为其满足 `match` 的正则表达式。
- 新区域以高亮显示。从 *Suspendisse* 到 *sapien.* 的部分高亮显示为紫色（实在是难看）。
- 关键字和之前一样，依然高亮显示。
- 在高亮区域中，关键字 *lectus* 仍高亮显示为红色，因为我们将 `identifier` 组定义为 `contained`，并将区域定义为 `contains identifier`。

这个例子对于语法高亮功能仅是浅尝辄止而已。尽管多少显得有些没有实用价值，但我们希望借此向你展示出语法高亮的强大之处，激发你尝试并编写出自己的语法定义。

11.6 使用 Vim 进行编辑和错误检查

Vim 并非 IDE，但它尝试减轻程序员的负担，将编辑功能引入编辑会话，并提供了简单快捷的方式来查找和纠正错误。

除此之外，Vim 还提供了一些便利功能，跟踪和浏览文件内部位置。我们来讨论一个简单的例子："编辑 – 编译 – 编辑"周期（edit-compile-edit cycle），其中用到了 Vim 的内建特性和一些相关命令及配置项。这些全都依赖于 Vim 的 `Quickfix List` 窗口。

Vim 允许你在每次更改文件时使用 make 编译文件。Vim 使用默认行为来管理构建结果，以便你可以轻松地在编辑和编译之间切换。编译错误显示在 Vim 特殊的 Quickfix List 窗口中，你可以在其中检查、转至和更正错误。

在此次讨论中，我们要用到一个可以生成斐波那契数的 C 程序[注 10]。该程序正确的可编译代码如下所示：

```
# include <stdio.h>
# include <stdlib.h>

int main(int argc, char *argv[])
  {
  /*
   * arg 1: starting value
   * arg 2: second value
   * arg 3: number of entries to print
   *
  */

  if (argc - 1 != 3)
    {
    printf ("Three command line args: (you used %d)\n", argc-1);
    printf ("usage: value 1, value 2, number of entries\n");
    return (1);
    }


  /* count = how many to print */
  int count = atoi(argv[3]);

  /* index = which to print */
  long int index;
```

注 10： 该文件可以在本书的 GitHub 仓库中找到（*https://www.github.com/learning-vi/vi-files*）；参见 C.1 节。

```
    /* first and second passed in on command line */
    long int first, second;

    /* these get calculated */
    long int current, nMinusOne, nMinusTwo;

    first = atoi(argv[1]);
    second = atoi(argv[2]);
    printf("%i fibonacci numbers with starting values: %li, %li\n", count, first,
        second);
    printf("=======================================\n");

    /* print the first 2 from the starter values */
    printf("%i %04li\n", 1, first);
    printf("%i %04li ratio (golden?) %.3f\n", 2, second, (double) second/first);

    nMinusTwo = first;
    nMinusOne = second;

    for (index=1; index<=count; index++)
      {
      current = nMinusTwo + nMinusOne;
      printf("%li %04li ratio (golden?) %.3f\n",
                index,
                current,
                (double) current/nMinusOne);
      nMinusTwo = nMinusOne;
      nMinusOne = current;
      }
    }
```

在 Vim 中使用下列命令编译源程序（假设源文件名为 *fibonacci.c*）：

```
:make fibonacci
```

在默认情况下，Vim 将 make 命令传给外部 shell，将命令结果显示在特殊的 Quickfix List 窗口中。上述代码编译完成后，Quickfix List 窗口的内容如图 11-28 所示。

如果你没有看到 Quickfix List 窗口（该窗口不会自动显示），可以使用 ex 命令 :copen 将其打开。

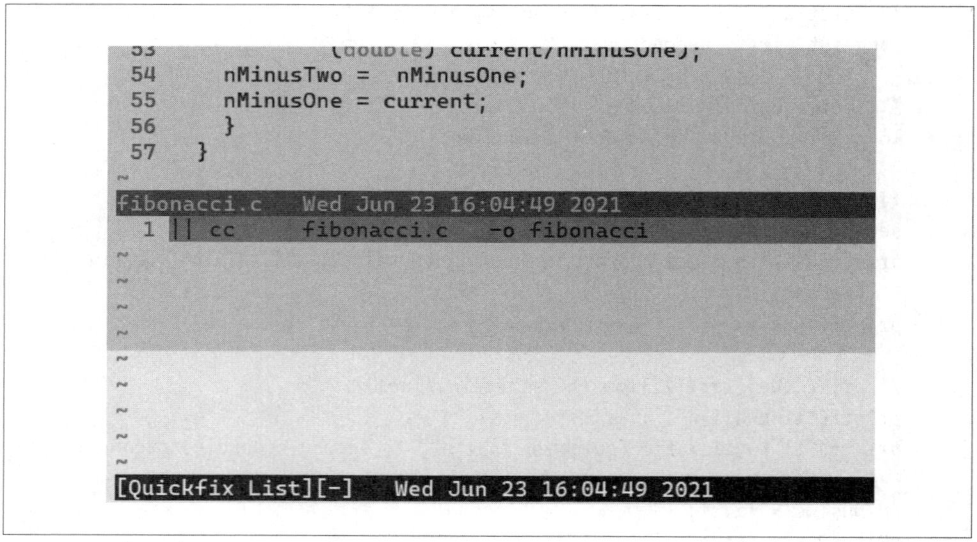

```
53              (double) current/nMinusOne);
54      nMinusTwo =  nMinusOne;
55      nMinusOne = current;
56      }
57   }
~
fibonacci.c   Wed Jun 23 16:04:49 2021
  1 || cc     fibonacci.c   -o fibonacci
~
~
~
~
~
~
~
~
~
[Quickfix List][-]   Wed Jun 23 16:04:49 2021
```

图 11-28：成功编译之后的 Quickfix List 窗口（WSL Ubuntu Linux terminal，配色方案：zellner）

接下来，修改源代码，加入一些错误。

修改：

```
long int current, nMinusOne, nMinusTwo;
```

为下列非法声明：

```
longish int current, nMinusOne, nMinusTwo;
```

修改：

```
nMinusTwo = first;
nMinusOne = second;
```

为拼写错误的变量 xfirst 和 xsecond：

```
nMinusTwo = xfirst;
nMinusOne = xsecond;
```

修改：

```
printf("%d %04li ratio (golden?) %.3f\n", 2, second, (double) second/first);
```

去掉其中的逗号：

```
printf("%d %04li ratio (golden?) %.3f\n", 2 second (double) second/first);
```

重新编译源代码。图 11-29 显示了 QuickFix List 窗口现在的内容。

```
47   for (index=1; index<=count; index++)
48     {
49     current = nMinusTwo + nMinusOne;
fibonacci.c   Wed Jun 23 16:11:21 2021
  1 || cc     fibonacci.c   -o fibonacci
  2 || fibonacci.c: In function 'main':
  3 fibonacci.c|32 col 3| error: 'longish' undeclared (first use in this function); did you mean 'long int'?
  4 ||     longish int current, nMinusOne, nMinusTwo;
  5 ||     ^~~~~~~
  6 ||     long int
  7 fibonacci.c|32 col 3| note: each undeclared identifier is reported only once for each function it appears in
  8 fibonacci.c|32 col 11| error: expected ';' before 'int'
  9 ||     longish int current, nMinusOne, nMinusTwo;
 10 ||             ^~~
[Quickfix List][-]   Wed Jun 23 16:11:21 2021
```

图 11-29：出现编译错误后的 QuickFix List 窗口（WSL Ubuntu Linux terminal，配色方案：zellner）

QuickFix List 窗口的第 1 行显示了执行的编译命令。如果没有错误，整个窗口中应该只有这么一行。但因为出现了错误，所以从第 3 行开始，列出了具体的错误及其上下文。

Vim 在 QuickFix List 窗口中列出了所有的错误，允许你访问以多种形式指示的错误代码。Vim 贴心地在 QuickFix List 窗口中高亮显示第一处错误。然后在源文件中重新定位（必要时滚动屏幕），将光标放在与错误对应的源代码行的开头。

在修复错误时，可以采用任意一种方法跳转到下一处错误：输入命令 :cnext，或是将光标定位在 QuickFix List 窗口中的错误行，然后按 ENTER。Vim 会根据需要滚动源代码，将光标置于错误的源代码行开头。

在修复好错误之后，就可以使用同样的方法再次开始“编译 - 编辑”周期了。如果你已经配备了标准开发环境（对于 Unix/Linux 机器而言，基本上都没有问题），Vim 的默认行为就是以上述方式处理“编辑 – 编译 – 编辑”，不需要任何调整。

如果 Vim 没有找到合适的编译器，你可以通过配置项定义具体的查找位置。编程环境和编译器的细节超出了本次讨论的范围，不过我们会列出这些命令和配置项，如果你需要研究相关环境，可以将此作为着手点：

`:cnext`，`:cprevious`

将光标移至 QuickFix List 窗口中定义的下一个（next）或上一个（previous）错误位置。

`:colder`，`:cnewer`

Vim 会记住最后 10 个错误列表。这些命令在 QuickFix List 窗口中加载下一个较旧（older）或较新（newer）的错误列表。每个命令都可以接受一个可选的整数 *n* 来加载第 *n* 个较旧或较新的错误列表。

`errorformat`

该配置项定义了 Vim 用于匹配编译器错误的格式。Vim 的内建文档提供了详细的定义方法，不过默认设置基本上已经能够应对绝大部分情况了。如果你需要对其作出调整，使用下列命令了解具体细节：

```
:help errorformat
```

`makeprg`

该配置项包含了开发环境中 `make` 或 `compile` 程序的名称。

QuickFix List 窗口的更多用法

Vim 也允许你使用类似于 `grep` 的语法指定位置，在文件中创建自己的位置列表。QuickFix List 窗口会显示你所请求的结果，其格式类似于先前描述的编译过程中返回的行。这是通过 `:vimgrep` 命令实现的：

```
:vimgrep[!] /pattern/[g][j] file(s)
```

该命令实质上是标准实用工具 *grep*(1) 的 Vim 内建版本。它在 *file* 中搜索匹配 *pattern* 的行，将结果返回到 QuickFix List 窗口。（命令标志及其含义详见 Vim 文档）

这项功能适用于重构等任务。举个例子，本书的手稿是我们用 AsciiDoc 编写的。在创作过程中的某一刻，我们把 `++vim++` 改为了 `__vim__`[注 11]。因此，每一处：

```
++vim++
```

注 11：该写法后来又有了其他变化。

都需要被更改为：

```
__vim__
```

执行过下列命令之后：

```
:vimgrep /++vim++/ *.asciidoc
```

QuickFix List 窗口中的内容如图 11-30 所示。

```
 1 appd.asciidoc|51 col 26| If the command ++vi++ or ++vim++ doesn't start your editor it is either not
 2 appd.asciidoc|208 col 43| When done, you'll have an executable name ++vim++.  To install
 3 ch01.asciidoc|317 col 1| ++vim++ is the Unix command that invokes the Vim editor for an existing
 4 ch01.asciidoc|318 col 50| file or for a brand new file. The syntax for the ++vim++ command is:
 5 ch02.asciidoc|1562 col 36| |Start Vim, open file if specified|++vim++ __++file++__
 6 ch04.asciidoc|98 col 32| There are other options to the ++vim++ command that can be helpful. You
 7 ch04.asciidoc|142 col 10| Give the ++vim++ command with the option ++$$-c /$$++__++pattern++__
 8 ch08.asciidoc|726 col 1| ++vim++::
 9 ch08.asciidoc|952 col 1| ++VIM++::
10 ch08.asciidoc|965 col 54| If more than one version of Vim exists on a machine, ++VIM++ will
11 ch08.asciidoc|968 col 10| sets the ++VIM++ environment variable to __$$/$$usr$$/$$share$$/$$vim__,
```

图 11-30：执行过 :vimgrep 命令之后的 QuickFix List 窗口（WSL Ubuntu Linux terminal，配色方案：shine）

别忘了使用下列 Vim ex 命令打开 QuickFix List 窗口：

```
:copen
```

否则看不到任何结果。

注意图 11-30 中 Vim 是如何显示 :vimgrep 输出的。左边是 QuickFix 缓冲区的行编号，显示了有多少行输出，可以通过下列 ex 命令关闭行号显示：

```
:set nonumber
```

:vimgrep 的输出由 3 个字段组成，彼此之间以管道字符（|）分隔。第 1 个字段是文件名，vimgrep 在该文件中进行模式匹配。第 2 个字段给出了已匹配的模式出现的行号和列号。第 3 个字段是匹配行的文本。

你可以通过将光标移动到感兴趣的行来浏览任何匹配项，或是用鼠标直接双击。Vim 会在另一个（拆分）窗口中打开该文件并将光标定位在匹配项的第一个字符处。

图 11-30 中的高亮行（有点不太容易分辨，尽管我们已经尝试选择了一种尽可能易读的配色方案）指向文件 *ch04.asciidoc* 的第 98 行 32 列。图 11-31 是双击该行之后的效果，可以看到 Vim 将光标定位在了拆分窗口中文件 *ch04.asciidoc* 的正确行列处。

```
 98 There are other options to the ++vim++ command that can be helpful. You
 99 can open a file directly to a specific line number or pattern. You can
100 also open a file in read-only mode. Another option recovers all changes
101 to a file that you were editing when the system crashed.
102
103 The options described in the following section apply both to ++vi++
104 and to Vim.
105
106 [[vi8-ch-4-sect-2.1]]
107 ==== Advancing to a Specific Place
108
109 When you begin editing an existing file, you can call the file in and
110 then move to the first occurrence of a __pattern__ or to a specific line
ch04.asciidoc   Mon Aug 30 14:53:30 2021
```

图 11-31：Vim 将光标定位在对应的文件行列处（WSL Ubuntu Linux terminal，配色方案：shine）

所以，浏览所有的匹配项并快速做出修改是一件很容易的事。

这个例子似乎有一种更简单的解决办法：

```
:%s/++vim++/__vim__/g
```

但是记住，`vimgrep` 更为通用，可以处理多个文件。这个例子只是展示 vimgrep 的功能，并不是说一定得用这种方法。在 Vim 中，完成一项任务的方法通常不止一种。

11.7 关于编写程序的 Vim 的最后一些想法

在本章中我们已经看了很多强大的功能。花点时间掌握这些技术，你的效率将得到突飞猛进的增长。如果你是一名 `vi` 的长期用户，你现在已经征服了一条陡峭的学习曲线。为学习 Vim 的额外功能而付出的努力算得上是第二条学习曲线。

如果你是程序员，我们希望本章能够使你了解到 Vim 为编程带来的巨大帮助。我们鼓励你尝试一下其中一些功能，甚至是根据需要扩展 Vim。你打造出来的扩展也许还能回馈 Vim 社区。好了，开始动手吧！

第 12 章

Vim 脚本

有时候，单靠定制还不足以满足编辑环境的需要。Vim 允许你在 *.vimrc* 文件中定义所有的偏好设置，但你也许想要更多的动态性或“即时”配置。Vim 脚本可以满足你的心愿。

从检查缓冲区内容到处理意外的外部因素，你可以使用 Vim 的脚本语言完成复杂的任务并根据需要做出决定。

如果你有 Vim 配置文件（*.vimrc*、*.gvimrc* 或两者均有），那你其实就已经在从事 Vim 脚本编程了，只是你自己还没意识到而已。所有的 Vim 命令和配置项都是有效的脚本输入。另外，如你所料，和其他语言一样，Vim 提供了所有的标准流程控制语句（`if...then...else`、`while` 等）、变量、函数。

本章将通过一个示例逐步构建出 Vim 脚本。我们会介绍简单的结构，使用 Vim 的一些内建函数，学习编写良好且可预测的 Vim 脚本必须考虑的规则。

12.1 你喜欢什么样的配色（方案）？

先从最简单的配置开始。我们打算把编辑环境定制为喜欢的配色方案。实现方法不难，用最基础的 Vim 脚本（单纯的 Vim 命令）就能搞定。

Vim 自带了 17 种定制好的配色方案。[注1] 只需要将 `colorscheme` 命令放入你的 *.vimrc* 或 *.gvimrc* 文件中就可以选择并激活某种配色方案。我们的一位作者钟爱的是一种“被低估”的配色方案 —— desert 配色：

```
:colorscheme desert
```

把类似于上述的 `colorscheme` 命令加入配置文件，以后每次使用 Vim 编辑的时候都能看到自己喜欢的配色。

这就是我们的第一个 Vim 脚本，非常简单。如果你喜欢更多变的配色方案呢？如果你喜欢的配色方案不止一种呢？如果你希望不同的时间段使用不同的配色方案呢？Vim 脚本可以轻松地满足你的需求。

根据时间段选择不同的配色方案听起来有些老套，但事实未必真像你想的那样。即便是 Google，也会在一天中根据时间段而改变 *iGoogle* 主页的配色。

12.1.1 条件执行

我们中的一位作者喜欢把一天划分为 4 部分，每一部分都有专属的配色方案：

`darkblue`

  午夜至早上 6 点

`morning`

  早上 6 点至中午

`shine`

  中午至下午 6 点

`evening`

  下午 6 点至午夜

注 1：　我们从别处听到的默认配色方案和数量略有不同，不过和这里给出的非常接近。

为此，我们编写了一个嵌套的 if...then...else... 代码块。书写这种代码块的语法有多种，其中一种更为传统，布局清晰：

```
if cond expr
  line of vim code
  another line of vim code
  ...
elseif some secondary cond expr
   code for this case
else
   code that runs if none of the cases apply
endif
```

elseif 和 else 代码块是可选的，你可以加入多个 elseif 代码块。Vim 也提供了更加简洁的类似于 C 语言的结构：

```
cond ? expr 1 : expr 2
```

Vim 检查条件 *cond*。如果为真，执行 *expr 1*；否则，执行 *expr 2*。

使用 strftime() 函数

我们现在已经能够有条件地执行代码，接下来需要判断当天的时间段。Vim 有可以返回此类信息的内建函数。在本例中，我们使用 strftime() 函数。该函数接受两个参数，第一个参数定义了时间字符串的输出格式。此格式依赖于系统，没有可移植性，所以一定要仔细挑选。好在大多数主流格式在不同的系统中都是通用的。第二个可选参数是从 1970 年 1 月 1 日开始计算的秒数（标准的 C 语言时间描述方法）。该参数默认为当前时间。在这里，我们使用时间格式 %H，由此得到 strftime("%H")，因为只需要小时数就可以决定要采用的配色方案。

条件代码加上可以获取时间信息的 Vim 内建函数，我们就可以根据时间段选择相应的配色方案了。将下列代码加入你的 *.vimrc* 文件。

```
" progressively check higher values... falls out on first "true"
if strftime("%H") < 6
  colorscheme darkblue
  echo "setting colorscheme to darkblue"
elseif strftime("%H") < 12
  colorscheme morning
  echo "setting colorscheme to morning"
```

```
elseif strftime("%H") < 18
  colorscheme shine
  echo "setting colorscheme to shine"
else
  colorscheme evening
  echo "setting colorscheme to evening"
endif
```

注意，这里出现了另一个 Vim 脚本命令 echo。为了方便起见，我们加入该命令来显示当前的配色方案，这也可以让我们检查代码是否运行并产生了预期的结果。echo 命令输出的消息应该显示在 Vim 的命令状态窗口或是以弹出窗口形式出现，这取决于 echo 在启动序列中出现的位置。

当我们执行命令 colorscheme 的时候，使用的是不带引号的配色方案名称（例如，desert），但当我们使用 echo 命令时，却为配色方案名称加上了引号（"desert"）。这处差别非常重要！

在这个脚本中，我们执行的是直接的 Vim 命令 colorscheme，该命令的参数是一个字面量（literal）。如果我们为其加上引号，则引号会被 colorscheme 视为配色方案名称的一部分。这会导致错误，因为没有任何一个配色方案名称中包含引号。

另一方面，echo 命令会将未引用的单词解释为表达式（会返回值的算式）或函数。因此，我们需要为选用的配色方案名称加上引号。

12.1.2 变量

如果你是一名程序员，可能会发现刚才的脚本有一个问题。虽然这对我们的任务不太可能造成大问题，但是每个条件判断处我们都调用了 strftime() 函数来检查小时数。从技术上讲，这是在检查条件，但我们将其作为表达式进行了多次求值，做出条件判断的值有可能在执行过程发生变化。

我们不再每次都执行函数，而是执行一次并将结果保存在 Vim 脚本变量中。然后在条件判断中使用该变量，而不会产生函数调用的开销。

使用 :let 命令为变量赋值：

```
:let var = "value"
```

在本例中，因为该变量只会使用一次（但随后就不会这样了），我们可以随意定义（上下文允许）。Vim 将此变量视为默认的全局变量。随后我们会看到，你可以使用特殊的前缀来定义变量作用域。

我们将变量命名为 currentHour。[注 2] 只需把 strftime() 的结果一次性赋给该变量，我们就得到了一个更高效的脚本：

```
" progressively check higher values... falls out on first "true"
let currentHour = strftime("%H")
echo "currentHour is " currentHour
if currentHour < 6
   colorscheme darkblue
   echo "setting colorscheme to darkblue"
elseif currentHour < 12
   colorscheme morning
   echo "setting colorscheme to morning"
elseif currentHour < 18
   colorscheme shine
    echo "setting colorscheme to shine"
else
   colorscheme evening
   echo "setting colorscheme to evening"
endif
```

引入变量 colorScheme，我们可以再删除几行代码。该变量保存了根据时间段决定的配色方案名称。我们加入了大写字母 *S*，以此与 colorscheme 命令区分，不过就算使用同样的名称也没关系，Vim 能根据上下文判断出哪个是命令，哪个是变量：

```
" progressively check higher values... falls out on first "true"
let currentHour = strftime("%H")
echo "currentHour is " . currentHour
if currentHour < 6
  let colorScheme ="darkblue"
elseif currentHour < 12
  let colorScheme = "morning"
elseif currentHour < 18
  let colorScheme = "shine"
else
```

注 2：　一位技术评审人提出了意见，我们也表示同意：变量名 currentHour 有点不得当，因为其中保存的值并不是小时。选用这个名字是一种传统做法，不过我们也可以按照用途换个变量名：colorIndex。在该脚本中，我们依然沿用原先的名字。

```
  let colorScheme = "evening"
endif
echo "setting color scheme to " . colorScheme
colorscheme colorScheme
```

注意 echo 命令中的点号（.）用法。这个操作符用于将表达式的值拼接成最终由 echo 显示的字符串。在本例中，我们拼接的是字面字符串 "setting color scheme to " 和变量 colorScheme 的值。

我们对该脚本中执行的命令做了错误的假设。如果你照着例子编写代码，应该已经发现了。我们会在下一节纠正这个错误。

12.1.3 execute 命令

至此，我们改进了配色方案的选择方式，但最后一次改动出了点小岔子。一开始，我们打算根据时间段执行一个又一个独立的 colorscheme 命令。最后一次改动看起来没毛病，但是在定义了保存配色方案名称的变量（colorScheme）之后，我们发现下列命令：

```
colorscheme colorScheme
```

产生了如图 12-1 所示的错误。

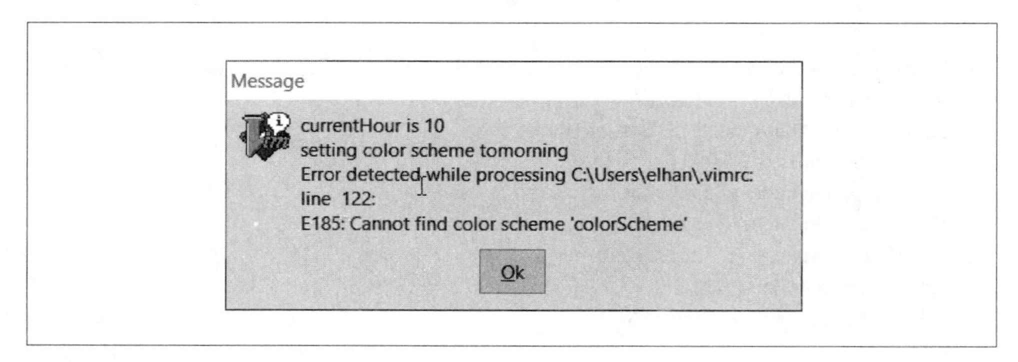

图 12-1：colorscheme colorScheme 错误

我们需要有一种方法来执行引用了变量，而非字面字符串（比如 darkblue）的 Vim 命令。为此，Vim 提供了 execute 命令。当传入一个命令时，execute 对其中的变量和表达值执行插值操作。我们利用该特性以及上一节中介绍的拼接操作符将变量 colorScheme 的值传入 colorscheme 命令：

```
execute "colorscheme " . colorScheme
```

这里使用的语法（尤其是引号）可能让人摸不着头脑。execute 命令接受变量或表达式，但 colorscheme 只是一个普通的字符串，既不是变量，也不是表达式。我们不希望 execute 对 colorsheme 求值，只想让其原封不动的接受该字符串。所以我们将 colorsheme 放入引号内，使这个命令名称为一个字面字符串。同时，在结尾引号前加上一个空格。这很重要，因为命令和值之间需要有空格。

变量 colorScheme 必须位于引号之外，这样才能被 execute 求值。execute 的行为可以这么理解：

- 普通单词（plain words）被作为变量或表达式，由 execute 对其求值。
- 引号内的字符串被视为字面量，execute 不对其求值。

使用 execute 修复先前脚本中的错误，Vim 现在就可以如期载入配色方案了。

进入 Vim 之后，你可以核实是否载入正确的配色方案。colorscheme 命令会设置自己的变量 colors_name。除了显示在你在脚本中设置的变量的值，也可以手动执行 echo 命令，检查 colors_name 变量，看看脚本是否根据时间段执行了正确的 colorscheme 命令：

```
:echo colors_name
```

12.1.4 定义函数

我们已经创建了一个运行良好的脚本。现在要创建可以在会话期间随时执行的代码，而不仅仅是在 Vim 启动时。我们很快会给出一个例子，但首先我们需要编写一个包含脚本代码的函数。

Vim 允许你使用 function...endfunction 语句自定义函数。下面是一个用户自定义函数的框架：

```
function MyFunction(arg1, arg2...)
  line of code
  another line of code
endfunction
```

我们可以轻松地将脚本转换成函数。注意，因为不需要传入任何函数，所以函数定义中的括号是空的：

```
function SetTimeOfDayColors()
  " progressively check higher values... falls out on first "true"
  let currentHour = strftime("%H")
  echo "currentHour is " . currentHour
  if currentHour < 6
    let colorScheme = "darkblue"
  elseif currentHour < 12
    let colorScheme = "morning"
  elseif currentHour < 18
    let colorScheme = "shine"
  else
    let colorScheme = "evening"
  endif
  echo "setting color scheme to " . colorScheme
  execute "colorscheme " . colorScheme
endfunction
```

在 Vim 中，用户自定义函数的名称必须以大写字符起始。

我们在 *.gvimrc* 文件中定义好了一个函数。但如果我们不调用函数，其中的代码永远不会被执行。可以使用 Vim 的 `call` 语句调用函数。在本例中是这样的：

```
call SetTimeOfDayColors()
```

我们现在就可以在 Vim 会话期间随时随地设置配色方案了。一种选择是把 `call` 语句放入 *.gvimrc* 文件中。效果和先前未使用函数的例子一样。但在下一节中，我们将看到一个巧妙的 Vim 技巧，可以重复调用函数，使得我们能够在整个会话期间定期设置配色方案，实现在一天中动态变化配色！ 当然了，这也少不了由此带来的其他问题。

12.1.5 一个巧妙 的 Vim 窍门

上一节中定义了 Vim 函数 SetTimeOfDayColors()，我们调用了一次该函数，用于定义配色方案。如果我们想重复检查当前时间并相应地改变配色方案，该如何实现？显然，只在 *.gvimrc* 中调用一次函数是不够的。为此，我们通过 statusline 配置项，介绍一个取巧的 Vim 窍门。

大多数 Vim 用户对 Vim 状态栏已经司空见惯，不以为然了。statusline 默认没有值，但你可以对其进行设置，在状态栏中显示几乎所有可用的 Vim 信息。由于状态栏可以显示动态信息，例如当前行和列，Vim 会在编辑状态发生变化时重新计算和显示状态栏。Vim 中的几乎所有操作都会触发状态栏的重绘。我们利用这一点来调用配色方案函数并动态更改配色方案。不过你很快就会看到，这种方法并不是完美无缺的。

statusline 接受表达式（也包括函数）并对其求值，然后显示在状态栏中。我们利用该特性，在每次更新状态栏的时候调用 SetTimeOfDayColors()（调用频率可不低）。因为这样会覆盖默认的状态栏，而我们也不想失去状态栏中重要的信息，所以我们打算把这些丰富的信息纳入状态栏的初始化定义中：

```
set statusline=%<%t%h%m%r\ \ %a\ %{strftime(\"%c\")}%=0x%B\
    \\ line:%l,\ \ col:%c%V\ %P
```

statusline 的定义被分成了两行。只要第一个非空白字符是反斜线（\），Vim 就会将该行视为上一行的延续，同时忽略反斜线之前的所有空白字符。如果你使用我们给出的定义，一定要确保复制的时候一字不差。如果没有效果，使用未定义的 statusline 重新开始。

关于以百分号作为前缀的各种字符的含义，可以在 Vim 文档中查找。上述定义会生成下列状态栏：

```
ch12.asciidoc   Thu 26 Aug 2021 12:39:26 PM EDT    0x3C line:1, col:1 Top
```

我们的重点不在于状态栏能显示什么内容，而在于利用 statusline 配置项求值函数。

现在将我们的 SetTimeOfDayColors() 函数加入 statusline。使用 += 代替普通的 =，就可以将新内容追加到原先定义的内容之后，而不是将其覆盖：

```
set statusline += \ %{SetTimeOfDayColors()}
```

`SetTimeOfDayColors()` 函数已经成为状态栏的一部分。尽管并没有为状态栏添加什么值得关注的信息，但该函数会检查时间段，随着时间的改变更新配色方案。这里存在两个问题：

- 我们现在有了一个可以在 Vim 状态栏更新的时候检查当天时间段的 Vim 脚本函数。先前出于效率的考虑，我们减少了 `strftime()` 的一部分调用，但现在却又在会话期间加入了数量如此之巨的其他函数调用。
- 当会话正好在适当的时间求值 `statusline` 时，就会执行我们想要的操作并更改配色方案。但是按照函数定义，它检查时间并重新设置配色方案，不管有没有更改的必要。

在下一节中，我们通过在函数外部使用全局变量来引入一种更有效的方法。

12.1.6 使用全局变量调整 Vim 脚本

Vim 提供了标量变量（scalar variables）（数值和字符串）和数组。除此之外，你还可以指定变量的作用域。

变量作用域

Vim 变量非常简单，不过在讨论全局变量之前，有几件事情你得清楚。尤其是，我们必须管理变量作用域。Vim 有自己的一套惯例，使用变量名称前缀来定义变量作用域。这些前缀包括：

`a:`

函数参数。

`b:`

在单个 Vim 缓冲区中可用的变量。

`g:`

全局变量，也就是说，可以在脚本任意位置引用。

`l:`

在函数内可用的变量（局部变量）。

`s:`

在被源引（sourced）的 Vim 脚本中可用的变量。

`t:`

在单个 Vim 标签页中可用的变量。

`v:`

由 Vim 控制的 Vim 变量（也属于全局变量）。

`w:`

在单个 Vim 窗口中可用的变量。

如果你没有使用前缀定义变量作用域，当在函数外部定义变量时，默认为全局变量（`g:`），在函数内部定义变量时，默认为局部变量（`l:`）。

全局变量

经过上一次对 Vim 脚本的修改，我们基本上已经实现了想要的效果。Vim 状态栏每次更新的时候都会调用我们的函数，但因为调用太过频繁，会引发多个层面的问题。

首先，因为函数调用频繁，可能会对计算机处理器造成负担。幸好，对于如今的计算机而言，这算不上什么事，但如此频繁地反复定义配色方案仍不是一种好做法。如果这是唯一的问题，我们可以认为脚本已经完成了，不需要再做进一步的调整。然而，并非如此。

如果你按照例子中的步骤编写代码，应该已经知道问题所在了。在编辑会话期间，随着编辑操作不断地重建配色方案会造成明显的屏幕闪烁，很是烦人。因为每次定义配色方案，即便是和当前配色方案一致，也需要 Vim 重新读取配色方案定义脚本、重新解释文本、重新应用所有的语法高亮规则。即便是算力极强的计算机也不大可能提供足够的图形处理能力来无闪烁地渲染持续不断的更新。这个问题得解决。

我们可以定义配色方案一次，然后在条件语句块中判断配色方案每次是否有变化，是否需要重新定义和绘制。实现方式是利用 colorscheme 命令设置的全局变量 color_name。重新编写函数，加入全局变量：

```
function SetTimeOfDayColors()
  " progressively check higher values... falls out on first "true"
  let currentHour = strftime("%H")
  if currentHour < 6
    let colorScheme = "darkblue"
  elseif currentHour < 12
    let colorScheme = "morning"
  elseif currentHour < 18
    let colorScheme = "shine"
  else
    let colorScheme = "evening"
  endif
  " if our calculated value is different, call the colorscheme command.
  if g:colors_name !~ colorScheme
    echo "setting color scheme to " . colorScheme
    execute "colorscheme " . colorScheme
  endif
endfunction
```

我们得到了一个动态且高效的函数。下一节中，我们将做出最后一处改进。

12.1.7 数组

如果我们不用靠一堆 if...then...else 语句块就可以提取出配色方案值该多好。利用 Vim 数组，我们可以改进脚本并显著增加可读性。

在创建数组时，可以将其写作方括号中以逗号分隔的一系列值。我们在函数中引入数组 Favcolorschemes。尽管可以在函数作用域内定义，但为了能在会话中的其他部分访问该数组，我们选择在函数外部将其定义为全局数组：

```
let g:Favcolorschemes = ["darkblue", "morning", "shine", "evening"]
```

应该将这一行放入你的 *.gvimrc* 文件。现在我们就可以通过下标（从 0 开始）访问数组变量 g:Favcolorschemes 中的任意元素了。例如，g:Favcolorschemes[2] 的值为字符串 "shine"。

利用 Vim 处理数学函数的方式（整数除法的结果依然是整数，余数部分被丢弃），我们可以便捷地根据时间获得首选配色方案。来看看函数的最终版本：

```
function SetTimeOfDayColors()
  " currentHour will be 0, 1, 2, or 3
  let g:CurrentHour = strftime("%H") / 6
  if g:colors_name !~ g:Favcolorschemes[g:CurrentHour]
    execute "colorscheme " . g:Favcolorschemes[g:CurrentHour]
    echo "execute " "colorscheme " . g:Favcolorschemes[g:CurrentHour]
    redraw
  endif
endfunction
```

echo 语句负责打印信息并“宣告”脚本所做的改动。redraw 语句告诉 Vim 立刻重新绘制屏幕。

恭喜！你已经构建了一个完整的 Vim 脚本，该脚本考虑了很多实用脚本应具备的要素。

12.2 通过脚本编程实现动态文件类型配置

让我们再来看另一个不错的脚本示例。通常，在编辑新文件时，Vim 判断文件类型并设置 filetype 的唯一线索就是文件的扩展名。例如，*.c* 代表 C 语言源代码文件。Vim 可以借此轻松地决定文件类型并采用正确的处理方式，简化 C 程序的编辑工作。

但并不是所有的文件都有扩展名。例如，尽管 shell 脚本采用 *.sh* 作为后缀名是一种惯例，但我们并不喜欢或遵循这种方式，在这个惯例被大家广为接受之前，已经有数以千计的 shell 脚本存在了。Vim 训练颇为有素，不用通过扩展名，只需查看文件内容就能识别出 shell 脚本。但是，这只有在进行第二次编辑的时候才能做到，因为那时候文件才能提供一些用于判断文件类型的上下文。Vim 脚本可以解决这个问题！

12.2.1 自动命令

在第一个脚本示例中，我们依赖 Vim 持续更新状态栏的行为，将函数“隐藏”在状态栏中，以此根据时间设置配色方案。动态判断文件类型需要一种更为正式的 Vim 功能：自动命令（autocommands）。

自动命令包括任何有效的 Vim 命令。Vim 通过事件执行命令。下面列举出了部分事件，当这些事件发生时，会触发与之关联的命令：

`BufNewFile`

　　当 Vim 开始编辑新文件时。

`BufReadPre`

　　在 Vim 移至新缓冲区之前。

`BufRead`，`BufReadPost`

　　当编辑新缓冲区时，但在读取文件之后。

`BufWrite`，`BufWritePre`

　　在将缓冲区写入文件之前。

`FileType`

　　设置过 filetype 之后。

`VimResized`

　　Vim 窗口大小更改之后。

`WinEnter`，`WinLeave`

　　进入或离开 Vim 窗口时。

`CursorMoved`，`CursorMovedI`

　　当光标每次在 `vi` 命令模式或插入模式中移动时。

Vim 事件差不多有 80 个。对于任意事件，你都可以通过 `autucmd` 定义事件发生时自动执行的命令。`autocmd` 的格式为：

```
autocmd [group] event pattern [nested] command
```

其中：

group

　　可选的命令组（随后介绍）。

event

　　触发 *command* 的事件。

pattern

文件名称模式，对匹配的文件执行 *command*。

nested

如果指定，允许该自动命令嵌套在其他自动命令内。

command

事件发生时执行的 Vim 命令、函数或用户自定义脚本。

我们的目标是识别打开的任意新文件的类型，所以使用 * 作为 *pattern*。

接下来要决定使用哪种事件触发脚本。考虑到我们想尽早识别出文件类型，有两个不错的备选事件：`CursorMoved` 和 `CursorMovedI`。

当光标移动时会触发 `CursorMoved`，这看起来似乎没什么必要，因为单凭移动光标不大可能提供文件类型相关的信息。相比之下，`CursorMovedI` 会在输入文本时触发，应该是最佳的选择。

我们必须编写一个函数来完成这项工作。不妨称之为 `CheckFileType()` 吧。现在已经有了足够的信息来定义 `autocmd` 命令，其形式如下所示：

```
autocmd CursorMovedI * call CheckFileType()
```

12.2.2 检查配置项

在 `CheckFileType` 函数中，我们需要检查 `filetype` 配置项的值。Vim 脚本使用一种特殊变量获取配置项的值：在配置项名称（在本例中为 `filetype`）前加上 & 字符。因此，在我们的函数中要用到变量 `&filetype`。

我们下面来看 `CheckFileType()` 的一个简单版本：

```
function CheckFileType()
  if &filetype == ""
    filetype detect
  endif
endfunction
```

Vim 命令 `filetype detect` 是安装在 *$VIMRUNTIME* 目录中的一个 Vim 脚本。它检

查很多标准，尝试确定文件类型。这个过程通常只有一次，如果是新文件且 filetype 无法确定文件类型，编辑会话将无法进行语法格式化。

有一个问题：在输入模式中，每次移动光标时都会调用函数，不断地尝试检测文件类型。为此，我们先检查文件类型是否已经确定，这意味着我们的函数上一次已经执行成功，不用再继续执行了。这里不考虑异常情况，比如识别错误，或是文件先是用一种编程语言编写，然后又换成了另一种。

我们来创建一个新的 shell 脚本并查看结果：

```
$ vim ScriptWithoutSuffix
```

输入下列内容：

```
#! /bin/sh

inputFile="DailyReceipts"
```

至此，Vim 的语法高亮已经生效，如图 12-2 所示：

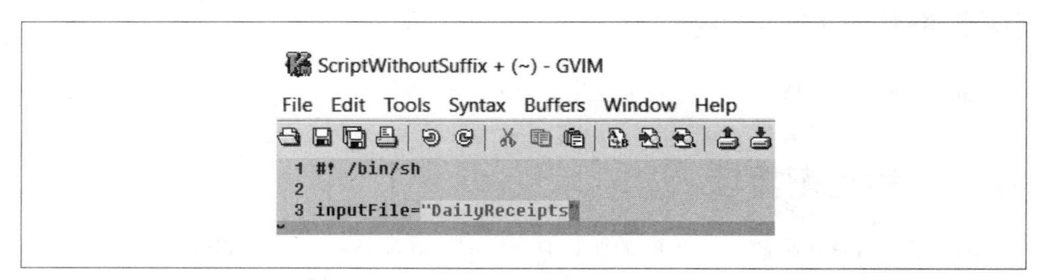

图 12-2：检测到的新文件的类型（MS Windows gvim，配色方案：morning）

从图中可以看到，Vim 把字符串标为灰色，但是实体书无法显示出 #! /bin/sh 为蓝色，inputFile= 为黑色，"DailyReceipts" 为紫色。遗憾的是，这并不是 shell 脚本语法高亮的配色！通过 :set filetype 快速简单 filetype 配置项，会看到如图 12-3 所示的信息：

```
ScriptWithoutSuffix[+]
  filetype=conf
```

图 12-3：检测到的文件类型为 conf（MS Windows gvim，配色方案：morning）

Vim 认定该文件的类型为 conf，这可不是我们想要的。哪里出错了？

如果你尝试这个例子，会发现当输入第一个字符 #，触发第一次 CursorMovedI 事件时，就立刻认定文件类型了。Unix 实用工具和守护进程的配置文件通常使用 # 字符作为注释的起始，所以 Vim 试探性地假定行首的 # 代表的是配置文件的注释起始。我们必须让 Vim 再耐心一些。

接下来要修改函数，纳入更多的上下文。我们不再急着一有机会就尝试检测文件类型，而是允许用户先输入 20 个左右的字符。

12.2.3 缓冲区变量

我们需要在函数中引入一个变量，告诉 Vim 在 CursorMovedI 调用函数超过 20 次之前不要尝试检测文件类型。我们所谓的新文件，还有输入文件的字符数，都是针对缓冲区而言的。换句话说，光标在编辑会话的其他缓冲区中的移动应该都不作数。因此，我们使用缓冲区变量 b:countCheck。

接下来，我们修改函数，检查输入模式中至少 20 次移动（意味着输入大概 20 个字符），同时检查文件类型是否已经认定：

```
function CheckFileType()
  let b:countCheck += 1

  " Don’t start detecting until approximately 20 chars.
  if &filetype == "" && b:countCheck > 20
    filetype detect
  endif
endfunction
```

但是我们却得到了如图 12-4 所示的错误。

```
ScriptWithoutSuffix   8/30/2021 10:37:55 AM
Error detected while processing function CheckFileType
line    1:
E121: Undefined variable: b:countCheck
Press ENTER or type command to continue
```

图 12-4：b:countCheck 产生了一个“undefined”错误

这种错误并不陌生，先前就已经碰到过，我们又试图在变量定义之前修改该变量。此次的错误全在于我们，因为负责定义 b:countCheck 的是我们的脚本。下一节将解决这个问题。

12.2.4 exists() 函数

懂得如何管理所有的变量和函数很重要：Vim 要求你定义所有的变量和函数，以便在引用其之前，这些变量和函数已经存在。

通过检查 b:countCheck 是否存在并使用 :let 命令为其赋值，就可以轻松解决上述脚本错误：

```
function CheckFileType()
  if exists( “b:countCheck” ) == 0
    let b:countCheck = 0
  endif

  let b:countCheck += 1

  " Don't start detecting until approx. 20 chars.
  if &filetype == "" && b:countCheck > 20
    filetype detect
  endif
endfunction
```

来测试一下代码。图 12-5 显示的是在输入 20 个字符之前的画面，图 12-6 显示的是输入第 21 个字符时的画面。

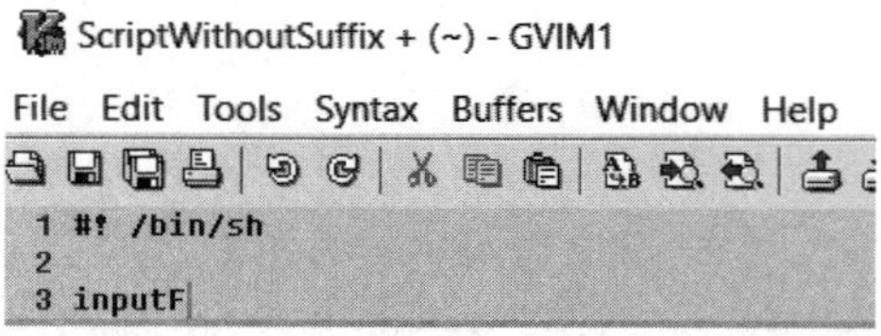

ScriptWithoutSuffix + (~) - GVIM1
File Edit Tools Syntax Buffers Window Help

```
1 #! /bin/sh
2
3 inputF
```

图 12-5：尚未检测出文件类型（MS Windows gvim，配色方案：morning）

文本 /bin/sh 突然就有了语法高亮效果。使用 set filetype 快速检查文件类型，结果如图 12-7 所示，Vim 已经得到了正确的文件类型。

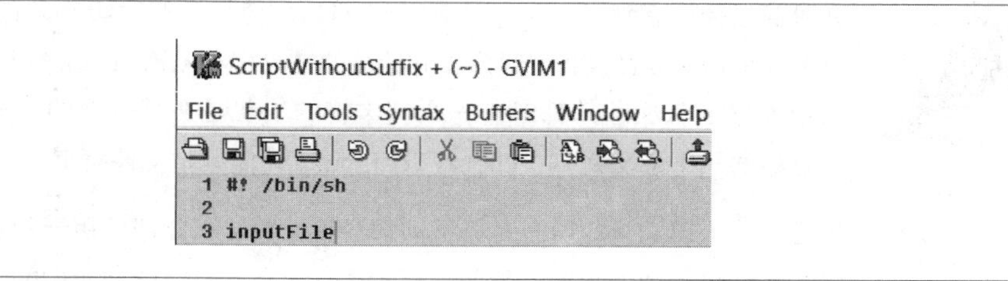

图 12-6：已检测出文件类型（MS Windows gvim，配色方案：morning）

图 12-7：正确检测到文件类型

基于实际考虑，我们已经得到了一个完整且令人满意的解决方案，但是考虑到良好的形式，我们加入了另一处检查，避免 Vim 在输入了约 200 个字符之后继续尝试检测文件类型：

```
function CheckFileType()
  if exists("b:countCheck") == 0
    let b:countCheck = 0
  endif

  let b:countCheck += 1

  " Don't start detecting until approx. 20 chars.
  if &filetype == "" && b:countCheck > 20 && b:countCheck < 200
    filetype detect
  endif
endfunction
```

现在，即便是每次移动光标时调用 CheckFileType()，带来的开销也很小，因为一旦检测出文件类型或超出了 200 个字符的阈值，就不再检查了。尽管这应该已经能很好地兼顾合理的功能性和处理开销最小化，但我们还会继续研究更多的机制，实现更好更完备的解决方案，不仅开销最小，而且还能在不需要的时候“悄然退出”。

你可能已经注意到了，我们对 20 个字符的阈值计数的确切含义有点模糊。这种模棱两可是故意的。因为我们计算的是光标移动次数，在输入模式下，假设光标的每次移动都对应一个新字符的出现是合情合理的，只要添加“足够的”上下文文本，CheckFileType() 就能确定文件类型。

但是，输入模式下的所有光标移动都会被计数，因此任何用于纠正打字错误的退格也会计入阈值计数器。要确认这一点，可以尝试我们的示例，键入 #，再按退格键，然后重新输入 10 次。第 11 次时应该显示一个颜色的 #，并且文件类型应该会被（错误地）设置为 conf。

12.2.5 自动命令和组

到目前为止，脚本忽略了光标每次移动时调用函数所带来的副作用。我们通过合理的检查使开销降至最低，避免不必要地频繁调用 filetype detect 命令。但是，如果连执行最少量的函数代码也觉得代价高昂，那该怎么办？我们想要一种在不需要时停止调用代码的方法。为此，要用到 Vim 的自动命令组（autocommand groups）概念及其根据关联组删除命令的能力。

我们先使用 augroup 命令将由 CursorMovedI 事件调用的函数与一个组关联起来。该命令语法如下：

```
augroup groupname
```

后续的 autocmd 定义均与 *groupname* 组产生关联，直到出现下列语句：

```
augroup END
```

对于没有出现在 augroup 块中的命令，还有一个默认组。

我们现在将先前的 autocmd 命令与自定义组关联起来：

```
augroup newFileDetection
  autocmd CursorMovedI * call CheckFileType()
augroup END
```

由 CursorMovedI 触发的函数现在成为自动命令组 newFileDetection 的一部分。下一节中将研究这个自动命令组的用法。

12.2.6 删除自动命令

为了尽可能干净利索地实现函数，我们希望其仅在必要时保持有效。一旦超出了时效期（也就是说，只要检测出文件类型或是发现无法确定文件类型），就应该取消该函数的定义。Vim 可通过引用事件、文件名必须匹配的模式或其关联组来删除自动命令：

```
autocmd! [group] [event] [pattern]
```

`autocmd` 关键字之后是常见的 Vim“强制（force）”字符：感叹号（!），用于指明与 goup、event 或 pattern 关联的自动命令将被删除。

因为我们先前将函数与自定义组 `newFileDetection` 关联，所以现在就掌握了控制权，通过在自动命令删除语法中引用该组来将其删除。实现方法如下：

```
autocmd! newFileDetection
```

这样就删除了与组 `newFileDetection` 关联的所有自动命令，在本例中则是我们的函数。

在 Vim 启动时（创建新文件），我们可以使用下列命令进行查询，确认自动命令的定义和删除：

```
autocmd newFileDetection
```

Vim 的响应信息如图 12-8 所示。

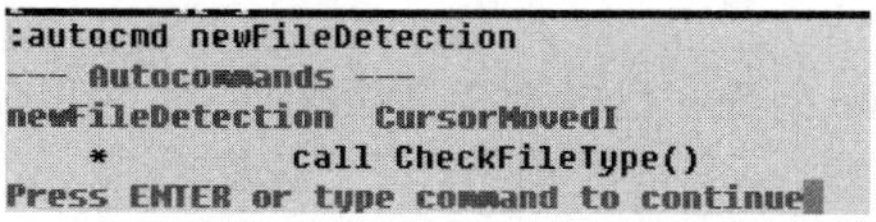

```
:autocmd newFileDetection
--- Autocommands ---
newFileDetection  CursorMovedI
    *         call CheckFileType()
Press ENTER or type command to continue
```

图 12-8：`autocmd newFileDetection` 命令的响应（MS Windows `gvim`，配色方案：morning）

当检测出文件类型或超出 200 个字符的阈值之后，我们就不再需要该自动命令定义了。对代码再做最后一次修改。将 `augroup` 的定义、`autocmd` 命令以及函数结合在一起，在 *.vimrc* 中的内容如下所示：

```
augroup newFileDetection
  autocmd CursorMovedI * call CheckFileType()
augroup END

function CheckFileType()
  if exists("b:countCheck") == 0
    let b:countCheck = 0
  endif

  let b:countCheck += 1

  " Don't start detecting until approx. 20 chars.
  if &filetype == "" && b:countCheck > 20 && b:countCheck < 200
    filetype detect
  " If we've exceeded the count threshold (200), OR a filetype has been detected
  " delete the autocmd!
  elseif b:countCheck >= 200 || &filetype != ""
    autocmd! newFileDetection
  endif
endfunction
```

语法高亮生效之后，我们可以输入同样的命令来确认函数已被删除：

```
:autocmd newFileDetection
```

Vim 的响应如图 12-9 所示。

```
:autocmd newFileDetection
--- Autocommands ---
Press ENTER or type command to continue
```

图 12-9：删除自动命令组之后（MS Windows gvim，配色方案：morning）

注意，newFileDetection 组现在已经没有自动命令了。可以使用下列命令删除组：

```
augroup! groupname
```

但是这样并不会删除与其关联的自动命令，每次引用这些自动命令的时候会产生错误。因此，在删除组之前要先删除组中的自动命令。

别把删除自动命令和删除组搞混了。

恭喜！你已经完成了第二个 Vim 脚本。这个脚本扩展了你的 Vim 知识，让你见识了可以通过脚本编程访问的不同功能。

12.3 关于 Vim 脚本编程的另外一些思考

我们只接触到了 Vim 脚本编程的冰山一角，但你应该已经体会到了 Vim 的强大之处。几乎所有的 Vim 交互操作都可以在脚本中实现。

在本节中，我们将介绍 Vim 内建文档中提供的一个优秀示例，详细讨论先前介绍过的一些概念，学习几个新功能。

12.3.1 一个实用的 Vim 脚本示例

Vim 的内建文档中有一个方便的脚本，你应该会有兴趣一试。这个脚本专门处理在 HTML 文件的 <meta> 标签中保留当前时间戳的问题，但也可以轻松用于其他需要保存最近修改时间的文件类型。

下面这个例子基本上是从 Vim 内建文档中照搬过来的（略有改动）：

```
autocmd BufWritePre,FileWritePre *.html mark s|call LastMod()|'s
fun LastMod()
  " if there are more than 20 lines, set our max to 20, otherwise, scan
  " entire file.
  if line("$") > 20
    let lastModifiedline = 20
  else
    let lastModifiedline = line("$")
  endif
  exe "1," . lastModifiedline . "g/Last modified: .*/s//Last modified: " .
  \ strftime("%Y %b %d")
endfun
```

接下来是 autocmd 命令的简要说明：

BufWritePre，FileWritePre

这是用于触发命令的事件。本例中，Vim 在将文件或缓冲区写入存储设备之前执行自动命令。

*.html

对以 .html 结尾的文件执行指定的自动命令。

mark s

为了提高可读性，我们对此处做了改动，使用等效但更明显的命令 mark s 代替 ks。该命令在文件中创建了一个名为 s 的标记位置，以便我们随后返回此处。

|

管道字符用于分隔在自动命令定义中执行的多个 Vim 命令。这只是一个简单的分隔符，跟 Unix shell 管道没有任何关系。

call LastMod()

调用用户自定义函数 LastMod()。

's

返回名为 s 的标记位置。

我们有必要验证一下这个脚本。编辑 *.html* 文件，在其中加入下列行：

```
Last modified:□
```

然后执行 w 命令。

这个例子固然有用，但就其所宣称的替换 <meta> 标签的目标而言，在规范上并不正确。更恰当地说，如果它确实是为了处理 <meta> 标签，那么替换的时候应该查找 <meta> 的 content=... 部分。但这个例子仍不失为解决该问题的一个良好开端，对于其他文件类型也有所帮助。

12.3.2 再谈变量

我们现在详细讨论 Vim 变量的组成及其用法。Vim 共有 5 种变量：

数字（number）

有符号的 32 位（32-bit）数。数字可以用十进制、十六进制（例如 0xffff）或八进制(例如0177)描述。如果编译器支持,Vim也可以使用64位数。ex命令 :version 会显示编辑器是否支持 64 位数。如图 12-10 所示。

```
break          +netbeans_intg     +sy
indent         +num64             +ta
cmds           +packages          +ta
```

图 12-10：:version 的结果显示支持 64 位数（WSL Ubuntu Linux, color scheme: zellner）

字符串（string）

字符序列。

函数引用（funcref）

对函数的引用。

列表（list）

这是 Vim 版的数组。列表是值的有序序列，能够从中获取作为元素的各种 Vim 值。

字典（dictionary）

这是 Vim 版的散列，经常也被称为关联数组。字典是一对值（value pairs）的无序集合，其中一个值作为键，用于检索与其关联的值。

12.3.3 表达式

Vim 对表达式求值的方式直截了当。表达式可以是简单的数字或字符串，也可以是复杂的复合语句，语句本身由表达式组成。

注意，Vim 的数学函数只能处理整数，这一点很重要。如果你需要处理浮点数和精度，则需要使用扩展，例如调用数学相关的外部例程。

12.3.4 扩展

Vim 提供了各种扩展以及其他脚本语言的接口。尤为要注意的是，其中包括三种最流行的脚本语言：Perl、Python 和 Ruby。具体用法参见 Vim 的内建文档。

12.3.5 再谈 autocmd

在 12.2 节中，我们使用 Vim 的 autocmd 命令来绑定事件，从中调用用户自定义函数。这项功能非常强大，但也不要忽视 autocmd 的简单用途。例如，你可以使用 autocmd 来为不同的文件类型调整特定的 Vim 选项。

为不同的文件类型更改 shiftwidth 配置项可能是一个不错的示例。包含大量缩进和嵌套层级的文件类型也许能因适中的缩进距离而获益。你可以将 HTML 文件的 shiftwidth 定义为 2，避免代码超出屏幕右侧，对于 C 源代码文件，则将 shiftwidth 定义为 4。为了实现这种区别设置，把下面两行加入你的 *.vimrc* 或 *.gvimrc* 文件：

```
autocmd BufRead,BufNewFile *.html set shiftwidth=2
autocmd BufRead,BufNewFile *.c,*.h set shiftwidth=4
```

12.3.6 内部函数

除了所有的 Vim 命令，你还可以访问约 200 个内建函数。逐一讲解这些函数超出了本书的范围，但是知道有哪几类函数还是有帮助的。下面的函数分类摘自 Vim 内建的帮助文件 *usr_41.txt*：

字符串函数

包括了程序员期待的所有标准字符串函数，从转换函数到子串函数，应有尽有。

列表函数

包括完整的数组函数。近似于 Perl 的数组函数。

字典（关联数组）函数

包括提取、操控、验证等类型的函数。近似于 Perl 的散列函数。

变量函数

包括用于在 Vim 窗口和缓冲区之间移动变量的 getter 和 setter 函数。另外还有一个判断变量类型的 type() 函数。

光标和位置函数

这些函数允许在文件和缓冲区中移动，并创建标记以便记住和返回特定位置。还有一些函数可以提供位置信息（例如，光标所在的行和列）。

系统和文件操控函数

包括在 Vim 所处的操作系统中进行浏览的函数，比如查找文件、确定当前工作目录、创建和删除文件。其中还有 `system()` 函数，可用于向操作系统传递要执行的外部命令。

日期和时间函数

包括各种操控日期和时间格式的函数。

缓冲区、窗口和参数列表函数

这些函数提供了收集缓冲区信息以及各个缓冲区参数的机制。例如，当 Vim 启动时，一系列文件组成了 Vim 的参数列表，函数 `argc()` 会返回该列表包含的参数数量。参数列表函数针对的是从 Vim 命令行传入的参数。缓冲区参数提供了缓冲区和窗口的信息。这些函数共计有 25 个。更详细的信息，可以在 Vim 的 *usr_41.txt* 帮助文件中搜索 *Buffers, windows, and the argument list*。也可以使用下列 ex 命令快速获取 Vim 的函数类型：

```
:help function-list
```

命令行函数

这些函数可以获取命令行位置、命令行、命令行类型，并设置命令行中的光标位置。

QuickFix 和位置列表函数

这些函数可以检索和修改 QuickFix 列表。

插入模式补全函数

这些函数用于命令和插入补全功能。

折叠函数

这些函数提供折叠信息，展开并显示闭合折叠中的文本。

语法和高亮函数

这些函数用于检索语法高亮组和语法 ID 的相关信息。

拼写函数

这些函数用于查找可能存在拼写错误的单词并提供建议的正确拼写。

历史函数

这些函数可以获取、添加、删除历史记录。

交互函数

　　这些函数为用户提供了交互操作（例如文件选择）的接口。

GUI 函数

　　包括三个简单的函数，可用于获取当前字体名称、GUI 窗口的 *x* 坐标和 GUI 窗口的 *y* 坐标。

Vim 服务器函数

　　这些函数用于与（可能的）远程 Vim 服务器通信。

窗口大小和位置参数

　　这些函数用于获取窗口信息，允许保存和恢复窗口“视图”。

杂项函数

　　这些是无法很好地划归到上述分类中的各种其他函数。比如 `exists()` 和 `has()`，前者检查 Vim 条目是否存在，后者检查 Vim 是否支持某项功能。

12.4 资源

我们希望已经激起了你足够的兴趣，为你的 Vim 脚本编程之路提供了充分的信息。关于 Vim 脚本，足以写一整本书。幸运的是，我们还可以求助于其他资源。

Vim 本身就是一个不错的着手点，可以去访问专门的 Vim 脚本编程页面（*https://www.vim.org/scripts/index.php*）。这里提供了 2000 多个可供下载的脚本。所有脚本均可搜索，欢迎你为脚本评分，甚至是贡献自己的作品。

我们同时也要提醒你，内建的 Vim 帮助可谓是无价之宝。下面是我们推荐的最有收获的帮助主题：

```
help autocmd
help scripts
help variables
help functions
help usr_41.txt
```

别忘了 Vim 运行时目录中也有大量 Vim 脚本。所有后缀为 *.vim* 的文件都是脚本，在通过示例学习脚本编程的过程中，可以将其作为一处资源丰富的绝佳练兵场。

动起手来吧。这才是最佳的学习方法。

第 13 章

Vim 中的其他好东西

第 8 章到第 12 章介绍了高效使用 Vim 所应该知道的强大功能和技术。从实时拼写检查（包括建议更正）到编辑二进制文件和管理 Vim 会话状态，本章简单地介绍了这些主题。对于一些不适合划归到先前章节的特性、关于编辑和 Vim 哲学的理念以及 Vim 的一些趣事（这可不是说前面的内容无趣！），都可以在这里找到。

13.1 拼写！

Vim 的拼写检查在速度和灵活性方面都表现出色。根据 Vim 拼写检查器的内建帮助，Vim 建议用自己的拼写检查功能代替 `vimspell` 插件。参见帮助文件 *spell.txt*，或用 ex 命令查找帮助：

```
:help spell
```

Vim 默认不进行拼写检查。使用下列命令启用拼写检查功能：

```
:setlocal spell
```

以及拼写检查区域（spellchecking region）：

```
:setlocal spelllang=en_us
```

Vim 会标记出“坏”词（因为一个人拼错的词可能是另一个人的“好”词，因此要区分的是“坏 [bad]”和“好 [good]”，而不是“正确 [correct]”和“错误 [incorrect]”）、句首未大写的词，“罕见”词（别多问）和“本地”（区域）词。图 13-1 展示了 Vim 的 SpellBad 和 SpellCap 的高亮方式，图 13-2 展示了高亮词的例子。

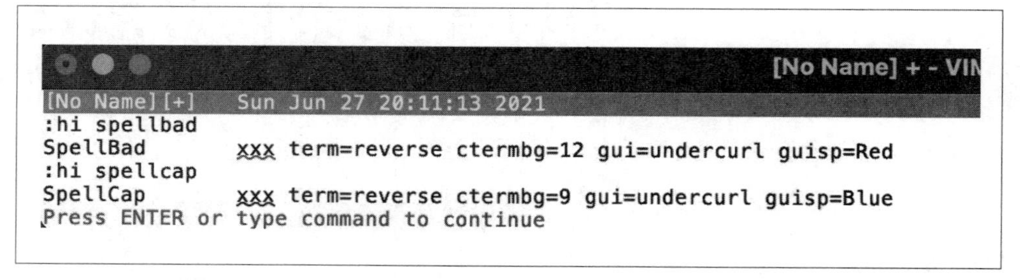

图 13-1：Vim 拼写检查语法高亮（MacVim，color scheme：zellner）

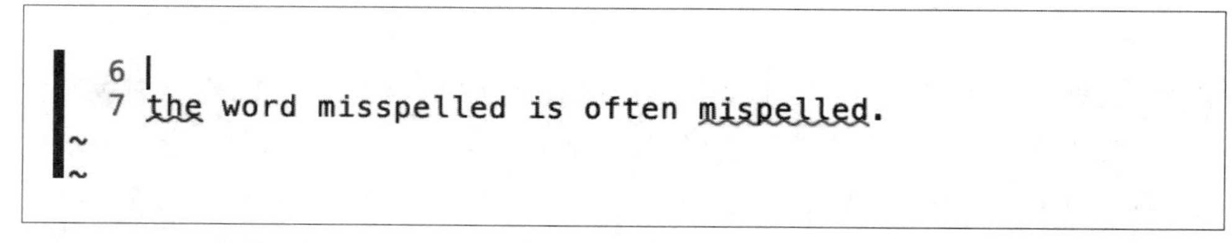

图 13-2：高亮显示的“坏”词

只要启用了拼写检查，你就可以在 vi 命令模式中使用]s 和 [s 移至下一个或上一个坏词。将光标定位在坏词的任意位置，vi 命令 z= 会以编号列表的形式列出可用于替换坏词的建议词。输入相应的编号并按 ENTER，就可以替换掉坏词。如果你是在 GUI Vim 会话中，或是启用了鼠标，也可以通过点击选择替换词。要想取消替换操作，按 ESC 或 ENTER 即可。

Vim 管理拼写列表方法是将经过编码的单词文件载入内存并应用两种主要算法来检测错误拼写。一种算法快，一种算法慢。Vim 允许你选择其中一种。快速拼写检查算法假定拼错的词与正确的词非常相近，错误原因可能是字母位置不对或缺少字母。这类拼错的词被认为和正确的词之间的“距离较短（short distance）”，因此该算法高效且快速。

而速度慢的拼写检查算法假定拼错的词与正确的词之间的“距离较远”。例如，你可能按照发音拼写出了某个词，但却不知道正确的写法是什么样。

按照 Vim 文档的说法，如果你拼写水平不错，你的错误可能属于快速算法的范畴，为了提高效率，Vim 建议只使用该选项。你可以将 Vim 配置项 spellsuggest 的值设置为 fast 或 double，以此选择喜欢的拼写检查方法。[注1]

我们在表 13-1 中列出了 vi 命令模式中最常用到的命令。

表 13-1：Vim 命令模式中常用的拼写检查命令

命令	操作
]s	使光标前进至下一个拼错的词。
[s	使光标后退至上一个拼错的词。
zg	将光标处的单词添加到好词列表中。
zG	将光标处的单词添加到 internal-wordlist（参见 Vim 帮助）的好词列表中。internal-wordlist 中的单词属于临时性质，退出 Vim 时会被丢弃。
zw	将光标处的单词添加到坏词列表中，如果该词已位于好词列表，则将其从中删除。
zW	将光标处的单词添加到 internal-wordlist 的坏词列表中。和 zG 一样，退出 Vim 时会将这类单词丢弃。
[*number*] z=	显示坏词的建议替换词列表。Vim 会将其显示为编号列表，你可以输入相应的编号来选择替换词。如果你在 z= 之前加上一个数字（number），Vim 则会自动使用指定数字编号的建议替换词改正坏词。

要注意的几点：

- Vim 配置项 wrapscan 会应用于]s 和 [s。也就是说，如果当前位置和缓冲区末尾（或开头，取决于命令的方向）之间没有拼错的词，则光标不会前进。
- Vim 将单词区分为“好”或“坏”，而不是“正确拼写”或“错误拼写”，因为在某个上下文中正确的术语未必是实际的单词。
- 对于 zg 和 zG，添加到好词列表和坏词列表中的单词也会被加入 Vim 配置项 spellfile 定义的文件。这使得被添加的这些单词与更为全局的 Vim 拼写文件保持分离。
- 对于 z=，如果你使用的是 GUI Vim 或是启用了鼠标，可以通过点击建议词来完成替换。

  Vim 文档提示最常见的数字前缀可能是 1，假定用第一个建议词是替换坏词。

注 1：还有第三种取值：best，Vim 建议最好将其用于英语文本，不过速度最快的还是 fast。

表 13-2 列出了用于拼写检查的 Vim ex 命令及其用法。

表 13-2：用于拼写检查的常见 Vim ex 命令

命令	操作
`:[n]spellgood` *word*	将 *word* 加入好词列表。如果在命令前加入计数，则将 *word* 加入配置项 `spellfile` 定义的第 *n* 个文件中。如果没有相应的文件（例如，指定了 3，但 `spellfile` 只定义了 2 个文件），Vim 会提示错误，也不再添加 word。
`:spellgood!` *word*	将 *word* 加入 `internal-list` 的好词列表。会话结束后，Vim 会丢弃 `internal-list`。
`:spellwrong` *word*	将 *word* 加入坏词列表。
`:spellwrong!` *word*	将 *word* 加入 `internal-list` 的坏词列表。会话结束后，Vim 会丢弃 `internal-list`。

除了简单的检查拼错的词之外，Vim 文档还提供了其他详细说明。例如，你可以定义自己的词汇文件，Vim 的帮助文件 *spell.txt* 在第 3 节“Generating a spell file”中展示了如何通过启动集（starter set）（例如，OpenOffice 中的单词）创建词汇文件。你可以使用免费的词汇文件，也可以自己创建，或是将两者结合在一起。阅读 Vim 文档（`:help spell`），从中了解关于设置自定义拼写配置和更多可用命令及配置项的更多详细描述。

换一种处理方法，试试同义词

不用为拼写检查困惑，Vim 也可以通过同义词进行单词补全。关于 Vim 配置项 thesaurus 的详细讨论，参见 11.3.1 节。它有趣、迷人、好笑、美丽、难以抗拒、异乎寻常、令人愉悦、楚楚动人、与众不同、引人入胜、令人敬佩、耐人寻味、可爱、悦人、富有启发、通俗易读、耳目一新、饶有趣味、妩媚动人。☺

13.2 编辑二进制文件

正式而言，Vim 和 `vi` 一样，都是文本编辑器。但在紧要关头，Vim 也能编辑含有一般人看不懂的数据的文件。

为什么要编辑二进制文件？二进制文件之所以是二进制，难道没有原因吗？二进制文件通常不是由一些应用程序以明确定义的特定格式生成吗？

确实，二进制文件通常是由计算机或模拟过程创建的，本就没打算让人手动编辑。例如，数码相机通常以 JPEG 格式存储图片，这是一种用于数码图片的压缩二进制格式。尽管是二进制，但具有定义明确的节或块，其中存储了标准化信息（也就是说，只要是遵循规范实现的，均是如此）。JPEG 格式将图片元信息（图片时间、分辨率、相机设置、日期等）存储在单独的保留块中，与图片的压缩数据分开存放。在实践中，可能会使用 Vim 的二进制文件编辑功能来编辑某个目录中的 JPEG 图片，修改“已创建”块中的所有年份字段，以更正图片的“创建日期”字段。

虽然我们喜欢 Vim 的二进制编辑功能，但并未深入讨论编辑二进制文件时需要考虑的潜在严重问题。例如，为了确保文件的完整性，有些二进制文件含有数字签名或校验和。编辑这些文件有可能破坏其完整性，导致无法使用。因此，可别误认为我们是在支持你随意编辑二进制文件。

图 13-3 展示了 JPEG 文件的编辑会话。注意光标位于数据字段。你可以通过修改该字段来直接编辑文件信息。

```
20210613_084531.jpg (~/Downloads) - VIM
  1 <ff><d8><ff><e1>R<93>Exif^@^@II*^@^H^@^@^@^M^@^@^A^D^@^A^@^@^@<c0>^O^@^@^A^A^D^@^A^@^@^@<a8>^G^@^@^O^A^B^@^H^@^@^@<aa>^@^@
    ^@^P^A^B^@    ^@^@^@<b2>^@^@^@^R^A^C^@^A^@^@^@^A^@^@^@^Z^A^E^@^A^@^@^@<bc>^@^@^@^[^A^E^@^A^@^@^@<c4>^@^@^@(^A^C^@^A^@^@^@^
    B^@^@^@1^A^B^@^N^@^@^@<cc>^@^@^@2^A^B^@^T^@^@^@<da>^@^@^@^S^B^C^@^A^@^@^@^A^@^@^@i<87>^D^@^A^@^@^@<ee>^@^@^@%<88>^D^@^A^@^
    @^@\^W^@^@*^X^@^@samsung^@SM-N950U^@^@H^@^@^@^A^@^@^@H^@^@^@^A^@^@^@N950USQU8DUD2^@2021:06:13 08:45:31^@^_^@<9a><82>^E^@^A
    ^@^@^@h^B^@^@<9d><82>^E^@^A^@^@^@p^B^@^@"<88>^C^@^A^@^@^@^B^@^@^@'<88>^C^@^A^@^@^@2^@^@^@^@<90>^G^@^D^@^@^@0220^C<90>^B^@^
    T^@^@^@x^B^@^@^D<90>^B^@^T^@^@^@<8c>^B^@^@^A<91>^G^@^D^@^@^@^A^B^C^@^A<92>
  2 ^@^A^@^@^@<a0>^B^@^@^B<92>^E^@^A^@^@^@<a8>^B^@^@^C<92>
```

图 13-3：编辑二进制 JPEG 图片

对于熟悉特定二进制格式的高级用户而言，Vim 可以非常方便地直接修改文件，否则可能需要使用其他工具进行繁琐、重复的操作。

二进制编辑救援

我们其中一位作者对此有亲身体验，Vim 的二进制编辑功能帮了大忙。他当时的任务是将一个遗留应用（legacy application）从一款废弃的计算机移植到另一款新计算机上。该应用的其中一部分由大量 Python 类（已编译的 *.pyc* 文件）组成。依然是典型的 IT 困境，他发现自己找不到原始的 Python 代码，无奈只能选择在新计算机上进行编译来移植这些类。

这些类其实可以在新计算机上执行，但其中嵌入了陈旧过时的计算机名称和地址。凭借直觉，他以二进制模式编辑这些类，发现所有旧主机名的长度都与新计算机名的长度相同。经过简单的批量替换并保存后，Python 类在新系统中完美运行。说真的，新旧计算机名称的长度相同算是运气好。尽管如此，如果没有 Vim，这将是一项艰巨的任务。

二进制文件有两种主要的编辑方式。你可以在 Vim 命令行中设置 `binary` 配置项：

```
:set binary
```

或是使用 `-b` 选项启动 Vim。

为了便于二进制编辑并避免破坏文件的完整性，Vim 会相应设置下列配置项：

- `textwidth` 和 `wrapmargin` 配置项被设置为 0。这就避免了 Vim 向文件中插入伪造的（spurious）换行符。
- 取消 `modeline` 和 `expandtab` 的设置（`nomodeline` 和 `noexpandtab`）。这就避免了 Vim 将制表符扩展为 `shiftwidth` 个空格，同时也不再解释模式行（modeline）中的命令（可能会设置某些配置项，引发意想不到的副作用）。

如果执行二进制编辑，在窗口间或缓冲区间移动时务必小心。Vim 使用 `entry` 和 `exit` 事件来设置和更改缓冲区及窗口的切换配置项，或许有人会误以为这会删除刚才列出的一些保护措施。我们建议在编辑二进制文件时使用单窗口、单缓冲区会话。

13.3 二合字母：非 ASCII 字符

你是不是把《弥赛亚》（Messiah）的作者 George Frideric *Händel* 说成了 George Frideric *Handel*？你是不是觉得 *résumé* 比 *resume* 多了点威信？你可以使用 Vim 的 digraphs 输入这些特殊字符。

即便是英文文本，有时也需要特殊字符，尤其是在引用他国文字的时候。非英文的文本文件需要大量特殊字符。

术语“二合字母（digraph）”在传统上描述的是代表单一音节的双字符组合，例如“digraph”或“phonetic”中的 *ph*。Vim 借用了双字符组合概念来描述具有特殊特征（通常是重音符号或其他标记，例如 *ä* 上的变音符号）字符的输入机制。这些特殊标记被称为变音符号或变音标记。换句话说，Vim 使用 digraph 来创建变音符号。（很高兴我们能澄清这一点）

Vim 提供了多种方式来输入特殊字符（变音符号），其中有两种方式相对直观易懂。前者使用前缀字符（CTRL-K）定义二合字母，后者在两个键盘字符之间使用 BACKSPACE 键。（其他方法更适合通过原始数值输入字符，以十进制、十六进制或八进制数的形式指定。虽然功能强大，但并便于记忆。）

变音符号的第一种输入方式是由 CTRL-K、基本字符和标点符号（表示要添加的重音或标记）组成的三字符序列。例如，要创建带有软音（cedilla）的 *c*（ç），可以输入 CTRL-K C ,。要创建带有重音（grave accent）的 *a*（à），可以输入 CTRL-K a !。

希腊字母通过输入相应的拉丁字母跟上一个星号来创建（例如，输入 CTRL-K P * 表示小写 π）。俄语字母通过输入相应的拉丁字母跟上一个等号（=）或百分号（%）（少数情况下）来创建。使用 CTRL-K ? SHIFT-I 输入倒置问号（¿），使用 CTRL-K S S 输入德语的清音 S（ß）。

另一种方式需要设置 digraph 配置项：

```
:set digraph
```

现在，你可以通过输入双字符组合的第一个字符、退格符（BACKSPACE）以及创建标记的标点符号来创建特殊字符。因此，ç 的输入方法是 C BACKSPACE ,，à 的输入方法是 A BACKSPACE !。

设置 digraph 配置项不会影响你使用 CTRL-K 方式。如果你打字水平不是很好，不妨考虑只使用 CTRL-K。否则，你可能会发现自己使用退格键更正错误的时候，不经意间输入了二合字母。

:digraph 命令会显示出所有的默认组合；更详尽的模式可以通过 :help digraph-table 获得。图 13-4 展示了 :digraph 命令的部分输出。

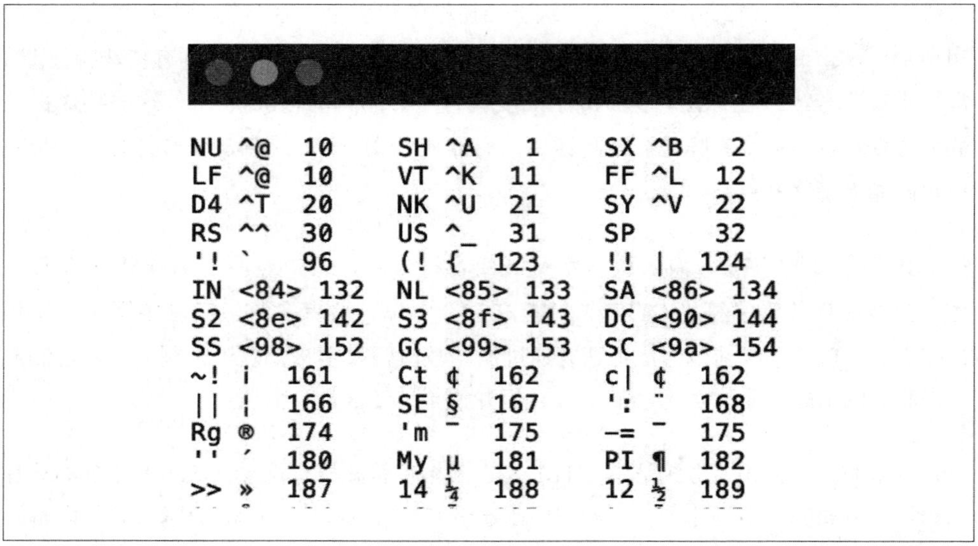

```
NU ^@   10    SH ^A    1    SX ^B    2
LF ^@   10    VT ^K   11    FF ^L   12
D4 ^T   20    NK ^U   21    SY ^V   22
RS ^^   30    US ^_   31    SP      32
'! `    96    (! {   123    !! |   124
IN <84> 132   NL <85> 133   SA <86> 134
S2 <8e> 142   S3 <8f> 143   DC <90> 144
SS <98> 152   GC <99> 153   SC <9a> 154
~! ¡   161    Ct ¢   162    c| ¢   162
|| ¦   166    SE §   167    ': ¨   168
Rg ®   174    'm ¯   175    -= ¯   175
'' ´   180    My µ   181    PI ¶   182
>> »   187    14 ¼   188    12 ½   189
```

图 13-4：Vim 中的二合字母（MacVim，配色方案：zellner）

其中，每个二合字母由 3 列表示。看起来有些乱，因为 Vim 会在屏幕允许的情况下在每行中插入尽可能多的 3 列组。在每组中，第 1 列显示该二合字母的双字符组合形式，第 2 列显示该二合字母，第 3 列显示该二合字母的 Unicode 值（十进制）。

为方便起见，表 13-3 列出了作为组合中最后一个字符的标点符号，用于输入最常用的重音和标记。

表 13-3：如何输入重音和其他标记

标记	示例	要输入的字符（作为二合字母的一部分）
尖重音符	fiancé	单引号（'）
短音符	publică	左括号（(）
楔形符	Dubček	小于号（<）
变音符	français	逗号（,）
抑扬符	português	大于号（>）
沉音符	voilà	感叹号（!）
长音符	ātmā	连字符（-）
斜删除线	Søren	斜线（/）
波浪符	señor	问号（?）
曲音符	Noël	冒号（:）

13.4 在其他地方编辑文件

感谢网络协议的无缝集成，Vim 让你可以像在本地一样编辑远程机器上的文件！如果你为文件指定了 URL，Vim 会在窗口中打开该文件并将你的更改写入远程系统的文件中（这取决于你的访问权限）。例如，下列命令在系统 `flavoritlz` 上编辑用户 `elhannah` 的 shell 脚本。远程机器在端口 122 提供 SSH 安全协议（这是一个非标准端口，通过隐匿增加安全性）：

```
$ vim scp://elhannah@flavoritlz:122//home/elhannah/bin/scripts/manageVideos.sh
```

因为所编辑的文件位于远程系统中用户 `elhannah` 的主目录，我们可以使用简单的文件名来缩短 URL。该文件名被视相对于远程系统中用户主目录的路径：

```
$ vim scp://elhannah@flavoritlz:122/bin/scripts/manageVideos.sh
```

我们来解析整个 URL，学习如何针对你所在的特定环境构建 URL：

scp:

截止到冒号处的第一部分代表传输协议。在本例中，传输协议是 `scp`，这是一个建立在 Secure Shell（SSH）协议之上的文件复制协议。紧随其后的 : 是必需的。

//

这部分引入主机信息，大部分传输协议均采用 [*user*@]*hostname*[:*port*] 的形式。

elhannah@

可选部分。对于像 `scp` 这样的安全协议，这部分指定了登录远程系统的用户。如果省略，则默认使用你在本地系统中的用户名。在提示你输入密码的时候，必须输入用户在远程系统中的密码。

flavoritlz

这是远程主机的符号名，也可以采用 IP 地址的形式，例如 `192.168.1.106`。

:122

这部分是可选的，指定了协议端口。冒号将端口号与前面的主机名分开。所有标准协议都有相应的标准端口，如果使用的是标准端口，则可以省略此部分。在本例中，122 并非 `scp` 协议的标准端口，因为 `flavoritlz` 系统的管理员选择在 122 端口上提供服务，所以需要指明端口。

//home/elhannah/bin/scripts/manageVideos.sh

这是要编辑的远程系统中的文件。我们以双斜线起始，指定了一个绝对路径。如果使用相对路径或简单文件名，则只需要一个斜线将其与前面的主机名分开即可。相对路径是相对于登录用户的主目录（在本例中，是相对于 */home/elhannah*）。

下面是 Vim 支持的部分协议：

`ftp:` 和 `sftp:`

普通 FTP 和安全 FTP。

`scp:`

SSH 之上的安全远程复制。

`http:`

使用标准浏览器协议传输文件。

`dav:`

一个相对较新但流行的 Web 传输开放标准。

`rcp:`

远程复制。注意，该协议并不安全，坚决不要用。

到目前为止，我们所描述内容足够远程编辑之用，但这个过程可能不像在本地编辑文件那样透明。 也就是说，由于需要移动远程主机的数据，因此可能会提示你输入密码才能完成工作。如果你习惯于在编辑时定期将文件写入磁盘，这就很烦人了，因为每次“写入”都会被打断，提示你输入密码才行。

上述列表中的所有传输协议都允许你将服务配置为无密码访问，但具体细节各异。参考服务文档，了解特定协议细节和配置。[注2]

注 2：我们已经验证并成功设置了 `scp:` 的免密码远程文件编辑。`scp:`（以及其他协议）的设置方法超出了本书的范围，但我们认为对于远程编辑的便利性和透明性而言，还是值得一试的。

13.5 导航和更改目录

如果你经常使用 Vim，可能会意外发现还能在其中查看目录，并使用类似于文件编辑时的按键在目录间移动。

考虑目录 */home/elhannah/.git/vim*，其中包含了两个仓库子目录（这是两个不同的 *git* 目录）。使用下列命令编辑 */home/elhannah/.git/vim*：

```
$ vim /home/elhannah/.git/vim
```

图 13-5 截取了部分结果画面。

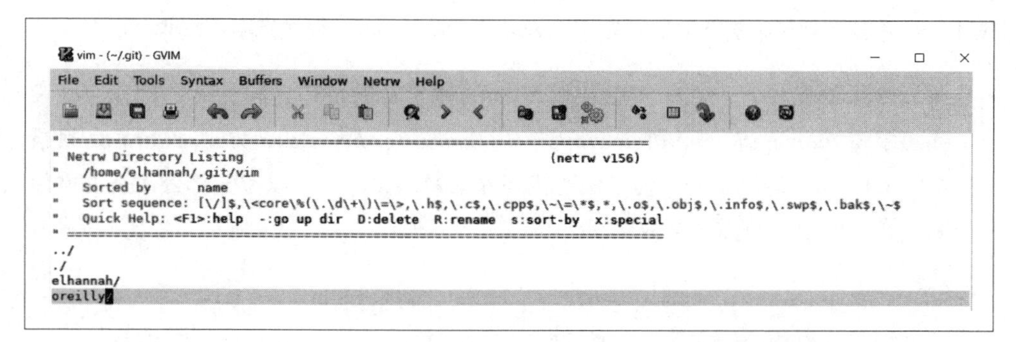

图 13-5：使用 Vim“编辑”“vim”目录（WSL Ubuntu Linux，配色方案：zellner）

Vim 显示三种类型的信息：介绍性注释（出现在等号内）、目录（以斜线表示）和文件。每个目录或文件都独占一行。

该功能有很多用法，但通过标准的 Vim 移动命令（例如，`w` 移至下一个单词，`j` 或者下箭头键移至下一行）或在条目上点击鼠标是最省事，也是最立竿见影的方法。目录模式的一些特殊功能包括：

- 当光标位于某个目录名时，按 ENTER 键可以进入该目录。
- 当光标位于某个文件名时，按 ENTER 键可以编辑该文件。

如果你想保留目录窗口以便在该目录中做进一步工作，可以通过输入 `o` 来编辑光标所在的文件，Vim 会拆分窗口，在新窗口中编辑该文件。如果光标所在的是目录名，可以使用同样的方法进入该目录；Vim 拆分窗口并在新窗口中“编辑”你所进入的目录。

- 你可以删除和重命名文件及目录。输入 SHIFT-R 即可。可能多少有点反直觉，Vim 会创建一个命令行，你要在其中执行重命名操作。如图 13-6 所示。

  要完成重命名，需要编辑第 2 个命令行参数。

  删除文件的方法类似。将光标定位在文件名处，输入 SHIFT-D 即可删除该文件。Vim 会提示是否确认要删除文件。和重命名功能一样，提示信息出现在屏幕底部的命令行区域。

```
..
appa.asciidoc
learning-the-vi-and-vim-editors-8e[-][RO]   Tue Jun 29 10:41:25 2021          0x78  line:10,  col:1 Top type:[netrw]
Moving /home/elhannah/.git/vim/oreilly/learning-the-vi-and-vim-editors-8e/xyzzy.txt to : /home/elhannah/.git/vim/oreilly
/learning-the-vi-and-vim-editors-8e/xyzzy.txt
```

图 13-6：在编辑目录中执行重命名操作（WSL Ubuntu Linux，配色方案：zellner）

- 编辑目录的优势之一在于可以使用 Vim 的搜索功能快速访问文件。例如，假设你想编辑 */home/elhannah/.git/vim/oreilly/learning-the-vi-and-vim-editors-8e* 目录中的文件 *ch12.asciidoc*。为了快速找到并编辑该文件，可以搜索部分或全部文件名。在本例中，只需搜索数字 `12`：

  ```
  /12
  ```

  待光标定位至相应的文件名，按 ENTER 或 O。

当你阅读目录编辑的在线帮助时，会看到 Vim 将其描述为使用网络协议编辑文件主题的一部分，这在上一节中已进行讲过了。我们之所以将目录编辑单列出来，一方面是因为其实用性，另一方面是因为它可能会在网络协议编辑的大量细节中被遗漏掉。

13.6 使用 Vim 备份

Vim 通过备份所编辑的文件来避免意外丢失数据。对于出现严重错误的编辑会话，这能帮上大忙，因为你可以借此恢复以前的文件。

备份是由 2 个配置项控制的：`backup` 和 `writebackup`。备份位置和备份方式则是由另外 4 个选项控制的：`backupskip`、`backupcopy`、`backupdir`、`backupext`。

如果 `backup` 和 `writebackup` 配置项均被关闭（即 `nobackup` 和 `nowritebackup`），

Vim 不备份文件。如果启用了 `backup`，Vim 会删除所有的旧备份并为当前文件创建备份。如果关闭 `backup`，同时启用 `writebackup`，Vim 会在编辑会话期间创建备份，在编辑会话结束后删除备份。

`backupdir` 是一个以逗号分隔的目录列表，Vim 会在其中创建备份。例如，如果你希望始终在系统临时目录中创建备份，可以将 `backupdir` 设置为 `C:\TEMP`（Windows）或 `/tmp`（Unix 和 GNU/Linux）。

如果你希望始终在当前目录中创建备份，可以将“`.`”（点号）指定为备份目录。或是如果你想先在隐藏子目录中创建备份，如果该子目录不存在，再在当前目录中创建备份。为此，可以将 `backupdir` 定义为 `./.mybackups,.`（结尾的点号代表当前目录）。这个灵活配置项支持多种备份位置定义策略。

如果你在编辑的时候想为部分文件创建备份，可以使用 `backupskip` 配置项定义一个以逗号分隔的模式列表。Vim 不会对匹配模式的文件进行备份。例如，你可能备份 */tmp* 或 */var/tmp* 目录中的文件。为此，可以将 `backupskip` 定义为 `/tmp/*,/var/tmp/*`。

在默认情况下，Vim 创建的备份文件与原文件同名，并以 ~（波浪号）作为后缀。这个后缀相当安全，因为以此作为结尾的文件名极少。可以通过 `backupext` 配置项设置你喜欢的后缀。例如，如果你想使用 *.bu* 作为后缀，将 `backupext` 设为字符串 *.bu*。

最后，`backcopy` 配置项定义了如何创建备份。我们建议将其设为 `auto`，让 Vim 自行决定创建备份的最佳方法。

13.7 将文本转换为 HTML

你是否曾经需要向一群人展示你的代码或文本？你是否曾经尝试过代码审查，但使用的却是别人的 Vim 配置，让人摸不着头脑？不妨考虑将你的代码或文本转换为 HTML，在浏览器中查看。

Vim 提供了三种方法来创建文本的 HTML 版。三者都会创建与原始文件同名的新缓冲区，并添加后缀 *.html*。Vim 拆分当前会话窗口，在新窗口中显示文件的 HTML 版本：

gvim 的“Convert to HTML”

这是最好用的方法，内建于 gvim 图形化编辑器（参见第 9 章）。在 gvim 中打开 Syntax 菜单，选择“Convert to HTML”。

2html.vim 脚本

这是“Convert to HTML”菜单项调用的底层脚本。调用方式如下：

```
:runtime!syntax/2htm.vim
```

该脚本不受区间范围；转换的是整个缓冲区的文本。

tohtml 命令

该命令比 2html.vim 脚本更加灵活，你可以指定要转换哪些行。例如，要想转换第 25 行至第 44 行，可以输入：

```
:25,44tohtml
```

虽然 Vim 发行版仍然在插件（和自动加载）目录中包含了 tohtml.vim，但我们无法成功使用此功能。你的情况可能有所不同。其他转换确实有效。

使用 gvim 进行 HTML 转换的一个优点是 GUI 可以准确地检测颜色并创建正确 HTML 语句。这些方法在非 GUI 环境中仍然有效，但是结果不太准确，可能不是很有用。

如何管理新创建的文件，那就是你自己的事了。Vim 仅仅只是创建缓冲区，并不会替你保存。我们建议使用某种管理策略，以保存和同步文本文件的 HTML 版本。例如，你可以创建一些自动命令来触发 HTML 文件的创建和保存。

保存好的 HTML 文件可以在任何 Web 浏览器中查看。有些用户可能不知道怎么在浏览器中打开本地文件。简单得很：几乎所有浏览器都在 File 菜单中提供了 Open File 菜单项，点击后会出现一个文件选择对话框，可以从中选择要查看的 HTML 文件。如果你要经常使用该功能，我们建议为你的文件建立一组书签。

13.8 有什么差异？

文件不同版本之间的变化往往不易觉察，让我们能一目了然地分辨出文件内容差异的工具可以节省大量的时间。Vim 将知名的 Unix 命令 `diff` 整合到了一个非常复杂的可视化界面中，可以通过 `vimdiff` 命令调用。

有两种同等的方法来调用该功能：作为独立命令和作为 Vim 选项：

```
$ vimdiff old_file new_file
$ vim -d old_file new_file
```

通常，待比较的第一个文件是旧版本，第二个文件是新版本，但这只是习惯做法而已。实际上，就算调换两个文件的位置也没问题。

图 13-7 给出了 `vimdiff` 的输出示例。因为屏幕画面有限，我们缩减了宽度并关闭了 `wrap` 配置项，以便展示出两个文件的差异。

尽管实体书无法表现出完整的视觉内容效果，但也传递出了一些关键的特征行为：

- 在第 4 行，你会看到左窗口中的单词 new 并未出现在右窗口。这个高亮显示（红色）的单词表明了两个文件中该行的差异之处。同理，在第 32 行，右窗口中以红色高亮显示的单词 reflect 未出现在左窗口。
- 在两个窗口的第 11 行，Vim 创建了一个包含 15 行的折叠。这部分在两个文件中都是一样的，所以 Vim 将其保持折叠状态，以便在屏幕上尽可能多地显示有用的“差异”信息。
- 左窗口中的第 41-42 行高亮显示，而在右窗口的相应位置，一系列连字符（-）表示缺少这些行。行号从此处开始不一致，因为右窗口中少了两行，但两个文件中对应的行仍然水平排列。
- 左窗口中的第 49 行（对应于右窗口中的第 47 行）是另一处折叠，这里的 2010 lines 表示两个文件剩余的 2010 行都是相同的。

所有类 Unix 系统的 Vim 版本都已经自带了 vimdiff，因为 `diff` 是 Unix 的标准命令。非 Unix 系统的 Vim 版本提供了自有的 `diff`。Vim 允许替换 `diff` 命令，只要该命令能创建标准的 `diff` 输出。

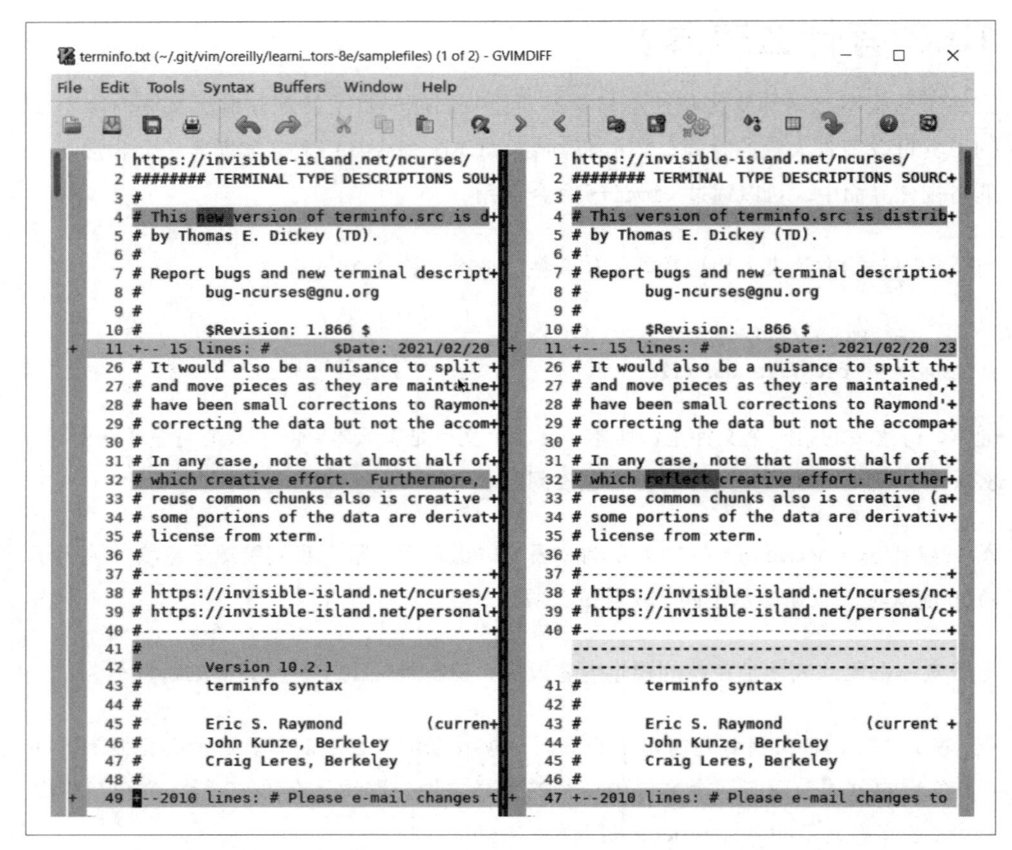

图 13-7：vimdiff 的输出（WSL Ubuntu gvimdiff，配色方案：zellner）

diffexpr 变量定义了 vimdiff 默认行为的替换表达式，通常实现为对以下变量进行操作的脚本：

v:fname_in

　要比较的第一个输入文件。

v:fname_new

　要比较的第二个文件。

v:fname_out

　获取 diff 输出结果的文件。

13.9 viminfo：我现在在哪里？

大多数文本编辑器从第 1 行第 1 列开始编辑文件。也就是说，每次编辑器启动时，都会加载文件并从第 1 行开始编辑。如果你要逐步多次编辑某个文件，会发现如果能在上一次结束的位置开始新的编辑会话，那可就太方便了。Vim 可以让你做到这一点。

有两种不同的方法可以保存会话信息以备后用：viminfo 配置项和 :mksession 命令。在本节中，我们将介绍二者。

13.9.1 viminfo 配置项

Vim 使用 viminfo 配置项来定义编辑会话信息的保存内容、方式和位置。该配置项是由逗号分隔的一系列参数，告诉 Vim 要保存多少信息以及在哪里保存。viminfo 的部分参数如下：

<n

指定 Vim 为每个寄存器保存的行数，最多 *n* 行。

如果你没有为该配置项指定任何值，则每一行都会被保存。尽管乍一看这种默认行为正常合理，但考虑一下你是否经常编辑超大文件并对其进行大量的改动。例如，如果你经常编辑 10 000 行的文件，将其中所有的行全部删除（可能是为了减少文件大小，避免某些外部应用程序造成文件大小激增），然后保存，那么所有 10 000 行文本都将保存在 *.viminfo* 文件中。如果经常这样处理大量文件，*.viminfo* 文件会变得非常大。在 Vim 启动时，你也许会注意到明显的延迟，即便是要编辑的文件与那些大文件无关，因为 Vim 必须在每次启动时处理 *.viminfo* 文件。

建议指定一些合理且实用的限制。我们使用的是 50。

/n

要保存的搜索模式历史记录的最大数量。如果未指定，Vim 则使用 history 配置项的值。

:*n*

要保存的命令历史记录的最大数量。如果未指定，Vim则使用history配置项的值。

'*n*

Vim 要维护信息的最大文件数量。如果你定义了 viminfo 配置项，则需要该参数。

Vim 保存在 viminfo 文件中的内容如下：

- 命令历史记录
- 搜索历史记录
- 输入行历史记录
- 寄存器
- 文件标记（例如，由 m*x* 创建的标记会被保存，在重新编辑文件时，你可以将光标移至 *x* 标记处）
- 最后一次的搜索和替换模式
- 缓冲区列表
- 全局变量

该配置项能够非常方便地保持会话之间的连续性。例如，如果你在编辑的大文件中更改了一个模式，则搜索模式以及光标在文件中的位置都会被保存下来。要在新会话中继续搜索，只需输入 n 即可移至搜索模式的下一个匹配项。

13.9.2 mksession 命令

Vim 使用 :mksession 命令保存特定会话的所有信息。sessionoptions 配置项包含一个以逗号分隔的字符串，指定要保存会话的哪些部分内容。这种保存会话信息的方式比 viminfo 更全面也更具体。以此保存会话信息面向的是当前会话中的所有文件、缓冲区、窗口等，并且整个会话都可以根据 mksession 保存的信息重建。所有正在编辑的文件和所有配置项的设置，甚至窗口大小，都会被保存，以便重新加载信息时可以准确无误地重建会话。相较于 viminfo，后者只能恢复单个文件的编辑信息。

要想以这种方式保存会话，输入下列命令：

```
:mksession [filename]
```

其中，*filename* 指定用于保存会话信息的文件。Vim 会创建一个可重建会话的脚本，随后通过 source 命令执行。如果未指定 *filename*，则默认文件名为 *Session.vim*。因此，如果你使用下列命令保存会话：

```
:mksession mysession.vim
```

随后可以使用命令重建该会话：

```
:source mysession.vim
```

下面是可保存的会话内容以及相关的 sessionoptions 配置项参数：

blank

  空窗口。

buffers

  隐藏缓冲区和未载入的缓冲区。

curdir

  当前目录。

folds

  手动创建的折叠、已打开 / 关闭的折叠以及本地的折叠配置项。

除了手动创建的折叠，保存其他内容没有意义。自动创建的折叠会被自动重建。

globals

  全局变量，以大写字母开头，之后至少包含一个小写字母。

help

  帮助窗口。

localoptions

  本地定义的窗口配置项。

`options`

  `:set` 设置的配置项。

`resize`

  Vim 窗口大小。

`sesdir`

  会话文件所在的目录。

`slash`

  文件名中的反斜线替换为斜线。

`tabpages`

  所有的标签页。

如果你没有在 `sessionoptions` 配置项中指定此参数，那么只有当前标签页会话会被单独保存。 这使你可以灵活地在标签页级别或全局级别（包含所有选项卡）定义会话。

`unix`

  Unix 行尾格式。

`winpos`

  Vim 窗口在屏幕上的位置。

`winsize`

  缓冲区窗口在屏幕上的尺寸。

例如，如果你想保存会话以保留缓冲区、折叠、全局变量、配置项、窗口大小和窗口位置的所有信息，可以将 `sessionoptions` 配置项定义为：

```
:set sessionoptions=buffers,folds,globals,options,resize,winpos
```

13.10 什么是行（长度）？

Vim 对行的长度几乎没有限制。你要么将其换行显示为多个屏幕行（screen lines），这样可以在不用水平滚动的情况下一览全貌；要么在一个屏幕行上显示每行的开头，然后向右滚动来查看隐藏的部分。

如果你喜欢一个屏幕行对应一个文本行，关闭 wrap 配置项：

```
:set nowrap
```

如果设置为 nowrap，Vim 会在屏幕宽度允许的范围内显示尽可能多的字符。不妨把屏幕想象成一个视口（view port）或窗口，通过其查看很长的行。例如，对于 80 列宽的屏幕来说，长度为 100 个字符的行多出了 20 个字符。根据屏幕第一列显示的字符，Vim 决定 100 个字符的行中有哪些字符是不显示的。举例来说，如果屏幕第一列是该行的第 5 个字符，则第 1-4 个字符位于可见屏幕以左，因此被隐藏了，也就是说，这些字符是不显示的。第 5-84 个字符在屏幕上是可见的，剩余的第 85 到 100 个字符位于可见屏幕以右，同样被隐藏了。

当你在比较长的行中从左向右移动时，Vim 负责管理如何显示该行。Vim 将行左移和右移最少 sidescroll 个字符。你可以将该值设置如下：

```
:set sidescroll=n
```

其中，*n* 是要移动的列数。我们推荐将 sidescroll 设置为 1，因为现代计算机能够轻松地提供每次平滑地移动屏幕一列所需的处理能力。如果你的屏幕变慢，响应时间滞后，可能需要调高该数值，最小化屏幕重绘。

sidescroll 定义了最小移动列数。如你所料，Vim 移动的距离应该足以完成任何移动命令。例如，输入 w 会将光标移至该行中的下一个单词。然而，Vim 对于移动命令的处理并没有那么简单。 如果下一个单词部分可见（在右边），Vim 会将光标移至该单词的第一个字符，但不移动行。下一个 w 命令将行向左移动足够远的距离，以便将光标定位在下一个单词的第一个字符上，这个移动距离只要够显示出该字符即可。

你可以使用 sidescrolloff 配置项控制此行为。sidescrolloff 定义了保持在光标左右的最小列数。因此，如果将 sidescrolloff 定义为 10，则当光标靠近屏幕任意一侧时，Vim 至少会保持 10 个字符的上下文空间。现在，当你在行内左右移动时，光标屏幕两侧的距离不会少于 10 列，Vim 这样才能在视图中有足够的文本保持上下文。这可能是在关闭 wrap 配置项（nowrap）的情况下，配置 Vim 的更好方法了。

Vim 通过 `listchars` 配置项提供了方便的视觉提示。`listchars` 定义了当 Vim 的 `list` 配置项被设置时如何显示字符。Vim 为 `listchars` 提供了两个设置，控制是否使用字符来表明在长文本本行的屏幕可视范围之外（左边或右边）还有更多的字符。例如：

```
:set listchars=extends:>
:set listchars+=precedes:<
```

告知 Vim 如果长文本行在屏幕可视范围以左还有更多的字符，在第一列显示 `<`；如果在屏幕可视范围以右还有更多的字符，在最后一列显示 `>`。图 13-8 展示了一个例子。

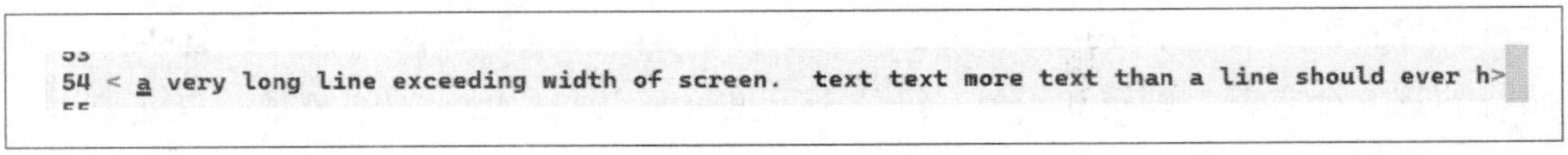

```
54 < a very long line exceeding width of screen.  text text more text than a line should ever h>
```

图 13-8：nowrap 模式中的长文本行（WSL Ubuntu Linux，配色方案：morning）

相比之下，如果你更喜欢在无需滚动的情况下看到一整行，可以设置 `wrap` 配置项，要求 Vim 换行：

```
:set wrap
```

效果如图 13-9 所示。

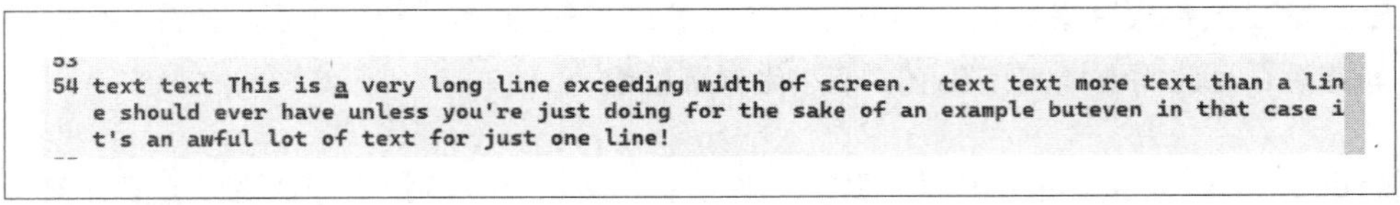

```
54 text text This is a very long line exceeding width of screen.  text text more text than a lin
   e should ever have unless you're just doing for the sake of an example buteven in that case i
   t's an awful lot of text for just one line!
```

图 13-9：wrap 模式中的长文本行（WSL Ubuntu Linux，配色方案：morning）

对于无法全部在屏幕中显示的超长文本行，会在第一个位置显示单个字符 `@`，直到光标和文件的放置方式能完整地呈现该行。当图 13-9 中的行靠近屏幕底部时，其效果如图 13-10 所示。

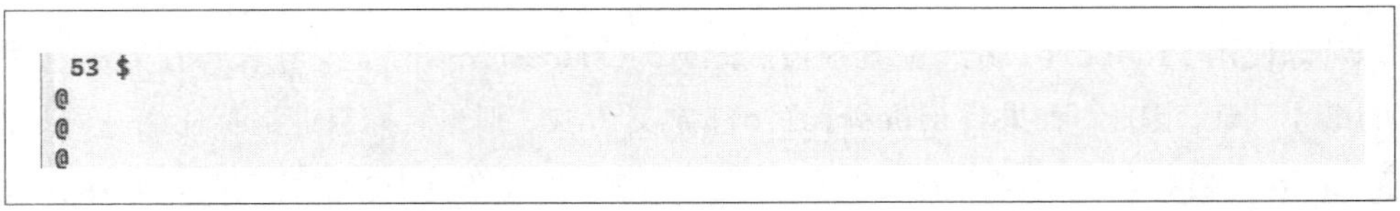

```
 53 $
@
@
@
```

图 13-10：超长行指示符（WSL Ubuntu Linux，配色方案：morning）

最后，Vim 还能够可视化空格字符。有时为了快速的肉眼检查，我们使用点号代表空格，随后再将其删除。为了将空格字符可视化，可以像下面这样将点号添加到 listchars 中：

```
:set list
:set listchars+=space:.
```

如果要将其删除：

```
:set list
:set listchars-=space:.
```

13.11 Vim 命令和配置项的缩写

Vim 中有很多命令和配置项，我们建议先按照其全称学习。几乎所有的命令和配置项（至少是具有多个字符的命令和配置项）都有相应的缩写格式。尽管可以节省时间，但你一定要确保自己清楚缩写的内容！我们就碰到过一些出乎意料的尴尬事：使用自以为是的缩写，结果却发现完全不是一回事。

随着你越来越有经验，也有了一些自己爱用的 Vim 命令和配置项，这时候使用缩写能为你节省不少时间。Vim 一般会尝试采用类似于 Unix 形式的配置项缩写，对于命令，则采用最短的唯一起始子串（the shortest unique initial substring）作为缩写。

常见的命令缩写包括：

n	next
prev	previous
q	quit
se	set
w	write

常见的配置项缩写包括：

ai	autoindent
bg	background
ff	fileformat

ft	filetype
ic	ignorecase
li	list
nu	number
sc	showcmd（看清楚，不是 showcase —— 没有这个配置项）
sm	showmatch
sw	shiftwidth
wm	wrapmargin

当你熟知命令和配置项的时候，缩写能帮你节省时间。但如果是在 *.vimrc* 或 *.gvimrc* 文件中使用命令编写脚本及设置会话，从长远来看，坚持使用命令和配置项的全称更能节省时间，因为这样更便于阅读和调整配置文件和脚本。

注意，这并不是 Vim 发行版中的 Vim 脚本文件（语法、自动缩进、配色方案等）所采用的方法，我们对其并没有什么异议。我们只是建议，为了便于管理你自己的脚本，应该使用全名。

13.12 一些快捷操作（未必特定于 Vim）

我们现在教你几个值得牢记的便捷技巧，其中一些在 vi 和 Vim 中均可使用：

快速交换

　　不小心把两个字符弄颠倒是很常见的错误。将光标定位在第一个字符，然后输入 xp（删除字符，放置字符）。（这个技巧我们先前在 2.3.6 节中提及过）

另一种快速交换

　　想交换两行？把光标定位在第一行，然后输入 ddp（删除行，把删除的行再放置在当前行之后）。

快速帮助

　　别忘了 Vim 的内建帮助。按 F1 功能键可拆分屏幕并显示在线帮助。（对于 gvim 的确如此。如果你使用的是终端仿真器，F1 可能会被抢先占用。）

我用过什么命令？

　　在最简单的形式中，Vim 允许你在命令行中使用箭头键访问最近执行过的命令。

通过上下箭头键调出最近的命令，可以根据需要对其进行编辑。无论编辑与否，均可按 ENTER 键来执行该命令。

你还可以通过调用 Vim 内建的命令历史编辑功能来执行更复杂的操作。在命令行中按 CTRL-F，这时会打开一个小的“命令”窗口（默认高度为 7），你可以使用普通的 Vim 移动命令在其中浏览，也可以像在正常的 Vim 缓冲区中那样进行搜索和修改。

在命令编辑窗口中，可以轻松地找出最近用过的命令并根据需要进行修改，然后按 ENTER 执行命令。你也可以将缓冲区写入指定的文件，记录命令历史以备后用。

关于将命令行历史窗口作为工具的详细练习，参见 14.1.3 节。

一点幽默

尝试输入下列命令：

```
:help "the weary"
```

读读 Vim 的回应。

13.13 更多资源

有帮助的在线资源包括 Vim 最近的两个主发行版 Vim7（*http://vimdoc.sourceforge.net/htmldoc/version7.html*）和 Vim8（*https://vimhelp.org*）的 HTML 版内建帮助。[注3]

此外，*https://vimhelp.org/vim_faq.txt.html* 收集了与 Vim 相关的 FAQ 列表。它没有把问题和答案链接起来，不过两者都位于同一个页面。我们建议向下滚动到答案部分，从那里扫读。

Vim 官方页面曾经提供了过 Vim 相关技巧，但由于垃圾邮件的问题，管理员把这些技巧转移到了更容易处理垃圾邮件的 wiki（*http://vim.wikia.com/wiki/Category:Integration*）。

注 3：　感谢维护当前 Vim HTML 文档的 Carlo Teubner。

第 14 章

Vim 高级技术

本章展示了多年（太多？）来学习和使用 Vim 的一些经验教训。调整部分默认值以及重新映射默认命令可以使 Vim 的日常使用更加愉悦。我们希望这些思路和技巧能够激发你产生新的想法，促使你打造出自己的高级技术。

14.1 一些便利的映射

Vim 的命令模式提供了大量的操作和命令，在不改变默认行为的情况下，几乎已经没有什么按键可供自由使用了。不过好在 Vim 大多数情况下都是正确的，虽然你一开始未必赞同它的某些选择，但你几乎总是能很快对喜欢使用的命令形成肌肉记忆。

我们挑选了一些便利的替代方法，替换掉那些毫无意义的、多余的、由多个按键提供服务的映射，或者通过简单地将其映射到更有用的操作来使其发挥更好的作用。

14.1.1 简化 Vim 的退出

我们在 5.3 节介绍过一些退出 `vi` 和 Vim 的方法。正如图 5-1 所示，不是所有人第一次都能成功退出。确实，“How to exit the Vim editor?（如何退出 Vim 编辑器？）”一直都是 Stack Overflow 上最流行的问题之一（*https://stackoverflow.blog/2017/05/23/stack-overflow-helping-one-million-developers-exit-vim*），提问的用户超过百万人！

我们可以轻而易举地使用下列简单的按键映射将退出 Vim 的所需的三四次击键缩减至一次：

```
:nmap q :q<cr>
:nmap Q :q!<cr>
```

:nmap 是标准 ex:map 命令的变体。Vim 有不少这样的变体，我们不打算在此深入讲解，可参见 :help :map-modes。

这两个映射可以让以普通（Q）或强制（SHIFT-Q）方式退出 Vim，只需一次击键！

14.1.2 调整窗口大小

我们希望能够根据需要轻松地调整窗口大小。对于 GUI Vim 实现，可以通过拖拽窗口之间的状态条进行调整，但作为纯粹主义者，我们更喜欢手不离键盘。所以我们找到了两个相邻的键：_（下划线，即 SHIFT 加上减号）和 +，它们不仅与其他更容易访问的键是冗余的[注 1]，而且令人高兴的是，在记忆方式上也分别与“变小”和“变大”相契合。[注 2]

因此，我们将 _ 和 + 分别映射为减少和增加焦点窗口大小。尝试输入以下行（作为 ex 命令）来查看效果，或者将其添加到 *.vimrc* 文件：

```
map _ :resize -1<CR>
map + :resize +1<CR>
```

现在，无论在任何窗口，你都可以使用 _ 或 + 减少或增加窗口大小。非常实用！这会在我们稍后讨论 Vim 的命令历史窗口时派上用场。

14.1.3 快乐加倍

我们其中一位作者有两个偏好的按键重映射，他认为其更符合 Vim 的一般理念。也就是说，当 vi 命令模式中的命令字符成对出现时，通常是一种默认或直观行为的便捷方式。例如，dw 会删除一个单词，而成对的 d（dd）则删除当前行。与此类似，yy 则是复制当前行。

注 1：减号键基本上是 k 键的冗余，略有不同的是，减号键会将光标定位在第一个非空白字符；而 + 键则完全是 ENTER 键的冗余，可以将其重新映射，不会丢失任何功能。

注 2：是的，从技术上来说，上档键（shifted keys）代表的是下划线和加号，但助记键是并列的两个按键，一个键上有减号，另一个键上有加号。（只是说说而已）

我们运用此理念创建两个按键映射，使用更直观的击键快速执行某些 Vim 功能。二者可用于激活 Vim 强大的命令历史和搜索历史，激活后，相关历史记录会出现一个水平拆分的新窗口中。

历史窗口简介

Vim 有一个似乎鲜为人知的功能，我们认为可算得上是 Vim 最强大的功能之一：命令行窗口。Vim 保存了你使用过的 ex 命令和搜索模式的历史记录。已保存的命令和模式可在 Vim 的命令行窗口中访问，这个不大的新窗口会在屏幕底部打开。该窗口用于两种历史记录，可以在其中分别存储、访问和操纵命令和搜索模式。

进入命令行或搜索模式窗口的方法各有两种。Vim 默认使用 CTRL-F 或 q:（vi 命令）打开命令行窗口。更多详情，参见 Vim 内建的命令行窗口帮助文档：

```
:help c_CTRL-F
```

和其他 Vim 窗口一样，使用常规命令 :q 关闭窗口。

接下来会介绍一些在此窗口中实现的炫酷操作。在此之前，先让我们能更容易、更直观地打开这个窗口。（CTRL-F 和 q: 已经够简单了，但真的直观吗？）

因此，我们来重新定义打开命令行窗口的方式。

两个冒号比一个好

为了与“重复某件事会将这件事放大并有望更加直观（double-something does something-amplified and hopefully intuitive）”保持一致，使用双冒号是一个不错的选择，而冒号本身用于启动 ex 命令。双冒号通过打开命令行窗口来“放大 ex”，这是有道理的。

记住，我们正在定义按键映射，并假设它是在命令模式下调用的。此外，重要的是，由于是将 :: 映射到一个含有 *q* 的序列，为了提高安全性，我们通过 :noremap 命令要求其不会被重新映射。

和 :map 命令一样，Vim 的 :noremap 命令也有多种变体。我们在此不深入具体细节（参见 :help :map-modes），为了正确的映射 ::，我们打算使用 :nnoremap 命令。该命令形式如下：

```
:nnoremap :: q:
```

现在让我们来试试。先输入上述命令，或是将其加入 *.vimrc* 文件。然后在 vi 命令模式中快速输入两个冒号。你这时应该会看到命令行窗口，光标位于其中最后一行。如果该窗口是从 vi 命令模式打开的，则光标所在处始终是一个空行。

为什么？原因在于有两种不同的行为。如果你是在输入 ex 命令期间按下 CTRL-F，Vim 会在 vi 命令模式中打开命令行窗口，光标位于其中最后一行，显示你刚才正在输入的部分命令。

如果是从 vi 命令模式打开的命令行窗口，则不存在正在输入的 ex 命令，因此光标所在处就是空行。

两个斜线比一个好

我们发现用双斜线（//）快速激活搜索历史窗口同样直观。

激活搜索历史窗口的默认方式是 q/ 和 q?。类似于上一节使用 :: 来激活命令历史的命令行窗口，采用同样的方式访问 Vim 的搜索模式历史也是合乎逻辑的。正如 / 可以从 vi 命令模式发起搜索一样，我们选择 // 作为搜索历史窗口的直观映射。因为 ? 用于向后搜索，我们也为 ?? 提供了映射。

和 :: 一样，我们同样假定是在 vi 命令模式中调用，为此要用到 :nnoremap 命令：

```
:nnoremap // q/
:nnoremap ?? q?
```

命令行窗口有多高？

顺便说一下，Vim 的命令行窗口高度默认为 7 行。我们发现 10 行更合适，可以在 *.vimrc* 文件中加入如下设置：

```
set cmdwinheight = 10
```

注意，如前所述，如果你已经映射过 _ 和 + 来扩展和缩小焦点窗口，就可以方便地调整命令行窗口的大小。

现在让我们来试试。在 vi 命令模式中快速输入两个斜线。你这时应该会看到搜索模式历史窗口，光标位于其中最后一行，这是上一次用过的搜索模式。

注意，Vim 会在命令行窗口最左列插入一个字符，指明窗口中是哪种内容，: 表示命令行历史，/ 或 ? 表示搜索模式历史。

命令（或搜索模式）窗口有其特殊性，部分 ex 命令在其中无法使用。特别是命令 :e、:grep、:help 和 :sort。你也无法使用命令（比如 CTRL-W）在不关闭该窗口的情况下移至另一个窗口。虽然这些限制并没有削弱命令行窗口的功能，但它们确实强调了这个窗口是一个特殊用途的窗口。

有几点要留意：

- 就像其他 Vim 缓冲区一样，你也可以在此缓冲区中导航。别不好意思！随意把玩你喜欢的 Vim 命令吧：

  :w *filename*

  将缓冲区保存至文件。

  :r *filename*

  将文件读入命令行缓冲区。

- 你可以像其他缓冲区那样写入 / 保存命令行缓冲区的内容。
- 另一个方面，你也可以将文件读入命令行缓冲区。

最后两点很重要，因为这使你能够灵活地保存以后或有他用的命令行历史。你可以将包含命令的文件“载入”会话，有选择地找出并执行最适合的命令。

14.2 进阶技巧

现在我们已经熟悉了命令行窗口，可以做些有意思的事了。

14.2.1 找出难记的命令

我们先讨论找出所需执行命令的各种方法。

直接搜索命令

你知道曾经使用某个 Vim 命令节省了大量时间，但却记不起来是哪个命令了，甚至想不起来是不是最近用过的。你只记得这个命令将一些 *TEST* 描述转换为 *PROD* 有关。因此，你输入 ::，打算从中找出该命令。方法不止一种，全都要利用 Vim 来查找命令。

例如，可能最简单、最直接的方法是在命令历史缓冲区中向后搜索。你知道在同一个命令中先后出现过 *TEST* 和 *PROD*。简单地使用下列命令进行搜索：

```
?.*TEST..*PROD
```

Vim 会将光标定位在匹配该正则表达式的第一个命令行处。你可以通过按 ENTER 来重新执行此命令。Vim 会关闭命令行窗口并自动执行命令。

如果第一处匹配不是你要找的命令，vi 命令 n 会将光标移至下一处匹配。根据需要多次使用 n，直到找到所需的命令。

当在命令行窗口中向后搜索命令时，Vim 会遵循你的 wrapscan 设置。[注3] 如果你设置了 nowrapscan，并且在当前行位置和缓冲区顶部（或底部，取决于搜索方向）之间没有出现指定模式，Vim 会显示"search hit top ..."（或 bottom）。

过滤缓冲区

出于各种原因（相似命令太多、命令比较分散等），你可能不喜欢上一节中描述的搜索方法。

就像在普通 Vim 窗口中过滤文本一样，你也可以过滤 / 修改命令行窗口缓冲区。继续上一个例子，假设你想找出先后出现过 *TEST* 和 *PROD* 的各式命令。

我们不再简单地在缓冲区中搜索，而是通过反向全局搜索（:vg）删除不匹配指定模式的行，以此清理缓冲区：

```
:vg/.*TEST..*PROD/d
```

缓冲区中现在只剩下匹配指定模式的命令行了。从中选择命令并执行即可。

注 3：　同样适用于搜索模式窗口中的行为。

以这种方式删除的命令行在编辑会话结束之前都无法访问。不过下次在 Vim 中打开文件时，所有保存过的命令行就又能使用了。

修改过滤结果

因为 Vim 在命令行窗口内提供了编辑功能，那么下一步要考虑的自然不只是简单地查找命令并重新执行。我们手头上的任务往往与之前完成过的任务相似但又不完全相同，后者涉及的命令保存在历史缓冲区中。这次的新任务差别不大，只需要对历史缓冲区中的命令稍做修改即可。

继续沿用上一个例子，这次我们打算使用相同的 Vim 命令，只不过不是把 *TEST* 转换为 *PROD*，而是将 *PROD* 转换为 *QA*。

和先前一样，先是查找或过滤缓冲区中的候选命令。接下来，将 *PROD* 改为 *QA*，将 *TEST* 改为 *PROD*（假设只是一个简单的转换）。在编辑过的历史命令行上按 ENTER，执行该命令，搞定！

14.2.2 分析著名演讲

我们其中一位作者发现某个政治演讲中你来我往的辩论很有意思。关于这次演讲及其内容和意义，人们众说纷纭。于是他有了一个想法：为什么不用 Vim 编辑演讲记录，按词频筛选记录呢？

这个例子引用了一次非常著名且带有政治意味的演讲。我们无意做出意识形态方面的推断或暗示。这只是一个例子而已，用以说明我们其中一位作者如何快速地使用 Vim 作为信息分析工具，而这种信息通常被认为不适合使用 Vim 进行编辑。

为了省点事，我们已经把该演讲记录放入了本书 GitHub 仓库（*https://www.github.com/learning-vi/vi-files*）（参见 C.1 节），文件名为 *book_examples/famous-speech.txt*。

有了演讲稿，我们的这位作者调用 `awk`，开始逐步设计命令，反复迭代，直到实现预期的最终结果。记住，你可以对缓冲区中某个范围的行执行命令，而这些行会被替换成该命令的输出。对于本例，在 `vi` 命令模式下输入：

```
:%!awk 'END { print NR }'
```

这会将缓冲区替换为缓冲区的行数。这并非作者想要的，但却是一个不错的着手点。

现在，命令已经“扎根”在 Vim 的命令历史中了，接下来的改进并不难。在不到十分钟的时间里，作者在 Vim 的命令行历史窗口中展开了下列迭代（添加的行号用于注释，为了便于在书页上呈现，对比较长的行作了折行处理）：

```
 1 1,$!awk '{ while (i = 1; i <= NF; i++) word[$i]++ } END { print word }'
 2 1,$!/usr/bin/awk '{ while (i = 1; i<= NF; i++) word[$i]++ }
       END { print word }'
 3 1,$!/usr/bin/awk '{ for (i = 1; i<= NF; i++) word[$i]++ }
       END { print word }'
 4 1,$!/usr/bin/awk '{ for (i = 1; i<= NF; i++) word[$i]++ }
                    END { for (words in word) print word[words], words }'
 5 1,$!/usr/bin/awk '{ for (i = 1; i<= NF; i++) word[$i]++ }
                    END { for (words in word) print word[words], words }'
 6 1,$!/usr/bin/awk '{ for (i = 1; i<= NF; i++) word[$i]++ }
                    END { for (words in word) print word[words], words }' | sort
 7 1,$!/usr/bin/awk '{ for (i = 1; i<= NF; i++) word[$i]++ }
                    END { for (words in word) print word[words], words }' | sort
 8 wq
 9 1,$!/usr/bin/awk '{ for (i = 1; i<= NF; i++) word[$i]++ }
     END { for (words in word) print word[words], words }' | sort -n
10 g/fight
11 1,$!/usr/bin/awk 'BEGIN { FS= "[,. ]+" } { for (i = 1; i<= NF; i++) word[$i]++ }
      END { for (words in word) print word[words], words }' | sort -n
12 g//
13 g/law
```

你可能注意到上述列表中对 awk 不同形式的调用。这是作者频繁切换计算机和操作系统的结果。 我们将其显示在这里，希望你从中选择适用于所在环境的形式。

非常重要的一点是，上述列表中累积的命令是对一条命令进行迭代的结果。迭代完成后，命令行历史窗口中的结果就是这些命令。

例如，将第 1 行（已换行）：

```
1,$!awk '{ while (i = 1; i <= NF; i++) word[$i]++ }
         END { print word }'
```

更改为（已换行）：

```
1,$!/usr/bin/awk '{ while (i = 1; i<= NF; i++) word[$i]++ }
                  END { print word }'
```

当下一次访问命令行历史窗口时，这就是窗口中最后两个非空行。

第 2 行更正了第 1 行，使其指向正确的 awk 位置。执行时（因为范围被指定为 1,$），Vim 用下列内容替换了整个缓冲区：

```
awk: cmd. line:1: { while (i = 1; i <= NF; i++) word[$i]++ } END { print word }
awk: cmd. line:1:              ^ syntax error
awk: cmd. line:1: { while (i = 1; i <= NF; i++) word[$i]++ } END { print word }
awk: cmd. line:1:                              ^ syntax error
```

实在糟糕。幸运的是，键入 u 可以将缓冲区重置为原始演讲记录。[注 4]

记住，输入 :: 可以编辑上一个命令。第 3 行修复了一处语法错误。第 4 行又修复了另一处。这着实有点尴尬。

最终，下一行（第 5 行，已换行）：

```
1,$!/usr/bin/awk '{ for (i = 1; i<= NF; i++) word[$i]++ }
                 END { for (words in word) print word[words], words }'
```

得到了真正的结果！缓冲区中的前几行如下所示：

```
3 weeks.
4 State
1 you' ve
1 written
25 you' re
1 telephone
1 Congress
1 ever,
5 biggest
38 are
```

我们现在看到演讲记录中的每个单词各占一行，每行前面的数值表示该单词出现的次数。这挺酷，但有点杂乱无章。所以要对结果进行排序（第 6 行，已换行）：

注 4：使用 u 可以很容易地在缓冲区内迭代不同的操作。一旦你对此形成了肌肉记忆，它就会变得非常自然。

```
1,$!/usr/bin/awk '{ for (i = 1; i<= NF; i++) word[$i]++ }
                  END { for (words in word) print word[words], words }' | sort
```

好点了，但要是按照数值排序会更好……为此，加入 sort 命令的 -n 选项（按数值排序）（第 9 行，已换行）：

```
1,$!/usr/bin/awk '{ for (i = 1; i<= NF; i++) word[$i]++ }
              END { for (words in word) print word[words], words }' | sort -n
```

这样就好多了。缓冲区的最后几行如下所示：

```
115 that
125 they
134 you
146 in
167 I
203 a
227 and
265 of
326 to
394 the
```

毫无意外，出现频率最高的单词是 word。

让我们再做最后一次迭代。你会注意到在倒数第二次迭代中，有些单词仍然带有标点符号。这导致像“car”“car,”“car.”这样的单词被错误统计，而这些应该被视为同一个单词。因此，在最后的更改中，我们在 awk 的 BEGIN 规则中将字段分隔符定义为正则表达式（第 11 行，已换行）：

```
1,$!/usr/bin/awk 'BEGIN { FS= "[,. ]+" } { for (i = 1; i<= NF; i++) word[$i]++ }
             END { for (words in word) print word[words], words }' | sort -n
```

注意数量上的差异，这表明我们可能有更接近真实结果：

```
144 that
153 in
155 you
168 I
203 a
210
227 and
266 of
```

```
328 to
394 the
```

记住，每次迭代之后的撤销（u）是为了将原始文本传给下一个命令。

我们的例子使用 awk 作为当前的过滤器，但秉承 Unix 和 GNU/Linux 的精神，有许多强大的命令，当应用于 Vim 缓冲区时，也能产生同样的结果。我们都喜欢 awk，但也经常使用 sed、grep、wc、head、tail、sort 等其他许多命令（排名不分先后）。值得注意的是，管道也管用，而且还能放大处理 Vim 缓冲区的能力。

虽然这个例子似乎有些刻意，作者是在讨论演讲时做的这个练习，其结果被用来解决“争论”。从最初的 awk 命令迭代到最终的精炼命令，花费的时间不过几分钟而已。在关于演讲内容的激烈讨论中，最终结果才是检验标准。我们对此不发表任何意见，但重点在于这是在社交环境中开展的一次富有成效且有益的练习。是的，Vim 未必是社交聚会中的常客，但也许它可以是。

14.2.3 更多用例

如前所述，演讲的例子可能看起来比较刻意，但它只是我们在不借助外部工具的情况下对文件进行处理，从中提取有用信息的众多示例之一。其他包括：

导出文件

　　我们其中一位作者通过一些应用程序跟踪自己的身体锻炼情况。他最喜欢的应用是 Garmin ™（*https://www.garmin.com/en-US*）。Garmin 的导出文件是 CSV 文本文件（如图 14-1 所示）。考虑如何用与我们的例子类似的方式提取信息。

系统日志文件

　　我们使用相同的技术来提取、处理和格式化 Unix 系统日志文件（例如，*/var/log/messages*）。虽然有许多实时及辅助工具可以监控和分析这些文件（例如 Splunk [*https://www.splunk.com*]），但有时只需在 Vim 的命令行历史窗口中快速应用定制命令就足够了。

厂商日志文件

操作类似于过滤系统日志文件。

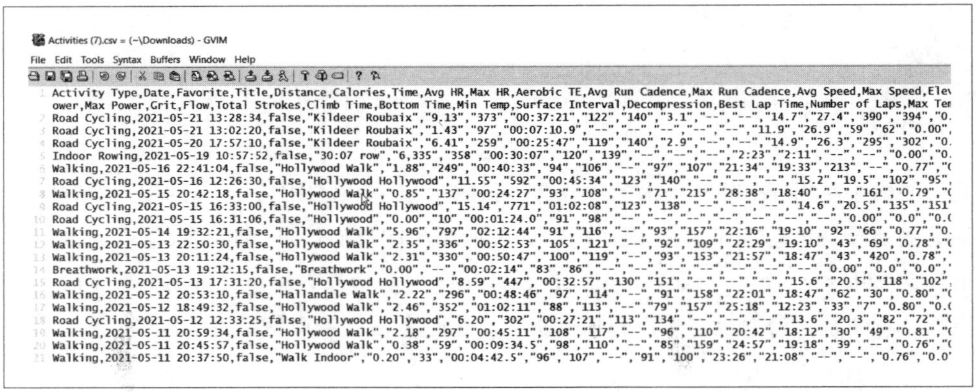

图 14-1：Garmin 的 CSV 文件示例

之前提到过，将 Vim 保存的命令历史记录的数量设置为一个比较大的数字很有用，我们想在此再重复一次。这可以通过 viminfo 配置项设置，该配置项应该在 *.vimrc* 配置文件中定义：

```
" example
set viminfo='50,:1000
```

值得注意的是，当你在命令行历史缓冲区中编辑命令时，如果编辑上下文能够提供补全，按 TAB 键会弹出一个补全菜单，重复按 TAB 键 ，会在菜单项中循环。你也可以使用箭头键上下移动。按 ENTER 选择所需的补全。但要小心，因为这会立即触发执行修改后的命令。图 14-2 展示了参数补全。图 14-3 展示了文件名补全。（命令行补全参见 8.4 节）

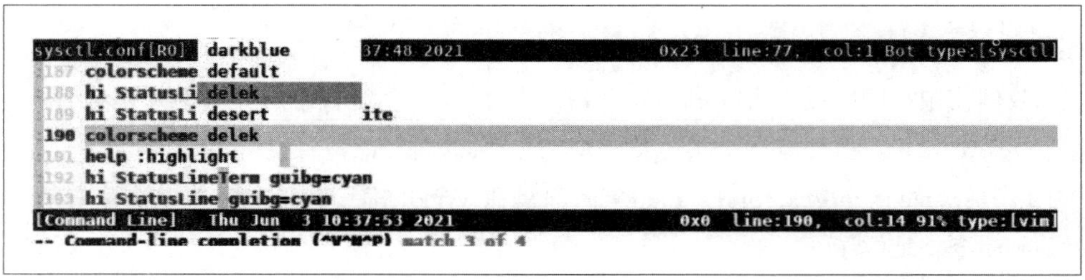

图 14-2：命令参数补全示例（在本例中是配色方案）

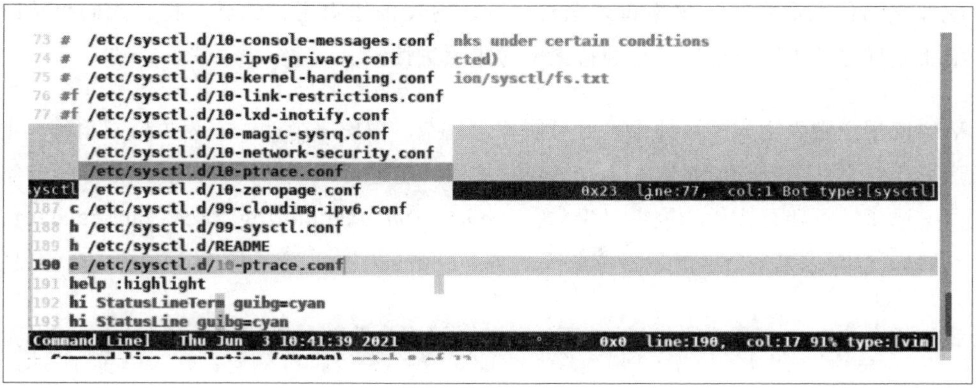

图 14-3：文件名补全示例

此外，为了确保编写的重要命令得以保存并且没有超出命令保存数量的限制，你可能会发现将命令整理并存储在文本文件中很有用。这些文件随后可以被“载入”命令行历史窗口中。

14.3 更进一步

正如对命令行历史所做的那样，让我们考虑一些方法，提高搜索模式历史的实用性。我们可以使用模式搜索历史窗口来编辑、迭代和改进搜索。只要调整好，搜索结果很容易检索。

回想一下以更直观的方式打开搜索模式窗口的按键映射：

```
:nnoremap // q/
:nnoremap ?? q?
```

Vim 的搜索模式窗口和命令历史窗口是同一个缓冲区，在任意时刻，你只能使用两者之一。唯一的不同在于载入窗口的内容以及对缓冲区中的行按 ENTER 时执行的操作（执行 ex 命令或搜索模式）。因此，先前描述过的特性依然存在。你可以搜索以前搜索过的模式。没错，我们为了搜索而搜索，这听起来有点绕。如果你的搜索模式历史记录数量众多，其中可能包含你用过的有效搜索。

在该窗口中，你可以使用普通的 Vim 编辑功能导航、修改、执行先前的搜索。

就像之前使用命令行历史窗口来迭代命令，逐步构建实用过滤器一样，我们也可以沿用同样的技术，通过逐步构建搜索模式来改进搜索。

Vim 使用正则表达式进行搜索，这可能相当复杂。考虑一个例子，为了标识角色，生产可执行文件（production executable）按照约定进行命名。其中，以点号分隔的字段描述了该可执行文件的属性（例如，`production.accounting.receivables.east.rollup`）。要求第 1 个字段是 *production*、*test* 或 *devel* 之一，整个名称要包含 5 个字段。

我们不会像 14.2 节那样详细讨论，不过一开始可以先简单地查找包含 production 的行：

```
/production/
```

这可以找出所有包含 *production* 的行。使用 `//` 打开搜索模式历史窗口，快速编辑历史记录，插入所需的点号分隔符，缩小搜索范围（注意，我们删除了两处斜线，因为斜线不会出现在搜索模式历史窗口中）：

```
production\.
```

最终的搜索模式如下所示：

```
\(production\|test\|devel\)\(\.[[:alnum:]_]*\)\{3}\.[[:alnum:]_]\{1,}
```

我们曾经使用过类似的模式，在 *.vimrc* 文件中创建了 `match` 命令，用于在编辑文件时自动高亮可执行文件名，作为正常语法高亮的补充。

最后这个正则表达式的分析工作就留给你了。重点其实不在于正则表达式及其工作原理，而在于达到目的的方法：如何使用 Vim 的搜索模式历史窗口编写出一个强大的正则表达式。

就像在命令行历史示例中一样，你可以编写并保存常用的正则表达式，随后将其载入搜索模式窗口中。

14.4 增强状态栏

出于某些原因，Vim 的状态栏中缺少了很多有用的信息（如图 14-4 所示）。

图 14-4：默认的 Vim 状态栏

我们不打算深入过多的细节，只给出必要的解释（完整的信息参见 `:help statusline`），*.vimrc* 中的如下行提供了关于当前文件的额增强信息：

```
set statusline=%<%t%h%m%r\ \ %a\ %{strftime(\"%c\")}%=0x%B\ \ line:%l,\ \ col:%c%V\ %P\ %v
```

其效果如图 14-5 所示。

```
.vimrc[+][RO]   Thu Jun  3 10:12:27 2021          0x6E  line:35,  col:17 34% type:[vim]
```

图 14-5：Elbert 的状态栏

Elbert 的 *.vimrc* 文件（本例即取自于此）可以在本书的 GitHub 仓库中找到（*https://www.github.com/learning-vi/vi-files*），参见 C.1 节。

下面简要地解释本例中出现的内建标志。所有的标志均以 % 字符起始：

`%a`

参数列表状态。例如，如果 Vim 正在编辑 8 个文件中的第 4 个，则状态栏显示（`4 of 8`）。

`%B`

光标处字符的十六进制描述。

`%c`

当前列数。

`%h`

缓冲区“帮助”标志（本例中未显示，因为我们并未编辑帮助文件）。

`%l`

当前行数。

%m

修改标志（如果缓冲区内容被修改，显示 [+]；否则，不显示）。

%P

在缓冲区中的当前位置（以百分比形式）。

%r

只读标志（如果缓冲区内容为只读，显示 [RO]；否则，不显示）。

%{strftime...}

花括号中命令的运行结果（在本例中是 strftime）。传递 %c 查询标准日期和时间。

%t

当前文件名（文件名的最后一部分，等同于 *basename*(1) 的输出）。

%v

所编辑文件的类型。这不仅仅是检查文件扩展名。Vim 根据文件内容检测文件类型。虽然我们无法证明这一点，但似乎 Vim 使用了与 file 命令类似或相同的机制。（如果有兴趣，参见 *file*(1) 手册页。）

%V

当前的虚拟列号。

%=

围绕此锚点的居中信息（之前的所有内容均为左对齐；之后的一切均为右对齐）。

%<

如果状态栏过长，将其截断到此处。

14.5 小结

我们希望本章内容能激起你进一步探索 Vim 功能的兴趣。你会发现 Vim 始终学之不尽。坚持下去，这样会让你的工作更加轻松且富有成效。

第三部分

更广阔环境中的 Vim

第三部分从更宏观的角度，着眼于 Vim 在大型软件开发和计算机应用领域中的作用。然后以一篇简短的后记作为本书的结束。这部分包含以下章节：

第 15 章

作为 IDE 的 Vim

尽管 vi 是一款通用文本编辑器，但从第一天开始，它也是一款程序员的文本编辑器。vi 的多种特性能够简化编程任务，特别是 C 语言编程。（考虑 showmatch 配置项、自动缩进，尤其是 ctags 工具，以及 troff 文档操作工具。）

意料之中，Vim 沿袭了这一传统，但不同于 vi，Vim 本身就是可编程的，尤其还支持插件，能够载入新代码，直接为编辑器添加各种功能。

与许多流行的脚本语言一样，这种可扩展性使得 Vim 的新特性和新工具数量激增——远非任何一个人单枪匹马能创造出来的。

同样，这些插件中的很大一部分旨在让使用 Vim 进行编程和软件开发变得更加容易。

在本章中，我们将简要介绍插件管理器以及一些值得注意的常用软件开发插件。

但要注意，Vim 插件宇宙非常庞大。逐一介绍所有的插件需要单独一本书——比这本书还要厚得多！因此，我们在这里的讲述方式比书中其他章节的简洁得多；请在阅读时牢记这一点。

15.1 插件管理器

除了做实事的插件，还有用于管理其他插件的插件，其工作是载入和初始化插件，简化插件的安装和使用，使用户无需再手动下载插件或向 *.vimrc* 文件中添加大量特定插件的代码。

Vim 有自己的插件管理器，可以通过 :packadd（“package add”）命令访问。你可以对 Vim 的标准插件或其他符合 :help packadd 中指定标准的插件（我们不在此讨论）使用该命令。稍后我们会展示其中一个标准插件，你不妨去看看 Vim 自带的其他插件。

最流行的插件管理器之一是 Vundle（*https://github.com/VundleVim/Vundle.vim*）（“Vim bundle”的简写）。其网站有“快速入门”说明，我们在这里简单地做一个总结，假设用户使用的是 GNU/Linux 或其他 POSIX 风格的系统：

1. 确保系统安装了 Git 和 curl。

2. 备份 *.vimrc* 文件和 *.vim* 目录，以防万一。

3. 直接克隆 Vundle：

   ```
   git clone https://github.com/VundleVim/Vundle.vim.git ~/.vim/bundle/Vundle.vim
   ```

4. 配置插件。*.vimrc* 如下所示（你也可以从 Vundle 主页上复制 / 粘贴）；为了保持简洁，我们删去了其中的一些注释：

   ```
   set nocompatible              " be iMproved, required
   filetype off                  " required

   " set the runtime path to include Vundle and initialize
   set rtp+=~/.vim/bundle/Vundle.vim
   call vundle#begin()
   " alternatively, pass a path where Vundle should install plugins
   "call vundle#begin('~/some/path/here')

   " let Vundle manage Vundle, required
   Plugin 'VundleVim/Vundle.vim'

   " The following are examples of different formats supported.
   " Keep Plugin commands between vundle#begin/end.
   " plugin on GitHub repo
   Plugin 'tpope/vim-fugitive'
   ...

   " All of your Plugins must be added before the following line
   call vundle#end()            " required
   filetype plugin indent on    " required
   " To ignore plugin indent changes, instead use:
   "filetype plugin on
   "
   ...
   ```

```
"
" see :h vundle for more details or wiki for FAQ
" Put your non-Plugin stuff after this line
```

5. 挑选插件，将其置于 `vundle#begin()` 调用和 `vundle#end()` 调用之间。（这算是最难的部分了☺）

6. 安装刚才在 *.vimrc* 文件中列出的插件。要么通过 `:PluginInstall` 命令，要么在命令行中输入：

   ```
   vim +PluginInstall +qall
   ```

   上述命令会启动 Vim，安装指定插件，然后退出。每次向 *.vimrc* 文件中添加新插件时就执行 `:PluginInstall`，Vundle 会为你下载并安装插件。

15.2 找到所需的插件

Vim 插件数以千计。其中很多（甚至可能是大多数）都托管在 GitHub，当然也不全是。找出你所需的插件就变成了一件麻烦事（如图 15-1 所示）。

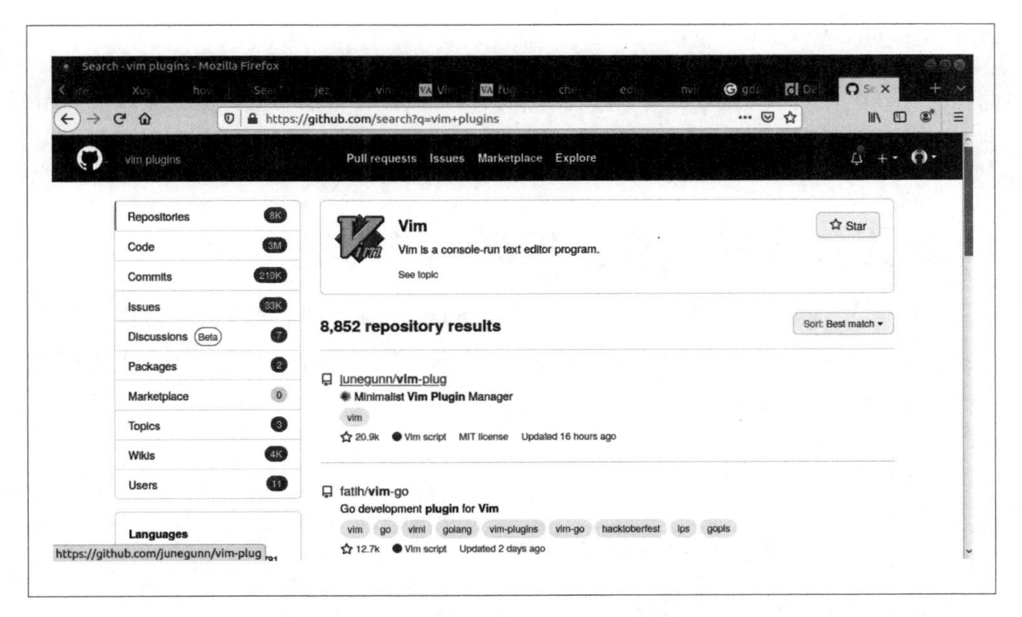

图 15-1：在 GitHub 中搜索 Vim 插件；显示共计 8852 个结果

幸运的是，你不是第一个有此烦恼的人。Vim Awesome（*https://vimawesome.com*）

的用户完成了一项了不起的工作：在 Internet 上搜罗各种插件并将相关信息汇集到一处。如图 15-2 所示。

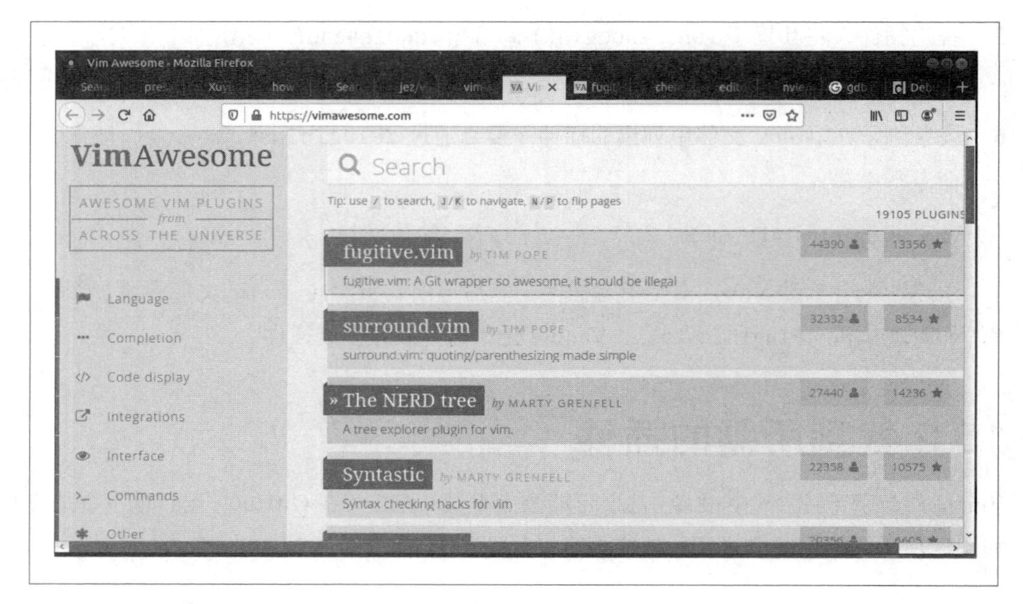

图 15-2：Vim Awesome

你不仅可以在 Vim Awesome 搜索插件信息，还可以设置自己的私有数据库副本。相关源代码和操作说明位于 *https://github.com/vim-awesome/vim-awesome*。

15.3 为什么我们想要 IDE？

集成开发环境（integrated development environment，IDE）顾名思义，就是提供软件开发所需一切的单一环境。IDE 有很多种，既有商业版，也有开源版。如果你是一名软件开发者，应该至少熟悉其中一种。

IDE 通常至少会提供下列功能：

- 文本编辑（理所当然）。
- 查看和导航软件项目的文件树。
- 在多个源对象之间导航（例如，从函数调用跳转至该函数的定义处）。
- 集成一种或多种源代码控制系统。出于我们的目的，与 Git 集成是我们想要的。

- 文本补全。例如，当你输入函数名时，IDE 会显示所需的参数。
- 语义错误高亮显示。如果程序中出现了语义错误（比如未声明的变量），IDE 会高亮显示错误，通常是在其下方绘制彩色波浪线。
- 集成式调试。当调试器在源代码中移动时，IDE 会显示相应的源代码。

鉴于许多程序员会花费大量时间在 Vim 上工作，自然希望 Vim 能提供类似于 IDE 的功能，因为这样可以提高生产力。我们很快就会看到 Vim 插件如何提供这些功能，以及如何将 Vim 定制为符合你个人需求的 IDE。

15.4 自力更生

早期的 Unix 系统以关注机制而非策略著称。也就是说，系统为用户提供了做许多事情的能力，不强制单一的工作方式。

Vim 以类似的方式展示了它的 Unix 传承：你有条件可以构建几乎任何你想要的东西。当然，这意味着你必须投入时间和精力去学习如何构建！这项投资带来的回报是一个完全符合你需要的环境。

幸运的是，如先前所见，你想做的事情可能已经有现成的 Vim 插件了。你只需要找到这个插件即可！

在接下来的小节中，我们来看几个最流行的软件开发插件。稍后，我们将概述一些专注于将 Vim 改造成 IDE 的一体化解决方案。

记住，本书的这部分内容仅仅是皮毛而已，还有更多的东西在等着你！

15.4.1 EditorConfig：一致的文本编辑设置

在我们的研究过程中，遇到了 EditorConfig（*https://editorconfig.org*）项目。该项目的目标是为不同的文本编辑器和 IDE 应该如何格式化不同类型的文件定义一种规范。例如，对于一种文件，你可能希望所有编辑器缩进四个空格，而对于其他文件，你可能希望使用真正的 TAB 字符缩进。一个 *.editorconfig* 文件可以让你做到这一点。无论是哪种编辑器，都会读取此文件，然后相应地格式化你的文本。

很多 IDE 都支持开箱即用的 *.editorconfig* 文件。Vim 需要一个插件，可以在 *https://github.com/editorconfig/editorconfig-vim* 找到，其中包括安装说明。更多的信息和描述另请参阅 *https://www.vim.org/scripts/script.php?script_id=3934*。

15.4.2 NERDTree：在 Vim 中遍历文件树

NERDTree 插件是使 Vim 像标准 IDE 一样运作的重要一步。安装之后，可以使用 `:NERDTreeToggle` 命令打开和关闭 NERDTree 窗口。相关文档建议将其映射为按键序列，比如 CTRL-N：

```
map <C-n> :NERDTreeToggle<CR>
```

该命令在屏幕左侧打开一个新窗口，显示标准的文件树。在 NERDTree 窗口中输入 ?，会看到一个命令列表，你可以通过其中的命令来展开或收缩目录，在当前或新窗口中打开文件。具体的行为取决于 NERDTree 窗口中的当前行是文件还是目录。部分命令包括：

`?`

切换显示 NERDTree 的帮助信息。

`i`

使用 `:split` 命令在新窗口中打开文件。

`o`

展开 / 收缩目录。对于文件，则是在上一个窗口中将其打开。

`s`

使用 `:vsplit` 命令在新窗口中打开文件。

`t`

在新标签页中打开文件或目录。关于标签页，参见 10.8 节。

`T`

在新标签页中静默打开文件或目录。

还有很多其他功能，我们不在此详述。完整的文档参见文件 *doc/NERDTree.txt*。

（什么？无图无真相？别急。下一节就有了。）

15.4.3 nerdtree-git-plugin：带有 Git 状态指示器的 NERDTree

NERDTree 本身非常有用。然而，现在大家都在使用源代码控制系统（通常是 Git）。许多 IDE 可以在其文件资源管理器中显示文件的源代码控制状态（已修改、不受源代码控制、子目录包含未跟踪的文件等）。`nerdtree-git-plugin` 插件通过此功能（*https://github.com/Xuyuanp/nerdtree-git-plugin*）加强了 NERDTree。

图 15-3 显示了两个编辑窗口和左侧带有 `nerdtree-git-plugin` 插件的 NERDTree 窗口。在该窗口中，我们看到 *atomtable* 目录未被追踪（未被检入 Git），*support* 目录包含一个修改过的文件，*`helpers`* 目录也是如此。其他图标（此处未显示）表示某个文件的已修改 / 未追踪状态。所有这些都使得项目文件的 Git 状态易于辨别。

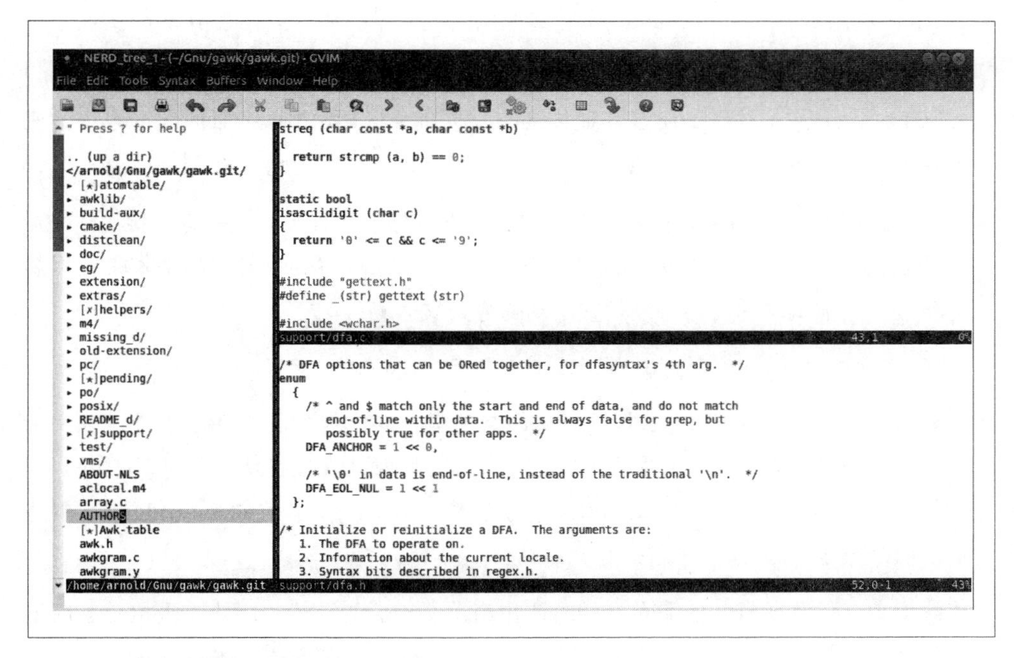

图 15-3：带有 Git 状态指示器的 NERDTree

15.4.4 Fugitive：在 Vim 中运行 Git

使用 Git 管理文件的 Vim 用户，为了执行 Git 命令，不得不在 Vim 窗口和终端窗口之间来回切换。Fugitive 插件（*https://github.com/tpope/vim-fugitive*）允许你在 Vim 中使用 Git。

要做的改动非常简单。无需在终端仿真器中运行 git 命令，直接使用 `:Git`（甚至只用 `:G`），然后像往常一样，该怎么做就怎么做（`:Git add`，`:Git status`，`:Git commit`，等等）。如果有必要，Fugitive 会将 Git 的输出放到一个新的临时缓冲区。在提交文件时，你可以在当前 Vim 实例中编辑提交信息。

下列内容引用自 Fugitive 的网站，Fugitive 可不只是运行 `git` 命令：

- 默认行为是直接回显命令的输出。像 `:Git add` 这样的静默命令免去了恼人的“Press ENTER or type command to continue”提示。
- `:Git commit`、`:Git rebase -i` 和其他调用编辑器的命令会在当前 Vim 实例中进行编辑工作。
- `:Git diff`、`:Git log` 和其他详细的分页命令将其输出载入临时缓冲区中。使用 `:Git --paginate` 或 `:Git -p` 可以对任何命令强制执行此行为。
- `:Git blame` 使用带有映射的临时缓冲区进行额外的分类。在一行上按 ENTER 键以查看该行提交的变更，或者使用 `g?` 查看其他可用的映射。如果省略文件名参数，当前编辑的文件将以垂直滚动的方式被追溯。
- `:Git mergetool` 和 `:Git difftool` 将变更载入 quickfix 列表。
- 如果不指定参数，`:Git` 会打开一个汇总窗口，其中包含脏文件和未推送以及未拉取的提交。输入 `g?` 会显示一个各种操作的映射列表，包括差异（diffing）、暂存（staging）、提交（committing）、变基（rebasing）、贮藏（stashing）。（这是旧命令 `:Gstatus` 的继任命令）
- 此命令（以及所有其他命令）始终使用当前缓冲区的仓库，因此无需担心当前工作目录。

图 15-4 展示了 `:Git blame` 对于本章内容的输出。

将光标移至第 4 行（提交 ID 为 `afc75e3d`）并按 ENTER，会显示如图 15-5 所示的画面。

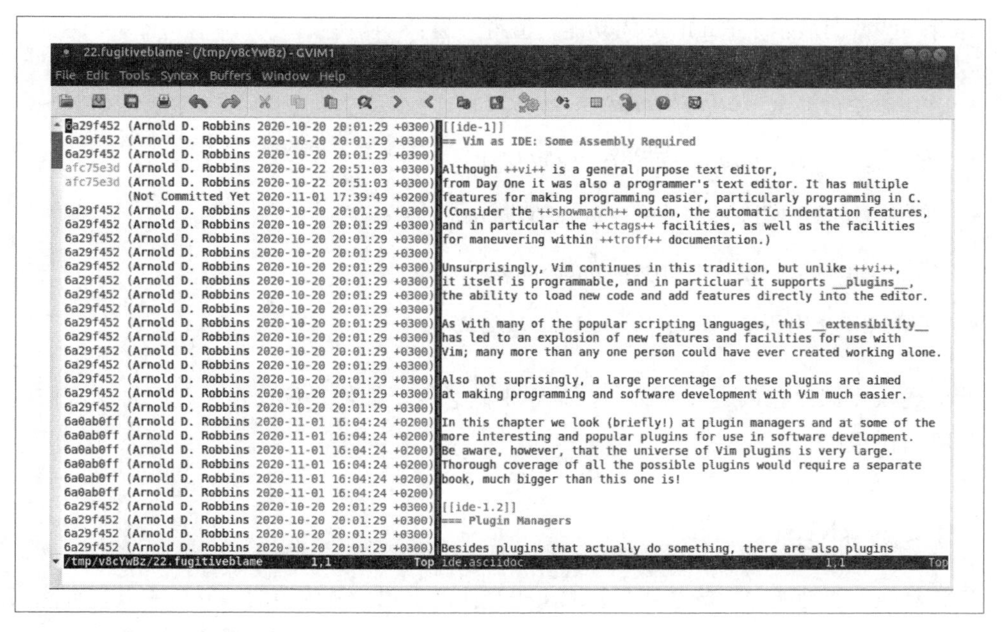

图 15-4：在窗口中运行 :Git blame

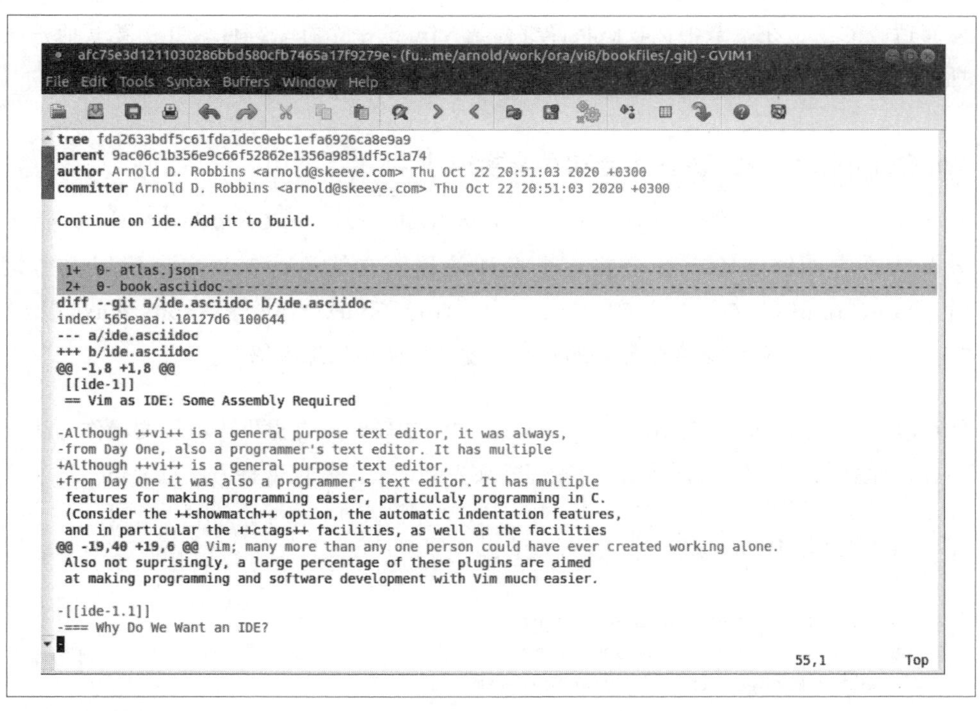

图 15-5：查看单个提交

还有一些截图展示了 Fugitive 的功能，值得一看：

- git 命令行补全（*http://vimcasts.org/e/31*）
- 使用 git 索引（*http://vimcasts.org/e/32*）
- 使用 vimdiff 解决合并冲突（*http://vimcasts.org/e/33*）
- 浏览 git 对象数据库（*http://vimcasts.org/e/34*）
- 探究 git 仓库历史（*http://vimcasts.org/e/35*）

我们建议阅读这些内容，并花一些时间来熟悉这个插件。仅仅用了几分钟，我们就被吸引住了！

15.4.5 补全

IDE 最强大的功能之一就是补全。取决于具体的 IDE、所使用的编程语言以及可能的设置，IDE 会在你输入的同时帮助你补全内容。例如，IDE 可能会为你填写一个长函数的名称，或者在你输入函数调用的左括号时，显示预期的函数参数类型，以便你填写适合的值。在本节中，我们将详细介绍 Vim 的一个补全插件，并引荐其他一些插件。

YouCompleteMe：动态补全和语义检查

YouCompleteMe 插件（*https://github.com/ycm-core/YouCompleteMe*）功能十分强大。它能够随输入补全并检查多种编程语言的语法错误。在撰写本书之时，YouCompleteMe 支持 C、C++、C#、Go、JavaScript、Python、Rust 以及 TypeScript。你可能需要安装额外的软件来支持你所用的编程语言。

你可以直接从源代码安装 YouCompleteMe，其 GitHub 站点提供了具体的操作方法。不过，你也可以使用系统的软件包管理器来安装，我们发现这种方法更简单。

在 Ubuntu GNU/Linux 系统中，步骤如下：

```
sudo apt install vim-addon-manager
sudo apt install vim-youcompleteme
vim-addon-manager install youcompleteme
```

第一个命令安装 `vim-addon-manager`，这是另一个 Vim 的插件管理器，可以和 Vundle 并用，不会出现冲突。

第二个命令安装 YouCompleteMe。最后一个命令将 YouCompleteMe 安装入 Vim，但是仅用于作为当前用户的你（该命令没有使用 sudo 执行）。

安装好之后，Vim 就可以在弹出窗口中提供补全项。按 TAB 在这些补全项中循环选择。随着你继续输入，YouCompleteMe 也会逐渐减少弹出窗口中的补全项数量。如图 15-6 所示。

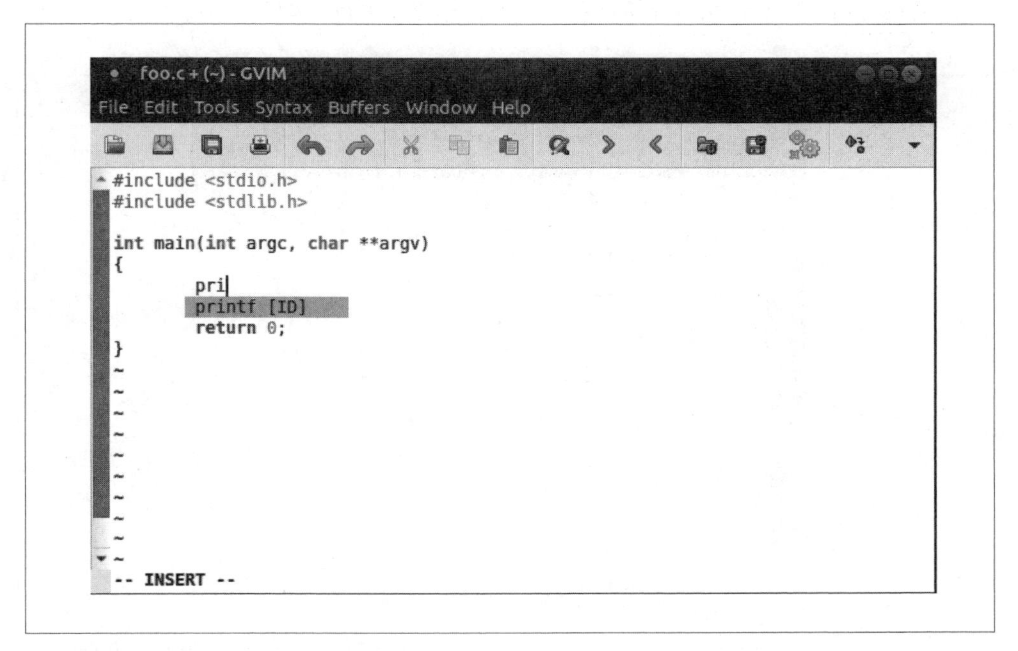

图 15-6：YouCompleteMe 的弹出窗口

这本身已经很酷了。但是 YouCompleteMe 还能更进一步：分析源代码的语义。对于 C 和 C++，它使用 Clangd（LLVM 编译器套件的一部分）来不断地重新编译你的程序。对于其他语言，则使用不同的引擎，你可能需要单独安装。

要想启用 C 和 C++ 的语义分析，必须让 YouCompleteMe 知道你是如何编译程序的。这取决于项目的构建方式（Make、CMake、Gradle 等）。

如果项目基于 Makefile，[注1] 那就简单得很了。先安装一个简单的 Python 程序 compiledb，然后指向下列命令（本例面向的是 Ubuntu，对于其他 GNU/Linux 系统，原理是一样的）：

```
sudo apt install python3-pip
sudo pip3 install compiledb
compiledb make
```

你只需要运行一次 compiledb make（除非你更改了编译选项）。这会在 YouCompleteMe 可以使用的项目的顶层目录中创建一个 *compile_commands.json* 文件。完成之后，Vim 使用编译错误和编译警告标记相关行。如图 15-7 所示。

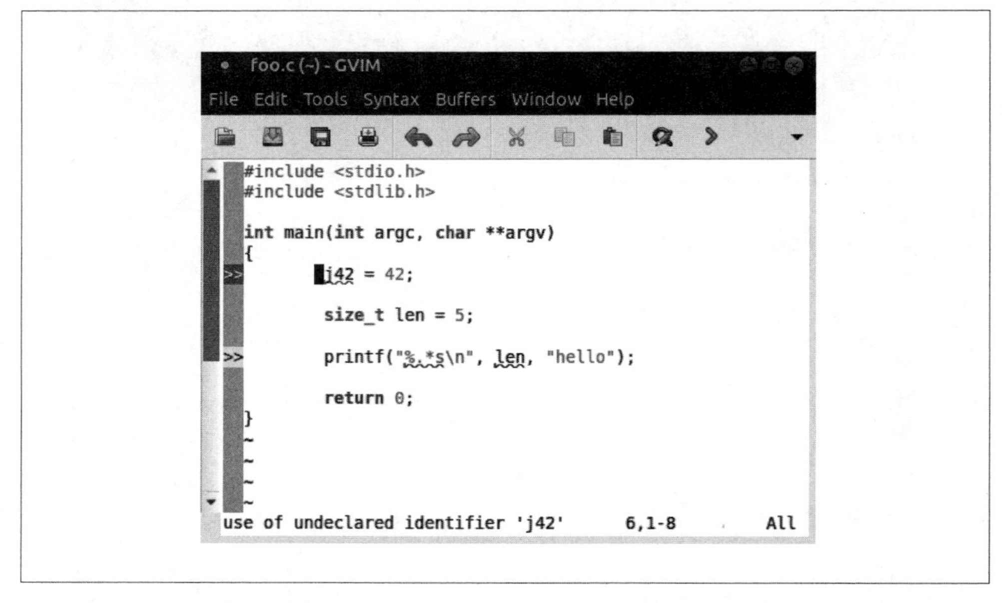

图 15-7：YouCompleteMe 的错误指示器

在图 15-7 中，第一个错误指示器以红色高亮显示，指明一处编译错误。将光标移至该行，Vim 会在状态栏显示相关错误。在本例中，这里有一个未声明的变量。

第二个错误指示器以黄色高亮显示，指明一处警告。在本例中，问题原因在于类型不匹配，代码中的 size_t 类型是无符号的，而 printf() 所期望的则是 int 型参数。

注 1：　真正的程序员只用 Make。

注意，两个问题区域都用下波浪线显示出错误所在（红色为错误，蓝色为警告）。一旦修复了错误，错误指示器就会消失。这实在是太诱人了 —— 我们几年前怎么不知道有这个插件！

配置 YouCompleteMe 可能是个挑战。在使用 C 而不是 C++ 时，将以下内容放入 *~/.ycm_extra_conf.py* 也许会有所帮助。或者在你的 *compile_commands.json* 文件中加入 `'-std=c99'` 应该也就足够了。说实话，我们发现 YouCompleteMe 的这一部分配置确实让人有挫败感。然而，拥有语义警告绝对是值得的！

```
import os
import ycm_core

flags = [
  '-fexceptions',
  '-ferror-limit=10000',
  '-DNDEBUG',
  '-std=c99',
  '-xc',
  '-isystem/usr/include/',
  ]

SOURCE_EXTENSIONS = [ '.cpp', '.cxx', '.cc', '.c', ]

def FlagsForFile( filename, **kwargs ):
return {
'flags': flags,
'do_cache': False # True
}
```

值得注意的是，YouCompleteMe 并不仅限于程序源代码。它几乎可以用于编辑任何东西，比如 *ChangeLog* 文件，甚至是本书的 AsciiDoc 文本！

其他一些补全和检查引擎

还有许多其他的 Vim 的补全引擎。其中包括：

- The Asynchronous Lint Engine（ALE）（*https://github.com/dense-analysis/ale*）。专注于程序的动态 lint（语义检查），支持多种语言以及部分语言的补全功能。

- Syntastic（*https://github.com/vim-syntastic/syntastic*）。强大的语法检查引擎，支持多种语言，经常与其他插件共用。
- Conquer of Completion（*https://github.com/neoclide/coc.nvim*）。这是一个通用插件，支持多种语言和文件格式。
- Jedi-vim（*https://github.com/davidhalter/jedi-vim*）。提供了 Python 自动补全功能。YouCompleteMe 在处理 Python 代码的时候，底层使用的便是 Jedi-vim。
- Kite（*https://www.kite.com*）。该插件为 Vim 和很多其他编辑器及 IDE 提供了基于 AI 的自动补全功能。支持 Python、C、C++、C#、Go、Java、Bash 等很多其他语言。Kite 属于商业软件，兼有免费版和付费的专业版。

将这些引擎与 YouCompleteMe 一起使用看起来不太可行。你会想尝试他们，并选择最适合你的设置。你要对其进行试验，选择最适合你的设置。

15.4.6 Termdebug：在 Vim 中直接使用 GDB

从 Vim 8.1 开始，可以在 Vim 窗口中开启终端会话。这允许你在窗口内运行与用户交互的程序。Vim 提供了一个名为 Termdebug 的插件，能够借此在 Vim 中运行 GDB（GNU 调试器）。

先打开一个文件编辑，然后使用 Vim 内建的包管理器（`:packadd`）载入 Termdebug 插件并启动：

```
:packadd termdebug
:Termdebug
```

这会将屏幕拆分为 3 个窗口。顶部窗口运行 GDB。中间窗口是被调试代码的输出，底部窗口是源文件。如果你想将源文件窗口移至屏幕右侧，如图 15-8 所示，10.3 节讲述了如何重新排列 Vim 的窗口布局。

在图 15-8 中，左上方显示了 GDB 的交互内容。左下方是前一个 `run` 命令的输出，作者在这里输入了错误的命令（哎呀！）。

右侧窗口显示了源代码，高亮显示并标记出了设置断点的行。顶部的按钮允许你继续调试。

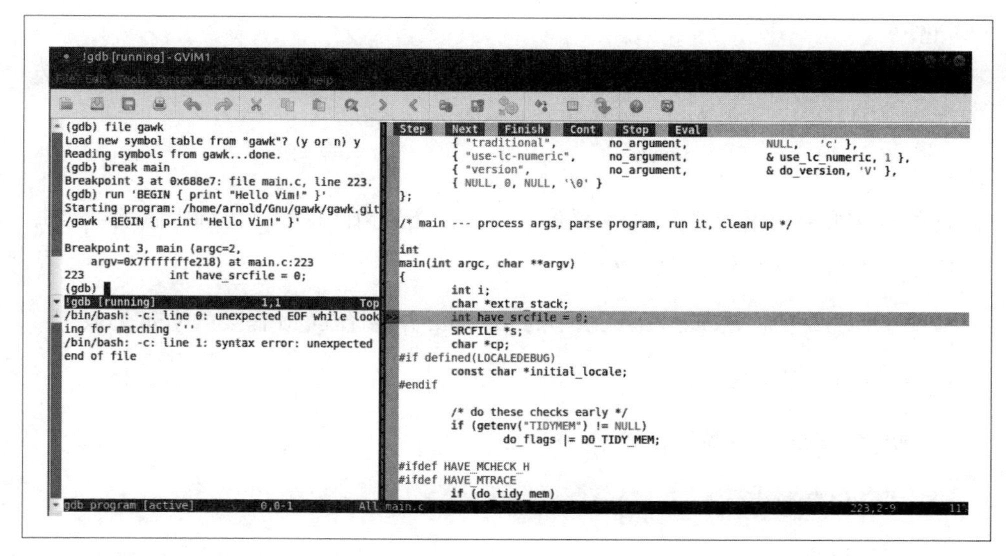

图 15-8：在文件上运行的 Termdebug 插件

GDB 与 Vim 的整合很不错，甚至比 Clewn 提供的更好（参见 16.7 节）。

如果你要频繁用到 GDB，不妨将 `:packadd termdebug` 放入 *.vimrc* 文件中。

15.5 一体式 IDE

到目前为止，如果你添加了我们介绍过的插件，那么 Vim 已经能够提供 IDE 的大部分功能。不足为奇的是，许多人早在我们之前就已经完成了这一过程，并提供了他们自己将 Vim 转变为 IDE 的秘诀。

下面是我们的部分发现，你不妨了解一下。至少为你点出了一些我们尚未介绍过的实用插件。

注意事项：这些秘诀方法我们并没有全部尝试，即使尝试过的那部分，也不过是浅尝辄止。你可以把这个列表当作探索的起点：

Vim as an IDE

　　这是一份用于软件开发的 Vim 插件教程，不是直接上手的那种。其价值在于包含了大量指向更多信息源的链接。参见 *https://github.com/jez/vim-as-an-ide*。

vimspector

这是“Vim 的多语言图形化调试器”。其重点在于调试代码，而不是作为一款功能齐全的 IDE。参见 *https://github.com/puremourning/vimspector*。

C/C++ *IDE*

这些插件组合用于为 C 和 C++ 提供 IDE。你能够由此得到（下列内容摘自网页 [*https://github.com/kingofctrl/vim.cpp*]）：

- 自动下载 [原文如此] 最新版本的 libclang 并编译 YCM 需要的 ycm_core 库
- 一步到位的安装方式
- 提高启动时间的按需加载
- 语义化自动补全
- 语法检查
- C++11/14 的语法高亮
- 保留历史记录
- 即时预览 markdown 文件

下面是针对 Python 的：

Python-mode

下列内容摘自网页（*https://github.com/python-mode/python-mode*）：

该插件包含了在 Vim 中从事 Python 应用程序开发所需要的一切。

- 支持 Python 及 3.6+ 版本
- 语法高亮
- 支持虚拟环境
- 运行 Python 代码（`<leader>r`）
- 添加 / 删除断点（`<leader>b`）
- 改进的 Python 缩进
- Python 代码的移动和操作符（`]]`、`3[[`、`]]M`、`vaC`、`viM`、`daC`、`ciM`...）
- 改进的 Python 代码折叠

- 同时运行多个代码检查器（`:PymodeLint`）
- 自动修复 PEP8 错误（`:PymodeLintAuto`）
- 搜索 Python 文档（`<leader>K`）
- 代码重构
- IntelliSense 代码补全
- 跳转至定义（`<C-c>g`）

Vim and Python—A Match Made in Heaven

该页面（*https://realpython.com/vim-and-python-a-match-made-in-heaven*）来自 Real Python，按步骤给出了将 Vim 配置为 Python IDE 的操作说明。

Vim Upgrade 2017

该页面（*https://haridas.in/vim-upgrade-2017.html*）和上一个页面类似，提供了配置操作说明并推荐了一些可用于日常编程的插件。

Vim as a Python IDE

再次摘引（*https://rapphil.github.io/vim-python-ide*）：

> 这个项目旨在使 Vim 成为一款强大而完整的 Python IDE。为此，我们整理出了一系列在社区中广受好评的插件，并为其提供了自动安装程序。

该项目值得关注的地方在于你压根什么心都不用操。它负责检查、配置和构建出一个特定版本的 Vim，确保一切都能正常工作。如果你想使用 Vim 进行 Python 开发，并且可以接受其为你所做的配置选择，这可能是最简单的方法。

chenfjm's VimPlugins

这是 Vim 配置文件的集合，根据 24 个不同的插件构建了一个 IDE。它提供了简短的英文安装说明和中文教程。尽管如此，由于它使用了如此多的插件，可以作为一个很好的信息源，指出你可能希望研究的其他插件。参见 *https://github.com/chenfjm/VimPlugins*。

15.6 写代码固然不错，但如果我是一位作家呢？

除了软件开发，还有很多插件旨在帮助人们使用 Vim 从事写作。

Tomas Fernández 在其博文“Top 10 Vim Plugins for Writers”（*https://tomfern.com/posts/vim-for-writers*）中给出了一份很好的清单。我们在此直接引用作者给出的插件列表，同时附以描述和链接：

vim-pencil
: 这是我最爱的写作插件。Vim-pencil 带来了一大堆好东西，比如导航辅助、基于标点符号的更智能的撤销以及适当的软包装（参见 *https://github.com/reedes/vim-pencil*）。

vim-ditto
: ditto 会高亮显示段落中重复的单词，这正是我需要避免重复单词的工具（参见 *https://github.com/dbmrq/vim-ditto*）。

vim-goyo
: 与 Vim 的 Writeroom 相似，goyo 去除了所有令人分心的元素，比如模式行和行号（参见 *https://github.com/junegunn/goyo.vim*）。

vim-colors-pencil
: 一种优雅、低对比度的配色方案，适合写作（参见 *https://github.com/reedes/vim-colors-pencil*）。

vim-litecorrect
: litecorrect 会自动纠正常见的拼写错误，比如把“the”写成了“teh”（参见 *https://github.com/reedes/vim-litecorrect*）。

vim-lexical
: 结合了拼写检查器和词库。你可以使用 `]s`、`[s` 在拼写错误之间跳转，使用 `<leader> t` 快速查找同义词（参见 *https://github.com/reedes/vim-lexical*）。

vim-textobj-sentence
: 一个用于改善句子导航的插件。你可以使用 `(` 和 `)` 在句子之间跳转，使用 `dis` 切分一个句子。取决于 vim-textobj-user（*https://github.com/kana/vim-textobj-user*）（参见 *https://github.com/reedes/vim-textobj-sentence*）。

vim-textobj-quote
: 这个插件能够智能地创建“引号”，这样我就省事了（参见 *https://github.com/reedes/vim-textobj-quote*）。

ALE
: Asynchronous Lint Engine（异步 Lint 引擎）是一种多语言分析工具，不仅限于代码。ALE 支持多种样式检查器，其中包括 proselint（*http://proselint.com*）和

LanguageTool（*https://languagetool.org*）（参见 *https://github.com/dense-analysis/ale*）。

文章中提及的插件还有很多，值得通篇阅读。

15.7 小结

Vim Awesome 的伙计们说得没错：Vim 真的棒极了！本章只不过是触及了 Vim 插件世界的冰山一角。我们希望你搭建起自己的 IDE 并充分利用 Vim 的强大功能，普通的文本编辑器根本无法与之相比。

别忘了在探索所有可用的选项时，偶尔也休息一下。祝你好运！

第 16 章

无处不在的 vi

16.1 简介

我们已经介绍了许多使 vi 和 Vim 得以强大的特性。但 vi 不仅仅是一款编辑器，还是一种哲学。这是一种以不同方式思考单词的方法。它让我们将文本视为对象。一旦学会这些对象，就形成了一套与“指向并点击（point and click）”和“所见即所得（what you see is what you get，WYSIWYG）”截然不同的编辑方法。文本即对象（text-as-objects）是一种重要的抽象，非常受欢迎，其他工具也引入了这个概念，其中一些可能会让你眼前一亮。本章介绍了 vi 思维（vi-think）的一些常见实例和一些不太常见（但非常有用）的实例。

16.2 改善命令行体验

正如 vi 用户都属于高级用户一样，他们的“高超技艺”可以延伸到文本编辑之外。多年来，命令行工具（终端仿真器、DOS 窗口等）只提供了最基本的命令行编辑和历史。越来越多的开源成果给命令行环境带来了巨大的改进。vi 是许多命令行环境中比较流行的命令行历史管理的实现之一。

Unix 中的命令行被称为 *shell*。shell 有很多种，其中最流行的包括 sh（最初的

Bourne shell）、Bash（GNU Bourne-again shell）、csh（C shell）[注1]、ksh（Korn shell）和 zsh（Z shell）。

基本上所有的现代 shell 都提供了 vi 模式命令行编辑，我们马上就会看到。

16.3 共享多个 shell

在测试我们即将介绍的内容之前，强烈建议你严格遵循我们给出的操作。因为操作错误，我们丢失了一个包含近 8000 条历史命令的历史文件！

在下面的例子中，我们简要描述了启用命令历史编辑所需的选项，然后介绍如何使用 vi 击键在命令历史中导航。由于必须调用不同的 shell 来测试不同的选项，因此要多个 shell 实例，各自都有自己的"环境"，即每个 shell 特定的变量和行为。但是，一些 shell 对历史文件设置了默认值，当你启动或调用这类 shell 时，历史文件的现有定义不会改变。

例如，如果你日常使用 zsh，然后调用了另一个 shell（ksh），这样做不会更改历史文件变量（HISTFILE）[译注1]的值，而是在 zsh 的历史文件中尽职尽责地记录 ksh 的命令。退出 ksh 后，现有的 zsh 就摸不着头脑了，并且会启动一个损坏的历史文件！虽说这也算不上世界末日，但如果你想掌控历史，那就别让这种事情发生在自己身上！正确的做法如下：

1. 在主目录中，创建或编辑各个 shell 的启动文件：ksh（*.kshrc*）、Bash（*.bashrc*）、zsh（*.zshrc*）。确保不要覆盖现有文件。
2. 在每一个启动文件中，添加下列行或验证这些行的存在，以确保你不会丢失任何宝贵的历史数据：

```
# make BACKSPACE key do what it should do
stty sane
```

注 1：我们不打算讨论 csh，只是要提一下最初的 csh 和 vi 是由同一个人编写的：Bill Joy，当时他还是加州大学伯克利分校的研究生。我们还注意到几乎所有的 shell 都实现了 Bourne shell 语言，而 csh 则不同。

译注 1：该 shell 变量保存着命令历史文件的名称。在 Bash shell 中通常为 *~/.bash_history*。

```
# set command-line editing to vi mode.
set -o vi

# keep history files in a hidden folder please.
myhistorydir=${HOME}/.history
# make the directory, fail silently if it's already there
mkdir -p ${myhistorydir}

# save lots of commands. computer memory is cheap and reliable.
HISTSIZE=5000
HISTFILESIZE=5000
# save command history in this file. Note that we incorporate the shell's name
# into the file name. this prevents collisions and corrupt history
# files inadvertently assigned by different shells (it happens!)
HISTFILE=${myhistorydir}/.$(basename $0).history
```

这样做的最终结果是，每个 shell 的命令历史会基于 shell 名称被存储在一个单独的文件中。

16.4 readline 库

很多 GNU 和 GNU/Linux 工具都使用 `readline` 库进行交互式输入。`readline` 库允许 C（或 C++）程序读取用户输入，同时为输入行提供行编辑功能。

16.4.1 Bash shell

shell 命令行的交互式编辑（使用 Emacs 或 `vi` 命令）是由 Korn shell 于 20 世纪 80 年代首次引入的。GNU Bourne-again shell（Bash）也提供了相同的特性，不过是建立在独立的可重用库 `readline` 之上。

启用 `readline` 后，你会在终端中获得一个单命令“窗口”（one-command “window”），你可以在其中使用你喜欢的文本编辑器（Emacs 或 `vi`）的熟悉命令执行任何编辑操作。要启用行编辑，只需执行 `set -o emacs`（Emacs 模式）或 `set -o vi`（vi 模式）。我们当然更偏爱后者。通常，你可以将这些命令放入主目录的 *.bashrc* 文件中，以便始终设置所需的选项。

而且，`readline` 会保存你执行过的命令，你可以在命令历史中上下移动，重新调用并编辑先前的命令。例如，`k` 和 `j` 可以在命令历史中向上和向下移动。`h` 和 `l` 可以在当前行中水平移动。

除了常规的 vi 命令，readline 还在命令模式中提供了一些附加命令，执行有用的命令行扩展。如表 16-1 所示。

表 16-1：可在 shell 中使用的附加 vi 命令

命令	操作
#	在行首插入 #，将该行注释掉
=	使用指定前缀列出文件
*	使用指定前缀插入所有的文件扩展
TAB	使用现有前缀，在保持唯一性的同时尽可能多地扩展，例如，有数个 chapterXX 文件和前缀 ch，TAB 会将 ch 扩展为 chapter

Bash 命令行编辑

来看一个现实生活中的例子，我们其中一位作者通过探索多个 Unix 命令目录（*/bin*、*/usr/bin*、*/usr/local/bin* 等）中的命令自学 Unix。利用在 shell 提示符下编写复杂命令的能力，他现场写了一个脚本，轻松地使用 man 命令检查各种命令，代码如下所示。$ 是主提示符；> 辅助提示符，当 Bash 知道命令尚未结束时会显示：

```
$ cd /usr/bin
$ for man in a*
> do
>   printf "\n\n\n$man, look at man page? "
>   read yesno
>   if [ ${yesno:-yes} = "yes" ]
>   then
>     man $man
>   fi
>   printf "\n\nhit enter to continue "
>   read dummy
> done
```

该脚本为 */usr/bin* 中以字母 *a* 开头的每个文件运行一个问答循环。为了查看以其他字母开头的命令，作者使用 Bash 的 vi 编辑模式，输入 ESC K 编辑刚刚运行过的命令行，以便使用新字母再次执行。 在 Bash 中编辑单行命令很简单，但编辑多行命令时就有点混乱了。重新调取前一个命令，由于单行内容较多，因此以折行的形式出现在屏幕上：

```
$ for man in b*; do         printf "n\n\n$man, look at man page? ";
read yesno;         if [ ${yesno:-yes} = "yes" ]; then
```

```
man $man;          fi;        printf "\n\nhit enter to continue ";
read dummy; done
```

注意各行之间以shell分隔符;分隔,Bash保留了所有间隔。使用f;移至第一个分号处。使用;移至下一个分号处,使用,移至上一个分号处,尽管方式有点笨拙,但很容易定义到每一行进行编辑。

在本例中,作者希望将*a*改为*b*或其他字母。为此,他使用喜爱的vi命令将光标移至*a**,然后做出改动。命令行编辑配合已保存的大量命令历史,使他可以随时返回到该脚本并重新进行编辑。

Bash 的多行命令

Bash 有一个选项可以让编辑多行命令更加轻松:shopt -s lithist。该选项会使 Bash 将多行命令以多行形式保存在历史文件中,而不是用分号分隔符将多行压缩为一行。启用 lithist 之后,调出的命令如下所示:

```
$ for man in a*
do
  printf "\n\n\n$man, look at man page? "
  read yesno
  if [ ${yesno:-yes} = "yes" ]
  then
    man $man
  fi
  printf "\n\nhit enter to continue "
  read dummy
done
```

你仍然得使用水平移动命令在调出的文本中移动;j 和 k 是在命令历史中上下移动,而不是在调出的多行命令中移动。不过,你可以添加额外的按键绑定以在物理屏幕行之间的移动。执行此操作的 readline 命令是 next-screenline 和 previous-screen-line。[注2] 将命令放入你的 *.inputrc* 文件中即可;参见 16.4.3 节以及 *readline*(3) 手册页。

使用 Vim 编辑 Bash 命令

如果内建的编辑器不能满足你的需要,可以对要改动的命令调用你喜爱的编辑器,

注 2: 感谢 Bash 的维护者 Chet Ramey 提供了这个技巧。

只用输入 v 即可。这会将命令行的内容放入由环境变量 EDITOR 定义的编辑器中。我们自然希望该变量的值为 vi 或 Vim；不过，你可以选择自己喜爱的任意编辑器。

这里有一个暗藏的问题。当编辑器退出时，Bash 会立即执行编辑器缓冲区中的内容。假设你输入了下列命令：

```
$ rm -fr /
```

然后先后输入 ESC 和 v，打开了编辑器。如果你什么都不打算做，决定退出编辑器（:q 或 :q!），上述命令就会被执行，完蛋了！

退出 Vim 并避免这种副作用的一种安全方法是使用 :cq 命令退出。这告诉 Vim 以非 0 返回码退出。进而告诉 Bash 发生了错误，不应该执行命令。

这个特性让 Elbert 深受其害，他认为这足以成为其考虑 Z shell 的理由（见下文）。

16.4.2 其他程序

Bash 不是唯一使用 readline 的程序。如果 readline 在构建程序时可用，GDB（GNU debugger）会使用，GNU Awk（gawk）内建的 AWK 调试器也会使用。在大多数 GNU/Linux 系统中，交互式网络文件传输程序 ftp 同样会用到 readline。

将 readline 与 GDB 集成尤为实用，因为调试通常涉及输入重复的命令，能够方便地搜索和编辑先前的命令会使得调试过程变得不那么繁琐。例如，考虑跟踪链表中的一连串“next”指针。

16.4.3 .inputrc 文件

等等！还没完！

——几乎所有的深夜电视广告都是如此

你可以通过将命令放入 readline 的初始化文件来定制其行为。环境变量 INPUTRC 指向该文件。如果未设置 INPUTRC，readline 会在主目录查找文件 *.inputrc*。如果该文件不可用，readline 则转而读取 */etc/inputrc*。

readline(3) 手册页描述了初始化文件的格式和可能的内容。该库随着时间的推移而发

展变化，我们不打算在此提供全方位的描述。相反，这里给出了我们其中一位作者自己的 *.inputrc* 文件：

```
set editing-mode vi
set horizontal-scroll-mode On
control-h: backward-delete-char
set comment-begin #
set expand-tilde On
"\C-r": redraw-current-line
```

下面简要地解释每一行的作用：

`set editing-mode vi`

启用 `vi` 编辑模式。默认为 Emacs 模式。因此，即便是在 GDB、`ftp` 或其他使用了 `readline` 的程序中，你都可以使用各种 `vi` 命令。

`set horizontal-scroll-mode On`

这使得 `readline` 在屏幕上只显示单行。不再对内容较多的行进行换行处理，而是在右边的空白处使用 > 字符标记。向右移动超过 > 就会滚动该行。当该行的左边离开屏幕时，左边会用 < 字符标记。

`control-h: backward-delete-char`

这将导致 `^H`（通常由 BACKSPACE 键发送）删除字符。

`set comment-begin #`

在发出 # 命令（插入注释）时，`readline` 会插入一个 # 字符。对于 shell，这会注释掉当前行，但会将其插入历史记录，可供随后调取和编辑。这是 Bash 的默认设置，只不过我们作者的文件从 2002 年以来就没有改动过！

`set expand-tilde On`

这会使得 `readline` 在单词扩展时扩展波浪号。如果 `readline` 与不执行波浪号扩展的 shell（比如 rc shell）一起使用，那就很有用了。

`"\C-r": redraw-current-line`

使 CTRL-R 重绘当前行。如果系统输出与你的输入混杂在了一起，这就能派上用场了。[注 3]

注 3：对于 Emacs 用户，这通常是反向历史搜索组合键。`vi` 的反向搜索为 / （在按下 ESC 键启动历史搜索模式后）。

可查阅 readline 手册，其中列出了许多其他选项，包括一些在支持颜色的终端仿真器上使输出变为彩色的选项。

16.5 其他 Unix shell

最早拥有命令行编辑功能的 shell 是由贝尔实验室的 David Korn 开发的 Korn shell（ksh）。要想启用 vi 模式，可以使用 set -o vi（Bash 也借用了这种方法）。ksh 的编辑器并非基于 readline 库。[注4]

与此类似，Z shell（zsh）也有自己的 vi 命令行模式；zsh 与 ksh 和 Bash 有些不同，如果你习惯了后者，可能需要添加一些额外的按键绑定。下一节我们将详细讨论 Z shell。从好的方面来说，zsh 让你可以轻松地编辑多行命令。

最后，tcsh（Tenex csh）同样提供了 vi 模式，可以使用 bindkey -v 启用。因为我们都不是 tcsh 用户，所以也没什么好说的了。

16.5.1 Z shell（zsh）

如前所述，Z shell（*https://www.zsh.org*）有自己的命令行模式和强大的多行历史编辑器。 考虑先前的例子。下面说明了 zsh 的不同之处，这些差异通过专门的提示符提供了更清晰的视觉上下文：

```
{elhannah,/usr/bin} for man in a*
for> do
for>     printf "\n\n\n$man, look at man page? "
for>     if [ ${yesno:-yes} = "yes" ]
for if> then
for then>        man $man
for then> fi
for>     printf "\n\nhit enter to continue "
for>     read dummy
for> done
```

现在让我们来了解命令行编辑的真正区别！这里展示了 zsh 在输入 ESC K 后是如何在编辑模式下呈现多行命令的：

注 4： Korn shell 仍然可用（*https://github.com/ksh93/ksh*）且正在更新。

```
{elhannah,/usr/bin} for man in a*
do
        printf "\n\n\n$man, look at man page? "
        if [ ${yesno:-yes} = "yes" ]
then
        man $man
fi
        printf "\n\nhit enter to continue "
        read dummy
done
```

你现在拥有了一个迷你版的 vi 会话，可以进行更为准确的编辑。

尽管这个迷你会话可以让你使用 o 和 O 插入（“打开”）新代码行，但要注意，你必须使用 ESC 结束插入的行。如果你按 ENTER，zsh 会立即执行整个文本块。

16.5.2 保存尽可能多的历史

现在你应该已经体会到了命令行历史和编辑功能的价值。在 16.3 节中，我们展示过如何“保存你的工作成果”，当时定义了 *history* 变量（与保存的命令数量有关）：

```
HISTSIZE=5000
HISTFILESIZE=5000
HISTFILE=${myhistorydir}/.$(basename $0).history
```

把你的对话、你在喜欢的 shell 中发出的命令历史视为一个大文件。现在，你的命令行历史就成了一个动态文档（living document），具有命令行编辑的额外优势，可以快速而强大地检索很久以前执行过的命令。HISTSIZE 的值越大，shell 的记性就越好。

现代计算机拥有丰富的内存和磁盘存储空间，不用再像以前那样小心翼翼地控制历史文件大小。我们选择了 5000 作为一个恰当的折中点，这个数字可提供以年为单位的可搜索命令历史。

下面的例子说明了强大的命令行历史记录和编辑如何利用“我们以前做过的事情”。我们其中一位作者偶尔会处理图形和视频。然而，他经常要忙于其他项目，连续数日、数周甚至是数月都不碰任何视频 / 图形应用程序或命令。但即便是只记得部分命令片段，或是核心应用程序或实用工具的名称，他也能很容易找到旧例子来唤回自己对使用方法的记忆，同时还能获得可编辑的命令，立即提高工作效率。例如，这位作者大量使用了 ffmpeg 命令，该命令有很多选项和参数组合。 只需通过搜索（ESC /ffmpeg ENTER）并使用 n 或 N 进行迭代，就可以轻松检索并编辑所有保存过的 ffmpeg 命令。

16.5.3 命令行编辑：最后的一些想法

当你开始使用 vi 模式的命令行编辑时，牢记这样一个概念：命令历史就像一个可编辑的文件。先前的命令就在你的指尖上（没错，就在主按键！）。利用这一点，通过检索以前的命令来提高你对应用程序的掌握程度（“这个命令的语法是什么来着？”）。把保存的命令数量设置多些！让你的计算机来做这些工作。我们已经教给你了一套入门方法。你现在要做的就是研究手册页，查找命令历史相关的设置（有很多）。

记住，在 shell 中输入的所有内容都会被解释为正在输入的脚本。知道了这一点，就可以对 shell 的一些行为加以利用。例如，# 符号之后（包括 #）的任何内容均作为注释且不会被执行。你可以为那些想要轻松记住的命令加入巧妙的注释，提供了另一种查找旧命令的方法。尽管这是一种糟糕的安全实践，但我们其中一位作者在更改计算机密码时经常将 #system name passwd 附加到 echo 命令。然后他就可以方便地在命令历史中找到最近的密码。

16.6 Windows PowerShell

PowerShell 是 Microsoft 的面向对象命令行环境。它提供了一种快速强大的自动化方式，放弃了往往显得繁琐的 GUI 导航。这种观感不禁令人联想起 Unix shells，其面向对象的特性将 Unix 的“一切皆是文本”的哲学扩展为“一切皆是对象”。PowerShell 的命令行解析对于任何 MS-DOS command.com/cmd.exe 控制台的用户都不会陌生，它同时还内置了一些智能感知功能。然而，对我们来说，这还不够！幸运的是，你可以使用 vi 命令在 PowerShell 控制台中导航。在 PowerShell 提示符下，只需输入命令：

```
Set-PSReadlineOption -EditMode vi
```

要想使该设置持久化，你必须将上述命令添加到 PowerShell 的配置文件中。由于 PowerShell 至少有 6 个不同的配置文件，所以我们将选择文件的工作留给读者。

16.7 开发者工具

开发者要使用大量的开发工具，并且必须经常学习新工具，以便跟上技术的发展。对于熟悉 `vi` 和 Vim 的开发者来说，在开发工具中加入 `vi` 功能可以让他们更快地得心应手。

在本节中，我们将介绍具有 vi 功能的调试工具以及用于两个版本的 Microsoft Visual Studio© IDE 的 Vim 插件。

16.7.1 Clewn GDB 驱动程序

> Clewn 在 vim 编辑器中实现了完整的 gdb 支持：断点、监视变量、gdb 命令补全、汇编窗口等。
>
> [...]
>
> Clewn 是一个通过 netBeans 套接字接口控制 vim 的程序，它与 vim 同时运行并与 vim 通信。Clewn 只能与 gvim（vim 的图形化实现）一起使用，因为终端版本的 vim 不支持 netBeans。
>
> —— Clewn 项目主页（*http://clewn.sourceforge.net*）

Clewn 是一个值得注意的程序。它允许你在 GDB 中调试时使用 Vim 来查看源代码。Clewn 通过 NetBeans 接口控制 Vim。[注 5]

要使用 Clewn，可以在终端窗口中启动它。Clewn 会用 `(gdb)` 作为提示符，并使 `gvim` 打开另一个窗口来显示你的源代码。如图 16-1 所示。

遗憾的是，Clewn 已经无人维护了。不过，我们其中一位作者还在经常使用，继续“开箱即用式（out of the box）”地编译，在当前的 GNU/Linux 系统上工作得很好。

Clewn 项目主页位于 *http://clewn.sourceforge.net*。其源代码包含在本书的 GitHub 仓库中（*https://www.github.com/learningvi/vi-files*）。更多信息参见 C.1 节。

注 5： NetBeans（*https://netbeans.org*）是一款开源 IDE，可用于 Java、JavaScript、HTML5、PHP、C/C++ 等其他语言。Vim 的 NetBeans 接口允许其作为 NetBeans 内的编辑器。

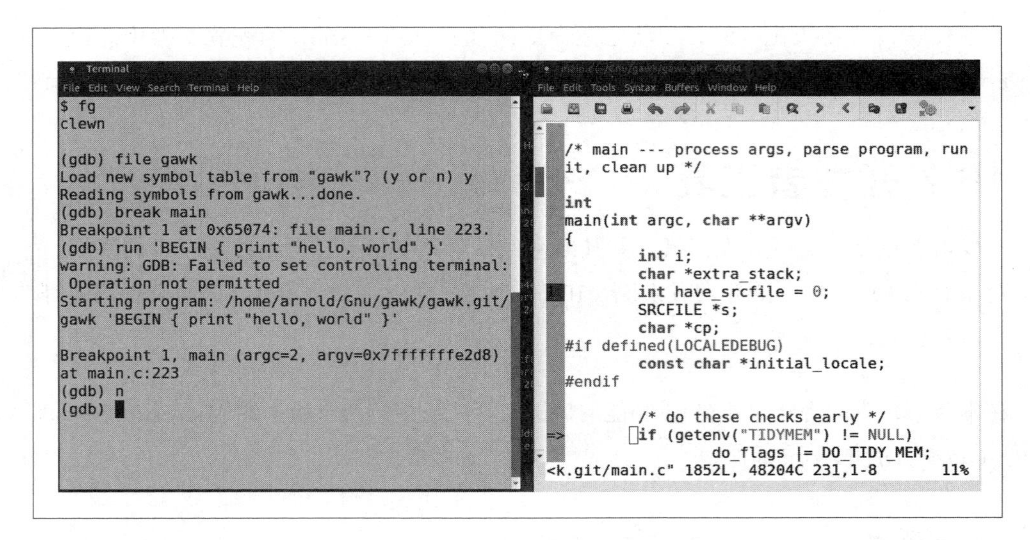

图 16-1：运行 Clewn

16.7.2 CGDB：Curses GDB

> CGDB 是 GNU 调试器的一个超轻量级的控制台前端。它提供了分屏界面，下方显示 GDB 会话，上方显示程序源代码。该界面模仿了 vim，所以 vim 用户在使用的时候应该会感觉很熟悉。
>
> —— CGDB GitHub 页面（*https://github.com/cgdb/cgdb*）

调试似乎成了这里主题。这也许并不奇怪，因为 `vi` 和 Vim 首先是程序员的编辑器，因此当一款软件开发工具提供了类似于 Vim 的界面时，自然也就更容易被接受了。

你可以在终端仿真器窗口中使用 CGDB。CGDB 会拆分屏幕，在下方窗口中显示（`(gdb)`）命令提示符，在上方窗口中显示你的源代码。最棒的是源代码采用不同的颜色高亮显示语法。如图 16-2 所示。

你可以使用 `i` 从命令窗口跳转到源代码窗口，按 ESC 可返回到命令窗口。在源代码窗口中，可以使用 Vim 搜索命令（包括正则表达式）前后移动。

CGDB 附带了一份完整的 Texinfo 手册，解释了其用法。它为 Clewn 提供了一个不错的替代方案，并且比 GDB 内建的文本用户界面（`gdb -tui`）要好得多。

CGDB 项目的主页位于 *https://github.com/cgdb/cgdb*。去看看吧！

```
Terminal
File  Edit  View  Search  Terminal  Help
1521  static void
1522  parse_args(int argc, char **argv)
1523  {
1524          /*
1525           * The + on the front tells GNU getopt not to rea
1526           */
1527  ------> const char *optlist = "+F:f:v:W;bcCd::D::e:E:ghi:
1528          int old_optind;
1529          int c;
1530          char *scan;
1531          char *src;
1532
/home/arnold/Gnu/gawk/gawk.git/main.c
Type "apropos word" to search for commands related to "word"...
Reading symbols from gawk...done.
(gdb) break parse_args
Breakpoint 1 at 0x67cd8: file main.c, line 1527.
(gdb) run 'BEGIN { print "hello, world" }'
Starting program: /home/arnold/Gnu/gawk/gawk.git/gawk 'BEGIN {
print "hello, world" }'

Breakpoint 1, parse_args (argc=2, argv=0x7fffffffe2f8) at main.
c:1527
(gdb)
```

图 16-2：运行 CGDB

16.7.3 用于 Visual Studio 的 Vim

Microsoft 的 Visual Studio 可能是全世界使用最为广泛的 IDE。它可以通过插件（也称为扩展）拓展自身功能。

VsVim（*https://github.com/VsVim/VsVim*）是一个开源扩展，提供了可在 Visual Studio 中使用的 Vim 仿真器。在撰写本书之时，VsVim 支持 Visual Studio 2017 和 2019，该项目正处于积极开发和维护中。

如果你必须使用 Visual Studio，但又喜欢 Vim 的编辑方式，不妨试试 VsVim。

16.7.4 用于 Visual Studio Code 的 Vim

我们对用于 Visual Studio 和 Microsoft Visual Studio Code 的 Vim 插件分别展开了讨论。原因在于两者并不一样，尽管经常被混为一谈。因此，对应的插件也不相同。

Visual Studio Code：简介

Visual Studio Code 是 Microsoft 的旗舰级 IDE（Visual Studio）的轻量级版本，通常被称为 *VS Code*。和它的付费商业版老大哥一样，VS Code 是一个强大的开发和项目管理集成生态系统。虽然提供了许多与 Visual Studio 相同的功能，但其不同之处使得 Vim 插件也不尽相同。这基本上算不上什么问题，因为在两者中添加 Vim 插件都很简单。

显然，要做的第一件事是下载并安装（*https://code.visualstudio.com*）VS Code。安装过程容易得很。

VS Code 扩展

VS Code 的附加组件也可以称为扩展或插件。获得 VS Code 功能最快捷的方法是学会使用通用的“执行此操作（do this）”命令。只需在 Microsoft Windows 和 GNU/Linux 中输入命令 CTRL SHIFT-P，在 MacOS 中输入 COMMAND SHIFT-P。（有趣的是，F1 也可以在这三种操作系统中实现相同的功能。）然后输入“install extensions”，VS Code 将显示一个下拉选择列表。如图 16-3 所示。

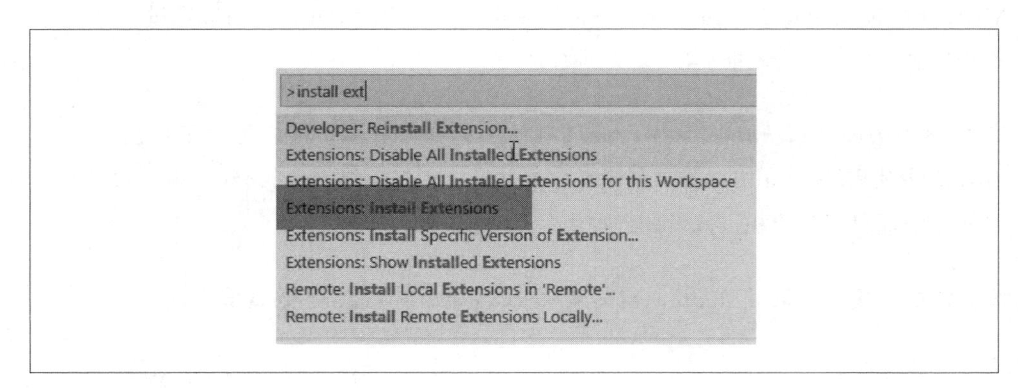

图 16-3：VS Code 的“执行此操作”窗口

VS Code 会显示一个垂直的左侧窗口，在其中列出已安装的扩展，并提供对任何已安装扩展以及（庞大的）插件生态系统中可用扩展的搜索。在搜索框中输入“vim”，你应该会看到类似图 16-4 所示的内容。

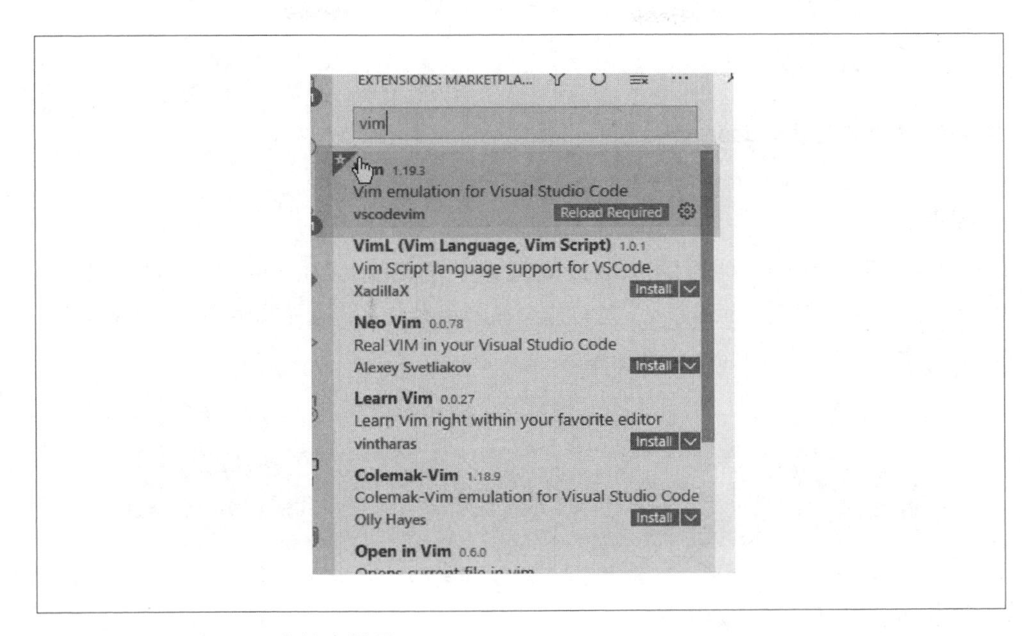

图 16-4：在 VS Code 中搜索扩展

高亮条目 `vscodevim` 就是我们要选用的插件。单击“Install”按钮，会出现如图 16-5 所示的对话框。

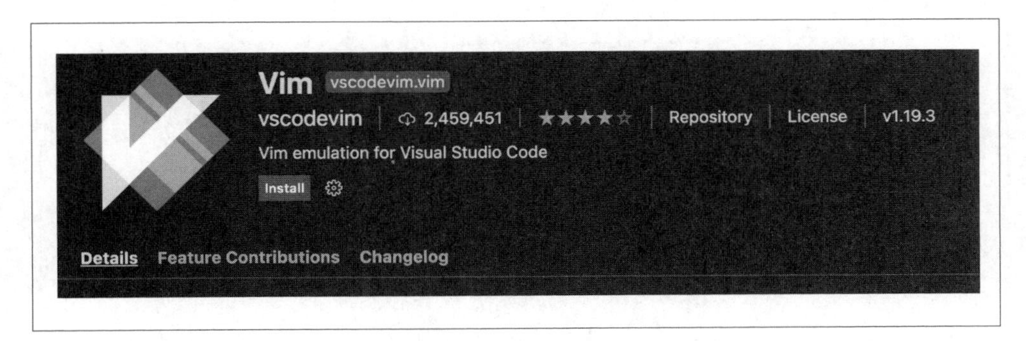

图 16-5：安装 vscodevim

无论什么时候你想禁用或卸载某个扩展，按照刚才介绍的方法找到该扩展。这会显示如图 16-6 所示的对话框。单击“Disable”或“Uninstall”。

图 16-6：禁止或卸载 vscodevim

vscodevim 设置

要想查看`vscodevim`扩展的可用设置，可以使用 VS Code 的通用命令 CTRL SHIFT-P，然后搜索“settings”。这可能会显示很多结果，选择其中的“Preferences: Open **Settings** (UI)”。如图 16-7 所示。

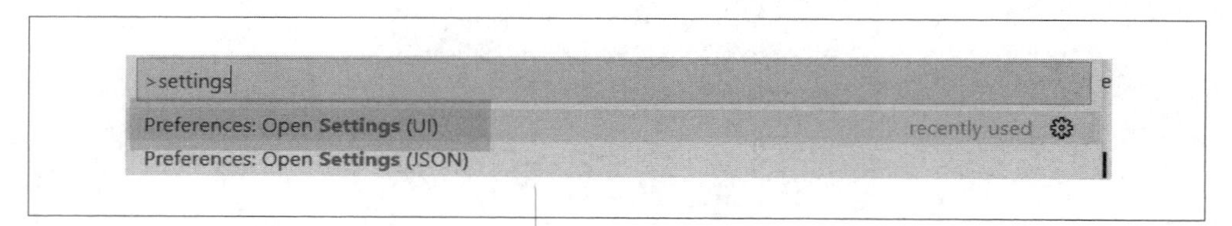

图 16-7：在 VS Code 中搜索设置

在 *setting* 对话框中搜索，你会看到将近 100 项与`vim`相关的设置，如图 16-8 所示。

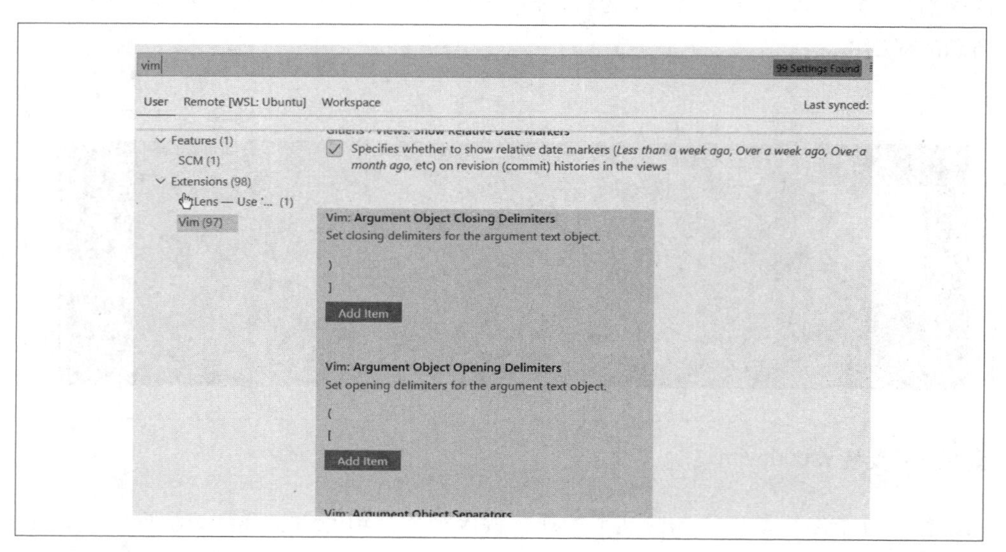

图 16-8：VS Code 的 Vim 设置

我们把偏好设置留给你来管理。注意，许多设置只是提供了一个打开 VS Code 的 JSON 设置文件的链接。遗憾的是，一些常见的 Vim 设置要求你必须习惯于编辑这个文件。

例如，在 14.1.1 节中，我们为了简化退出 Vim，将 vi 命令 q 和 Q 分别映射为 `:q^M` 和 `:q!^M`（“退出 Vim”和“真的退出 Vim”）。注 6 在 VS Code 扩展设置中无法完成此操作。下面是创建映射的 JSON 代码块：

```
"vim.normalModeKeyBindingsNonRecursive": [
        {
            "before": ["q"],
            "commands": [":q"]
        },
        {
            "before": ["Q"],
            "commands": [":q!"]
        },
        {
            "before": ["ctrl+v"],
            "commands": ["Ctrl+Shift+G"]
        }
    ],
```

由于此操作发生在 VS Code 中，因此 IntelliSense 对于补全 *vim.XX* 非常有用，其中 *XX* 是已生效的 `vscodevim` 设置。注意，在前面的示例中，我们使用 `"NonRecursive"` 版本的 `normalModeKeyBindings` 来阻止 `q` 被解释为需要再次映射。这是 Vim 按键映射中众所周知的常用技术，通过在 `map` 命令之前添加 `noremap` 来定义。（有关 vi 命令映射的更完整讨论，参见 7.3.2 节。）

Vim 不仅限于 VS Code

我们选择 VS Code 来讨论 IDE 的 Vim 插件。随着 Microsoft 积极关注其开发和演变，VS Code 如今已经是风头火热。

然而，VS Code 只是众多 IDE 中的一种，几乎所有的 IDE 都提供了自己的 Vim 仿真编辑，或者有现成的类 Vim 插件。我们已经在 NetBeans、Eclipse、PyCharm 和

注 6： 记住，`^M` 是 Vim 显示回车的方式，可通过 CTRL-V CTRL-M 输入。参见 7.3.2 节。

JetBrains 中使用并验证了 Vim 插件或仿真功能。其他的还有很多，我们就不一一列举了。你的 IDE 可能就有 Vim 插件。

16.8 Unix 实用工具

vi 抽象隐藏在很多 Unix/Linux 使用工具中，这一点你可能并未意识到。下面给出了一些这样的实用工具以及 vi 命令如何在不进行编辑操作时提高你的效率。

16.8.1 more 还是 less？

more 是最初的基于屏幕的分页器（pager）：一种旨在一次呈现一屏数据的程序。它是作为 BSD Unix 的一部分开发的，与最初的 vi 处于同一时间段。除了显示文件内容外，如果不指定任何文件，more 会读取标准输入，这使其很方便作为管道末端使用。

在 more 成为标准之后的一段时间，less，其名称是 more 的双关语，作为另一个增强版的分页器出现了。如今，两者在现代系统中都可以使用。

我们认为（讽刺的是），more 实际上是少（less），less 反而更多（more）。more 是一个传统的 Unix 工具，具有基本的分页和交互功能，而 less 基本上是一个流编辑器。尽管缺少真正的编辑功能，但 less 提供了类似于 Vim 的强大导航。

我们其中一位作者，总是在他自己的计算机上（GNU/Linux）将 more 改名为 more_or_less，将 */usr/bin/less* 链接到 */usr/bin/more*（使所有的 more 都变成了 less）。

如果你没有管理权限，或是使用共享系统，其他人有可能会反对你的做法，那么可以用别名来实现同样的效果。将下列命令添加到你个人的 *.bashrc* 文件中：

```
alias 'more=less'
```

我们的一位技术审阅人警告说，重命名 more 并将 less 链接到 more，会导致意外行为和混乱，可能会影响 more 原有行为的脚本和安装程序的执行。我们对此表示同意，这个建议值得注意。你在做这些修改的时候要谨慎。

作为记录，从 less 命令出现以来，我们对安装过的所有 GNU/Linux 系统都做了上述修改，从未发现对系统造成过任何不利影响。不过，你的具体情况可能会有所不同。

另一种使用 less 代替 more 的方法（至少在大部分时候）是在你的 *.bashrc* 文件中设置 PAGER 环境变量：

```
export PAGER=less
```

这样一来，“说得越少就越好（the less said, the better）”。以下是 less 与 Vim 类似的特性：

b，d

上翻或下翻一页（在 more 中不可用）。

gg，G

跳转到输入文件或流的开头或结尾（在 more 中不可用）。

/pattern，*?pattern*，*n*，N

向前或向后搜索 *pattern*，在相同或相反方向查找下一处匹配。

v

使用 EDITOR 环境变量定义的编辑器打开当前文件。仅适用于文件，不适用于标准输入。

配置 less 的显示

less 有一个比较晦涩的功能是能够配置如何显示文本。对于大多数用途来说，这并不重要，但现在我们使用 less 代替 more，下列命令将实实在在地改善手册页的显示方式。在执行命令前后不妨浏览一些手册页（例如，man man），感受一下视觉效果：

```
# variables and dynamic settings to improve less
export LESS="-ces -r -i -a -PM"
# Green:
export LESS_TERMCAP_mb=$(tput bold; tput setaf 2)
# Cyan:
export LESS_TERMCAP_md=$(tput bold; tput setaf 6)
export LESS_TERMCAP_me=$(tput sgr0)
# Yellow on blue:
export LESS_TERMCAP_so=$(tput bold; tput setaf 3; tput setab 4)
export LESS_TERMCAP_se=$(tput rmso; tput sgr0)
# White:
export LESS_TERMCAP_us=$(tput smul; tput bold; tput setaf 7)
export LESS_TERMCAP_ue=$(tput rmul; tput sgr0)
```

```
export LESS_TERMCAP_mr=$(tput rev)
export LESS_TERMCAP_mh=$(tput dim)
export LESS_TERMCAP_ZN=$(tput ssubm)
export LESS_TERMCAP_ZV=$(tput rsubm)
export LESS_TERMCAP_ZO=$(tput ssupm)
export LESS_TERMCAP_ZW=$(tput rsupm)
```

该文件可以在本书的 GitHub 仓库中找到（*https://www.github.com/learning-vi/vi-files*）。更多信息参见 C.1 节。

其他更多的特性我们留给你来探索。提示：在 `less` 提示符处输入 `h` 可以显示帮助信息。

16.8.2 screen

`screen` 是一个终端会话复用器，可以在单个终端窗口内提供多个可同时工作的会话。如今，终端仿真器均支持跨选项卡式多会话，那么 `screen` 还有什么存在的意义呢？我们将在介绍过 `screen` 的用法，尤其是展示了一个有用的配置文件示例之后回答这个问题。所以请耐心点。

`screen` 为会话提供了可靠的终端行为，因此需要你使用特殊的前缀来激活其命令和功能。默认值前缀为 CTRL-A。例如，要显示大多数可用的 `screen` 命令的摘要，对应的 `screen` 命令是 ?。因此，你必须输入 CTRL-A ? 才能显示命令摘要。在练习 `screen` 的时候别忘了这一点。

下面的描述假定使用的是 GNU/Linux 或 Unix 系统，且 `screen` 在系统中可用。可以在 shell 提示符处使用 `type` 命令验证 `screen` 是否可用：

```
$ type screen
```

如果得到 `screen is /usr/bin/screen` 这样的响应，说明没有问题。如果没有得到响应，使用软件包管理器安装 `screen` 即可。如果你想（或者需要）从源代码构建 `screen`，可以访问 *https://www.gnu.org/software/screen*。

screen 入门

和很多 Unix 程序一样，`screen` 读取可选的用户配置文件来设置选项和定义会话。`screen` 的配置文件 *.screenrc* 位于用户主目录中。为了后续的讨论，你可以从本书的

GitHub 仓库（*https://www.github.com/learning-vi/vi-files*）复制一份 *.screenrc* 文件，或是自己创建该文件并将下列内容放入其中：

```
startup_message off
defscrollback 20000

# Help screen, key bindings:
bindkey -k k9 exec sed -n '/^# Help/s/^/^M/p;/^# F[1-9]/p' $HOME/.screenrc
# F2 : list windows:
bindkey -k k2 windowlist
# F3 : detach screen (retains active sessions -- can reconnect later):
bindkey -k k3 detach
# F10: previous window (e.g., window 4 -> window 3):
bindkey -k k; prev
# F11: next window (e.g., window 2 -> window 3):
bindkey -k F1 next
# F12: kill all windows and quit screen (you will be prompted):
bindkey -k F2 quit
screen -t "edits for chapter 1"
screen -t "manage screen captures"
screen -t "manage todos"
screen -t "email and messages"
screen -t "git status and commits"
screen -t "system status"
screen -t "remote login to NAS" ssh 10.0.0.999
screen -t "solitaire"

select 1
```

现在启动 screen：

```
$ screen
```

你应该会看到一个外观正常的会话，即窗口中的命令提示符。上述代码块中的最后一行 select 1 告诉 screen 在第一个窗口或会话中（定义为“edits for chapter 1”）开始交互。screen 的美妙之处在于你处于某个会话中（这是配置文件中定义的 8 个会话之一），各个会话之间完全独立。

screen 有很多选择会话并在会话之间导航的方法。我们打算演示类似于 vi 的导航方法。

screen 的大多数操作都是单字符命令。这些单字符命令均以 screen 的命令前导字符开头，默认情况下为CTRL-A。

screen 菜单

screen 的双引号（"）命令会显示出可用的会话，别忘了先前提醒过的，你得使用CTRL-A "才能显示出会话列表。结果类似于图 16-9 所示。

```
~/.git/learning-the-vi-and-vim-editors-8e — screen ▸ zsh — ttys001
Num Name

  0 edits for chapter 1
  1 manage screen captures
  2 manage todos
  3 email and messages
  4 git status and commits
  5 system status
  7 solitaire
```

图 16-9：screen 中的可用会话

尽管非常基础，但你可以使用 vi 的向上和向下命令（k 和 j）选择某个会话。vi 在这里的发挥空间不大，不过在此环境中也确实没有什么用武之地。关键在于移动方法以及 screen 开发者选择了 vi。

在会话输出中导航

screen 会话本身有很多 vi 交互。screen 缓冲会话期间的文本，你可以通过输入CTRL-A ESC，使用 vi 命令浏览这些保存的文本。默认情况下，screen 只保存大约 100 行文本。在我们先前提供的配置中你可以看到，我们将默认值更改为 20 000。这在现代系统上更加合理。务必确保你设置了该项。100 行的缓存文本实在不够看。

每个会话有单独维护的缓冲区。因此，你除了可以搜索、编辑、重新执行的命令行历史，还可以使用和 vi 类似的方式访问命令和命令输出！

只要有 vi 的基础知识，就知道如何搜索 screen 缓冲区。输入CTRL-A ESC之后，就可以使用移动命令搜索缓冲区（向上一行是 k，向下一行是 j，向上滚动一屏是

^B，向下滚动一屏是 ^F 等）。和你预想的一样，向前搜索以 / 起始，向后搜索以 ? 起始。注意，使用 ? 从缓冲区底部进行第一次搜索时，前向搜索将一无所获，因为你已经到底了。要获得 screen 的类 vi 操作的更多信息，参阅 screen 的手册页并搜索“vi-like”。如图 16-10 所示。

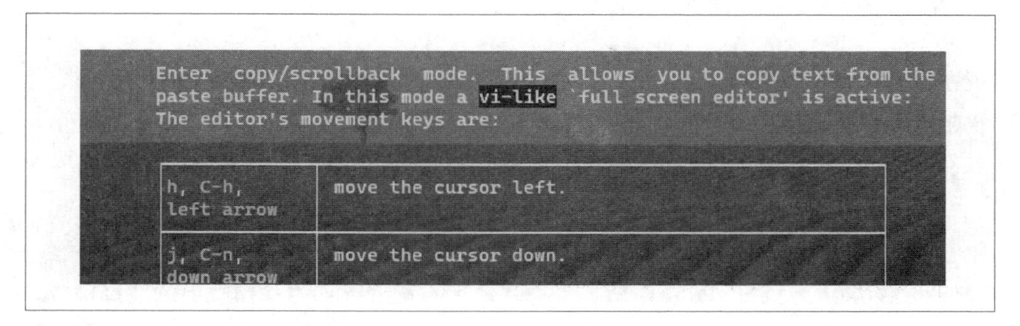

图 16-10：screen 的 vi 操作说明

使用 screen 及其类似 vi 的缓冲区导航，你就能访问到你可能认为已经丢失的信息。我们经历过不止一次。

利用 screen 的按键绑定

在先前展示的 *.screenrc* 示例代码中，有几行和定义终端会话无关。那些是我们推荐使用的按键绑定。例如：

```
# F2 : list windows
bindkey -k k2 windowlist
```

该行将功能键 2（k2 代表 F2）与命令 windowlist 绑定，后者在 screen 会话内通常使用 CTRL-A " 调用。对于你可能会一直使用的操作，比如查看正在运行的 screen 会话列表，这是一种更直观的便捷方式。

在我们的示例配置中还包括其他映射：

F3

　完全脱离（detach）screen 会话。

F10

　从当前会话开始，移至数值小 1 的会话（例如，如果当前会话为 4，则移至会话 3）。

F11

这是对 F10 的补充：移至下一个可用会话。

F12

杀死所有会话并退出 screen。你可能不会经常用到该操作，但如果你想用的时候，有一个现成的功能键自然是件好事。

现在你已经知道如何很好地将按键映射到常见的或有意思的 screen 命令，但该怎么样跟踪或记住所映射过的内容呢？关于这一点，来看 F9 的绑定：

```
# Help screen, key bindings:
bindkey -k k9 exec sed -n '/^# Help/s/^/^M/p;/^# F[1-9]/p' $HOME/.screenrc
```

我们将 F9 绑定为执行 sed 流编辑器。它提取所有配置文件中按键映射的注释部分，并在命令行提示符处显示。就像在 shell 中一样，# 符号之后（包括 #）的所有内容都是注释。按 F9 后的输出如下所示：

```
$                                            F9 pressed
# Help screen, key bindings
# F2 : list windows
# F3 : detach screen (retains active sessions -- can reconnect later)
# F10: previous window (e.g., window 4 -> window 3)
# F11: next window (e.g., window 2 -> window 3)
# F12: kill all windows and quit screen (you will be prompted)
```

我们之所以选择 F9，原因在于某些终端仿真器将 F1 保留用作自身的帮助功能。

screen 的优秀之处

我们先前曾提出过一个问题：“如今，终端仿真器均支持跨选项卡式多会话，那么 screen 还有什么存在的意义呢？”

答案是“你可以离开会话，然后再返回原会话”。会话被维持并保持活跃。我们先前将 F3 定义为脱离 screen。试一下。你会返回到进入 screen 之前的命令行提示符和 shell。再按 F2，你会发现没有效果，因为你此刻并未处于 screen 会话中。

你可以使用 screen 的 list 命令找出可以附着（attach）到哪些 screen 会话：

```
$ screen -list
There is a screen on:
```

```
        8491.pts-0.office-win10 (04/06/21 18:58:39) (Detached)
1 Socket in /run/screen/S-elhannah.
```

使用附着选项重新附着到 screen 会话并恢复先前的工作。输入会话 ID：

```
$ screen -Ar 8491
```

你现在又回到了 screen 会话中。关闭正在运行 screen 的窗口也没事，这被认为是“脱离”，你可以像刚才描述的那样重新附着。我们利用该功能在 screen 中维持了多个会话（通常在 5 个到 8 个之间），在不同的远程登录中脱离和重新附着，使这些会话一次保持三个月以上的活跃状态！

16.9 还有……浏览器！

在许多方面，Internet 浏览器自问世之日起就一直在追赶技术的步伐。浏览器刚出现的时候还很粗糙（按照今天的标准），显示的是需要点击的链接和其他信息。只具备基本的图形功能，也无法打印，各种标准的大杂烩造成了不一致且欠佳的用户体验。

值得庆幸的是，如今标准已经成熟统一，图形功能和呈现方式变得强大、兼容和可移植（大多数情况下），各种浏览器之间也已一致，普通用户都能上手使用。最近，第三方提供了将 Vim 抽象引入浏览器体验的扩展。

我们将展示两个喜欢的 Chrome 扩展：Wasavi 和 Vimium，前者是用于在浏览器中编辑文本字段（例如，填写客户反馈表中的文本区域）的 Vim 实现，后者是一种使用类 Vim 抽象来导航网页、书签、URL 和搜索的方法。这两个扩展都能够显著提高浏览效率。

这些例子适用于 Chrome，这意味着其可用于任何基于 Chromium 的浏览器。这对 Microsoft Edge 用户来说是个好消息，因为 Microsoft Edge 与 Chrome 扩展兼容。

16.9.1 Wasavi

Wasavi（*https://chrome.google.com/webstore/detail/wasavi/dgogifpkoilgiofhhhodbodcfgomelhe*）是 Chrome 的一款开源插件。其源代码可以在 GitHub 上找到（*https://github.com/akahuku/wasavi*）。

让我们来看一下。图 16-11 展示了一个文本小部件，其中包含需要被移动的行。

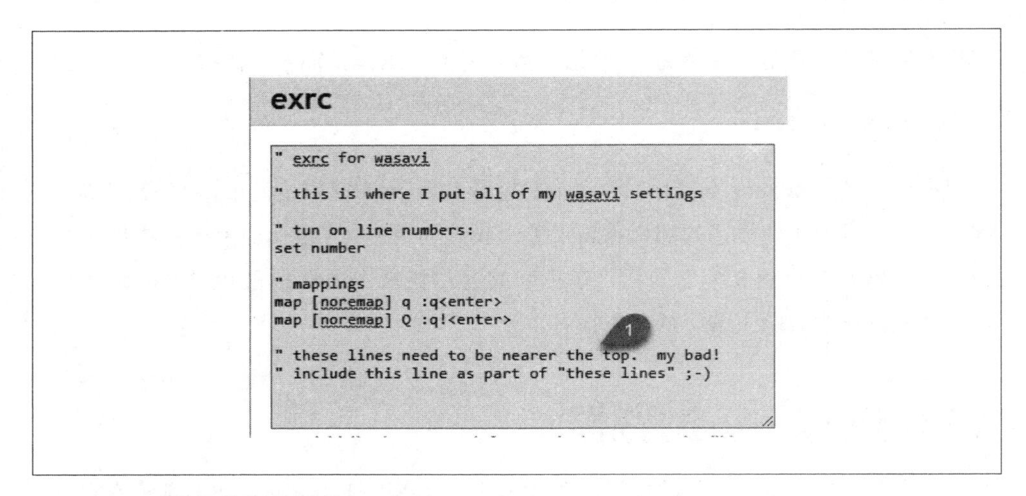

图 16-11：待编辑的浏览器文本小部件

要被移动到文本小部件中其他位置的行。让我们使用 Wasavi 以 vi 方式进行操作。

图 16-12 展示了相同的文本小部件，但使用的是 Wasavi。

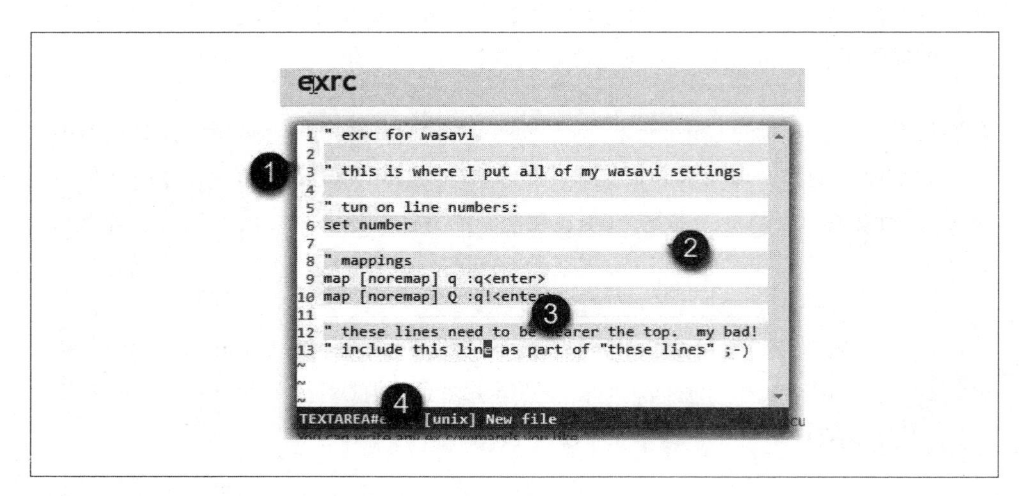

图 16-12：使用 Wasavi 编辑的浏览器文本小部件

1. 编号的行给了一个我们在 vi 中的视觉提示。
2. 交替的阴影背景给了我们另一个视觉提示。

3. 我们可以使用 vi 命令移动这些行。

4. Wasavi 的 vi 状态栏！

最后，图 16-13 展示了经过我们重新排列内容之后的相同文本小部件。

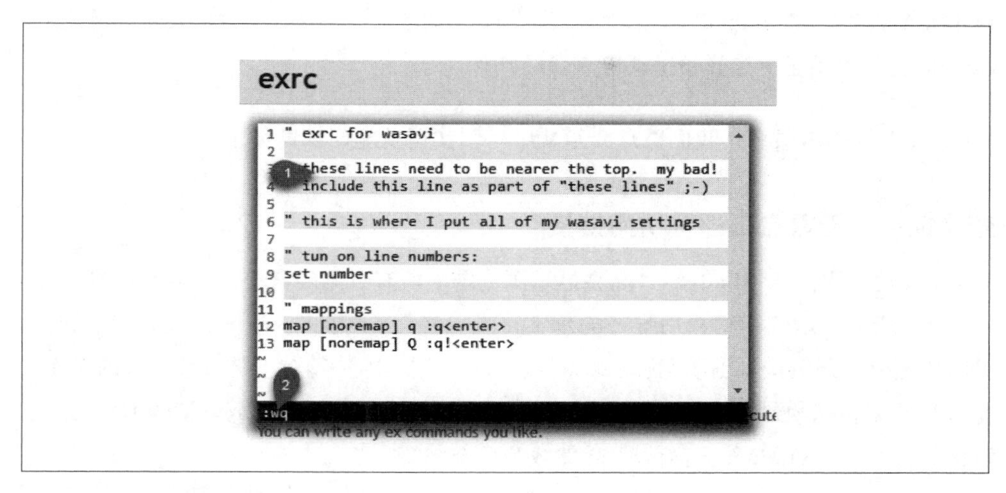

图 16-13：编辑之后的文本小部件

1. 简单的几个 vi 步骤就够了：11G、3dd、gg、p。（11G 转至第 11 行；3dd 删除我们要移动的 3 行；gg 转至文件顶部；p 将刚才删除的 3 行放置于新的位置。）

2. 保存“文件”。

16.9.2 Vim + Chromium = Vimium

Vimium 是一款提供了与 Vim 类似体验的 Chrome 扩展。你可以在其主页（*https://chrome.google.com/webstore/detail/vimium/dbepggeogbaibhgnhhndojpepiihcmeb?hl=en*）了解该扩展的相关信息。它也有可用于其他浏览器（例如，Firefox 和 Safari）的其他形式。

Vimium 让你以一种类似 vi 的方式浏览 Internet。当然，由于浏览器并非编辑器，所以 Vim 命令与 Vimium 操作之间自然没有一对一的对应关系。然而，如果你熟悉并适应了 Vim，学习起来很容易，而且 Vim 那一套也是有意义的（大部分情况下）。和 Vim 非常相似，Vimium 将浏览器的使用体验从“通过鼠标指向并点击”转变为熟悉的“用键盘搞定一切”。我们发现 Vimium 是上网时的必备工具。

将 Vimium 放在手边

我们推荐将 Vimium 固定在 Chrome 扩展列表中，也就是说，使其保持在可视范围内。这提供了一种视觉提示，指明 Vimium 是否处于活动状态。如果由于某些偶然出现的不良行为，需要暂时关闭 Vimium，也可以将其用作切换开关。Vimium 很少需要打开，对于大多数关闭 Vimium 的网站，并不是没有原因的 —— 例如，在 Google Mail 上，Google 已经提供了一整套按键映射来导航邮件。

Vimium 能做的事很多。我们重点介绍其中一些实用功能，帮助你上手。

查找链接，无需点击即可访问链接

Vimium 通过用徽章（badges）高亮显示浏览器中所有可见的链接，以此来抽象 Vim `f` 命令。通常，这些徽章采用唯一的单字符或双字符 `id` 形式。这一强大的功能让你可以快速跳转到链接，无需再拖动鼠标并（准确地）点击链接。对于链接数量少的页面，通常只需要按两次键。第一次总是 `f`，第二次是链接的一个或两个字符的 ID。如果链接数量不多，Vimium 会尝试将 id 缩减为单个字符。

对于有很多链接的网页，除了使访问链接变得快捷方便外，Vimium 还提供了统一的 ID 展示方式，使用户可以看到页面上存在哪些链接。考虑一下图 16-14 中的 Facebook 页面示例，页面的各个部分已做了编号说明。根据你使用的媒体分辨率，徽章 /IDs 可能无法辨识，不过在网上浏览时很清楚。

1. `SC` 转到作者的 Facebook 个人资料。
2. `AD` 转到作者的好友列表。
3. `FD` 转到作者的群组列表。
4. `DE` 转到 Facebook 论坛“The Vim text editor”的快捷方式。
5. `XX`，其中是 *XX* 联系人的 ID，向该联系人发起消息。

Vimium 对于 Vim `F` 命令的抽象类似于 `f` 命令，但是多了一步：在新标签页中打开与 ID 相关的链接。

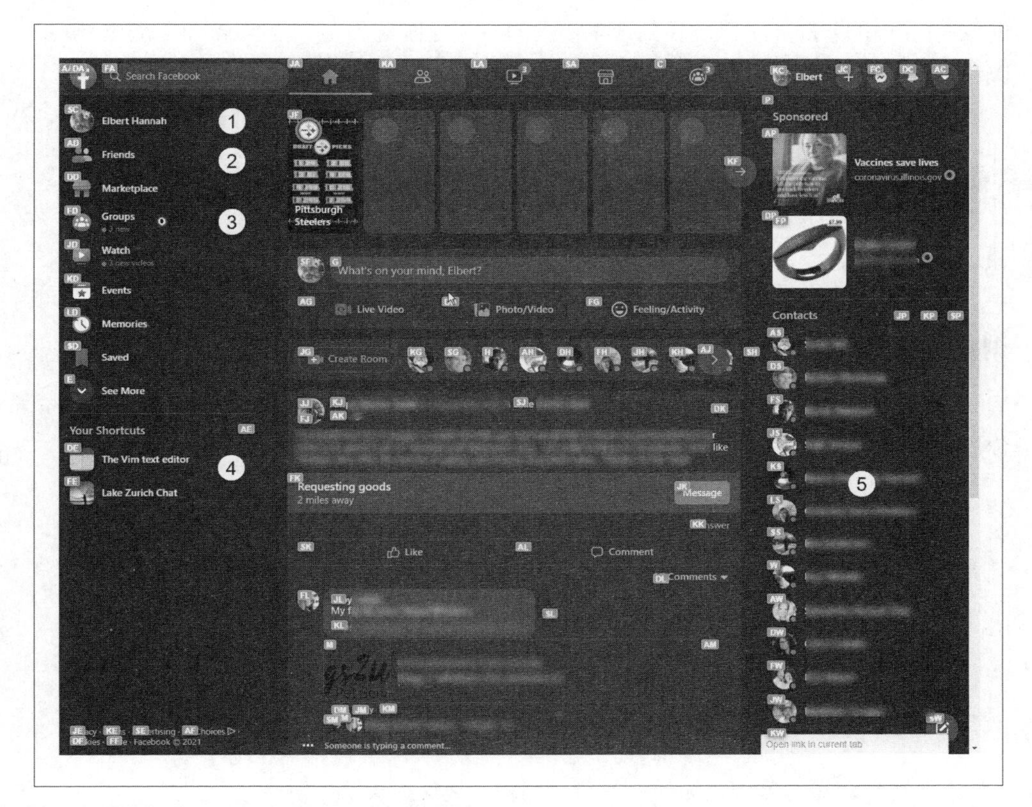

图 16-14：带有 Vimium 徽章的 Facebook 页面

文本搜索

就像在 Vim 中使用 / 启动搜索一样，Vimium 也采用了同样的方式。重要的是，要通过查找浏览器窗口底部的输入框来验证搜索是否已启动。如图 16-15 所示。

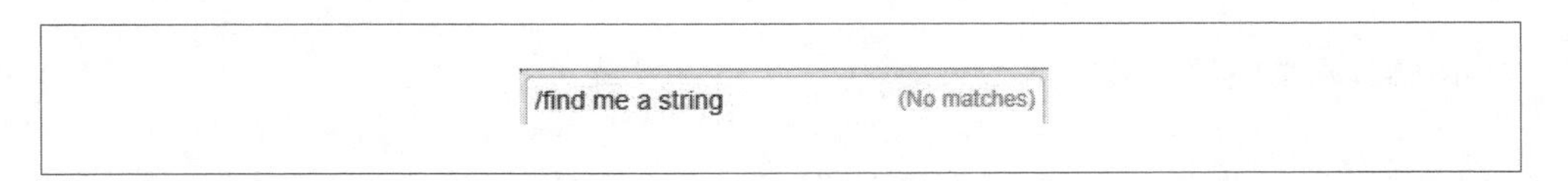

图 16-15：使用 Vimium 搜索文本

大多数有经验的浏览器用户都知道 CTRL-F 或 CTRL-F （Mac 系统）会调用浏览器的内建搜索功能，但本着体验 Vim 的精神，使用 / 能够更为自然和方便感受什么叫作“不离开主按键（home keys）”。当你输入搜索字符串时，浏览器会滚动到第一处匹配并突出显示该匹配模式。按 ENTER 键终止搜索字符串。

就像 Vim 中的 `n` 和 `N` 可以跳转到搜索模式的下一处匹配和上一处匹配一样，Vimium 以相同的方式将浏览器定位到相应的匹配项。

Vimium 默认搜索纯文本，也就是你输入什么就搜索什么。它也支持正则表达式，这就留给你来探索了。

浏览器导航

Vimium 将浏览器历史和浏览器标签页导航抽象为 Vim 移动操作。下面是简单的总结，你应该不会陌生：

`j`，`k`

　一次一行地上下滚动浏览器。

`H`，`L`

　“后退”和“前进”页面。注意，该命令区分大小写！

`K`，`J`

　分别转到紧靠右侧和左侧的标签页。同样，要区分大小写！

我们使用下面这两个熟悉的 Vim 命令跳转到网页的顶部或底部：

`gg`

　跳转到网页顶部。

`G`

　跳转到网页底部。

其他命令可以帮助你在页面和标签页之间移动：

`]]`，`[[`

　对于将多个页面作为向前和向后系列链接的网站，跳转到下一页或上一页。这类页面通常在底部会有左箭头和右箭头按钮，或者是提供了链接的“NEXT”和“PREV”按钮。

一个很好的例子是购物网站上的产品评论列表，这类网站有许多评论页面。此外，对于那些带有烦人的标题党幻灯片的网站，这种机制非常适合浏览幻灯片，无需与“点击我（click me）”斗智斗勇。

^（上箭头或脱字符）

跳转到上次访问过的标签。例如，如果你打开了许多标签页并专注于两个在位置上相距甚远的标签页，那么 ^ 字符可以在最近访问过的两个标签页之间快速跳转。

有用的按键映射

我们发现 K（转到紧邻的右侧标签）和 J（转到紧邻的左侧标签）命令与自然顺序的直觉和匹配感相矛盾。也就是说，因为 k 是“向上滚动”，所以 K 移动到紧邻的左侧标签而不是右侧标签看起来更自然。幸运的是，这可以通过 Vimium 选项重新映射，我们就是这么做的。

类似的，在 4.4 节中，我们描述了 vi 命令 ''（两个撇号）如何返回到前一个标记或上下文的行首。我们发现将 '' 映射到 Vimium 的 `visitPreviousTab` 命令非常有用（与刚才描述的 ^ 相同）。这样你就可以通过连续键入单引号在标签页之间来回跳转。

为此，打开 Vimium 选项，输入自定义按键映射，如图 16-16 所示。其中包括所有三个按键的重映射以及 q 的新映射。

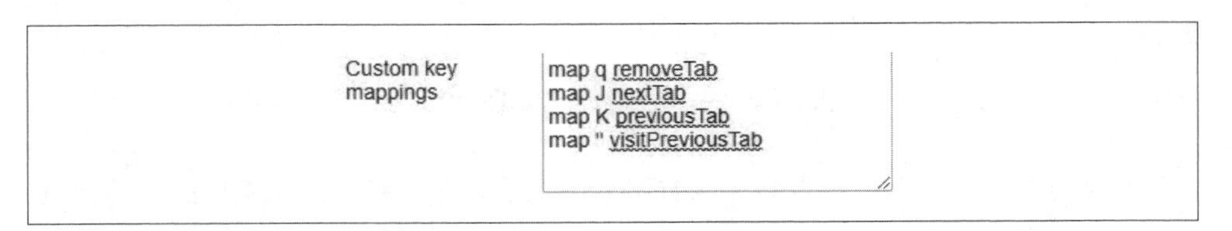

图 16-16：有用的 Vimium 按键重映射

当你不知道怎么办的时候

在 Vimium 处于激活状态的任何网页中，你都可以通过键入 ? 快速获得帮助。Vimium 会在页面上显示其命令及其操作的摘要。值得注意的是，Vimium 操作在 Vimium 自己的帮助页面同样可以使用，这便于在其中搜索特定功能。ESC 键会将你带回原始网页。图 16-17 提供了 Vimium 的部分帮助画面。

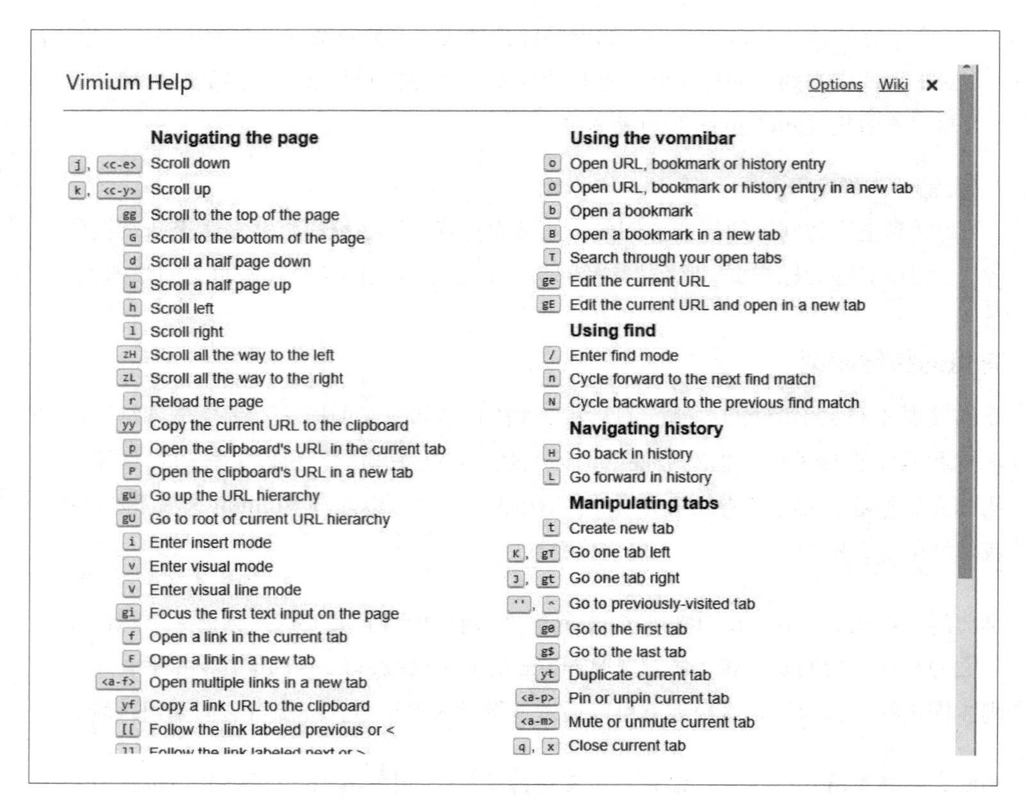

图 16-17：Vimium 帮助

用例

考虑一个常见的活动：在线购买笔记本电脑，比如在大型电子商务网站上。

一项重要的需求是新笔记本电脑要具有出色的电池寿命。确定好候选产品之后，就可以去查看产品评论了，我们事先知道这些评论是按一定数量的“下一页”和“上一页”排列的。从第一页开始，我们使用 `/battery` ENTER 搜索和电池相关的内容。现在，我们可以在评论页面中上下浏览所有和电池寿命相关的评论了。

接下来，因为 Vimium 知道进入下一页和上一页的常见链接，我们使用 `[[` 和 `]]` 在评论页面中向前和向后移动。Vimium 能够记住搜索模式，所以很容易使用 `n` 和 `N` 找出更多和电池相关的评论。这是我们用来快速研究产品的常见做法。考虑将此类推到功率、可靠性等许多其他理想的产品特点。

16.10 用于 MS Word 和 Outlook 的 vi

很多在 Unix 或 GNU/Linux 环境下工作的软件开发者发现自己不得不在办公环境中使用 Microsoft Word 处理文档，使用 Microsoft Outlook 发送电子邮件。

作为软件开发人员，我们的共同经验是，在使用 Vim 从事过长时间的代码编写之后，换用其他工具总是会造成效率上的下降。如果可以在 Word 中使用 `vi` 命令进行编辑，像我们这样的开发者就能更快更好地创建文档。而现在的情况是，我们只好尽可能少用 Word。

与此类似，我们发现 Outlook 带来的并不是舒适，而是挣扎。一个简单且常见的用例是对话线索（conversation thread），其中引用线索中的评论很重要。我们更愿意找到相关的文本并将其复制和粘贴到我们的叙述中来进行引用。如果可以使用 `/` 搜索文本，使用 `y` 复制文本，然后再使用 `''`（返回上一个位置）和 `p`，由此可以节省出大量的时间。手到擒来的导航、高亮显示、复制和粘贴所带来的效率将改善思维过程。我们可以依靠形成的 `vi` 肌肉记忆，更自然地快速操作文本，不再需要拿起鼠标、滚动、选中内容、复制粘贴这些步骤，同时将注意力集中在我们想说的话上。 这与 `vi`“以思维的速度编辑（editing at the speed of thought）”的文化基因相契合。

幸运的是，有一个 Word 和 Outlook 的商业插件可以解决这些问题：ViEmu（*http://www.viemu.com*）。

Arnold 已经不再使用 Word 或 Outlook。Elbert 还在用。虽然一开始持怀疑态度，但 Elbert 最终还是购买了这个插件，打算尝试一下。由于 Outlook 与 MS Word 的编辑范式基本相同，而且 ViEmu 适用于两者，我们只简单地谈论“Word”，但要注意，所有操作均可用于 Word 和 Outlook。

ViEmu 的行为非常类似于 `vi`，而且可以根据需要轻松激活和停用。由于我们已经多次讲过 `vi` 的方式，这里就不再详述如何使用 ViEmu 了。只用知道 ViEmu 足够 `vi` 化（vi-ness），Vim 用户立刻就能理解并上手操作。

下载 ViEmu 的免费试用版（*http://www.viemu.com*）并安装。安装好之后，你可以通过应用程序底部的黄色状态栏来确认插件已激活。如图 16-18 所示。

```
ViEmu for Word & Outlook, version 3.8.1 (http://www.viemu.com)
```

图 16-18：Word 或 Outlook 中的 ViEmu 状态栏

输入 CTRL ALT SHIFT-V 可以关闭 ViEmu。图 16-19 显示了关闭 ViEmu 后的状态栏。

```
ViEmu disabled - use ViEmu settings or Ctrl-Shift-Alt-V to toggle it back on
```

图 16-19：关闭 ViEmu 后的状态栏

图 16-20 显示了该插件可用的配置项。

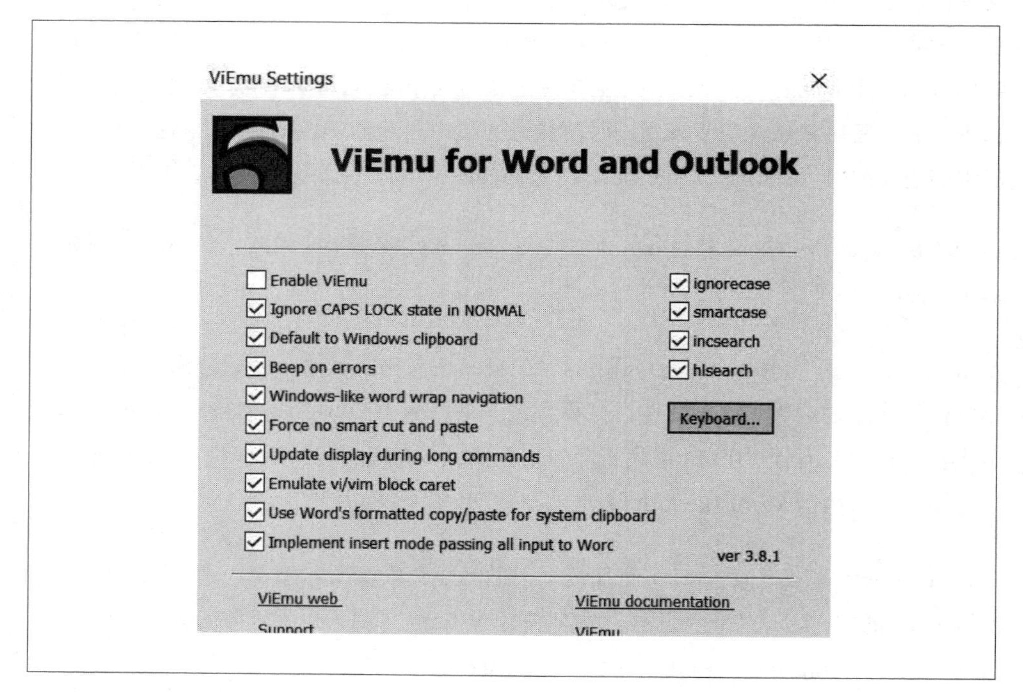

图 16-20：ViEmu 设置

ViEmu 在模拟 vi 功能和忠实于 Word 之间取得了平衡。关于该插件的行为，有些事情需要注意，包括每个 vi 操作或命令的结果最终如何传给 Word 并由其进行处理。考虑以下几点：

- 字体保留在文档上下文中。
- 有序列表被 vi 命令打乱时会自动重新编号（例如，删除列表项，改变列表项在列表中的位置）。我们很快会展示一个例子。
- 因为 Word 对文档中的行有自己的理解，所以插件以一种二元性（duality）来处理文本块。对于正常的上下导航，光标在屏幕上直观地上下移动一行，就像使用箭头键一样。但是，由于 Word 将段落视为块，因此当你使用行删除命令 dd 时，ViEmu 会删除整个段落。这种工作方式一目了然。

下面来看看有序列表的魔法，其中用到了 Stephen R. Covey 所著的 *The 7 Habits of Highly Effective People*（Simon & Schuster 出版）一书中的前 3 个习惯。在输入该列表时（如图 16-21 所示），我们发现把习惯的顺序弄错了。注意，光标位于第 2 个习惯处。

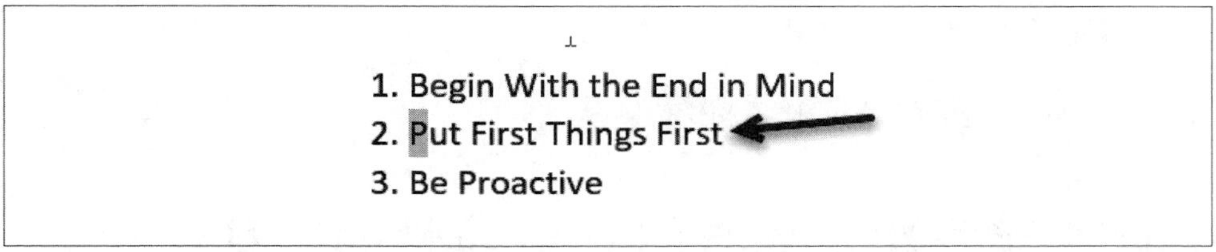

1. Begin With the End in Mind
2. Put First Things First
3. Be Proactive

图 16-21：7 个习惯中的前 3 个习惯（顺序错乱）

我们输入 vi 命令 ddp，交换两行的位置，搞定！现在顺序正确了。如图 16-22 所示。

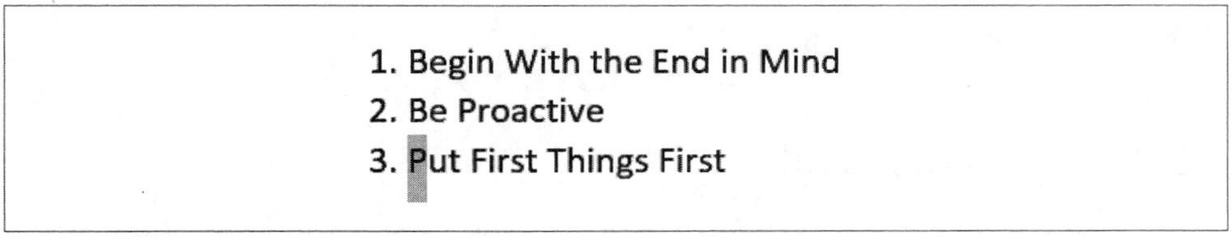

1. Begin With the End in Mind
2. Be Proactive
3. Put First Things First

图 16-22：7 个习惯中的前 3 个习惯（顺序正确）

所有这些行为再次变得舒适而熟悉。下面这部分经过观察和验证的功能列表，就作为 ViEmu 稳健性的前菜和保证吧：

- 对象中的更改 / 删除：

  —— 在括号内：ci(，di(

—— 在方括号内：ci[，di[

—— 在花括号内：ci{，di{

- 删除对象（包括闭合字符）：

—— 在括号处：da(

—— 在方括号处：da[

—— 在花括号处：da{

- 完整且可选择的正则表达式支持。你可以设置插件以支持喜欢的正则表达式流派。
- 完整的文档位于 *http://www.viemu.com/wo/viemu_doc.html* —— 始终都是大大的加分项！

ViEmu 的其他用法就留给你自己去研究了。如果你经常使用 Word，而且喜欢 Vim 的操作方式，ViEmu 值得一试。

ViEmu 的网站介绍了可用的选项和售价。

16.11 荣誉奖：具有部分 vi 特性的工具

很难定义 vi 是什么，不是什么。以正则表达式为例，它在 vi 和 Vim 出现之前就已经存在多年了。但是，有些工具内建的一些便捷特性，颇具 vi 特色（强大的快速编辑功能、搜索和替换等等），有必要在此一提。我们之所以这么说是为了强调这类工具的存在，值得去找来一试。

16.11.1 Google Mail

Google Mail 有自己的一套按键映射。你会发现其中一些导航映射非常眼熟。对于大多数交互，j 和 k 足以导航电子邮件列表。s 可以“选择（selects）”当前行。x 删除 s 选定的所有电子邮件。mU 将选定的电子邮件标记为未读。ENTER 打开当前电子邮件。

在打开的电子邮件中，x 可以删除该电子邮件，u 将你“向上（up）”移至电子邮件列表。

有关键盘快捷键的完整列表，在邮件列表面板（非输入模式）中输入 ? 就可以得到。

16.11.2 Microsoft PowerToys

Microsoft 有一个附加组件 PowerToys（*https://docs.microsoft.com/en-us/windows/powertoys*），包含了大量很酷的扩展工具来改进 Windows。其中大部分工具超出了本书的范围。不过有一个工具倒是值得一提：PowerRename。它提供了一种强大的方法，可以一次性重命名许多文件，利用指定标准来完成通常只能一次一个文件的（one-at-a-time）无趣操作。PowerRename 与同类工具的不同之处在于，它可以使用正则表达式来匹配要重命名的文件，并确定如何进行重命名。

PowerToys 还有一个强大的键盘映射工具 Keyboard Manager，可以让你根据自己的喜好映射键盘。虽然在 Windows 桌面上导航不太可能获得 vi 那种体验，但至少现在有办法可以轻松地将操作映射到类似于 `vi` 的击键。其他的键盘管理器要么得付费，要么管理不便，或者两者兼而有之。

16.12 小结

从典型示例（如命令行历史编辑），到软件生态系统（如 IDE），再到 Internet 浏览器，`vi` 显然已经成为一种流行的编辑范式。据小道消息，ViEmu 插件的作者 Jon 收到了 Microsoft 工程师的插件请求！我们发现，几乎所有评价最高和最流行的文本编辑器都包含了 Vim 模拟设置或配备有模拟 Vim 行为的插件。甚至连 Emacs 也有可安装的 `vi` 仿真插件 Viper！（参见 C.8 节）。因此，如果你来到了一个新的环境，先查看一番或者问问别人 vi/Vim 设置或插件在哪里。可能已经有现成的了。

第 17 章

后记

如果你读到了这里，我们由衷地感谢你的耐心和厚爱。

从第一页到现在，这实在是一段漫长的旅程。我们先从基础开始——“什么是文本编辑器和文本编辑？”——逐步理解了 vi 命令模式和底层的 ex 编辑器，还包括正则表达式以及强大的 vi 和 Vim 底层命令语言。

我们深入研究了 Vim 众多特性中的一部分，这些特性使 Vim 比最初的 vi 至少强大了一个数量级。Vim 擅长编辑常规文本（我们用它撰写了这本书），但作为程序员的编辑器，它也着实大放异彩。

最后，我们介绍了如何利用 Vim 的可扩展性将其打造为完备的 IDE，以及如何在其他工具中找到 vi 的命令驱动编辑模型。

只要你用键盘来管理文本信息，我们认为你花时间学习 Vim 是非常值得的。就像盲打比看着键盘打字更有效一样，Vim 在文本和程序编辑方面比任何靠鼠标的 GUI 编辑器都要好上一个量级。

尽情享受吧！

第四部分

附录

第四部分提供了 vi 或 Vim 用户应该感兴趣的参考资料。本部分包含下列附录：

- 附录 A vi、ex 和 Vim 编辑器
- 附录 B 设置配置项
- 附录 C 轻松一下
- 附录 D vi 和 Vim：源代码和构建

附录 A

vi、ex 和 Vim 编辑器

本附录以快速参考的形式总结了 vi 的标准功能。在冒号提示符处输入的命令（被称为 ex 命令，因为这些命令可以追溯到编辑器的初创时期）也包括在内，还有最流行的 Vim 功能。

附录包含下列主题：

- 命令行语法
- vi 操作
- vi 命令
- vi 配置
- ex 基础
- 按字母顺序排列的 ex 命令汇总

A.1 命令行语法

启动 Vim 会话的三种最常见方式如下：

```
vim [options] file
vim [options] -c num file
vim [options] -c /pattern file
```

您可以打开 *file* 进行编辑，可选择在打开文件时将光标定位在第 *num* 行或匹配 *pattern* 的第一行。 如果未指定 *file*，编辑器将打开一个空缓冲区。

命令行选项

因为 vi 和 ex 是相同的程序，故二者共享同样的选项。但有些选项仅在某个程序中有意义。方括号表示可选项。Vim 的专用选项会特别标出：

+[*num*]

从第 *num* 行开始编辑，如果忽略 *num*，则从最后一行开始。

/pattern

从匹配 *pattern* 的第一行开始编辑。[注 1]

+?*pattern*

从匹配 *pattern* 的最后一行开始编辑。[注 1]

-b

以二进制模式编辑文件。{Vim}

-c *command*

在启动时执行指定的 ex 命令。vi 只允许使用 1 个 -c 选项；Vim 则可以使用最多 10 个。该选项的旧形式 +*command* 依然支持。

--cmd *command*

类似于 -c，但会在读取配置文件之前执行 *command*。{Vim}

-C

Solaris 10 vi：和 -x 一样，但假定文件已经加密过。Solaris 11 vi 不支持该选项。

Vim：以 vi 兼容模式启动编辑器。

注 1： 如果你使用 Vim 并设置 *.viminfo* 来恢复文件最后的光标位置，那么搜索就会从已恢复的光标位置，沿着之前的方向开始。另外，根据 *.vimrc* 配置文件中 wrapscan（ws）配置项的设置，搜索将在超过文件的首行或末行时停止（:set nowrapscan）或继续（:set wrapscan）。

`-d`

以 diff 模式运行。工作方式类似于 `vimdiff`。{Vim}

`-D`

用于脚本的调试模式。{Vim}

`-e`

以 ex 运行（行编辑模式，而非全屏模式）。

`-h`

打印帮助信息，然后退出。{Vim}

`-i` *`file`*

使用指定的 *file* 代替默认文件（*~/.viminfo*）保存或恢复 Vim 状态。{Vim}

`-l`

进入 Lisp 模式，运行 Lisp 程序（并非所有版本都支持）。

`-L`

列出由于编辑器会话被中止或系统崩溃而保存的文件（并非所有版本都支持）。对于 Vim，该选项效果与 `-r` 相同。

`-m`

在关闭 `write` 选项的情况下启动编辑器，使得用户无法写入文件。Vim 仍然允许更改缓冲区，但不允许写入文件，即便是使用 `:w!` 也不行。{Vim}

`-M`

不允许修改文件中的文本。该选项类似于 `-m`，但还会阻止更改缓冲区。{Vim}

`-n`

不使用交换文件，仅在内存中记录更改。{Vim}

`--noplugin`

不加载任何插件。{Vim}

`-N`

以非 `vi` 兼容模式运行 Vim。{Vim}

`-o[num]`

启动 Vim 并打开 *num* 个窗口。在默认情况下，为每个文件打开一个窗口。{Vim}

`-O[num]`

启动 Vim 并打开 *num* 个水平排列（垂直拆分）的窗口。{Vim}

`-r [file]`

恢复模式。在编辑器会话被中止或系统崩溃之后恢复并继续编辑 *file*。如果未指定 *file*，则列出可恢复的文件。

`-R`

以只读模式编辑文件。如果你做出更改，Vim 会发出警告并允许更改。如果你试图保存更改过的文件，Vim 会提示你覆盖只读上下文。

`-s`

静默，不显示提示。运行脚本时有用。该行为也可以通过旧的 - 选项来设置。对于 Vim，只能与 `-e` 选项共同使用。

`-s scriptfile`

只读并执行指定 *scriptfile* 中的命令，就好像这些命令是通过键盘输入的。{Vim}

`-S commandfile`

载入命令行上指定的文件之后，读取并执行 *commandfile* 中的命令。可作为 `vim -c 'source command file'` 的简写。{Vim}

`-t tag`

编辑包含 *tag* 的文件，并将光标定位在其定义处。

`-T type`

设置 `term`（终端类型）选项。该值会覆盖 `$TERM` 环境变量。{Vim}

`-u file`

从指定的配置文件（而非默认的 *.vimrc*）中读取配置信息。如果 *file* 参数为 `NONE`，Vim 不读取任何配置文件，也不加载任何插件，以兼容模式运行。如果参数为 `NORC`，则不读取配置文件，但会加载插件。{Vim}

-v

以全屏模式运行（vi 的默认行为）。

--version

打印版本号，然后退出。{Vim}

-V[*num*]

详细模式（verbose mode）；打印被设置的选项以及所读 / 写文件的消息。你可以设置详细级别以增加或减少收到的消息数量。默认值为 10，表示非常详细。{Vim}

-w *rows*

设置窗口大小，使其一次显示 *rows* 行。通过长距离网络连接编辑文件时，该选项可以发挥作用。旧版本的 vi 不允许选项与其参数之间有存在空格。Vim 不支持此选项。

-W *scriptfile*

将当前会话中输入的所有命令写入指定的 *scriptfile*。由此创建的文件可用于 -s 选项。{Vim}

-x

提示输入密钥，该密钥将用于尝试使用 crypt 加密或解密文件。[注 2]

-y

无模式 vi（modeless vi）；仅在插入模式下运行 Vim，没有命令模式。与以 evim 调用 Vim 的效果相同。{Vim}

-Z

以受限模式启动 Vim。不允许使用 shell 命令或挂起编辑器。{Vim}

尽管大多数人只是通过 vi 才知道 ex 命令，但 ex 本身也是一个独立的程序，可以从 shell 中调用（例如，作为脚本的一部分来编辑文件）。在 ex 中，你可以输入 vi 或 visual 命令来启动 vi。同样的，在 vi 中，你可以输入 Q 退出 vi 编辑器，然后进入 ex。

注 2：　这个选项已经过时了；crypt 命令的加密功能很弱，不要再用了。

退出 ex 的方式包括：

:x	退出（保存更改并退出）
:q!	不保存更改就退出
:vi	进入 vi 编辑器

A.2 复习 vi 操作

本节复习了下列内容：

- vi 模式
- vi 命令的语法
- 状态栏命令

A.2.1 命令模式

一旦打开文件，你就处于命令模式。在命令模式中，你可以：

- 进入插入模式
- 执行编辑命令
- 将光标移至文件中的不同位置
- 调用 ex 命令
- 调用 shell
- 保存文件的当前版本
- 退出编辑器

A.2.2 插入模式

在插入模式中，你可以向文件输入新文本。通常使用 i 命令进入插入模式。按 ESC 退出插入模式，返回命令模式。进入插入模式的完整命令列表随后在 A.3.2 节给出。

A.2.3 vi 命令的语法

在 vi 中，编辑命令具有下列一般形式：

```
[n] operator [m] motion
```

基本的 *operator*（编辑操作符）包括：

c　开始更改

d　开始删除

y　开始复制

如果当前行是操作对象，*motion* 则与操作符相同：cc、dd、yy。否则，操作对象由光标移动命令或模式匹配命令指定。例如，cf. 会更改至下一个点号。*n* 和 *m* 是操作执行的次数或要执行操作的对象个数。如果同时指定了 *n* 和 *m*，效果相当于 $n \times m$。

操作对象可以是下列任意的文本块：

单词

　直至空白字符（空格或制表符）或标点符号的所有字符。[译注 1] 以大写形式表示的对象是一种变体，只识别空白字符。[译注 2]

句子

　直至 .、! 或 ?，后接两个空格。Vim 只查找单个后接空格。

段落

　直至下一个空行或由 para= 定义的 nroff/troff 段落宏。

节

　直至下一个由 sect= 定义的 nroff/troff 节标题。

移动

　直至由移动说明符（motion specifier）（包括模式搜索）指定的字符或其他文本对象。

译注 1：不含空白字符或标点符号。

译注 2：也就是说，将标点符号也视为单词的组成部分。

例子

2cw	更改接下来的 2 个单词
d}	删除至下一个段落
d^	向后删除至行首
5yy	复制接下来的 5 行
y]]	复制到下一节
cG	更改到编辑缓冲区结尾

更多命令和示例可以在 A.3.3 节找到。

可视模式（仅限于 Vim）

Vim 提供了一个额外的功能：可视模式。它允许你高亮显示文本块，将其作为编辑命令（比如删除或复制）。Vim 的图形化版本允许你用鼠标以类似的方式来高亮显示文本。更多信息参见 8.6.1 节。

v	在可视模式中一次选择一个字符
V	在可视模式中一次选择一行
CTRL-V	在可视模式中选择文本块。

A.2.4 状态栏命令

在你输入命令的时候，大多数命令并不会在屏幕上回显。然而，屏幕底部的状态栏可用于编辑这些命令：

/	向前搜索模式
?	向后搜索模式
:	调用 ex 命令
!	调用 Unix 命令，以缓冲区中的对象作为命令输入并使用命令输出替换该对象。在 ! 之后输入的移动命令描述了要传给 Unix 命令的对象。命令本身会显示在状态栏中。

在状态栏中输入的命令必须以 ENTER 键结束。[注3] 除此之外，CTRL-G 命令产生的错误消息和输出也会在状态栏显示。

注 3： 如果你使用的是最初版的 vi 或设置了 Vim 的 compatible 配置项，ESC 键将执行该命令。这可能是意料之外的。Vim（在 nocompatible 模式下）只是取消命令，不采取任何操作。

A.3 vi 命令

vi 在命令模式中提供了大量的单键命令。Vim 还提供了额外的多键命令。

A.3.1 移动命令

某些版本的 vi 无法识别扩展按键（例如，箭头键、PageUp 键、PageDown 键、Home 键、Insert 键和 Delete 键）；而有些版本则没问题。不过，所有版本都可以识别本节中列出的按键。很多 vi 用户更喜欢使用这些按键，因为有助于他们将手指保持在键盘的主按键区。命令前面的数字可以重复移动。移动命令也放在操作符之后。操作符应用于移动的文本。

字符

h，j，k，l	左，下，上，右（←，↓，↑，→）
空格键	右
BACKSPACE	左
CTRL-H	左
CTRL-N	下
CTRL-P	上

文本

w，b	向前或向后一个“单词（word）”（单词由字母、数字、下划线组成）。
W，B	向前或向后一个“单词（Word）”（这种单词以空白字符分隔）。
e	单词（word）结尾。
E	单词（Word）结尾。
ge	上一个单词（word）结尾。{Vim}
gE	上一个单词（Word）结尾。{Vim}
)，(	下一个句子或当前句子的起始。
}，{	下一个段落或当前段落的起始。
]]，[[	下一节或当前节的起始。
][，[]	下一节或当前节的结尾。{Vim}

行

文件中的比较长的行可能会在屏幕上显示为多行，从屏幕上的一行折行到下一行。

尽管大多数命令作用在文件中定义的行，但也有一些命令是作用在屏幕行的。Vim 的 wrap 配置项允许你控制行的显示长度。

0, $	当前行的起始或末尾。
^, _	当前行的第一个非空白字符。
+, -	下一行或上一行的第一个非空白字符。
ENTER	下一行的第一个非空白字符。
num |	当前行的第 *num* 列。
g0, g$	屏幕行的起始或末尾。{Vim}
g^	屏幕行的第一个非空白字符。{Vim}
gm	屏幕行正中间。{Vim}
gk, gj	移动到上一个或下一个屏幕行。注 {Vim}
H	屏幕第一行（原点位置）。
M	屏幕正中间的一行。
L	屏幕最后一行。
num H	屏幕第一行之后的第 *num* 行。
num L	屏幕最后一行之前的第 *num* 行。

注：这里的 g 是多余的，把 g 去掉效果也一样。

屏幕

CTRL-F，CTRL-B	向前或向后滚动一屏。
CTRL-D，CTRL-U	向下或向上滚动半屏。
CTRL-E，CTRL-Y	在屏幕底部或顶部多显示一行。如果可能，Vim 将光标位置维持在同一行。例如，假设光标位于第 50 行，完成该移动后，光标向上或向下移动以停留在第 50 行。
z ENTER	将光标所在行重新定位到屏幕顶部。
z.	将光标所在行重新定位到屏幕正中间。
z-	将光标所在行重新定位到屏幕底部。
CTRL-L	重绘屏幕（不滚动）。
CTRL-R	vi：重绘屏幕（不滚动）。 Vim：恢复上一次撤销的更改。

在屏幕内

H	移至原点 —— 屏幕第一行的首个字符。
M	移至屏幕正中间一行的首个字符。

L　　移至屏幕最后一行的首个字符。

n H　移至屏幕第一行之下的第 *n* 行的首个字符。

n L　移至屏幕最后一行之上的第 *n* 行的首个字符。

搜索

/*pattern*	向前搜索 *pattern*。以 ENTER 结束。
/*pattern*/+ *num*	移至 *pattern* 之后的第 *num* 行。向前搜索 *pattern*。
/*pattern*/- *num*	移至 *pattern* 之前的第 *num* 行。向前搜索 *pattern*。
?*pattern*	向后搜索 *pattern*。以 ENTER 结束。
?*pattern*?+ *num*	移至 *pattern* 之后的第 *num* 行。向后搜索 *pattern*。
?*pattern*?- *num*	移至 *pattern* 之前的第 *num* 行。向后搜索 *pattern*。
:noh	暂停搜索高亮显示，直至下一次搜索。{Vim}
n	重复上一次搜索。
N	在反方向重复上一次搜索。
/	向前重复上一次搜索。以 ENTER 结束。
?	向后重复上一次搜索。以 ENTER 结束。
*	向前搜索光标所在的单词。只匹配完全符合的单词。{Vim}
#	向后搜索光标所在的单词。只匹配完全符合的单词。{Vim}
g*	向前搜索光标所在的单词。当该单词属于另一个更长单词的一部分时也可以匹配。{Vim}
g#	向后搜索光标所在的单词。当该单词属于另一个更长单词的一部分时也可以匹配。{Vim}
%	查找当前的括号、花括号或方括号。
f *x*	在当前行中将光标向前移至 *x*。
F *x*	在当前行中将光标向后移至 *x*。
t *x*	在当前行中将光标向前移至 *x* 左边的字符。
T *x*	在当前行中将光标向后移至 *x* 右边的字符。
,	搜索上一次 f、F、t 或 T 相反的方向。
;	重复上一次 f、F、t 或 T。

行编号

CTRL-G　显示文件当前的行数。

gg　移至文件的第一行。{Vim}

num G　移至第 *num* 行。

G　移至文件的最后一行。

: *num*　移至第 *num* 行。

标记

m *x*　将标记 *x* 置于当前位置。

` *x*　（反引号）将光标移至标记 *x* 处。

' *x*　（单引号）移至包含标记 *x* 的行的起始处。

``　（反引号）返回最近一次跳转之前的位置。

''　（单引号）和上一项相似，但是返回到行首。

'"　（单引号和双引号）移至文件最后一次的编辑位置。{Vim}

`[, `]　（反引号和方括号）移至上一次文本操作的起始处 / 结尾处。{Vim}

'[, ']　（单引号和方括号）和上一项相似，但是返回到操作所在行的行首。{Vim}

`.　（反引号和点号）移至文件的上一次更改位置处。{Vim}

'.　（单引号和点号）和上一项相似，但是返回到更改处所在行的行首。{Vim}

'0　（单引号和数字 0）移至你上一次退出 Vim 时所在的位置。{Vim}

:marks　列出活跃标记。{Vim}

A.3.2 插入命令

a　在光标之后追加。

A　在行尾追加。

c　开始更改操作。

C　更改至行尾。

gi　在文件的上一次编辑位置处插入。{Vim}

gI　在行首插入。{Vim}

i　在光标之前插入。

I　在行首插入。

o　在光标之下打开一行。

O　在光标之上打开一行。

R　开始覆盖文本。

s　替换单个字符。

S　替换整行。

ESC　结束插入模式。

下列命令可以在插入模式中使用：

BACKSPACE	删除前一个字符。
DELETE	删除当前字符。
TAB	插入制表符。
CTRL-A	重复上一次插入。{Vim}
CTRL-D	将行向左移动一个 shiftwidth 的距离。
^ CTRL-D	将光标移至行首，但只针对一行。
0 CTRL-D	将光标移至行首并将自动缩进层级重置为 0。
CTRL-E	插入光标正下方的字符。{Vim}
CTRL-H	删除前一个字符（同 BACKSPACE）。
CTRL-I	插入制表符。
CTRL-K	开始插入多键字符（multikeystroke character）。{Vim}
CTRL-N	在光标左侧插入下一个模式补全。{Vim}
CTRL-P	在光标左侧插入上一个模式补全。{Vim}
CTRL-T	将行向右移动一个 shiftwidth 的距离。
CTRL-U	删除当前行。
CTRL-V	原封不动地（verbatim）插入下一个字符。
CTRL-W	删除前一个单词。
CTRL-Y	插入光标正上方的字符。{Vim}
CTRL-[	（ESC）结束插入模式。

上面列出的一些控制字符是由 `stty` 设置的。你的终端仿真器的设置可能有所不同。

A.3.3 编辑命令

c、d、y 是基本的编辑操作符。

更改和删除文本

下表虽不算详尽，但列出了最常见的操作：

`cw`	更改单词。
`cc`	更改行。
`c$`	更改从当前位置到行尾的文本。
`C`	同 c$。
`dd`	删除当前行。
num `dd`	删除第 *num* 行。

d$	删除从当前位置到行尾的文本。
D	同 d$。
dw	删除单词。
d}	删除至下一个段落。
d^	向后删除至行首。
d/*pattern*	删除至 *pattern* 的第一次匹配处。
dn	删除至 *pattern* 的下一次匹配处。
df *x*	删除至当前行的 *x*（包括 *x*）处。
dt *x*	删除至当前行的 *x*（不包括 *x*）处。
dL	删除至屏幕最后一行。
dG	删除至文件结尾。
gqap	根据 textwidth 重新格式化当前段落。{Vim}
g~w	切换单词的大小写。{Vim}
guw	将单词更改为小写。{Vim}
gUw	将单词更改为大写。{Vim}
p	在光标之后插入上一次删除或复制的文本。
P	在光标之前插入上一次删除或复制的文本。
gp	同 p，但是使光标停留在插入文本的末尾。{Vim}
gP	同 P，但是使光标停留在插入文本的末尾。{Vim}
]p	同 p，但是符合当前缩进。{Vim}
[p	同 P，但是符合当前缩进。{Vim}
r *x*	使用 *x* 替换字符。
R *text*	从光标处开始，使用新的 *text* 替换（覆盖）。ESC 结束替换模式。
s	替换单个字符。
4s	替换 4 个字符。
S	替换整行。
u	撤销上一次更改。
CTRL-R	重做上一次更改。{Vim}
U	恢复当前行。
x	删除光标当前所在位置的字符。
X	向后删除单个字符。
5X	删除前 5 个字符。
.	重复上一次变更。
~	颠倒大小写并将光标右移。{ 具有配置项 notildeop 的 vi 和 Vim}
~w	颠倒单词大小写。{ 具有配置项 tildeop 的 Vim}

~~	颠倒行的大小写。{具有配置项 tildeop 的 Vim}
CTRL-A	递增光标处的数字。{Vim}
CTRL-X	递减光标处的数字。{Vim}

复制和移动

寄存器名称为字符 a-z。大写名称会将文本追加到对应的寄存器：

Y	复制当前行。
yy	复制当前行。
" *x* yy	将当前行复制到寄存器 *x*。
ye	复制至单词末尾。
yw	类似于 ye，但是包括单词后的空白字符。
y$	复制行中剩余的内容。
" *x* dd	删除当前行并将其存入寄存器 *x*。
" *x* d *motion*	删除由 *motion* 选定的内容并将其存入寄存器 *x*。
" *x* p	粘贴寄存器 *x* 的内容。
y]]	复制至下节标题。
J	合并当前行和下一行。
gJ	同 J，但不会插入空格。{Vim}
:j	同 J。
:j!	同 gJ。

A.3.4 保存和退出

写入文件意味着使用编辑缓冲区的当前内容覆盖原文件。

ZZ	退出 vi，仅当有更改时才写入文件。
:x	同 ZZ。
:wq	写入原文件并退出。
:w	写入原文件。
:w *file*	将缓冲区当前内容另存为文件 *file*。
:*n*,*m* w *file*	将第 *n* 行至第 *m* 行写入新文件 *file*。
:*n*,*m* w >> *file*	将第 *n* 行至第 *m* 行追加至现有文件 *file*。
:w!	强制写入原文件（无视文件保护）。
:w! *file*	以缓冲区当前内容覆盖文件 *file*。

:w %.new	将名为 *file* 的当前缓冲区写入 *file*.new。
:q	退出编辑器（如果有更改，则退出失败）。
:q!	退出编辑器（丢弃已编辑过的内容）。
Q	退出 vi 并调用 ex。
:vi	在 Q 命令后返回 vi。
%	在编辑命令中用当前文件名代替。
#	在编辑命令中用备选文件名代替。

A.3.5 访问多个文件

:e *file*	编辑另一个文件 *file*；当前文件变成名为 # 的备选文件。
:e!	返回当前文件上次写入时的版本。
:e + *file*	从 *file* 结尾开始编辑。
:e +*num file*	在第 *num* 行打开 *file*。
:e #	打开备选文件并定位到上一次的编辑位置。
:ta *tag*	在位置 *tag* 处编辑文件。
:n	编辑文件列表中的下一个文件。
:n!	强制编辑下一个文件。
:n *files*	指定新的文件列表 *files*。
:rewind	编辑参数列表中的第一个文件。
CTRL-G	显示当前文件和行数。
:args	显示被编辑文件的列表。
:prev	编辑文件列表中的上一个文件。{Vim}
:last	编辑文件列表中的最后一个文件。{Vim}

A.3.6 窗口命令（Vim）

下表列出了 Vim 常用的窗口控制命令。也可参见 A.6 节中的 split、vsplit、resize 命令。为了简洁起见，控制字符标记为 ^。

所有的单字符按键都是小写。大写字母按键表示带有“SHIFT-”前缀。

:new	打开一个新窗口。
:new *file*	在新窗口中打开 *file*。

:sp[lit] [*file*]	拆分当前窗口。如果指定了 *file*，则在新窗口中编辑该文件。
:sv[split] [*file*]	同 :sp，但是将新窗口设为只读。
:sn[ext] [*file*]	在新窗口中编辑文件列表中的下一个文件。
:vsp[lit] [*file*]	类似于 :sp，但是采用垂直拆分，而非水平拆分。
:clo[se]	关闭当前窗口。
:hid[e]	隐藏当前窗口，除非这是唯一的可见窗口。
:on[ly]	使当前窗口为唯一的可见窗口。
:res[ize] *num*	将窗口调整为 *num* 行。
:wa[ll]	将所有改动过的缓冲区写入各自的文件。
:qa[ll]	关闭所有缓冲区并退出。
CTRL-W S	同 :sp。
CTRL-W N	同 :new。
CTRL-W ^	使用备选（上一个编辑过的）文件打开新窗口。
CTRL-W C	同 :clo。
CTRL-W O	同 :only。
CTRL-W J	将光标移至下一个窗口。
CTRL-W K	将光标移至上一个窗口。
CTRL-W P	将光标移至下一个窗口。
CTRL-W H / CTRL-W L	将光标移至屏幕左侧 / 右侧的窗口。
CTRL-W T / CTRL-W B	将光标移至屏幕顶部 / 底部的窗口。
CTRL-W SHIFT-K / CTRL-W SHIFT-B	将当前窗口移至屏幕顶部 / 底部。
CTRL-W SHIFT-H / CTRL-W SHIFT-L	将当前窗口移至屏幕左侧 / 右侧。
CTRL-W R / CTRL-W, SHIFT-R	向下 / 向上转动窗口。
CTRL-W + / CTRL-W -	增加 / 减少当前窗口大小。
CTRL-W =	使所有窗口高度一致。

A.3.7 系统交互

:r *file*	在光标之后读入 *file* 的内容。
:r !*command*	在当前行之后读入 *command* 的输出。
:*num* r !*command*	类似于上一项，但是将 *command* 的输入置于第 *num* 行之后（0 表示文件顶端）。
:! *command*	执行 *command*，然后返回。
!*motion* *command*	将 *motion* 选中的文本发送给 *command*；使用 *command* 的输出替换原文本。
:*n,m* !*command*	将第 n 行至第 m 行文本发送给 *command*；使用 *command* 的输出替换原文本。
num !! *command*	发送 *num* 行给 *command*；使用 *command* 的输出替换原文本。

`:!!`	重复上一个 *command*。
`:sh`	创建一个子 shell；以 *EOF* 返回编辑器。
CTRL-Z	挂起编辑器，使用 fg 恢复。这会使 gvim 最小化。
`:so` *file*	读取并执行 *file* 中的 ex 命令。

A.3.8 宏

`:ab` *in out*	在插入模式中，使用 *in* 作为 *out* 的缩写
`:unab` *in*	删除缩写 *in*
`:ab`	列出缩写
`:map` *string sequence*	将字符串 *string* 映射为命令序列 *sequence*。使用 #1、#2 等作为功能键。
`:unmap` *string*	删除字符串 *string* 的映射。
`:map`	列出已映射的字符串。
`:map!` *string sequence*	将字符串 *string* 映射为插入模式一组按键序列 *sequence*。
`:unmap!` *string*	删除 *string* 的输入模式映射（你可能需要使用 CTRL-V 引用字符串）。
`:map!`	列出为输入模式映射的字符串。
q *x*	将输入的字符记录进由字母 *x* 指定的寄存器。如果字母为大写，则追加到该寄存器。{Vim}
q	停止记录。{Vim}
@*x*	执行由字母 *x* 指定的寄存器。
@@	执行上一个寄存器命令。

在 vi 中，下列字符在命令模式中未被占用，可以被映射为用户自定义命令：

字母

g、K、q、V、v

控制键

CTRL-A、CTRL-K、CTRL-O、CTRL-W、CTRL-X、CTRL-_、CTRL-\

符号

_、*、\、=、#

如果设置了 Lisp 模式，vi 会用到 =。不同的 vi 版本可能会使用其中部分字符，最好先测试一下。

Vim 不使用 CTRL-K、CTRL-_、CTRL-\。其他的映射功能，可以在 Vim 中查看 `:help noremap`。

A.3.9 杂项命令

<	将移动命令描述的文本向左移动一个 shiftwidth 的距离。{Vim}
>	将移动命令描述的文本向右移动一个 shiftwidth 的距离。{Vim}
<<	将行向左移动一个 shiftwidth 的距离（默认为 8 个空格）。
>>	将行向右移动一个 shiftwidth 的距离（默认为 8 个空格）。
>}	向右移至段落末尾。
<%	向左移至匹配的括号、花括号或方括号（光标必须位于匹配符号）。
[*count*] ==	以 C 语言风格缩进 *count* 行，或者使用 equalprg 配置项指定的程序。{Vim}
g	在 Vim 中开始多个多字符命令。
K	在手册页从查找光标所在的单词（或者通过 keywordprg 配置项指定的程序）。{Vim}
CTRL-O	返回上一次跳转的位置。{Vim}
CTRL-Q	同 CTRL-V。{Vim}（在某些终端中则会恢复数据流）
CTRL-T	返回标签栈中的上一个位置。{Solaris vi，Vim}
CTRL-]	对光标所在的文本执行标签查找。
CTRL-\	进入 ex 行编辑模式。
CTRL-^	返回上一次编辑过的文件。

A.4 vi 配置

本节描述了下列内容：

- `:set` 命令
- *.exrc* 示例文件

A.4.1 :set 命令

`:set` 命令允许你指定能够改变编辑环境特征的配置项。配置项可以放入 *~/.exrc* 或 *~/.vimrc*，也可以在编辑会话过程中设置。

如果将命令放入 *.exrc*，则不需要输入冒号：

`:set x`	启用布尔型配置项 *x*；显示其他配置项的值。
`:set no x`	禁用配置项 *x*。*no* 和 *x* 之间不要有空格。
`:set x = value`	为配置项 *x* 赋值 *value*。
`:set`	显示已更改的配置项。
`:set all`	显示所有配置项。
`:set x ?`	显示配置项 *x* 的值。

附录 B 提供了“Heirloom” vi 和 Solaris 版 vi 的 :set 配置项列表。更多信息可参见该附录。

A.4.2 .exrc 示例文件

在 ex 脚本文件中，注释以双引号起始。下列代码是一个自定义的 *.exrc* 示例文件：

```
set nowrapscan                      " Searches don't wrap at end of file
set wrapmargin=7                    " Wrap text at 7 columns from right margin
set sections=SeAhBhChDh nomesg      " Set troff macros, disallow message
map q :w^M:n^M                      " Alias to move to next file
map v dwElp                         " Move a word
ab ORA O'Reilly Media, Inc.         " Input shortcut
```

Vim 有 :wn 命令，所以不需要 q 别名。v 别名会隐藏 Vim 命令 v，该命令会进入一次一个字符（character-ata-time）的可视模式操作。

A.5 ex 基础

ex 行编辑器是全屏编辑器 vi 的基础。ex 命令作用于文件的当前行或某个范围内的行。你多是在 vi 中使用 ex。在 vi 中，ex 命令前要加上冒号，按下 ENTER 后执行命令。

你也可以像调用 vi 那样在命令行调用 ex（亦可以该方式执行 ex 脚本）。或是使用 vi 命令 Q 进入 ex。

A.5.1 ex 命令语法

要在 vi 中输入 ex 命令，语法如下：

```
:[address] command [options]
```

起始处的 : 表明这是 ex 命令。当你输入命令时，状态栏中会回显出该命令。按 ENTER 键就可以执行该命令。*address* 是命令对象的行号或行范围。*options* 和 *address* 随后介绍。ex 命令参见 A.6 节。

退出 ex 的方法包括：

:x	退出（保存更改并退出）。
:q!	不保存更改就退出。
:vi	切换到 vi 编辑器，继续编辑当前文件。

A.5.2 地址

如果没有指定地址（address），则当前行作为命令对象。如果要指定行范围作为地址，其格式为：

```
x,y
```

其中，*x* 和 *y* 分别为起始行和结束行（*x* 在缓存区中必须位于 *y* 之前）。两者可以是行号，也可以是符号。使用 ; 代替 ,，可以在解释 *y* 之前将当前行设置为 *x*。`1,$` 表示文件中的每一行，等同于 %。

A.5.3 地址符号

1,$	文件中的每一行。
x,y	第 *x* 行至 *y* 行。
x;y	第 *x* 行至 *y* 行，在计算 *y* 之前将当前行设置为 *x*。
0	文件顶端。
.	当前行。
num	绝对行号 *num*。
$	最后一行。
%	所有行；等同于 1,$。
x - *n*	*x* 之前的 *n* 行。
x + *n*	*x* 之后的 *n* 行。
-[*num*]	当前行之前的 1 行或 *num* 行。
+[*num*]	当前行之后的 1 行或 *num* 行。
' *x*	（单引号）标记为 *x* 的行。

'' （两个单引号）上一个标记。

/pattern/ 前进到匹配 *pattern* 的行。

?pattern? 后退到匹配 *pattern* 的行。

关于模式的更多用法信息，参见第 6 章。

A.5.4 选项

!

表示命令的变体形式，改变命令的正常行为。! 必须紧跟在命令之后。

count

命令重复的次数。不同于 vi 命令，*count* 不能放在命令之前，因为 ex 命令之前的数字会被视为行地址。例如，d3 会从当前行开始删除 3 行，而 3d 则是删除第 3 行。

file

受命令影响的文件名。% 代表当前文件；# 代表上一个文件。

A.6 按字母顺序排列的 ex 命令汇总

ex 命令可以通过指定唯一的缩写来输入。在下面的参考条目列表中，全称作为参考条目的标题，可能的最短形式显示在标题下方的语法行。示例假定是在 vi 中输入的，因此包含：提示符。

abbreviate

```
ab [string text]
```

定义 *string*，在输入时会被转换成 *text*。如果未指定 *string* 和 *text*，则列出当前所有的缩写。

示例

注意：输入 ^V 后按下 ENTER，就会出现 ^M。

```
:ab ora O'Reilly Media, Inc.
:ab id Name:^MRank:^MPhone:
```

append

```
[address] a[!]
text
.
```

将新文本 *text* 追加到指定地址 *address* 或当前地址（如果未指定 *address*）。加入 ! 可以切换输入期间使用的 autoindent 设置。也就是说，如果启用了 autoindent，! 会将其禁用。在输入命令后键入新文本，可通过输入仅仅包含点号的行作为结束。

示例

```
:a                          Begin appending to the current line
Append this line
and this line too.
.                           Terminate input of text to append
```

args

```
ar
args file ...
```

打印参数列表的成员（在命令行上指定的文件），当前参数（正在编辑的文件）会出现在方括号（[ ]）中。

第二种语法为 Vim 所用，可以重置编辑文件的列表。

bdelete

```
[num] bd[!] [num]
```

卸载缓冲区 *num* 并将其从缓冲区列表中删除。加入 ! 可以强制删除未保存的缓冲区。缓冲区也可以通过文件名指定。如果未指定，则删除当前缓冲区。{Vim}

buffer

```
[num] b[!] [num]
```

开始编辑缓冲区 *num*。加入！可以强制切换出未保存的缓冲区。缓冲区也可以通过文件名指定。如果未指定，则删除当前缓冲区。{Vim}

buffers

```
buffers[!]
```

打印缓冲区列表的成员。有些缓冲区（例如，已删除的缓冲区）不会被列出。加入！可以显示未列出的缓冲区。`ls` 是该命令的另一个缩写。{Vim}

cd

```
cd dir
chdir dir
```

将编辑器的当前目录切换为 *dir*。

center

```
[address] ce [width]
```

在指定的宽度 *width* 内居中。如果未指定 *width*，则使用 `textwidth`。{Vim}

change

```
[address] c[!]
text
.
```

使用文本 *text* 替换（更改）指定行。加入！可以在输入 *text* 的过程中切换 `autoindent` 设置。可通过输入仅包含点号的行作为结束。

close

```
clo[!]
```

关闭当前窗口，除非这是最后一个窗口。如果该窗口中的缓冲区没有在其他窗口中打开，则将其从内存中卸载。该命令不会关闭尚有未保存更改的缓冲区，但你可以加入！将其隐藏。{Vim}

copy

[*address*] co *destination*

将地址 *address* 处的行复制到指定的目的地址 *destination*。命令 t（“to”的缩写）是 copy 的同义词。

示例

`:1,10 co 50`	*Copy first 10 lines to just after line 50*

cquit

```
cq[!]
```

以错误码退出 Vim。当你不希望 Bash 执行编辑缓冲区中的文本时，这对于 Bash 的“为命令行调用外部编辑器”特性很有用。{Vim}

delete

[*address*] d [*register*] [*count*]

删除地址 *address* 指定的行。如果未指定寄存器 *register*，保存或追加文本至具名寄存器。寄存器名称为小写字母 a-z。使用大写字母形式的名称会将文本追加到对应的寄存器。如果指定了 *count*，则删除这些行。

示例

```
:/Part I/,/Part II/-1d       Delete to the line above "Part II"
:/main/+d                     Delete the line below "main"
:.,$d x                       Delete from this line to the last line into register x
```

edit

```
e[!] [+num] [filename]
```

开始编辑文件 *filename*。如果未指定 *filename*，则使用当前文件的副本。加入 ! 可以编辑新文件，即使当前文件尚未保存。指定 *+num*，则从第 *num* 行开始编辑。*num* 也可以是形如 */pattern* 的模式。

示例

```
:e file              Edit file in the current editing buffer
:e +/^Index #        Edit the alternate file at the first line matching the given pattern
:e!                  Start over again on the current file
```

file

```
f [filename]
```

将当前缓冲区的文件名修改为 *filename*。下次写入该缓冲区时，内容将被写入文件 *filename*。更改名称时，会设置缓冲区的“not edited”标志，表示你正在编辑一个不存在的文件。如果新文件名与磁盘上已存在的文件相同，则需要使用 `:w!` 覆盖现有文件。 指定文件名时，`%` 字符可用于表示当前文件名，`#` 可用于表示备选文件名。如果未指定 *filename*，则打印缓冲区的当前文件名和缓冲区状态。

示例

```
:f %.new
```

fold

```
address fo
```

折叠由地址 *address* 指定的行。折叠将屏幕上的若干行挤压成一行，以后可以展开。折叠不会影响文件内容。{Vim}

foldclose

```
[address] foldc[!]
```

关闭由地址 *address* 指定的折叠，如果未指定 *address*，则使用当前地址。加入 ! 可以关闭多级折叠。{Vim}

foldopen

```
[address] foldo[!]
```

打开由地址 *address* 指定的折叠，如果未指定 *address*，则使用当前地址。加入 ! 可以打开多级折叠。{Vim}

global

```
[address] g[!]/pattern/[commands]
```

对匹配模式 *pattern* 或位于地址范围内（如果指定了 *address*）的所有行执行命令 *command*。如果未指定 *command*，则打印出符合条件的所有行。加入 ! 可以对不匹配 *pattern* 的所有行执行 *command*。另可参见随后介绍的 v 命令。

示例

`:g/Unix/p`	*Print all lines containing “Unix”*
`:g/Name:/s/tom/Tom/`	*Change “tom” to “Tom” on all lines containing “Name:”*

hide

```
hid
```

关闭当前窗口，除非这是最后一个窗口，但并不会从内存中删除该缓冲区。此命令可以安全地用于未保存的缓冲区。{Vim}

---

insert

```
[address] i[!]
text
.
```

在指定的地址 *address* 之前插入文本 *text*，如果未指定 *address*，则使用当前地址。加入！可以在输入 *text* 的过程中切换 `autoindent` 设置。可通过输入仅包含点号的行作为结束。

---

join

```
[address] j[!] [count]
```

将指定范围内的文本合并为一行，同时调整空白字符，确保点号（`.`）后有两个空格，`)`前没有空格，其他情况为一个空格。加入！则不做空白字符调整。

示例

`:1,5j!`	*Join the first five lines, preserving whitespace*

---

jumps

```
ju
```

打印用于 CTRL-I 和 CTRL-O 命令的跳转列表。跳转列表保存了大部分跨多行的移动命令，记录着每次跳转之前的光标位置。{Vim}

---

k

    [address] k ch

同 mark；参见随后介绍的 mark 命令。

---

last

    la[!]

编辑命令行参数列表中指定的最后一个文件。{Vim}

---

left

    [address] le [count]

将地址 *address* 指定的行左对齐，如果没有指定 *address*，则使用当前行。每行缩进 *count* 个空格。{Vim}

---

list

    [address] l [count]

打印指定行，其中的制表符显示为 ^I，换行符显示为 $。该命令就像临时版的 :set list。

---

map

    map[!] [string commands]

将名为 *string* 的键盘宏定义为指定的 *commands* 序列。*string* 通常是单个字符或一系列 *#num*，后者代表键盘上的功能键。使用 ! 创建输入模式下的宏。如果不指定参数，则列出当前已定义的宏。

示例

```
:map K dwwP            Transpose two words
:map q :w^M:n^M        Write the current file; go to the next file
:map! + ^[bi(^[ea)     Enclose the previous word in parentheses
```

Vim 有 K 和 q 命令，示例中定义的宏会将这两个命令隐藏起来。

---

mark

[*address*] ma *char*

使用单个小写字母 *char* 标记指定行。和 k 命令一样。随后可以使用 'x（单引号加上 *x*，其中的 *x* 与 *char* 相同）。Vim 也可以使用大写字母和数字作为标记。小写字母的用法和 vi 中一样。大写字母与文件名关联，可在多个文件之间使用。数字标记则在特殊文件 *.viminfo* 中维护，无法使用该命令设置。

---

marks

marks [*chars*]

打印由 *chars* 指定的标记列表，如果未指定 *chars*，则打印出当前所有的标记。{Vim}

示例

```
:marks abc             Print marks a, b, and c
```

---

mkexrc

mk[!] *file*

创建一个 *.exrc* 文件，其中包含用于更改的 ex 选项和按键映射的 set 命令。该命令可以保存当前的配置项设置，以便你随后恢复。如果未指定 *file*，则文件默认为当前目录中的 *.exrc*。{Vim}

move

```
[address] m destination
```

将地址 *address* 指定的行移动到地址 *desination* 指定的位置。

示例

`:.,/Note/m /END/`	*Move a text block to after the line containing "END"*

new

```
[count] new
```

创建一个高度为 *count* 行且缓冲区为空的新窗口。{Vim}

next

```
n[!] [[+num] filelist]
```

编辑命令行参数列表中的下一个文件。`args` 命令可以列出这些文件。如果指定了 *filelist*，则使用 *filelist* 替换当前参数列表并开始编辑第一个文件。如果指定了 *+num*，就从第 *num* 行开始编辑。*num* 也可以是形如 */pattern* 的模式。

示例

`:n chap*`	*Start editing all "chapter" files*

nohlsearch

```
noh
```

使用 hlsearch 配置项时，暂停高亮显示所有的搜索匹配结果。在下一次搜索时恢复高亮显示。{Vim}

---

number

```
[address] nu [count]
or
[address] # [count]
```

打印出由地址 *address* 指定的所有行，每一行之前加上行号。可以使用 # 作为 number 的替代缩写。*count* 指定了从 *address* 开始要显示的行数。

---

only

```
on [!]
```

使当前窗口称为屏幕上唯一的窗口。如果打开窗口的缓冲区内容有改动，则不从屏幕上移除该窗口（将其隐藏），除非你使用 ! 字符。{Vim}

---

open

```
[address] o [/pattern/]
```

在地址 *address* 指定或 *pattern* 匹配的行进入打开模式（open mode）（vi）。使用 Q 退出该模式。打开模式允许你使用一般的 vi 命令，但一次只能作用于一行。对于超长距离的 ssh 连接可能有用。

---

packadd

```
pa[!] packagename...
```

搜索与 *packagename* 匹配的插件目录并加载插件。详见 Vim 帮助。{Vim}

---

preserve

```
pre
```

保存编辑器当前缓冲区内容，避免系统崩溃。

---

previous

```
prev[!]
```

编辑命令行参数列表中的前一个文件。{Vim}

---

print

[*address*] p [*count*]

打印由 *address* 指定的行。*count* 指定了从 *address* 开始要打印的行数。P 是该命令的另一个缩写。

示例

:100;+5p	*Show line 100 and the next five lines*

---

put

[*address*] pu [*char*]

将先前保存在具名寄存器（由 *char* 指定）中被删除或复制的行放置在由地址 *address* 指定的位置。如果未指定 *char*，则恢复最后一次删除或复制的文本。

---

qall

```
qa[!]
```

关闭所有窗口并终止当前编辑会话。使用！丢弃已做的所有更改。{Vim}

---

quit

```
q[!]
```

终止当前编辑会话。使用！丢弃已做的所有更改。如果编辑会话包含参数列表中其他尚未访问过的文件，输入 q! 或 qq 退出。仅当屏幕上还有其他窗口打开时，Vim 才会关闭编辑窗口。

---

read

[*address*] r *filename*

复制文件 *filename* 中由地址 *address* 指定的行。如果未提供 *filename*，则使用当前文件。

示例

`:0r $HOME/data`	*Read the named file in at the top of the current file*

---

read

[*address*] r !*command*

将命令 *command* 的输出读入由地址 *address* 指定的行之后。

示例

`:$r !spell %`	*Place the results of spellchecking at the end of the file*

---

recover

```
rec [file]
```

从系统保留区恢复文件 *file*。

---

redo

```
red
```

重新执行最后一次撤销的更改。同 CTRL-R。{Vim}

---

resize

```
res [[±]num]
```

将当前窗口的高度重新调整为 *num* 行。如果指定了 + 或 -，则将当前窗口的高度增加或减少 *num* 行。{Vim}

---

rewind

```
rew[!]
```

回倒（rewind）参数列表并开始编辑列表中的第一个文件。如果加入 !，即便是当前文件尚未保存，依然回倒参数列表。

---

right

```
[address] ri [width]
```

将地址 *address* 指定的行右对齐到第 *width* 列，如果没有指定 *address*，则使用当前行。如果没有指定 *width*，就使用 textwidth 配置项的值。{Vim}

---

sbnext

```
[count] sbn [count]
```

拆分当前窗口，开始编辑缓冲区列表中的接下来第 next 个缓冲区。如果未指定 *count*，则编辑缓冲区列表中的下一个缓冲区。{Vim}

---

sbuffer

```
[num] sb [num]
```

切分当前窗口，在新窗口中开始编辑缓冲区列表中第 *num* 个缓冲区。也可以使用文件名指定要编辑的缓冲区。如果未指定缓冲区，则在新窗口中打开当前缓冲区。{Vim}

---

set

```
se parameter1 parameter2...
```

使用 *parameter* 为配置项设置值，如果没有指定 *parameter*，则打印出所有默认值已改变的配置项。对于布尔型配置项，每个 *parameter* 都可以表述为 *option* 或 n*ooption*；其他类型的配置项可以使用语法 `option=value` 赋值。指定 `all` 可以列出当前设置。`set` *`option`*? 可以显示配置项的值。附录 B 列出 `set` 的各种配置项。

示例

```
:set nows wm=10
:set all
```

---

shell

```
sh
```

创建一个新 shell。shell 终止时恢复编辑。

---

snext

```
[count] sn [[+num] filelist]
```

拆分当前窗口，开始在新窗口内编辑命令行参数列表中的下一个文件。如果指定了 *count*，则编辑接下来第 *count* 个文件。如果指定了 *filelist*，就使用 *filelist* 替换当前参数列表并开始编辑第一个文件。如果指定了 *+num* 参数，则从第 *num* 行开始编辑。*num* 也可以是形如 */pattern* 的模式。{Vim}

---

source

```
so file
```

读取（源引）并执行文件 *file* 中的 ex 命令。

示例

```
:so $HOME/.exrc
```

---

split

```
[count] sp [+num] [filename]
```

切分当前窗口并在新窗口中载入文件 *filename*，如果未指定 *filename*，则在两个窗口中载入同样的缓冲区。新窗口高度为 *count* 行，如果未指定 *count*，就将窗口等分为二。如果指定了 *+n* 参数，则从第 *num* 行开始编辑。*num* 也可以是形如 */pattern* 的模式。{Vim}

---

sprevious

```
[count] spr [+num]
```

拆分当前窗口，开始在新窗口内编辑命令行参数列表中的前一个文件。如果指定了 *count*，则编辑之前第 *count* 个文件。如果指定了 *+num* 参数，则从第 *num* 行开始编辑。*num* 也可以是形如 */pattern* 的模式。{Vim}

---

stop

```
st
```

挂起编辑会话。效果同 CTRL-Z。使用 shell 命令 fg 恢复会话。

substitute

```
[address] s [/pattern/replacement/] [options] [count]
```

使用 *replacement* 替换指定行中 *pattern* 的第一处匹配。如果未指定 *pattern* 和 *replacement*，则重复最后一次替换。*count* 指定了从地址 *address* 开始的行数。

options

c　每次替换前提示确认

g　替换每行中匹配 *pattern* 的所有内容（全局替换）

p　打印出执行替换的最后一行

示例

`:1,10s/yes/no/g`	*Substitute on the first 10 lines*
`:%s/[Hh]ello/Hi/gc`	*Confirm global substitutions*
`:s/Fortran/\U&/ 3`	*Uppercase "Fortran" on the next three lines*
`:g/^[0-9][0-9]*/s//Line &:/`	*For every line beginning with one or more digits, add "Line" and a colon*

suspend

```
su
```

挂起编辑会话。效果同 CTRL-Z。使用 shell 命令 fg 恢复会话。

sview

```
[count] sv [+num] [filename]
```

同 split 命令，但是会为新缓冲区设置 readonly 配置项。{Vim}

t

```
[address] t destination
```

将地址 *address* 处的行复制到指定的目的地址 *destination*。t（“to”的缩写）是 copy 的同义词。

示例

`:%t$`	*Copy the file and add it to the end*

tag

```
[address] ta tag
```

在 *tags* 文件中，寻找匹配 *tag* 的文件和行并由此开始编辑。

示例

运行 ctags，然后切换到包含 main 的文件：

```
:!ctags *.c
:tag main
```

tags

```
tags
```

打印出标签栈中的所有标签。{Vim}

unabbreviate

```
una word
```

从缩写列表中删除 *word*。

---

undo

```
u
```

撤销最后一次编辑操作所做的更改。在 `vi` 中，`undo` 命令能够撤销自身，重新执行刚被撤销的操作。Vim 支持多级撤销。在 Vim 中，可以使用 `redo` 恢复已撤销的更改。

---

unhide

```
[count] unh
```

拆分屏幕，为缓冲区列表中的每个活跃缓冲区显示一个窗口。如果指定了 *count*，则将窗口数量限制在该值。{Vim}

---

unmap

```
unm[!] string
```

从键盘宏列表中删除 *string*。使用 ! 删除输入模式的宏。

---

v

```
[address] v/pattern/[command]
```

对不匹配模式 *pattern* 的行执行命令 *command*。如果未指定 *command*，则打印出这些行。v 等同于 `g!`。参见先前的 `global`。

示例

```
:v/#include/d
```
Delete all lines except "#include" lines

---

version

```
ve
```

打印编辑器的版本信息。

---

view

vie [+*num*] [*filename*]

同 edit，但是会将文件设为 readonly。如果在 ex 模式中执行该命令，会返回到普通模式或可视模式。{Vim}

---

visual

[*address*] vi [*type*] [*count*]

在地址 *adress* 指定的行进入可视模式（vi）。按 Q 返回 ex 模式。*type* 可以是 -、^ 或 .（参见最后的 z 命令）。*count* 指定了初始窗口大小。

---

visual

vi [+*num*] *file*

在可视模式中编辑文件（vi），如果指定了 *num* 参数，则从第 *num* 行开始编辑。*num* 也可以是形如 /*pattern* 的模式。{Vim}

---

vsplit

```
[count] vs [+num] [filename]
```

同 split 命令，但是垂直拆分窗口。*count* 可用于指定新窗口的高度。{Vim}

---

wall

```
wa[!]
```

将带有文件名的缓冲区的更改写入。加入 ! 会强制写入被标记为 readonly 的缓冲区。{Vim}

---

wnext

```
[count] wn[!] [[+num] filename]
```

写入当前缓冲区并打开参数列表中的下一个文件或第 *count* 个文件（如果指定了 *count*）。如果指定了 *filename*，则编辑该文件。如果指定了 +*num* 参数，就从第 *num* 行开始编辑。*num* 也可以是形如 /*pattern* 的模式。加入 ! 可以强制写入标记为 readonly 的缓冲区。{Vim}

---

wq

```
wq[!]
```

写入并退出文件，一气呵成。加入 ! 可以强制编辑器覆盖 *file* 的当前内容。

---

wqall

```
wqa[!]
```

写入所有更改过的缓冲区并退出编辑器。加入 ! 可以强制写入标记为 readonly 的缓冲区。xall 是该命令的别名。{Vim}

---

write

```
[address] w[!] [[>>] file]
```

将地址 *address* 指定的行或缓冲区的全部内容（如果未指定 *address*）写入文件 *file*。如果忽略 *file*，则将缓冲区内容保存到当前文件中。如果使用 >>*file*，将行追加到 *file* 末尾。加入 ! 可以强制编辑器覆盖 *file* 的当前内容。

示例

`:1,10w name_list`	*Copy the first 10 lines to the file name_list*
`:50w >> name_list`	*Now append line 50*

---

write

```
[address] w !command
```

将地址 *address* 指定的行写入命令 *command*。

示例

`:1,66w !pr -h myfile | lpr`	*Print the first page of the file*

X

```
X
```

提示密钥。该命令在输入密钥时不会在控制台中回显，比 :set key 更好。要删除密钥，只需要将 key 配置项重置为空值即可。{Vim}

xit

```
x
```

如果文件自上次写入后有改动，则写入文件并退出。

---

yank

```
[address] y [char] [count]
```

将地址 *address* 指定的行放入具名寄存器 *char*。寄存器名称为小写字母 a-z。使用大写字母形式的名称会将文本追加到对应的寄存器。如果未指定 *char*，则将行放入一般寄存器。*count* 指定了从 *address* 开始要复制的行数。

示例

`:101,200 ya a`　　*Copy lines 101–200 to register a*

---

z

```
[address] z [type] [count]
```

显示一个文本窗口，其中由地址 *address* 指定的行位于窗口顶端。*count* 指定了要显示的行数。

---

type

+

　将指定的行置于窗口顶端（默认）。

-

　将指定的行置于窗口底部。

.

　将指定的行置于窗口中间。

^

　打印上一个窗口。

=

　将指定的行置于窗口中间并使该行成为当前行。

&

```
[address] & [options] [count]
```

重复上一个替换（s）命令。*count* 指定了要从 *address* 开始替换的行数。*options* 的取值和 *substitute* 命令一样。

示例

```
:s/Overdue/Paid/      Substitute once on the current line
:g/Status/& Redo      the substitution on all "Status" lines
:g/Status/&g          Redo the substitution on all "Status" lines globally
```

@

```
[address] @ [char]
```

执行由 char 指定的寄存器的内容。如果指定了 address，则先将光标移至该地址。如果 char 为 @，重复上一个 @ 命令。

=

```
[address] =
```

打印地址 *address* 指定行的行号。默认是最后一行的行号。

!

```
[address] !command
```

在 shell 中执行命令 *command*。如果指定了地址 *address*，则使用由 *address* 指定的行作为 *command* 的标准输入，并使用该命令的输出和错误输出替换这些行。这称为通过 *command* 过滤文本。

示例

`:!ls`　　*List files in the current directory*
`:11,20!sort -f`　　*Sort lines 11–20 of the current file*

< >

[*address*] < [*count*]
或
[*address*] > [*count*]

将地址 *address* 指定的行向左（<）或向右（>）移动。移动时仅添加或删除前导（leading）空格和制表符。*count* 指定从 *address* 开始要移动的行数。`shiftwidth` 配置项控制移动的列数。重复 < 或 > 会增加移位距离。例如，`:>>>` 的移动距离是 `:>` 的三倍。

~

[*address*] ~ [*count*]

使用最近的 `s`（substitute）命令的替换模式代替刚用过的正则表达式（即便该正则表达式用于搜索而非 `s` 命令）。这个命令相当晦涩，详见第 6 章。

---

address

address

打印由地址 *address* 指定的行。

ENTER

打印文件中的下一行。（仅限于 `ex`，是适用于 `vi` 的 `:` 提示符）

附录 B

设置配置项

该附录描述了“Heirloom” vi、Solaris /usr/xpg7/bin/vi 以及 Vim 8.2 中重要的 set 命令配置项。

B.1 Heirloom 和 Solaris vi 的配置项

表 B-1 简要描述了重要的 set 命令配置项。第 1 列以字母顺序列出了配置项；如果某个配置项有缩写形式，则在括号中显示缩写。第 2 列显示了未明确使用 set 命令时（手动执行或置于 *.exrc* 文件中）vi 使用的配置项默认值。最后一列描述了该配置项的用途。

表 B-1：Heirloom 和 Solaris vi 的配置项

配置项	默认值	描述
autoindent (ai)	noai	在插入模式中，使每一行的缩进与其上一行或下一行相同。与 shiftwidth 配置项配合使用。
autoprint (ap)	ap	更改编辑器命令执行后的显示。对于全局替换，显示最后一次替换结果。
autowrite (aw)	noaw	如果文件更改出现在使用 :n 打开另一个文件或使用 :! 执行 Unix 命令之前，则自动写入（保存）文件。
beautify (bf)	nobf	在输入过程中忽略所有的控制字符（制表符、换行符、馈页符除外）。
directory (dir)	*/var/tmp*	指定 ex/vi 存储缓冲区文件的目录。目录必须可写。

表 B-1：Heirloom 和 Solaris vi 的配置项（续）

配置项	默认值	描述
edcompatible	noedcompatible	记住与最近的 substitute 命令一起使用的标志（g、c），并将其用于下一个 substitute 命令。尽管有这个配置项，但实际上没有任何版本的 ed 这么做。
errorbells (eb)	noerrorbells	出现错误时响铃。
exrc (ex)	noexrc	允许执行用户主目录之外的 *.exrc* 文件。
flash (fp)	fp	使用闪屏代替响铃。
hardtabs (ht)	8	定义终端硬件制表符的边界。
ignorecase (ic)	noic	在搜索时忽略字母大小写。
lisp	nolisp	以适当的 Lisp 格式插入缩进。修改 ( )、{ }、[[、]]，使其符合 Lisp 的意义。
list	nolist	将制表符显示为 ^I，换行符显示为 $。
magic	magic	使通配符 .（点号）、*（星号）、[ ]（方括号）在搜索模式中具备特殊含义。
mesg	mesg	在使用 vi 进行编辑期间，允许在终端显示系统消息。
novice	nonovice	要求使用 ex 命令的全名，比如 copy 或 read。仅适用于 Solaris vi。
number (nu)	nonu	编辑会话期间在屏幕左侧显示行号。
open	open	允许从 ex 进入打开模式或可视模式。尽管在 Solaris vi 中不可用，但该配置项在 vi 中一直存在，也许在你的 Unix 版本 vi 中也能找到。
optimize (opt)	noopt	打印多行时取消行尾回车；当打印带有前导空白字符（空格或制表符）的行时，这会加速哑终端的输出。
paragraphs (para)	IPLPPPQP LIpplpipbp	定义使用 { 或 } 移动时的段落分隔符。该值中的一对字符使用的是作为段落起始的 troff 宏名。
prompt	prompt	执行 vi 的 Q 命令时显示 ex 提示符（:）。
readonly (ro)	noro	除非在写入命令之后使用 !，否则所有的写入（保存）文件操作均会失败（适用于 w、ZZ 或 autowrite）。
redraw (re)		只要执行编辑操作就重绘屏幕（也就是说，插入模式会覆盖现有字符，删除的行会立即消失）。默认值取决于线路速度和终端类型。noredraw 适用于慢速哑终端：被删除的行显示为 @，插入的文本会覆盖已有文本，直到按下 ESC。该配置项实际上已经被废弃了；让 vi 决定如何设置即可。
remap	remap	允许嵌套映射序列。
report	5	只要出现影响一定数量行的编辑操作，就在状态栏显示消息。例如，6dd 会显示消息“6 lines deleted”。

表 B-1：Heirloom 和 Solaris vi 的配置项（续）

配置项	默认值	描述
scroll	[½ *window*]	使用 ^D 和 ^U 命令滚动的行数。
sections (sect)	SHNHH HU	定义使用 [[或]] 移动时的节分隔符。该值中的一对字符使用的是作为节起始的 troff 宏名。
shell (sh)	*/bin/sh*	用于 shell 转义（:!）和 shell 命令（:sh）的 shell 路径。默认值从 shell 环境中获取，在不同的系统上会有不同的值，不过通常是 */bin/sh*。
shiftwidth (sw)	8	定义了使用 autoindent 配置项以及 << 和 >> 命令时，后向（^D）制表符（backward tabs）中的空格数。
showmatch (sm)	nosm	在 vi 中，当输入) 或 } 时，光标会短暂移动到与之匹配的 (或 {（如果没有匹配，则响铃）。非常适合于编程。
showmode	noshowmode	在插入模式中，在提示行（prompt line）显示消息，表明当前的插入类型。例如，“OPEN MODE”或“APPEND MODE”。
slowopen (slow)		插入期间暂停显示。默认值取决于线路速度和终端类型。
sourceany	nosourceany	允许读取不属于当前用户的 *.exrc* 文件。仅适用于“Heirloom” vi。
tabstop (ts)	8	定义编辑会话期间制表符缩进的空格数（打印机依然使用 8 个空格的系统制表符）。
taglength (tl)	0	定义标签的有效字符数量。默认值（0）表示所有字符均有意义。
tags	*tags /usr/lib/tags*	定义包含 *tags* 的文件路径。参见 Unix 的 ctags 命令。默认情况下，vi 会在当前目录和 */usr/lib/tags* 中搜索 *tags* 文件。
tagstack	tagstack	在栈上启用标签位置栈。仅适用于 Solaris vi。
term		设置终端类型。
terse	noterse	显示更简短的错误消息。讽刺的是，该配置项竟然没有缩写。
timeout (to)	timeout	键盘映射在 1 秒钟之后超时。注
ttytype		设置终端类型。这不过就是 term 的另一个名称而已。
warn	warn	显示警告消息“No write since last change”。
window (w)		在屏幕上显示文件中一定数量的行。默认值取决于线路速度和终端类型。
wrapmargin (wm)	0	定义右边距。如果大于 0，则自动插入回车折行。
wrapscan (ws)	ws	碰到文件首尾时折回继续搜索。
writeany (wa)	nowa	允许保存到任何文件。

注：当您有多个按键的映射时（例如，:map zzz 3dw），你可能需要使用 notimeout。否则，你就得在一秒钟内键入 zzz。如果你有方向键的插入模式映射（例如，:map! ^[OB ^[ja），应该使用 timeout。否则，在你按另一个键之前，vi 将不会对 ESC 做出任何反应。

B.2 Vim 8.2 的配置项

在上一节中，我们列出了所有 46 个“Heirloom”和 Solaris set 命令配置项。Vim 8.2 有超过 400（!）个 set 命令配置项。表 B-2 列出了我们认为最有用的那些。

在表 B-1 中出现过的大部分配置项不会再重复出现。

表 B-2 中的摘要不可避免地非常简短。关于每个配置项的更多信息可以在 Vim 的在线帮助文件 *options.txt* 中找到。

表 B-2：Vim 8.2 set 配置项

配置项	默认值	描述
autoread (ar)	noautoread	检测 Vim 打开的文件是否已经在外部被修改并使用改动过的文件版本刷新 Vim 缓冲区。
background (bg)	dark 或 light	Vim 尝试使用适合于特定终端的背景色和前景色。默认值取决于当前终端或窗口系统。
backspace (bs)	0	控制是否可以在换行符和 / 或插入起始处退格（backspace）。0 表示兼容 vi；1 表示可以在换行符和缩进处退格；2 表示可在换行符、插入和缩进起始处退格。
backup (bk)	nobackup	在覆盖文件前先备份，当文件成功写入后保留该备份。要在写入文件时作备份，可以使用 writebackup 配置项。另见 writebackup。
backupdir (bdir)	.,~/tmp/, ~/	用于备份文件的目录列表，彼此之间以逗号分隔。备份文件会先尝试在列表中的第一个目录内创建。如果该值为空，则无法创建备份。.（点号）表示与被编辑的文件所在的目录相同。
backupext (bex)	~	该字符串会被追加到文件名，以生成备份文件。
binary (bin)	nobinary	改变其他一些配置项，使编辑二进制文件更容易。这些配置项先前的值会被记住，在 binary 配置项关闭时恢复。每个缓冲区都有自己的一组已保存的配置项值。该配置项应该在编辑二进制文件之前设置。你也可以使用 -b 命令行选项。

表 B-2：Vim 8.2 set 配置项（续）

配置项	默认值	描述
breakat (brk)	" ^I!@*-+;:,./?"	如果启用了 linebreak 配置项，则在 breakat 配置项设置的任意字符处断行。另外可参阅用于自定义此功能的配置项 breakindent、linebreak、showbreak。
breakindent (bri)	nobreakindent	对由 breakat 配置项折行的那些行进行缩进。
cdpath (cd)	和环境变量 CDPATH 的值相同	目录列表，Vim 使用 ex 命令 cd 或 lcd 在其中搜索，其方式与 shell 的 $CDPATH 一样。如果你在 shell 中用过，应该不会感到陌生。
cindent (cin)	nocindent	启用 C 程序自动智能缩进。
cinkeys (cink)	0{,0},:,0#,!^F, o,O,e	按键列表，在插入模式中按下这些键时，会重新缩进当前行。仅在启用 cindent 的情况下有效。
cinoptions (cino)		影响 cindent 在 C 程序中对行重新缩进的方式。详见在线帮助。
cinwords (cinw)	if, else, while, do, for, switch	如果设置了 smartindent 或 cindent，这些关键字会在下一行加入一个额外的缩进。对于 cindent，这时会在适合的位置发生（{...} 之内）。
cmdwinheight (cwh)	数字（默认为 7）	命令行窗口内的行数。
colorcolumn (cc)	空串	将以逗号分隔的列表中的列高亮显示。这有助于可视化垂直文本对齐。
columns (co)	80 或终端宽度	通常由 Vim 设置。如果你有偏好（正如我们其中一位作者那样），可以帮助你在启动时定义 GUI 实例。另见 lines。
comments (com)	s1:/*,mb:*,ex:*/,://,b:#,:%,:XCOMM,n:>,fb:-	以逗号分隔的字符串列表，可用于开启注释行。详见在线帮助。
compatible (cp)	cp; nocp（如果缺失 *.vimrc* 或 Vim 运行时文件 *defaults.vim*）	使 Vim 的行为在诸多方面（这里不再逐一描述）更像 vi。为了避免出乎意料，该配置项默认启用。如果 *.vimrc* 存在，vi 兼容性就会被关闭，这通常也是我们想要的副作用。[注]
completeopt (cot)	menu,preview	以逗号分隔的配置项列表，用于插入模式补全。
cpoptions (cpo)	aABceFs	单字母标志序列，每个标志指明了 Vim 是否要在某种行为方面严格模仿 vi。如果为空，则使用 Vim 默认值。详见在线帮助。

表 B-2：Vim 8.2 set 配置项（续）

配置项	默认值	描述
cursorcolumn (cuc)	nocursorcolumn	以 CursorColumn 高亮显示光标所在列。这有助于垂直排列文本，但是会降低屏幕显示速度。
cursorline (cul)	nocursorline	以 CursorRow 高亮显示光标所在行，方便找出编辑会话中的当前行。与 cursorcolumn 结合使用可以实现十字准线效果，但是会降低屏幕显示速度。
cursorlineopt (culopt)	字符串，""	定义 cursorline 的行为（必须设置 cursor line 才能生效）。最有用的效果是将其设置为 number。这将只高亮显示行号。虽然高亮整个行也不错，但与语法着色一起使用时，会显得很混乱，因为高亮会改变行的颜色和背景。
define (def)	^#\s*define	描述宏定义的搜索模式。默认值用于 C 程序。对于 C++，则使用 ^\(#\s*define\\|[a-z]*\s*const\s*[a-z]*\)。使用 :set 命令时，你需要使用两个反斜线。
dictionary (dict)	空串	以逗号分隔的文件名列表，用于关键字补全。
digraph (dg)	nodigraph	有助于用 *character1*，BACKSPACE，*character2* 输入二合字母。参见 13.3 节。
directory (dir)	., ~/tmp, /tmp	以逗号分隔的目录名列表，用于交换文件。交换文件会尽量在第一个目录中创建。如果该值为空，则不使用交换文件，因而也无法进行恢复！ .（点号）表示将交换文件放在与被编辑的文件相同的目录。推荐将 . 作为列表的第一项，这样的话，如果编辑同一个文件两次，就会产生警告。
equalprg (ep)		用于 = 命令的外部程序。如果该配置项为空，则使用内部格式化功能。
errorfile (ef)	errors.err	用于 quickfix 模式的错误文件名称。如果使用了 -q 命令行选项，errorfile 被设置为该选项的参数。
errorformat (efm)	（太长了，故不在此列出）	类似于 scanf 的格式描述，用于错误文件中的行。
expandtab (et)	noexpandtab	在插入制表符时，将其扩展为适当数量的空格。
fileformat (ff)	unix	描述读取 / 写入当前缓冲区时如何终止行。可取的值包括 dos（CR/LF）、unix（LF）和 mac（CR）。Vim 通常会自动设置。

表 B-2：Vim 8.2 set 配置项（续）

配置项	默认值	描述
fileformats (ffs)	dos,unix	列出 Vim 读取文件时要尝试的行终止方式。多个名称可以实现行尾自动检测功能。
fixendofline (fixeol)	on	这可以确保在保存文件时，在文件的最后一行追加适合的换行符。如果你不需要，可以将其关闭。例如，如果你正在编辑二进制文件，那就用不着该配置项了。
formatoptions (fo)	Vim 默认值：tcq； vi 默认值：vt	用于描述如何自动格式化的字母序列。详见在线帮助。
gdefault (gd)	nogdefault	使 substitute 命令替换所有匹配。
guifont (gfn)		以逗号分隔的字体列表，会在启动 Vim 的 GUI 版时尝试使用。
hidden (hid)	nohidden	从窗口卸载当前缓冲区时，选择将其隐藏，而非丢弃。
history (hi)	Vim 默认值：20； vi 默认值：0	控制在命令行历史中记录多少 ex 命令、搜索字符串和表达式。可以把这个值设得大一些。计算机内存又不贵！ 14.2 节给出了一个如何利用命令行历史的例子。
hlsearch (hls)	nohlsearch	高亮显示最近一次搜索的所有匹配结果。
icon	noicon	Vim 尝试更改与所在窗口关联的图标文本。会被 iconstring 配置项覆盖。
iconstring		用作窗口图标文本的字符串值。
ignorecase (ic)	noignorecase	搜索时忽略字母大小写。另见 smartcase。
include (inc)	^#\s*include	定义查找 include 指令的搜索模式。默认值适用于 C 程序。
incsearch (is)	noincsearch	允许增量搜索。
isfname (isf)	@,48-57,/,.,-,_, +,,,$,:,~	可以出现在文件名和路径中的一系列字符。非 Unix 系统会有不同的默认值。@ 代表任意的字母字符，也可用于接下来介绍的 is*XXX* 配置项。
isident (isi)	@,48-57,_,192-255	可以出现在标识符中的一系列字符。非 Unix 系统会有不同的默认值。
iskeyword (isk)	@,48-57,_,192-255	可以出现在关键字中的一系列字符。非 Unix 系统会有不同的默认值。许多命令都使用关键字进行搜索和识别，比如 w、[i 等。
isprint (isp)	@,161-255	可以直接在屏幕上显示的一系列字符。

表 B-2：Vim 8.2 set 配置项（续）

配置项	默认值	描述
laststatus (ls)	2	控制最后一个窗口何时有状态栏。0 表示从不，1 表示至少有两个窗口的情况下，2 表示始终。
linebreak (lbr)	nolinebreak	将较长的行在 berakat 定义的字符串断行。Vim 会折行，以保持整行可见。
lines	24 或终端高度	通常由 Vim 设置。如果你使用 GUI，喜欢在启动 Vim 时定义行数，可以使用该配置项。另见 columns。
listchars (lcs)	eol:$	当设置了 list 配置项时，用于自定义 Vim 显示的内容。可用于将空格定义为点号。（更精细的做法是使用 lead:. 和 trail:. 来定义前导空格和尾随空格：:set listchars+=lead:.,trail:.）
makeef (mef)	*/tmp/vim##.err*	:make 命令的错误文件名。非 Unix 系统会有不同的默认值。## 会被数字代替，以确保文件名的唯一性。
makeprg (mp)	make	:make 命令使用的程序。值包含的 % 和 # 会被扩展。
matchpairs (mps)	(:),{:},[:]	以冒号分隔的匹配字符对偶（两个字符不能一样），彼此之间又以逗号分隔。可以加入 <:> 用于 HTML 匹配。:set matchpairs+="<:>"
modifiable (ma)	modifiable	关闭时，不允许更改缓冲区。
mouse	a（适用于 GUI、MS-DOS、Win32）	在 Vim 的非 GUI 版本中启用鼠标。这适用于 MS-DOS、Win32、QNX pterm、xterm。详见在线帮助。
mousehide (mh)	nomousehide	在键盘输入时隐藏鼠标指针。当鼠标移动时恢复指针。
numberwidth (nuw)	vi 默认值：8；Vim 默认值：4	定义用于行号的列宽（使用 number 或 relativnumber 设置）。Vim 总是使用最后的位置作为分隔行号与文本之间的空格。我们推荐将该值至少设置为 6。
paste	nopaste	修改大量配置项，使得在 Vim 窗口中使用鼠标执行粘贴操作时不会弄乱粘贴的文本。如果将其关闭，其他配置项也会恢复先前的设置。详见在线帮助。

表 B-2：Vim 8.2 set 配置项（续）

配置项	默认值	描述
relativenumber (rnu)	norelativenumber	对窗口左侧的行进行相对编号（相对于当前行）。例如，当前行显示正确的行号，其上下所有行显示相对于该行的偏移。这对于块命令很有用，因为不用再计算行数了。
ruler (ru)	noruler	显示光标位置的行号和列号。
scrollbind (scb)	noscrollbind	将当前窗口与其他同样设置了 scrollbind 的窗口绑定在一起滚动。这有助于 diff 比较。
scrolloff (so)	0（在 *defaults.vim* 中为 5）	设置在滚动时光标上方或下方的最小行数。可用于强制在当前位置周围显示上下文行。我们喜欢将 scrolloff 设置为 3。
scrollopt (sbo)	ver,jump	定义 scrollbind 的行为。ver 在 scrollbind 窗口之间绑定了垂直滚动。详见 Vim 帮助。
secure	nosecure	在启动文件中禁用某类命令。如果 *.vimrc* 和 *.exrc* 文件不属于你所有，则自动启用该配置项。
shellpipe (sp)		用于将 :make 的输出捕获进文件的 shell 字符串。默认值取决于 shell。
shellredir (srr)		用于将过滤器的输出捕获进临时文件的 shell 字符串。默认值取决于 shell。
showbreak (sbr)	空串	在折行（wrapped lines）前插入该字符串。
showcmd (sc)	showcmd（Vim），noshowcmd（Unix），在 *defaults.vim* 中也有定义	在输入 vi 命令模式的命令时将其显示出来。Vim 将命令显示在 ex 命令模式行的右侧。例如，更改 5 个单词的 vi 命令 5cw 会在输入时逐步显示。这有助于在构建命令时对其进行跟踪。
showmode (smd)	Vim 默认值：smd；vi 默认值：nosmd	在插入、替换和可视模式的状态栏中放置一条消息。
sidescroll (ss)	0	水平滚动多少列。如果值为 0，表示将光标置于屏幕中间。
smartcase (scs)	nosmartcase	如果搜索模式中包含大写字母，则覆盖 ignorecase 配置项。
spell	nospell	启用拼写检查。
spelllang (spl)	en	以逗号分隔的拼写检查语言文件。
suffixes	*.bak,~,.o,.h,.info,.swp	该配置项设置了在文件名补全时，如果出现多个匹配模式的文件，匹配项之间的优先级，以此决定 Vim 该使用哪个。

表 B-2：Vim 8.2 set 配置项（续）

配置项	默认值	描述
taglength (tl)	0	定义了标签的有效字符数。默认值（0）表示所有字符均有效。
tagrelative (tr)	Vim 默认值：tr； vi 默认值：notr	来自另一目录的 *tags* 文件中的文件名被视为相对于该 *tags* 文件所在的目录。
tags (tag)	./tags,tags	用于 :tag 命令的文件名，以空格或逗号分隔。最前面的 ./ 会被当前文件的完整路径所替换。
tildeop (top)	notildeop	使 ~ 命令表现得像一个操作符。
undolevels (ul)	1000	可以撤销更改的最大次数。0 表示兼容 vi：可以撤销一次，u 可以撤销自身。非 Unix 系统会有不同的默认值。
viminfo (vi)		在启动时读取 *viminfo*，退出时写入 *viminfo*。这个值很复杂，控制着 Vim 保存在该文件中的各类信息。详见在线帮助。
writebackup (wb)	writebackup	在覆盖文件之前先创建备份。文件被成功写入之后删除备份，除非启用了 backup 配置项。

注：从 Vim 8.0 开始，如果 Vim 的运行时文件 *defaults.vim* 或系统范围的 *defaults.vim* 存在，Vim 会关闭 compatible。这种默认行为要好得多，解决了新手们长期以来的抱怨和困惑：尝试 Vim 时却没看到 Vim 特定的行为。

附录 C

轻松一下

没错，vi 对用户还是挺友好的。它只是对和谁交朋友很讲究。

—— 匿名用户

本附录涉及一些宽泛的 vi 相关主题。其中包括：

- 访问此处和书中先前描述过的文件。
- 第一部分提到过的 vi 在线教程。
- 给网站添加 *vi Powered* logo（还有其他 logo）。
- 与 vi 相关的小礼物。
- Vim 离合器
- 这些年来人们用 vi 做过的一些不同寻常的奇事。
- *Vi* Lovers 的主页（*https://thomer.com/vi/vi.html*）。
- 另一个不同的 vi 克隆版。
- vi 与 Emacs 的简要说明。
- 一些不错的 vi 语录。

C.1 访问文件

我们在这里展示的许多东西曾经可以在 Internet 上免费获得。唉，现在已经时过境迁了。为了解决这个问题，我们创建了一个包含各种文件的 GitHub 仓库。只需克隆 *https://www.github.com/learning-vi/vi-files* 来创建你自己的仓库副本即可。

C.1.1 示例文件

本书第一部分用到的部分文件位于 *book_examples* 目录。

C.1.2 clewn 源代码

在 16.7.1 节中介绍过的 `clewn` 程序位于 *clewn-1.15* 目录。按照下列步骤构建并安装：

```
cd clewn-1.15
./configure
make
sudo make install
```

C.2 vi 在线教程

首先是 Walter Zintz 的在线教程，来自 *UnixWorld* 杂志，这在第一部分中已经多次提到过。

该教程在原来的网站早就找不到了，但我们设法在上找到了一份副本，网址是：*https://www.ele.uri.edu/faculty/vetter/Other-stuff/vi/009-index.html*。为了以防万一，我们把副本放到了本书的 GitHub 仓库（*https://www.github.com/learning-vi/vi-files*）。[注 1]

在我们的 GitHub 仓库中，该教程位于 *unix-world-tutorial* 目录。如果你使用的是 Firefox 浏览器，像下面这么做就行了：

```
$ cd unix-world-tutorial
$ firefox ./009-index.html &          Use the browser of your choice
```

教程包含下列主题：

- 编辑器基础
- 行模式寻址

注 1：副本中的网页页脚链接指向其原先所在的位置。当你查看该副本的时候，原始网站也不知道还能否访问。

- g（global）命令
- substitute 命令
- 编辑环境（set 命令、标签、EXINIT、*.exrc*）
- 地址和列
- r 和 R 命令
- 自动缩进
- 宏

本教程在几个章节的末尾都设置了测验题，你可以借此了解自己对教程内容的掌握程度如何。或者你也可以直接尝试这些问题，看看我们在这本书上做得如何！

C.3 vi Powered!

接下来是 *vi Powered* logo（图 C-1）。这是一个很小的 GIF 文件，你可以将其添加到你的个人网页，表明该页面时使用 vi 创建的。

图 C-1：vi Powered!

该 logo 位于 GitHub 仓库（*https://www.github.com/learning-vi/vi-files*）的 *vi-powered* 目录。

vi Powered logo（由 Antonio Valle 设计）的原始主页位于 *http://www.abast.es/~avelle/vi.html*。该页面用的是西班牙语，早已不复存在。现在有一个英文版主页（*https://darryl.com/vi.shtml*），其中包含添加 logo 的说明，只需要简单几步：

1. 下载 logo。可以从 GitHub 仓库获取，也可以在（图形化）浏览器中输入 *https://darryl.com/vipower.gif*，然后保存 logo 文件，或是使用命令行版的 Web 抓取工具，比如 wget。

2. 在网页的合适位置输入下列代码：

```
<A HREF="https://darryl.com/vi.shtml">
<IMG SRC="vipower.gif">
</A>
```

这会将logo放入你的网页并使其成为超链接，点击后可以跳转到*vi Powered*主页。考虑到非图形化浏览器用户，你也可以为 `<IMG>` 标签加入 `ALT="This Web Page is vi Powered"` 特性。

3. 将下列代码加入网页的 `<HEAD>` 部分：

```
<META name="editor" content="/usr/bin/vi">
```

正如真正的程序员会避开所见即所得式字处理软件而使用 `troff` 一样，真正的 Web 高手也会避开花哨的 HTML 创作工具而使用 `vi`。你可以使用 *vi Powered* logo 来自豪地展示这一事实。☺

你可以在 *https://www.vim.org/logos.php* 找到其他形式的 Vim logo。*https://www.vim.org/buttons.php* 中提供了大量用于网站的 Vim Powered logo。

C.4 咖啡爱好者的 vi

尽管标题如此（vi for Java Lovers），但本节讲的是 java 咖啡，可不是编程用的 Java。

我们假设的真正程序员在使用 vi 编写她的 C++ 代码、她的 troff 文档和她的网页时，无疑会时不时地想喝杯咖啡。 她现在可以用印有 vi 命令参考的杯子喝咖啡了！

我们假想的真正的程序员在使用 `vi` 编写 C++、troff 文档和网页时，肯定时不时地想喝上一杯咖啡。她现在可以用印有 `vi` 命令参考的马克杯喝咖啡了！

不妨去逛逛 *https://www.cafepress.com/geekcheat/366808*，那里有 `vi` 命令马克杯、T 恤、运动衫、烧烤围裙、婴儿围嘴，甚至还有鼠标垫。

C.5 Vim 离合器

如果徒手在 `vi` 或 Vim 中更改模式很麻烦，你不妨打造一件专属的“Vim 离合器”。这个 USB 连接的脚踏板在踩下时发送 i，松开时发送 ESC。

相关的项目描述，包括零件、链接、说明以及照片可以在 *https://github.com/alevchuk/vim-clutch* 找到。

另一个 Vim 离合器位于 *https://l-o-o-s-e-d.net/vim-clutch*。除了作者自己的项目，还介绍了其他一些 Vim 离合器项目。

C.6 让你的朋友们大吃一惊！

在 alf.uib.no 的 FTP 存档中一度可以找到一系列与 `vi` 相关的实用文件。原始存档位于 *ftp://afl.uib.no/pub/vi*。该文件集合的镜像位于 *ftp://ftp.uu.net/pub/text-processing/vi*。这两个网站现在都已经无法访问。

令人高兴的是，Clement Cole 向我们提供了他的存档副本，现已被加入我们的 GitHub 仓库中，在此向他表示感谢。[注 2]

可惜的是，这些文件最后的更新日期止步于 1995 年 5 月。好在 `vi` 的基本功能没有什么变化，存档中的很多信息和宏依然管用。最初的存档包含 4 个子目录：

docs

`vi` 文档，还包括一些 `comp.editors` 的发帖。

macros

`vi` 宏。

comp.editors

在 `comp.editors` 发布的各种帖子。

programs

用于各种平台的 `vi` 克隆版的源代码（以及其他程序）。

我们没有再把 *programs* 目录放入 GitHub 仓库，因为其中大部分内容如今已经用不上了。

最值得注意的是 *docs* 和 *macros*。*docs* 目录有大量文章和参考资料，包括初学者指南、

注 2：同样感谢 Bakul Shah，他告诉了我们一处可用的在线副本：*https://web.archive.org/web/19970209203017/http://archive.uwp.edu/pub/vi/*。

bug 解释、快速参考和许多简短的“实操类（how to）”文章（例如，如何在 `vi` 中将句子的首字母大写）。甚至还有一首 vi 之歌！

macros 目录中有超过 50 个不同用途的文件。我们在此仅介绍其中的 3 个。原始存档名以 `.tar.Z` 结尾的文件在我们的 GitHub 仓库（*https://www.github.com/learning-vi/vi-files*）中已经被扩展为单独的目录。

evi-tar

一款 Emacs“仿真器”。其背后的思路是将 `vi` 变成一个无模式的编辑器（始终处于输入模式的编辑器，使用控制键完成命令）。它实际上是用一个替换了 `EXINIT` 环境变量的 shell 脚本实现的。

hanoi

这也许是 `vi` 最著名的非常规用法：一组解决汉诺塔编程问题的宏。这个程序只是简单地显示了移动，并没有实际绘制圆盘。为图一乐，我们在此重新列出了其内容。

turing-tar

这个程序使用 vi 实现了图灵机！看着它执行程序真是太神奇了。

除此之外，还有很多很多有意思的宏，自己去看看吧！

The Towers of Hanoi, vi Version

```
" From: gregm@otc.otca.oz.au (Greg McFarlane)
" Newsgroups: comp.sources.d,alt.sources,comp.editors
" Subject: VI SOLVES HANOI
" Date: 19 Feb 91 01:32:14 GMT
"
" Submitted-by: gregm@otc.otca.oz.au
" Archive-name: hanoi.vi.macros/part01
"
" Everyone seems to be writing stupid Tower of Hanoi programs.
" Well, here is the stupidest of them all: the hanoi solving
" vi macros.
"
" Save this article, unshar it, and run uudecode on
" hanoi.vi.macros.uu. This will give you the macro file
" hanoi.vi.macros.
" Then run vi (with no file: just type "vi") and type:
"       :so hanoi.vi.macros
```

```
"       g
" and watch it go.
"
" The default height of the tower is 7 but can be easily changed
" by editing the macro file.
"
" The disks aren't actually shown in this version, only numbers
" representing each disk, but I believe it is possible to write
" some macros to show the disks moving about as well. Any takers?
"
" (For maze solving macros, see alt.sources or comp.editors)
"
" Greg
"
" ------------ REAL FILE STARTS HERE ---------------
set remap
set noterse
set wrapscan
" to set the height of the tower, change the digit in the following
" two lines to the height you want (select from 1 to 9)
map t 7
map! t 7
map L 1G/t^MX/^0^M$P1GJ$An$BGC0e$X0E0F$X/T^M@f^M@h^M$A1GJ@f0l$Xn$PU
map g IL
map I KMYNOQNOSkRTV
map J /^0[^t]*$^M
map X x
map P p
map U L
map A "fyl
map B "hyl
map C "fp
map e "fy2l
map E "hp
map F "hy2l
map K 1Go^[
map M dG
map N yy
map O p
map q tllD
map Y o0123456789Z^[0q
map Q 0iT^[
map R $rn
map S $r$
map T ko0^M0^M^M^[
map V Go/^[
```

C.7 Vi Lovers 的主页

Vi Lovers 的主页（*http://www.thomer.com/vi/vi.html*）包含下列内容：

- 已知的所有 vi 克隆版的清单，以及其源代码或二进制发行版的链接。
- 其他 vi 站点的链接。
- 指向 vi 文档、手册、帮助、教程的大量链接，面向不同的水平层级。
- 编写 HTML 文件和解决汉诺塔问题的 vi 宏，以及提供了其他宏的 FTP 站点。
- 各种各样的 vi 链接：诗歌、vi 的“真实历史”、vi 与 Emacs 的讨论、vi 咖啡马克杯（参见 C.4 节）。

注意，这个站点似乎已经很久没更新了。不少链接依然有效，不过也有很多已经失效了。

C.8 一款不同的 vi 克隆版

图 C-2 到图 C-9 描绘了 vigor 的故事，它是一款不同的 vi 克隆版。

图 C-2：vigor 的故事 —— 第 1 篇

图 C-3：vigor 的故事 —— 第 2 篇

图 C-4：vigor 的故事 —— 第 3 篇

图 C-5：vigor 的故事 —— 第 4 篇

图 C-6：vigor 的故事 —— 第 5 篇

图 C-7：vigor 的故事 —— 第 6 篇

图 C-8：vigor 的故事 —— 第 7 篇

图 C-9：vigor 的故事 —— 第 8 篇

vigor 的源代码可以从 *http://vigor.sourceforge.net* 获得。

C.9 口感好，不胀肚

```
vi is [[13~^[[15~^[[15~^[[19~^[[18~^ a
muk[^[[29~^[[34~^[[26~^[[32~^ch better editor than this emacs. I know
I^[[14~'ll get flamed for this but the truth has to be
said. ^[[D^[[D^[[D^[[D ^[[D^[^[[D^[[D^[[B^
exit ^X^C quit :x :wq dang it :w:w:w :x ^C^C^Z^D
```

—— Jesper Lauridsen，alt.religion.emacs

要讨论 vi 在 Unix 文化中的地位，就不能不承认在 Unix 社群中可能持续时间最久的 vi 与 Emacs 之争。注 3

关于谁更好的讨论已经在 comp.editors（和其他新闻组）上持续多年了。（图 C-10 很好地说明了这一点）

注 3： OK，这确实是一场宗教战争，但我们努力表现得友好些。另一场宗教战争：BSD 与 System V 之争，已经由 POSIX 解决了。System V 最终获赢，不过 BSD 也得到了很大的让步。

图 C-10：这不是宗教战争。真不是！

支持 vi 的一些较好的论点包括：

- 在所有的 Unix 系统中都能找到 vi。如果你安装系统或转移到别的系统，也许只能使用 vi。
- 你通常可以将手指保持在键盘的主键位行。这对盲打用户可是一大福音。
- 命令是普通的单字符（有时是双字符）；这比 Emacs 所需的控制字符和元字符更容易输入。
- vi 通常要比 Emacs 更小巧，占用资源更少。启动时间尤其快，有时可能相差数十倍。
- Vim（和其他 vi 克隆版）如今已经添加了诸如增量搜索、多窗口和缓冲区、GUI 界面、语法高亮显示和智能缩进、通过扩展语言实现可编程性等特性，这两种编辑器之间的功能差距即便是没有消失，也已经大幅缩小了。

出于完整起见，还有件事要说。尽管 GNU Emacs 一直都有 vi 仿真包，但效果通常都不是很好。然而，viper-mode 则被誉为是一款优秀的 vi 仿真，可以作为那些有兴趣学习 Emacs 的用户的桥梁。

总而言之，始终要记得，你才是程序功用性最终的评判者。你应该选用最高效的工具，对于很多任务，vi 和 Vim 都是出色的工具。

C.10 vi 格言

最后，还有一些 vi 格言，由 Vim 的作者 Bram Moolenaar 提供：

> 定理：vi 是完美的。
>
> 证明：VI 是罗马数字中的 6。可以被 6 整除且小于 6 的自然数是 1、2、3。1 + 2 + 3 = 6。因此，6 是一个完美的数字。得证，vi 是完美的。
>
> —— Arthur Tateishi

来自 Nathan T. Oelger 的回应：

> 那么，上述证明将 Vim 置于何处？罗马数字的 VIM 可能是：(1000 – (5 + 1)) = 994，恰好等于 2 × 496+2。496 可以被 1、2、4、8、16、31、62、124、248 整除，并且 1+2+4+8+16+31+62+124+248 = 496。所以，496 是一个完美的数字。因此，Vim 要比 vi 好上两倍不止。☺
>
> 得证，Vim 比完美更上一层楼。

下面的格言道尽了所有真正的 vi 爱好者的心声：

> 于我而言，vi 就是禅。使用 vi 就是参禅。每一个命令都是心印。自内心深处，非入道者不能明也。每一次使用都能发现真言。
>
> —— Satish Reddy

附录 D

vi 和 Vim：源代码和构建

如果你的系统中还没有安装 vi 或 Vim，本附录描述了从哪里获得这二者的源代码，以及为大多数流行的操作系统预制的可安装二进制文件。

D.1 焕然一新

多年来，如果没有 Unix 源代码许可证，就无法使用原始 vi 的源代码。尽管教育机构能够以相对较低的价格获得许可证，但商业许可证一直价格不菲。这一事实催生了 Vim 和许多的 vi 克隆版。

2002 年 1 月，V7 和 32V UNIX 的源代码可以在开放源代码风格的许可证（open source–style license）[注 1] 下使用。这开放了对包括 ex 和 vi 在内的几乎所有为 BSD Unix 开发的代码的访问。

原始代码没法拿来直接在现代系统（比如 GNU/Linux）上编译，移植起来很困难。[注 2] 幸运的是，这项工作已经被搞定了。如果你想使用原汁原味的 vi，可以下载源代码并自行构建。更多信息参见 *https://github.com/n-t-roff/heirloom-ex-vi*。

只需按照 *README* 文件中的说明，我们就能够在 Ubuntu GNU/Linux 系统上毫无问题地构建“Heirloom” vi。

注 1： 更多的信息参见 Unix Heritage Society 网站（*https://www.tuhs.org*）。

注 2： 我们知道，也尝试过。

D.2 从哪里获取 Vim

大多数现代 Unix 风格的操作系统都使用 Vim 作为 vi 的标准版本[注3]，也就是说，当你执行 vi 时，用的就是 Vim。

许多这类系统略微落后于最新的 Vim。例如，截至本书出版之时（第 8 版，2021 年末），当前版本是 Vim 8.2，而大多数系统用的还是 Vim 8.0。

在本节中，我们简要讨论如何在 GNU/Linux（在本例中是 Ubuntu）中安装最新版本的 Vim（或者你喜欢的任意版本）。对于其他 GNU/Linux 发行版，安装过程基本相同。

如果命令 vi 或 Vim 没能启动编辑器，要么是因为尚未安装，要么是因为系统路径中没有 Vim 的可执行文件目录。确保环境变量 PATH 中包含下列目录（如果不行，可能是没安装 Vim。可以参阅 Vim 安装说明）。

```
/usr/bin              This should be in your $PATH anyway
/bin                  So should this
/opt/local/bin
/usr/local/bin
```

使用 ex 命令 version 核实 Vim 版本。Vim 会显示类似于下面的信息：

```
VIM - Vi IMproved 8.2 (2019 Dec 12, compiled May 8 2021 05:44:12)
macOS version
Included patches: 1-2029
Compiled by root@apple.com
Normal version without GUI. Features included (+) or not (-):
+acl                 -farsi             +mouse_sgr         +tag_binary
-arabic              +file_in_path      -mouse_sysmouse    -tag_old_static
+autocmd             +find_in_path      -mouse_urxvt       -tag_any_white
+autochdir           +float             +mouse_xterm       -tcl
-autoservername      +folding           +multi_byte        -termguicolors
-balloon_eval        -footer            +multi_lang        +terminal
-balloon_eval_term   +fork()            -mzscheme          +terminfo
-browse              -gettext           +netbeans_intg     +termresponse
+builtin_terms       -hangul_input      +num64             +textobjects
+byte_offset         +iconv             +packages          +textprop
+channel             +insert_expand     +path_extra        +timers
```

注 3：例外的情况往往是基于 Unix 的遗留系统，比如 HP/UX 和 AIX，这些系统的标准 vi 还是最初版本。

```
+cindent           -ipv6              -perl             +title
-clientserver      +job               +persistent_undo -toolbar
+clipboard         +jumplist          +popupwin         +user_commands
+cmdline_compl     -keymap            +postscript       -vartabs
+cmdline_hist      +lambda            +printer          +vertsplit
+cmdline_info      -langmap           -profile          +virtualedit
+comments          +libcall           +python/dyn       +visual
-conceal           +linebreak         -python3          +visualextra
+cryptv            +lispindent        +quickfix         +viminfo
+cscope            +listcmds          +reltime          +vreplace
+cursorbind        +localmap          -rightleft        +wildignore
+cursorshape       -lua               +ruby/dyn         +wildmenu
+dialog_con         +menu             +scrollbind       +windows
+diff              +mksession         +signs            +writebackup
+digraphs          +modify_fname      +smartindent      -X11
-dnd               +mouse             -sound            -xfontset
-ebcdic            -mouseshape        +spell            -xim
-emacs_tags        -mouse_dec         +startuptime      -xpm
+eval              -mouse_gpm         +statusline       -xsmp
+ex_extra          -mouse_jsbterm     -sun_workshop     -xterm_clipboard
+extra_search      -mouse_netterm     +syntax           -xterm_save
   system vimrc file: "$VIM/vimrc"
     user vimrc file: "$HOME/.vimrc"
 2nd user vimrc file: "~/.vim/vimrc"
      user exrc file: "$HOME/.exrc"
       defaults file: "$VIMRUNTIME/defaults.vim"
  fall-back for $VIM: "/usr/share/vim"
Compilation: gcc -c -I. -Iproto -DHAVE_CONFIG_H -DMACOS_X_UNIX -g -O2
-U_FORTIFY_SOURCE -D_FORTIFY_SOURCE=1
Linking: gcc -L/usr/local/lib -o vim -lm -lncurses -liconv -framework Cocoa
```

如果你看到显示的是最新的版本号，那说明没问题。如果你需要其他版本，接着往下读。

有意思的是，我们其中一位作者使用的 Mac mini，安装的 OS X 版本为 10.4.10 版，vi 命令不仅调用的是 Vim，就连文档（手册页）中引用的也是 Vim！

如果上述措施都不起作用，你可能是没有安装 Vim。Vim 在许多平台上提供了多种形式，并且（通常）相对容易获取和安装。后续各节按以下顺序指导你获取适用于你所在平台的 Vim：

- Unix 及其变体，包括 GNU/Linux 和 Cygwin
- Windows XP 及更高版本
- Macintosh macOS

此处描述的安装过程要求有能够编译源代码的开发环境。尽管大多数 Unix 变体都提供了编译器和相关工具，但有些（尤其是当前版本的 Ubuntu GNU/Linux 发行版）需要你先自行下载并安装额外的软件包，然后才能体验编译代码的乐趣。

另外还有预打包好的 Vim，为 GNU/Linux（Red Hat RPM、Debian pkgs）、Solaris（Companion Software）和 HP-UX 提供了标准化安装方法。Vim 主页提供了所有这些系统的链接。对于不常见的系统，在 Internet 上搜索肯定能找到有帮助的信息。

快速检查一下 gcc 应该可以告诉你能否编译 Vim：

```
$ type gcc
gcc is /usr/bin/gcc
```

D.2.1 获取 Unix 和 GNU/Linux 版的 Vim

很多现代 Unix 环境已经自带了某个版本的 Vim。多数 GNU/Linux 发行版简单地将 `vi` 的默认路径 */usr/bin/vi* 链接到 Vim 的可执行文件。大部分用户根本就不需要自己动手安装。先前我们曾提到过，Solaris 11 `vi` 其实就是 Vim！

在 Ubuntu GNU/Linux 系统中，安装了 Vim 的最小版作为 `vi`。要想安装包括 GUI 在内的完整版，执行下列命令：

```
sudo apt install vim-gtk3
```

对于其他系统，你需要使用相应的软件包管理器执行类似的操作。

因为 Unix 变体数量众多，某些变体又发展出不少流派（例如，Solaris、HP-UX、*BSD、所有的 GUN/Linux 发行版），如果你无法使用软件包管理器安装 Vim，那么获取 Vim 最直观的方法就是下载源代码，然后自行编译并安装。

Vim 是以经过压缩的 tar 文件形式（gzip 或 bzip2 文件，扩展名分别为 .gz 和 .bz2）分发的。除了 tar 文件，每个主要版本都有许多补丁来修复先前的每个主版本发布后出现的问题或议题。

可以下载 tar 文件和补丁文件，然后逐个打补丁，以便从最新的源代码构建。但这个过程很乏味，因为随便哪个版本通常都有数百个补丁文件。

另一种简单得多的方法是从 Vim 的 Git 仓库（*https://github.com/vim/vim*）直接克隆源代码。操作如下：

```
$ git clone git://github.com/vim/vim
Cloning into 'vim'...
remote: Enumerating objects: 34, done.
remote: Counting objects: 100% (34/34), done.
remote: Compressing objects: 100% (27/27), done.
Receiving objects: 100% (113446/113446), 90.87 MiB | 1.07 MiB/s, done.
Resolving deltas: 100% (95729/95729), done.
Updating files: 100% (3347/3347), done.
```

在构建时，切换到 *src* 目录，运行 configure。在运行之前，你也许会想在网上搜索一下 configure 的相关选项。该命令的输出内容颇多：

```
$ cd vim/src
$ ./configure
configure: creating cache auto/config.cache
checking whether make sets $(MAKE)... yes
checking for gcc... gcc
checking whether the C compiler works... yes
checking for C compiler default output file name... a.out
checking for suffix of executables...
    ...
```

下一步是运行 make。输出内容也不少：

```
$ make
/bin/sh install-sh -c -d objects
touch objects/.dirstamp
CC="gcc -Iproto -DHAVE_CONFIG_H       " srcdir=. sh ./osdef.sh
gcc -c -I. -Iproto -DHAVE_CONFIG_H    -g -O2 -U_FORTIFY_SOURCE
-D_FORTIFY_SOURCE=1        -o objects/arabic.o arabic.c
gcc -c -I. -Iproto -DHAVE_CONFIG_H    -g -O2 -U_FORTIFY_SOURCE
-D_FORTIFY_SOURCE=1        -o objects/arglist.o arglist.c
```

```
gcc -c -I. -Iproto -DHAVE_CONFIG_H     -g -O2 -U_FORTIFY_SOURCE
-D_FORTIFY_SOURCE=1        -o objects/autocmd.o autocmd.c
    ...
```

完成之后，你就得到了一个名为 `vim` 的可执行文件。切换到 `root` 用户，运行 `make install`，就可以安装了。就这样！

D.2.2 获取 Windows 版的 Vim

MS Windows gvim

对于 Microsoft Windows，有三个主要选项。第一个是自安装的可执行文件 *gvim82.exe*，可从 Vim 主页获得。下载后直接运行，剩下的事你就不用管了。我们已经在不同的 Windows 机器上用这个可执行文件安装过 Vim，没有任何问题。该文件适用于 Windows XP 及更高版本的 MS-Windows 系统。

在安装过程中的某一刻，会弹出一个 DOS 窗口，对某些无法验证的内容发出警告。我们从未发现这会造成什么问题。

Cygwin

Windows 用户的第二个选项是安装 Cygwin（*http://www.cygwin.com*），这是一套移植到 Windows 平台的通用 GNU 工具。Cygwin 是 Unix 平台上使用的几乎所有主流软件的完整实现。作为标准 Cygwin 安装的一部分，Vim 可以在 Cygwin shell 控制台中运行。

在 Cygwin 中使用 Vim

基于文本控制台的 Vim 在 Cygwin 中运行得很好，但 Cygwin 的 `gvim` 需要 X Window System 服务器才能运行。如果启动时缺少该服务器，`gvim` 会优雅地降级为基于文本控制台的 Vim。

为了使 Cygwin 的 `gvim` 正常工作（假设你希望在本地屏幕上运行 `gvim`），从 Cygwin shell 的命令行启动 Cygwin 的 X 服务器，如下所示：

```
$ X -multiwindow &
```

`-multiwindow` 选项告诉 X 服务器由 Windows 管理 Cygwin 应用程序。使用 Cygwin 的 X 服务器的方法还有很多，但这些讨论超出了本书的范围。安装 Cygwin 的 X 服务器同样不在我们的讨论范围；如果没有安装，详见 Cygwin 的主页。Windows 系统托盘中这时应该出现“X”形状的图标。由此可以确定 X 服务器正在运行。

同时安装 Cygwin 的 Vim 和 *vim.org* 的 Vim 会让人感到混乱。Vim 配置中引用的一些配置文件可能位于不同的位置，从而导致看似相同的 Vim 版本以完全不同的配置项启动。例如，Cygwin 和 Windows 可能对什么是主目录有不同的理解。

适用于 Linux 和 Vim 的 Windows 子系统

Windows Subsystem for Linux（WSL，用于 Linux 的 Windows 子系统）是一个与 Linux 内核完全兼容的虚拟化环境。它是 Microsoft 用于安装和运行 GNU/Linux 发行版的平台。适用于 WSL 的发行版的名单在不断增加，大多数流行的 GNU/Linux 发行版都在此列。

关于 WSL 的更多讨论，参见 9.5 节。

WSL 是 Microsoft Windows 中一个相对较新的组件。尽管本书没有很详细地描述 WSL，但我们认为这是一个更好的选择，相较于前面提到的 Cygwin，推荐在 WSL 中安装 GNU/Linux 和 Vim。

D.2.3 适用于 Macintosh 环境的 Vim

要想在 macOS 中使用 Vim，有两个选项。要么使用原生版本，要么通过 Homebrew 安装图形化版本。本节将介绍这两者。

原生版 macOS Vim

macOS 将 Vim 作为标准工具。使用系统的默认设置最简单，因为更新操作系统的同时也能使 Vim 保持最新状态。值得注意的是，macOS 的 Vim 不是 GUI 版本，不过有一个流行的第三方 GUI 版本的 Vim，名为 MacVim，推荐使用该版本。

MacVim 目前处于积极维护中，拥有熟悉的 Macintosh 风格的观感，其维护者坚持采用常见的 Macintosh 风格和工效学原理。

在 MacVim 的 GitHub 页面（*https://github.com/macvim-dev/macvim*）底部，你可以找到如图 D-1 所示的 *README.md* 信息。

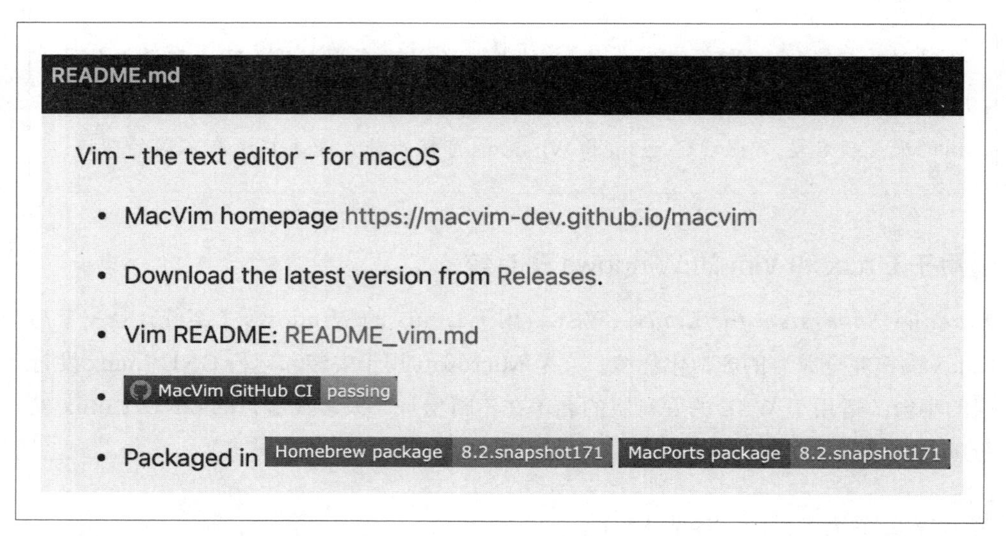

图 D-1：MacVim 的 README.md

点击“Download the latest version from Releases”处的 `Releases`。在页面底部找到 `Assets`（如图 D-2）。我们推荐下载 *MacVim.dmg*，执行标准的 macOS 安装。

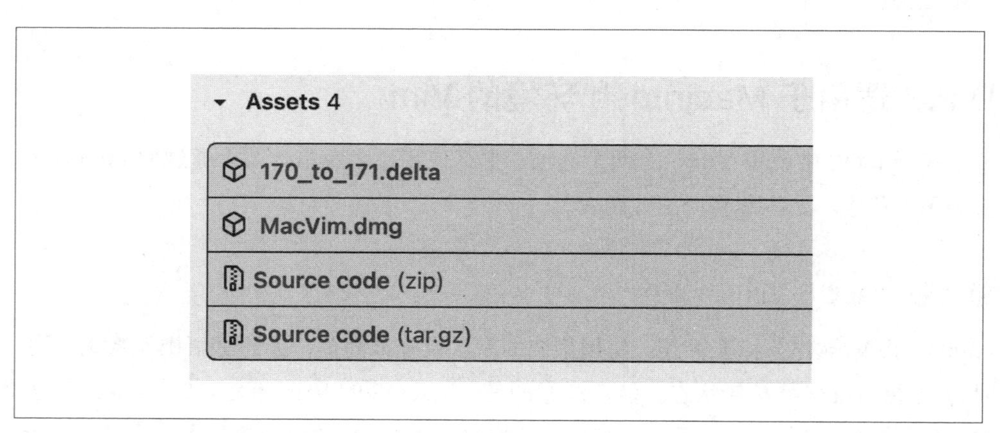

图 D-2：MacVim Assets（下载）

我们其中一位作者在他的 MacBook Pro 上向 *.zshrc* 配置文件加入了下面一行，创建了一个 zsh 别名：

```
alias vi='/Applications/MacVim.app/Contents/bin/mvim'
```

使用 Homebrew 安装 Vim

偏好更接近于 GNU 操作系统的 Macintosh 用户可能熟悉 Homebrew（*https://brew.sh*），这是一款为 Macintosh 计算机提供 GNU 软件包的应用程序管理器。

Homebrew 安装 GNU 软件包的命令语法为 `brew install` *gnu-package*，其中 *gnu-package* 是可用的 Homebrew 软件包。要想使用 Homebrew 安装 Vim，执行下列命令：

```
brew install vim
```

访问"Homebrew Formulae"（*https://formulae.brew.sh/formula/vim*），了解更多 Homebrew Vim 的选项信息。

D.2.4 其他操作系统

Vim 的 *vi_diff.txt* 帮助文件列出了支持 Vim 的其他环境。更多信息可参阅该文件。这些环境包括：

- IBM OS/390
- OpenVMS
- QNX

过去曾支持过一些现已过时的系统，但现在可能已经没什么意义了。

关于作者

Arnold Robbins，亚特兰大本地人，是一名专业的程序员和技术作家。他也是一位幸福的丈夫，四个可爱孩子的父亲，以及业余的犹太法典学者（巴比伦和耶路撒冷）。自 1997 年底以来，他和他的家人一直生活在以色列。

Arnold 自 1980 年以来一直在使用 Unix 系统，当时他接触到的是一台运行着 Unix 第 6 版的 PDP-11。Arnold 的经验还包括 Sun、IBM、HP、DEC 的多个商业 Unix 系统。从 1996 年开始，他使用的都是 GNU/Linux 系统。

自 1987 年以来，Arnold 一直都是 awk 的重度用户，当时他参与了 gawk（GNU 项目的 awk 版本）。作为 POSIX 1003.2 投票组的成员，Arnold 帮助制定了 awk 的 POSIX 标准。他还是 gawk 及其文档的长期维护者。

他做过一名系统管理员，担任过 Unix 和网络继续教育课程的教师，也有过多次与初创软件公司不堪回首的糟心经历。

在以色列，Arnold 在一家领先的本土软件公司工作了数年，编写与指挥和控制相关的高端软件。接着又在 Intel 公司担任了很长一段时间的软件工程师，后又入职 McAfee 公司。如今，他任职于一家小型公司，为制造业和建筑管理业提供网络安全监控服务。Arnold 的个人网站位于 *http://www.skeeve.com*。

同 O'Reilly 的合作从未让 Arnold 闲下来过：他是畅销书 Unix in a Nutshell（第 4 版）、Effective awk Programming（第 4 版）的作者，与 Dale Dougherty 合著了 sed & awk（第 2 版），与 Nelson H. F. Beebe 合著了 Classic Shell Scripting，另外还包括一些袖珍参考书。

Elbert Hannah 最初是一名职业音乐人，后来改变了方向，选择了计算机和 IT 作为职业。虽然 vi 和后来的 Vim 可能不是转行的唯一原因，但也不能低估“发现”vi 对他职业转变的影响。

Elbert 特别高兴自己用 Vim 写了一本关于 Vim 的书！

Elbert 在大学主修音乐，以演奏大提琴为生，一次自行车事故改变了他的生活，也永远改变了他的人生道路。由于一只手无法使用，无法再拉大提琴，Elbert 在治疗期间临时选择了数学作为他的专业。数学要求辅修计算机科学，仅此而已。Elbert 依然热爱音乐，现在仍在继续进行非职业演奏，只不过他的职业已经变成了 IT。

Elbert 在电信行业工作时结识了 Unix，找到了一个与 IBM 大型机相连的远程工作入口（remote job entry，RJE）。他发现，通过利用无数的“专业”（只做一件事并把它做好）命令进行转换和报告，将许多流程转移到 AT&T System V Unix 计算机上，然后再转移回大型机上，事情会变得更容易。

他早期的 Unix 工作需要对 ed 有深刻的理解，这为其长期学习、热爱和传播 vi 以及最终的 Vim 奠定了基础。对于 Vim 在编码领域的影响力，Elbert 通过本书的第 7 版和第 8 版表达了他的赞赏和敬意。

Elbert 专长于整合不同的系统。许多用户在使用他编写的应用程序时，并没有意识到底层有许多独立的程序。如果深入挖掘，你可能会发现因其在集成电信设施和分配应用方面所做的工作，他的照片还在 CEO Magazine 的封面上出现过（大约在 1990 年代早期到中期）。

Elbert 开发了一个外部 Web 工具，提供了一种快速、简单和增强的方法从第三方产品中查找信息，该工具很快成为支持团队和 DevOps 人员常用的故障排除利器。2018 年，他在拉斯维加斯做了一次演讲，展示了该工具。

Elbert 为 100 多种技术出版物的专栏供稿（使用化名），并与 Linus Torvalds 共同在一个由两部分组成的专栏中发表了文章：“The Great FOSS Debates: Kernel Truths”和“FOSS Debates, Part 2: Standard Deviations”。

封面介绍

本书第 8 版封面上的动物是眼镜猴，一种与狐猴有亲缘关系的夜间活动哺乳动物。它的通用名 Tarsius 源自这种动物很长的脚踝骨（即跗骨）。虽然曾经分布更为广泛，但眼镜猴的 10 个物种和 4 个亚种现在仅存在于菲律宾、马来西亚、文莱和印度尼西亚的岛屿。眼镜猴生活在森林中，以极高的敏捷性和速度在树枝之间跳跃。

作为一种小型动物，眼镜猴的身体只有 6 英寸长，身后拖着一条 10 英寸长的簇状尾巴。它全身覆盖着柔滑的棕色或灰色皮毛，圆脸，大眼睛。相较于哺乳动物的体型，眼镜猴的眼睛最大。每个眼球的直径约为 16 毫米，与其大脑的大小相同。因为眼睛太大，导致不能转动，但是眼镜猴可以像猫头鹰一样，把脖子向任何方向旋转 180 度。它的胳膊和腿又长又细，手指也是如此，指端有圆形的肉垫，以提高其抓树的能力。眼镜猴只在晚上活动，白天躲在藤蔓丛中或高大树木的顶部。它们完全是肉食动物，主要以昆虫、爬行动物、鸟类甚至蝙蝠为食。虽然好奇心非常强，但眼镜猴往往是独来独往的。

眼镜猴对其栖息地和饮食有特殊要求，大多数被圈养后都无法生存，这使得圈养繁殖计划几乎无法实施。由于农业、狩猎和伐木导致栖息地丧失，眼镜猴的种群数量全面下降，大多数眼镜猴物种在世界自然保护联盟的红色名录中被列为易危物种。尤其是锡奥岛眼镜猴被认为是极度濒危物种。O’Reilly 书籍封面上的许多动物濒临灭绝；它们对世界都很重要。

封面的彩画由 Karen Montgomery 根据 Lydekker 的黑白版画 Royal Natural History 绘制。